Geschichte und Gesellschaft
Sonderheft 22:
Wege der Gesellschaftsgeschichte

Geschichte und Gesellschaft

Zeitschrift für Historische Sozialwissenschaft

Herausgegeben von

Werner Abelshauser / Jens Beckert / Gisela Bock / Christoph Conrad /
Ulrike Freitag / Ute Frevert / Wolfgang Hardtwig / Wolfgang Kaschuba /
Jürgen Kocka / Dieter Langewiesche / Paul Nolte /
Jürgen Osterhammel / Hans-Jürgen Puhle / Rudolf Schlögl /
Manfred G. Schmidt / Martin Schulze Wessel / Klaus Tenfelde /
Hans-Peter Ullmann / Hans-Ulrich Wehler

Sonderheft 22:
Wege der Gesellschaftsgeschichte

Vandenhoeck & Ruprecht

Wege der Gesellschaftsgeschichte

Herausgegeben von

Jürgen Osterhammel
Dieter Langewiesche
Paul Nolte

Vandenhoeck & Ruprecht

Bibliografische Information Der Deutschen Nationalbibliothek

Die Deutsche Nationalbibliothek verzeichnet diese Publikation in der
Deutschen Nationalbibliografie; detaillierte bibliografische Daten
sind im Internet über http://dnb.d-nb.de abrufbar.

ISBN 10: 3-525-36422-9
ISBN 13: 978-3-525-36422-2

Satz: Daniela Weiland, Göttingen
Druck und Bindung: ⊕ Hubert & Co, Robert-Bosch-Breite 6, 37079 Göttingen
Gedruckt auf alterungsbeständigem Papier.

Inhalt

Vorwort

Wenn die Geschichte der Geschichtswissenschaft im 20. Jahrhundert einmal aus größtem Beobachtungsabstand, aus einer gleichsam galaktischen Perspektive geschrieben wird, dann dürfte der interstellare Kommentator mit seinem Teleskop – so wie man vom Weltall aus die Chinesische Mauer erkennen kann – auf der historiographischen Karte eines kleinen Landes namens Deutschland für die zweite Hälfte des Jahrhunderts vor allem zwei Gebirgszüge entdecken: die acht Bände der Geschichtlichen Grundbegriffe und das Wehlermassiv. Das Wehlermassiv ist eine ausgedehnte und zerklüftete Landschaft, überragt von einem gelehrten Viertausender (wenn man Seitenzahlen in Höhenmeter übersetzt) namens Deutsche Gesellschaftsgeschichte, von dem mehrere Neben- und Randformationen ausstrahlen: das abwechslungsreiche Hochplateau der Kritischen Studien zur Geschichtswissenschaft, die voralpine Hügellandschaft der Neuen Historischen Bibliothek und das gefurchte, teilweise von stachligem Gestrüpp überwucherte Faltengebirge der Minima Wehleriana. Ein auffälliger Nebengipfel trägt den Namen Geschichte und Gesellschaft. Seine Spitze ragt nicht herausfordernd und unwirtlich in die Höhe, sondern hat die Form einer abgeflachten Kuppe und lädt zum Besuch ein. Der Aufstieg ist kein Spaziergang, und es kommt immer wieder zu Pannen und Abbrüchen. Aber mit den Jahren haben zahlreiche Alpinistinnen und Alpinisten, von einem erfahrenen Bergführer geleitet, die Expedition gemeistert und bilden nun so etwas wie einen Klub der Ehemaligen.

Es hat auch für die Herausgeberinnen und Herausgeber von »Geschichte und Gesellschaft« etwas Verlockendes, sich die Zeitschrift als einen Berg vorzustellen, der ihrer betreuenden Obhut anvertraut ist. Alljährlich treffen sie sich zu einem Gipfelrat und sprechen über Zustand, Fort- und Rückschritte eines Programms, das die Bezeichnung »Gesellschaftsgeschichte« trägt. In diesem Band versammeln sie sich zu einer Bilanz. Sie inszenieren gewissermaßen ihre Beratschlagung öffentlich. Dafür gibt es zwei Anlässe: das 2005 gefeierte dreißigjährige Jubiläum der Zeitschrift, das mit einem Wechsel in der Geschäftsführung verbunden war und 2006 eine Erneuerung des äußeren Erscheinungsbildes nach sich zog, und der 75. Geburtstag Hans-Ulrich Wehlers, den er am 11. September 2006 feiert.

In diesem Band schreiben viele der aktiven und einige der früheren Herausgeber von »Geschichte und Gesellschaft«. Das Buch ist daher eine Herausgeberfestschrift gleichermaßen für die Zeitschrift wie für den Gründer und jahrzehntelangen Chefeditor. Alle Kapitel sind Variationen zum Thema »Gesellschaftsgeschichte«. Wie schon die Zeitschrift selbst, die eine deutliche, also auch vieles ausblendende Perspektive vertritt, ohne je ein engherzig-kämpferisches Richtungsorgan gewesen zu sein, so dogmatisieren und verteidigen sie nicht das, was früher gern ein »Paradigma« genannt wurde. »Gesellschaftsgeschichte« hat einen identifizierbaren Kern, eine Schnittmenge individueller Überzeugungen und Interessen. Dieser Kern ist in Wehlers Schriften und denen des Mitgründers von »Geschichte und Gesellschaft«, Jürgen Kocka, immer wieder formuliert worden. Man wird aber lange und mit wenig Erfolg nach wörterbuchtauglichen Definitionsformeln suchen. Gesellschaftsgeschichte als offenes Programm lässt Freiheit für individuelle Akzente. Neue Themen werden aufgegriffen, alte neu überdacht. Vor allem in ihrer Rubrik »Diskussionsforum« hat die Zeitschrift immer wieder Räume für Experimentelles am *cutting edge* der Geschichtswissenschaft geöffnet. Dass »Erweiterung« – eine Lieblingsvokabel der achtziger Jahre – nicht beliebig sein kann und stets der kritischen Selbstvergewisserung bedarf, zeigen einige der Aufsätze in diesem Band, besonders diejenigen, bei denen es um die Geschichte und ihre Nachbarwissenschaften geht.

Im Rückblick gesehen, führt die Vorstellung von der »Erweiterung« eines ursprünglichen Programms, etwa im Sinne nach außen zuwachsender Jahresringe der Sozialgeschichte, auch aus einem anderen Grund in die Irre. Einerseits ist die Herausforderung der Ideen, mit denen »Geschichte und Gesellschaft« in der Mitte der siebziger Jahre gestartet ist, öfters durchaus fundamental gewesen und hat die Programmatik der frühen Jahre in ihrem Kern getroffen. Wer mochte 1975 prognostizieren, dass die systematischen Sozialwissenschaften einen vorläufigen Zenit ihrer Bedeutung und Ausstrahlungskraft bald überschreiten würden und eine hermeneutische Wende kurz bevorstand? Doch andererseits – und das tritt vielleicht in den allerletzten Jahren wieder deutlicher hervor – gibt es auch eine bemerkenswerte Kontinuität von Problemstellungen über die Jahrzehnte hinweg. Diese Kontinuität spiegelt sich in den Beiträgen dieses Sonderheftes. Das große Thema der sozialen Ungleichheit war vielleicht zwischenzeitlich etwas in den Hintergrund getreten, bringt sich aber immer wieder nachdrücklich als Leitdimension menschlicher Erfahrung in Erinnerung. Die Debatte um Frauengeschichte und Geschlechtergeschichte hat die Zeitschrift von Anfang an geführt – und sie ist noch lange nicht am Ende. Vergleich, Internationalisierung, Globalgeschichte: Das steht gewiss ganz anders als vor einer Generation im Vordergrund, und doch hat »Geschichte und Gesellschaft« frühzeitig und oft innovativ über den nationalen, auch den europäischen Tellerrand hinaus geblickt. Und was für solche großen Themen gilt, das trifft auch für den Streit der Theorien, Methoden und »Ansätze« zu. Sozial- und Kulturgeschichte, Analyse und Hermeneutik: Diese Begriffe stehen weniger für einen »Paradigmenwechsel« als für ein fortwährendes Gespräch. Gleichzeitig ist eine andere Konstante unmissverständlich: Eine »Zeitschrift für Historische Sozialwissenschaft« interessiert sich, um die Unterscheidung von Jürgen Habermas aufzunehmen, nicht nur für »Lebenswelten«, sondern ganz nachdrücklich auch für »Systeme«, zumal für den modernen Staat und die moderne Wirtschaftsgesellschaft. Sie bleibt an einer Geschichte interessiert, die – ein Habermassches Lieblingszitat Hans-Ulrich Wehlers – »nicht in dem aufgeht, was die Menschen wechselseitig intendieren«.

Bei aller Abstimmung aufeinander folgen die Beiträge keinem einheitlichen Schema. Wir haben die Bilanz nicht buchhalterisch in eine feste Form gezwungen. Auch ging es darum (und es war nicht einfach), zwischen dem Rückblick auf dreißig Jahre des Geleisteten und auch Verfehlten einerseits, Entwürfen des Wünschbaren und Möglichen einer Historie für das 21. Jahrhundert andererseits die Mitte zu treffen. Diese Mitte zwischen Vergangenheit und Zukunft liegt naturgemäß in der Gegenwart. Ein Wissenschaftsverständnis, das sich auf niemanden so oft beruft wie auf Max Weber, kann nicht antiquarisch sein und sich in die Vergangenheit um ihrer selbst willen versenken. Der Zwillingsname der Gesellschaftsgeschichte, niemals ganz zufriedenstellend abgegrenzt, lautet »Historische Sozialwissenschaft«. Im Begriff der »Sozialwissenschaft« steckt ein kräftiger Gegenwartsbezug, der durch die Beteiligung von Soziologen und Politikwissenschaftlern am Herausgeberkreis unterstrichen wurde und wird. Zahlreiche der Aufsätze sind, bereits an den Titeln kenntlich, im Präsens gehalten. Sie betreffen die Gegenwart der Gesellschaft und die der Geschichtswissenschaft. Eine besondere Gruppe von Artikeln, den einzigen mit einem engeren raum-zeitlichen Bezug, ist zeithistorisch angelegt und trifft sich in der Untersuchung der Geschichte der Bundesrepublik. Damit wird ein Feld betreten, das Hans-Ulrich Wehler selbst vorrangig beschäftigt, nachdem die veröffentlichten Bände der »Deutschen Gesellschaftsgeschichte« das Jahr 1949 erreicht haben. Dieser Block von Kapiteln steht auch für ein Interesse an der jüngsten Vergangenheit, das »Geschichte und Gesellschaft« stärker als früher aufgreifen wird.

Die Redaktion der Zeitschrift war seit 1975, wie hätte es anders sein können, in Bielefeld beheimatet, Hans-Ulrich Wehler hat sie mit stiller Effizienz und nie nachlassender Energie betrieben. Um das allermeiste, auch noch die kleinsten Details, hat er sich persönlich gekümmert, und gleichzeitig hatten viele Generationen von Hilfskräften und Doktoranden die Möglichkeit, in die Geheimnisse der Redaktionsarbeit eingeweiht zu werden, die Sprache der Korrekturzeichen zu lernen und Sensibilität und Sorgfalt im Umgang mit Texten anderer zu praktizieren. Hans-Ulrich Wehler selber hat die Zeitschrift nie als ein Sprachrohr seiner Ansichten betrachtet und war zurückhaltend, was die Publikation eigener Texte in »Geschichte und Gesellschaft« betraf. Die Zeitschrift trägt seine Handschrift – aber das ist vor allem die Hand-

schrift intellektueller Neugier, die Handschrift der Kontroverse und des von
ihm so geschätzten »agonalen Prinzips«, die Handschrift der Förderung jüngerer Wissenschaftlerinnen und Wissenschaftler.

Dies ist auch eine Gelegenheit, dem Verlag Vandenhoeck & Ruprecht in
Göttingen zu danken für sein kontinuierliches Engagement, ja, seine Begeisterung für diese Zeitschrift über nun schon mehr als drei Jahrzehnte hinweg.
Bei allen, die dort für »Geschichte und Gesellschaft« im Laufe der Zeit Verantwortung getragen haben, ging dieses Engagement weit über das Normale
und Erwartbare hinaus: Die Herausgeberinnen und Herausgeber wussten immer, dass Vandenhoeck & Ruprecht mehr ist als eine bloße Publikationsstel-
le. Winfried Hellmann hat das Projekt in der Anfangszeit und weit darüber
hinaus gefördert und begleitet; seit vielen Jahren ist die Zusammenarbeit mit
Martin Rethmeier eng und stets erfreulich: auch wieder bei diesem Sonderheft, wofür ein besonderer Dank abgestattet sei, der stellvertretend auch für
das ganze Team des Verlages, von der Redaktion über die Herstellung bis
zum Vertrieb, gelten soll. Schließlich ein Dank an Michael Zeheter in Konstanz, der das Manuskript mit großer Sorgfalt redaktionell betreut hat.

Mai 2006   Die Herausgeber

Jürgen Kocka

Wandlungen der Sozial- und Gesellschaftsgeschichte am Beispiel Berlins 1949 bis 2005

Als Hans-Ulrich Wehler »Geschichte und Gesellschaft« initiierte, befand sich die Sozialgeschichte im Aufwind. Das erste Jahrzehnt der Zeitschrift von 1975 bis 1985 war eine Zeit der Hochkonjunktur der Sozialgeschichte. Die letzten zwanzig Jahre brachten jedoch gravierende Veränderungen. *Einerseits* hat sich die Sozialgeschichte in der Auseinandersetzung mit ihren Kritikern im Innern verändert und erweitert: durch selektive Aufnahme und Anverwandlung von Impulsen aus der Alltagsgeschichte, dem Konstruktivismus und der Kulturgeschichte; man kann das als Lernprozess sehen. *Andererseits* hat die Sozialgeschichte zusammen mit der Wirtschaftsgeschichte an Boden verloren, vor allem an die Kulturgeschichte; doch die Welle des Kulturalismus ebbt seit einigen Jahren merklich ab. *Drittens* hat sich die Sozialgeschichte durchgesetzt, indem sie in andere Teile der Geschichtswissenschaft, z.B. in Politik- und Ideengeschichte eindrang wie auch in das, was man Allgemeine Geschichte nennt und in Synthesen und Handbüchern findet; dadurch verlor sie einige ihrer Gegner und mit ihnen ein Stück Abgrenzbarkeit und Identität. *Derzeit* stellt sich primär die Frage, wie die Sozialgeschichte mit den Herausforderungen umgehen wird, die sich mit der beschleunigten Globalisierung stellen und bisweilen als Transnationalisierung, bisweilen als Transregionalisierung (Regionen im Sinne von Weltregionen) diskutiert werden.[1]

Im folgenden möchte ich diesen Prozess am Beispiel der Sozialgeschichte in Berlin (bis 1990 West-Berlin) nachzeichnen. Über den konkreten Anlass hinaus[2] verfolge ich damit einen historischen und einen eher programmatischen Zweck. Einerseits möchte ich darauf aufmerksam machen, dass die oft bräunlich gefärbte »Volksgeschichte« in ihrer Weiterentwicklung durch Werner Conzes »Strukturgeschichte« nur *eine* Wurzel der bundesrepublikanischen Sozialgeschichte unter mehreren gewesen ist, und dass es daneben seit ca. 1950 eine Berliner Richtung gegeben hat, die dann seit den frühen siebziger Jahren in eine enge Symbiose mit der »Bielefelder Schule« einge-

1 Vgl. Jürgen Kocka, Sozialgeschichte in Deutschland seit 1945. Aufstieg – Krise – Perspektiven, Bonn 2002; ders., Losses, Gains and Opportunities: Social History Today, in: JSocH 37. 2003, S. 21–28.
2 Ein Teil des Beitrags wurde für eine »Kleine Geschichte der Freien Universität«, hg. v. Siegward Lönnendonker u.a., vorbereitet, doch ist unklar, wann diese erscheint. Ich danke Willfried Geßner für hilfreiche Recherchen und Anregungen.

treten ist, so dass vielleicht von einer Berlin-Bielefelder Richtung in der deutschen Sozialgeschichte zu sprechen ist. Andererseits bin ich davon überzeugt, dass gegenwärtig die Kulturgeschichte zwar das deutlichste Gegenüber für die Sozialgeschichte darstellt, von dem sich diese mit guten Gründen abgrenzt, während im dritten Viertel des 20. Jahrhunderts die Politikgeschichte diese Rolle des wichtigsten Gegenüber spielte. Aber die interessantesten theoretischen und prinzipiellen Herausforderungen an die Sozialgeschichte gehen heute nicht mehr von der Kulturgeschichte aus, sondern von der fortschreitenden Globalisierung. Darauf soll am Ende eingegangen werden, mit einem Blick auf die jüngste Entwicklung der Zeitschrift »Geschichte und Gesellschaft«. Unter »Sozialgeschichte« wird zweierlei verstanden: zum einen die Geschichte eines Teilbereichs oder einer Dimension der historischen Wirklichkeit (Sozialgeschichte im engeren Sinn), zum anderen eine Betrachtungsweise, ein spezifischer Zugriff auf die allgemeine Geschichte (Gesellschaftsgeschichte).[3]

I. Kritische Sozialgeschichte. Mehr als ein Jahrhundert lang war Berlin nicht nur der zentrale Ort der historischen Forschung in Deutschland gewesen, sondern auch ein wichtiger Standort der Wirtschafts- und Sozialgeschichte – man denke vor allem an die jüngere Historische Schule der Nationalökonomie mit Gustav Schmoller als unbestrittenem Haupt, aber schon vorher an August Boeckh (Alte Geschichte) und Karl Wilhelm Nitzsch (Nachfolger Rankes) sowie später an Otto Hintze. 1945 hatte Berlin diese Spitzenstellung in beiden Hinsichten nachhaltig verloren. Die Verwüstung durch Nationalsozialismus und Krieg, die Teilung der Stadt mit der Folge der baldigen Instrumentalisierung der Berliner Universität (seit 1949 Humboldt-Universität genannt) für die politischen Zwecke der SED-Diktatur, die Abwanderung großer außeruniversitärer Forschungseinrichtungen in den Westen, die gefährdete Lage der Stadt im rasch beginnenden Kalten Krieg – dies waren schlechte Bedingungen für die Geschichtswissenschaft in Berlin und die Sozialgeschichte in Berliner Institutionen.[4] Im Osten der Stadt setzte sich bald – teils gegen erbitterten Widerstand »bürgerlicher« Wissenschaftler, teils nach deren Abwanderung oder Resignation – eine sich marxistisch-leninistisch verstehende Geschichtswissenschaft durch, die zwar durch dogmatischen Starrsinn, politische Instrumentalisierung und anti-bürgerliche bzw. anti-westliche Kampfstellung tief beeinträchtigt war, jedoch im zunehmend

3 Vgl. Jürgen Kocka, Art. »Sozialgeschichte«, in: Günter Endruweit u. Gisela Trommsdorff (Hg.), Wörterbuch der Soziologie, Stuttgart 2002², S. 494–500.
4 Vgl. Reimer Hansen u. Wolfgang Ribbe (Hg.), Geschichtswissenschaft in Berlin im 19. und 20. Jahrhundert. Persönlichkeiten und Institutionen, Berlin 1992, darin u. a. Wolfram Fischer, Sozial- und Wirtschaftsgeschichte in Berlin (S. 487–516) und Wolfgang Ribbe, Berlin als Standort historischer Forschung (S. 45–88, hier bes. 79 f.).

verbindlichen Rahmen des Historischen Materialismus der Wirtschaftsgeschichte (verstanden als Wirtschafts- und Sozialgeschichte besonderer Art,
lange ohne Benutzung des Begriffs »Sozialgeschichte«) großes Gewicht bei-
maß. Unter Jürgen Kuczynskis Leitung sollte sich dem bald ein eigenes Aka-
demie-Institut widmen, das sich langfristig zu einem wichtigen Ort der wirt-
schafts- und sozialgeschichtlichen Forschung entwickelte. Die Entwicklung
in Ost-Berlin wie in der DDR überhaupt wird im folgenden ausgeklammert.[5]
Die für die Entwicklung in der Bundesrepublik entscheidenden Neuansätze
gelangen an der 1948 im Westteil der Stadt neu gegründeten Freien Universität (FU).

Die aus studentischer Initiative und mit amerikanischer Unterstützung entstehende FU war ein in vieler Hinsicht sehr offener und innovativer Platz. Sie
zog jüngere, experimentierfreudige Wissenschaftler an und bot ihnen Spielraum. Mehr als andere deutsche Universitäten lud sie ausländische Gastwis-
senschaftler ein, vor allem aus den USA, darunter viele Exilanten, die in den
dreißiger Jahren aus Deutschland geflohen waren und nun westliches Denken
und westliche Wissenschaft zurückvermittelten. Die Struktur der FU war in
den ersten Jahren noch weich – eine gute Voraussetzung für fächerübergrei-
fende Arbeit. Die FU bildete sich im Gegenzug gegen die sich nach Westen
hin abschottende, zunehmend illiberale Universität im Ostteil der Stadt heraus und betonte schon deshalb ihre Liberalität und Weltoffenheit. Für damalige Verhältnisse war sie wenig hierarchisch und sehr demokratisch.

Im Fachbereich Geschichte (ab 1951 Friedrich-Meinecke-Institut) machte sich all dies bemerkbar. Mit Friedrich Meinecke (Gründungsrektor und
Inhaber des Lehrstuhls für Neuere Geschichte bis 1951), Wilhelm Berges
für Mittelalterliche Geschichte und Hans Herzfeld für Neuere Geschichte bestand überdies eine günstige, für Neues aufgeschlossene Konstellation. Vor
allem die förderliche Rolle Herzfelds ist rückschauend hervorzuheben. Der
1892 geborene Historiker, der sich im Ersten Weltkrieg als Frontoffizier aus-
gezeichnet und in den zwanziger Jahren politisch nach rechts orientiert hatte,
war nach Habilitation und Extraordinariat in Halle von den Nationalsozia-
listen 1938 als »Vierteljude« entlassen und an den Rand gedrängt worden.
Meinecke, bei dem er in Freiburg zeitweise studiert hatte, holte ihn 1950
an die FU. Unter Herzfelds Einfluss wurde das Friedrich-Meinecke-Institut
(FMI) zu einem Ort, »der offener für die Geschichte des Dritten Reichs als
andere Historische Seminare und Institute war« (Reinhard Rürup), der früh

5 Vgl. Peter Hübner, Sozialgeschichte in der DDR – Stationen eines Forschungsweges, in:
BzG 34. 1992, S. 43–54; Wolfram Fischer und Frank Zschaler, Wirtschafts- und Sozialgeschichte,
in: Jürgen Kocka u. Renate Mayntz (Hg.), Wissenschaft und Wiedervereinigung. Disziplinen im
Umbruch, Berlin 1998, S. 361–434; bereits: Horst Handke, Sozialgeschichte – Stand und Entwicklung in der DDR, in: Jürgen Kocka (Hg.), Sozialgeschichte im internationalen Überblick. Ergebnisse und Tendenzen der Forschung, Darmstadt 1989, S. 89–108.

der allerjüngsten Zeitgeschichte viel Interesse entgegenbrachte, der eng mit den Politikwissenschaftlern (aus der Deutschen Hochschule für Politik, seit 1959 als Otto-Suhr-Institut an der FU), Soziologen und anderen Sozialwissenschaftlern kooperierte, und von dem 1958 die entscheidenden Anstöße zur Gründung der Historischen Kommission, eines Forschungszentrums mit zunächst primär landesgeschichtlichem Auftrag, später mit national- und europageschichtlicher Reichweite, ausgingen.[6]

Weder Meinecke noch Herzfeld kann man als Sozialhistoriker bezeichnen. Aber beide haben die Sozialgeschichte erheblich gefördert. Zu Meineckes Schülern[7] gehörten in den zwanziger Jahren Hans Rosenberg, Dietrich Gerhard und Eckart Kehr, deren sozialhistorisches Werk und Wirken tiefen Einfluss auf die Entwicklung in Nachkriegsdeutschland gewannen. Zu Herzfelds Schülern gehörte Gerhard A. Ritter, der mit seiner 1952 in Berlin eingereichten – ursprünglich von Rudolf Stadelmann in Tübingen angeregten – Dissertation über »Die Arbeiterbewegung im Wilhelminischen Reich. Die Sozialdemokratische Partei und die Freien Gewerkschaften 1890–1900« (1959 veröffentlicht) ein bahnbrechendes sozialhistorisches Werk vorlegte und zu der – neben Werner Conze und Theodor Schieder – wichtigsten Gründerfigur für die moderne Sozialgeschichte in Deutschland wurde, nicht zuletzt durch die Ausbildung zahlreicher einschlägig arbeitender Schüler.[8] Mit Unterstützung Meineckes und Herzfelds wurde Hans Rosenberg, der als Jude und Liberaler in den dreißiger Jahren Deutschland hatte verlassen müssen und in die USA ausgewandert war, 1949 und 1950 als Gastprofessor an die Freie Universität geholt. Auch in den folgenden Jahren kam Rosenberg immer wieder zu Arbeitsbesuchen an die Freie Universität zurück, in den sechziger Jahren an die Historische Kommission. Er hat – mittlerweile zum Sozialhistoriker im weiten Sinn des Wortes geworden – eine ganze Generation von jungen Historikern in Berlin und bald darüber hinaus stark beeinflusst und für sozialhistorische Sichtweisen gewonnen. Er führte sie in eine sozialgeschichtlich fundierte, kritische Sicht der preußisch-deutschen Geschichte

6 Zur Gründungsgeschichte James F. Tent, Freie Universität Berlin, 1948–1988. Eine deutsche Hochschule im Zeitgeschehen, Berlin 1988. Weiterhin: Das Friedrich-Meinecke-Institut der Freien Universität 1948–1959, Berlin (Freie Universität) 1959; Gerhard Goehler, Die Wiederbegründung der Deutschen Hochschule für Politik. Traditionspflege oder wissenschaftlicher Neubeginn?, in: ders. u. Bodo Zeuner (Hg.), Kontinuitäten und Brüche in der deutschen Politikwissenschaft, Baden-Baden 1991, S. 144–164. Vgl. Ludwig Dehio, Friedrich Meinecke. Der Historiker in der Krise. Festrede, Berlin-Dahlem 1953; Otto Büsch (Hg.), Hans Herzfeld. Persönlichkeit und Werk, Berlin 1983.

7 Dazu jetzt Friedrich Meinecke, Akademischer Lehrer und emigrierte Schüler. Briefe und Aufzeichnungen 1910–1977, eingel. und bearb. v. Gerhard A. Ritter, München 2006.

8 Zu seinen Schülern gehörten Hans-Jürgen Puhle, Jürgen Kocka, Hartmut Kaelble, Karin Hausen, Klaus Tenfelde, Rüdiger vom Bruch, Marie-Luise Recker, Margit Szöllösi-Janze und Merith Niehuss sowie Gustav Schmidt und Wilhelm Bleek, die zu Politikwissenschaftlern wurden.

in der Moderne ein, eine Sichtweise, in der die »German divergence from
the West« mit ihren unheilvollen Konsequenzen im 20. Jahrhundert zentral
war – eine Deutung nicht unabhängig von der Lebenserfahrung Rosenbergs
und zahlreicher anderer Emigranten, die Deutschland verlassen mussten und
in einem westlichen Land überlebten. Er beeinflusste die Berliner Dissertationen von Gerhard A. Ritter, Otto Büsch und Friedrich Zunkel und darüber
hinaus: Hans-Ulrich Wehler, Helga Grebing, Hartmut Kaelble, Jürgen Kocka,
Peter Lundgreen, Hans-Jürgen Puhle, Reinhard Rürup, Hanna Schissler,
Gerhard Schulz, Heinrich August Winkler, Peter-Christian Witt und Gilbert
Ziebura. Für Gerhard A. Ritter war Rosenberg – neben Werner Conze – »der
einflussreichste Pionier und Nestor der modernen deutschen Sozialgeschichte nach dem Zweiten Weltkrieg und ein Vermittler zwischen deutscher und
amerikanischer Geschichtswissenschaft«, der »eigentliche Mentor der neuen
›kritischen‹ Sozialgeschichte«.[9]
   Diese Wirkung entfaltete Rosenberg zu einem guten Teil in und über Berlin. Es war die Historische Kommission zu Berlin, die unter Herzfelds Leitung 1967 Rosenbergs Buch »Große Depression und Bismarck-Zeit. Wirtschaftsablauf, Gesellschaft und Politik in Mitteleuropa« veröffentlichte, wie
sie schon 1965 Hans-Ulrich Wehlers Sammlung der Aufsätze Eckart Kehrs
unter dem Titel »Der Primat der Innenpolitik« publiziert hatte.[10] Das waren
ungemein einflussreiche Kern- und Signalbücher für die sich in dieser Zeit
konstituierende »kritische Sozialgeschichte«, die ihren Hauptort in Berlin
hatte, bevor sie seit den frühen siebziger Jahren primär von Bielefeld aus zu
wirken begann, vor allem unter dem Einfluss Hans-Ulrich Wehlers, der ebenfalls durch Rosenberg geprägt worden war. Die »kritische Sozialgeschichte«,
die damals eine ganze Generation von Jüngeren überzeugte, klammerte die
Geschichte der politischen Strukturen, Prozesse und Entscheidungen nicht
aus, sondern fragte nach deren sozialen Bedingungen und Folgen. Eben dadurch – beispielsweise durch die auf Interessen und Konflikte orientierte
Frage *cui bono* – näherte sie sich der Ideologiekritik an und konnte sie zu
einem Stück Traditionskritik werden, durch Infragestellung herkömmlicher
politikhistorischer Sichtweisen, die solche Verknüpfung mit der Sozial- und

---

9 Gerhard A. Ritter, Die neuere Sozialgeschichte in der Bundesrepublik Deutschland, in:
Kocka (Hg.), Sozialgeschichte im internationalen Überblick, S. 19–88, bes. 36 f.; ders., Hans Rosenberg (1904–88), in: Volker Reinhardt (Hg.), Hauptwerke der Geschichtsschreibung, Stuttgart
1997, S. 536–39 (hier auch die Namen der Historiker, die Rosenberg beeinflusste).
10 Hans Rosenberg, Große Depression und Bismarckzeit. Wirtschaftsablauf, Gesellschaft
und Politik in Mitteleuropa, Berlin 1967; Eckhart Kehr, Der Primat der Innenpolitik. Gesammelte Aufsätze zur preußisch-deutschen Sozialgeschichte im 19. und 20. Jahrhundert, hg. v. Hans-
Ulrich Wehler, Berlin 1965. Rosenbergs Buch ging auf einen früheren Aufsatz von ihm zurück:
Political and Social Consequences of the Great Depression of 1873–1896 in Central Europe, in:
EcHR 13. 1943, S. 58–73. Vgl. auch ders., Die Pseudodemokratisierung der Rittergutsbesitzerklas-
se (1958), in: ders. Machteliten und Wirtschaftskonjunkturen, Göttingen 1978, S. 83–101.

Wirtschaftsgeschichte nicht praktizierten. Rosenbergs »Große Depression und Bismarckzeit« repräsentierte diesen Ansatz mit seinen Stärken und Schwächen in modellhafter Weise, bald folgte Wehlers »Bismarck und der Imperialismus«.[11] Auch die historische Verbändeforschung jener Jahre gehörte in diesen Zusammenhang.[12]

II. Sozialgeschichte in der Erweiterung. So wie die Sozialgeschichte in der Bundesrepublik niemals nur aus der – in sich übrigens nicht homogenen – Berlin-Bielefelder Richtung bestand, sondern eine Reihe anderer Strömungen, Schauplätze und Namen umfasste,[13] so gab es auch in Berlin andere Realisierungen von Sozialgeschichte neben, unabhängig von oder in Verflechtung mit der durch Rosenberg und Ritter geprägten Strömung. In der Regel wurde Sozialgeschichte, wie schon seit dem 19. Jahrhundert, in der traditionellen Verbindung betrieben: als Sozial- und Wirtschaftsgeschichte oder – der tatsächlichen Gewichtsverteilung eher entsprechend – als Wirtschafts- und Sozialgeschichte. Am FMI haben neben Hans Rosenberg auch Richard Dietrich, Wilhelm Berges und Herbert Helbig Vorlesungen und Seminare in diesem Bereich angeboten. Helbig vertrat seit 1963 einen Lehrstuhl »Mittelalterliche und Neuere Geschichte (Wirtschafts- und Sozialgeschichte)«. Sicher enthielten auch andere Lehrveranstaltungen sozialgeschichtliche Momente. Unter den 86 Dissertationen, die im FMI 1948–60 entstanden, hatten zehn, nach dem Titel zu urteilen, Bezug zur Sozialgeschichte.[14]

1955 richtete die Wirtschafts- und sozialwissenschaftliche Fakultät einen Lehrstuhl für Wirtschafts- und Sozialgeschichte ein, der von Bruno Schultze vertreten wurde. Er ging 1961 in ein Seminar und 1964 in ein Institut für Wirtschafts- und Sozialgeschichte über, das ab 1964 von Wolfram Fischer

---

11 Vgl. Hans-Ulrich Wehler (Hg.), Sozialgeschichte heute. Festschrift für Hans Rosenberg, Göttingen 1974 (darin die Einleitung des Herausgebers). Die erste Festschrift für Hans Rosenberg publizierte Gerhard A. Ritter 1970 u. d. T. »Entstehung und Wandel der modernen Gesellschaft«. Vgl. auch Gerhard A. Ritter, Hans Rosenberg 1940–1988, in: GG 15. 1989, S. 282–302; Heinrich August Winkler, Ein Erneuerer der Geschichtswissenschaft. Hans Rosenberg 1904–1988, in: HZ 248. 1989, S. 529–555. Hans-Ulrich Wehler, Bismarck und der Imperialismus, Köln 1969.

12 Vgl. die von Ritter angeregten Dissertationen zum Bund der Landwirte von Hans-Jürgen Puhle (1966) und zum Centralverband Deutscher Industrieller von Hartmut Kaelble (1967) sowie die von Ernst Fraenkel angeregte Arbeit von Hannelore Horn zum Bau des Mittellandkanals (1964).

13 Vgl. Kocka, Sozialgeschichte in Deutschland seit 1945, sowie als sehr guten Überblick bis in die achtziger Jahre: Gerhard A. Ritter, The New Social History in the Federal Republic of Germany, London 1991 (erw. Fassg. seines oben in Anm. 9 genannten Aufsatzes); zuletzt Gerhard Schulz, Sozialgeschichte, in: ders. u. a. (Hg.), Sozial- und Wirtschaftsgeschichte. 100 Jahre Vierteljahrschrift für Sozial- und Wirtschaftsgeschichte, Wiesbaden 2004, S. 283–303. Zum obigen Abschnittstitel vgl. Werner Conze, Sozialgeschichte in der Erweiterung, in: NPL 19. 1974, S. 501–508.

14 Nach einer Auszählung von Willfried Geßner auf der Basis von Ilja Mieck (Hg.), Das Friedrich-Meinecke-Institut der Freien Universität 1960–1970, Berlin (FU) 1971, S. 43–47.

geleitet, ungewöhnlich erfolgreich ausgebaut und zum unbestrittenen Zentrum der wirtschafts- und sozialhistorischen Forschung in Westberlin gemacht wurde, mit erheblicher Ausstrahlung in Deutschland und international. In diesem »Fischer-Institut« (seit 1969 in der Hittorfstraße in Dahlem) erhielten nicht nur mehrere Generationen deutscher Wirtschaftshistoriker ein Stück ihrer Ausbildung, man denke u. a. an Peter Czada, Carl-Ludwig Holtfrerich, Rainer Fremdling, Reinhard Hildebrandt, Reinhard Spree, Gerald Ambrosius, Stephan Merl und Margrit Grabas; hier arbeiteten auch bedeutende Sozialhistoriker wie Rolf Engelsing, Rudolf Braun, Hartmut Kaelble und Heinrich Volkmann. Die Geschichte der (frühen) Industrialisierung stand lange im Mittelpunkt der Forschungen dieses Instituts wie auch – in enger Verknüpfung – der Historischen Kommission, besonders in den sechziger Jahren. Überhaupt hat die Historische Kommission unter der resoluten Regie von Otto Büsch und unter wechselnden Vorsitzenden (Hans Herzfeld, Wolfgang Treue, Wolfram Fischer und Klaus Zernack) der Sozialgeschichte große Aufmerksamkeit gewidmet. Seit den sechziger Jahren bestanden dort »Forschungsreferate«, später Abteilungen zur Geschichte Brandenburg-Preußens, zur Geschichte der Arbeiterbewegung, für Sozial- und Wirtschaftsgeschichte sowie für Kulturgeschichte und die Geschichte der Juden. Besonders das Fischer-Institut und die Historische Kommission sorgten durch große Konferenzen und Gäste-Programme für ein hohes Maß an Internationalität, das der sozialhistorischen Forschung in Berlin sehr zugute gekommen ist. Es machte beispielsweise die Geschichte der sozialen Proteste zu einem herausragenden Thema, das auch und besonders gut mit statistischen Verfahren untersucht werden konnte.[15] Die sozialhistorische Forschung erweiterte sich thematisch und methodisch.

In den späten siebziger und in den achtziger Jahren entwickelte sich die Technische Universität (TU) zu einem weiteren Zentrum in der Berliner sozialhistorischen Forschung und – unter dem bestimmenden Einfluss Reinhard Rürups, der sich mit der Geschichte der Revolution von 1918 einen Namen gemacht hatte und 1975 vom FMI auf den Lehrstuhl für Neuere Geschichte an der TU wechselte – zu einem Ort besonderer Dynamik und Innovation. Schon vorher war in der TU bedeutende Forschung zur Geschichte der Arbeiterschaft betrieben worden (Ernst Schraepler). Rürup, der neben Hans-Ulrich Wehler, Wolfgang Mommsen, Hans-Jürgen Puhle, Jürgen Kocka und anderen zum Herausgeberkreis von »Geschichte und Gesellschaft. Zeitschrift für His-

---

15 Vgl. Heinrich Volkmann u. Jürgen Bergmann (Hg.), Sozialer Protest. Studien zu traditioneller Resistenz und kollektiver Gewalt in Deutschland vom Vormärz bis zur Reichsgründung. Opladen 1984; Manfred Gailus u. Heinrich Volkmann (Hg.), Der Kampf um das tägliche Brot. Nahrungsmangel, Versorgungspolitik und Protest 1770–1990, Opladen 1994. Im Übrigen siehe ausführlich Wolfram Fischer, Wirtschafts- und Sozialgeschichte an der Freien Universität Berlin 1955–2004, in: Scripta Mercaturae 39. 2005, H. 1, S. 45–73.

torische Sozialwissenschaft« gehörte, knüpfte mit seiner Forschungsplanung an diese damals kulminierende Forschungsrichtung an, die sich dezidiert auf Hans Rosenberg berief. Zusammen mit Karin Hausen, die an der FU bei Gerhard A. Ritter promoviert hatte, initiierte er neuartige Forschungen zur Technik- und Sozialgeschichte. Karin Hausen wurde an der TU zur wichtigsten deutschen Pionierin der Frauen- und Geschlechtergeschichte.[16] Im Zentrum für Antisemitismusforschung, das 1982 an der TU entstand und seit den frühen neunziger Jahren von Wolfgang Benz geleitet wird, sind auch sozialhistorische Forschungen in die Zeitgeschichte eingebracht worden. Schließlich engagierte sich Rürup bei der öffentlichen Darstellung der Geschichte in Geschichtsmuseen und -ausstellungen, der Geschichtskultur und -politik, wobei aber die sozialgeschichtliche Verwurzelung nie verlassen wurde. Schließlich ist die TU durch Heinz Reif (seit 1986 in Berlin, zuvor bei Jürgen Kocka in Bielefeld) zu einem Zentrum der Eliten- und Adelsforschung und, in Zusammenarbeit mit Wolfgang Hofmann, zu einem Schwerpunkt der Vergleichenden Stadtforschung mit internationaler Ausstrahlungskraft ausgebaut worden.

In der reichen und vielfältigen Forschungslandschaft Berlins gab es weitere Orte, an denen Sozialgeschichte betrieben wurde, so etwa im Kommunalwissenschaftlichen Forschungszentrum. Hier arbeiteten u. a. Christian Engeli, Horst Matzerath und Wolfgang Hofmann über Stadtgeschichte. In den achtziger Jahren spielte Sozialgeschichtliches in unendlich vielen Vorlesungen und Seminaren, Forschungsprojekten und Darstellungen eine zunehmende Rolle. An der Historischen Kommission wurde ein Großprojekt zur Geschichte der Inflation betrieben. Die Ergebnisse erschienen in 16 Bänden »Beiträge zu Inflation und Wiederaufbau in Deutschland und Europa 1914–1924«, herausgegeben von Gerald D. Feldman, Carl-Ludwig Holtfrerich, Gerhard A. Ritter und Peter-Christian Witt. Die Sozialgeschichte drang in die allgemeine Geschichtswissenschaft ein, sie wurde dadurch weniger klar unterscheidbar. Ihre Umstrittenheit nahm ab, ihre Neuartigkeit auch. Viel gute Forschung wurde betrieben, viele Namen wären zu nennen. Stattdessen ein Zitat: »Berlin ist heute wahrscheinlich neben Paris und Tokio und vor New York und London der Platz mit der größten Anzahl von Forschern auf dem Gebiet der Sozial- und Wirtschaftsgeschichte.« So sah es Wolfram Fischer 1988, zählte dabei allerdings Ost-Berlin mit.[17]

---

16 Vgl. Reinhard Rürup (Hg.), Historische Sozialwissenschaft, Göttingen 1977; Karin Hausen u. Reinhard Rürup (Hg.), Moderne Technikgeschichte, Köln 1975; Karin Hausen (Hg.), Frauen suchen ihre Geschichte. Historische Studien zum 19. und 20. Jahrhundert, München 1983 (2. Aufl. 1987).
17 Wolfram Fischer, Sozial- und Wirtschaftsgeschichte in Berlin, in: Hansen u. Ribbe, Geschichtswissenschaft in Berlin, S. 487.

III. Geschichte und Vergleich. Als vergleichend bezeichnet man geschichtswissenschaftliche Arbeiten dann, wenn sie zwei oder mehr historische Phänomene explizit auf Ähnlichkeiten und Unterschiede untersuchen, um damit
zu ihrem besseren Verständnis und ihrer besseren Erklärung beizutragen
oder um daraus weiterführende Folgerungen anderer Art zu ziehen. Der internationale Vergleich ist nur eine, wenngleich eine besonders häufige und
wichtige Form des historischen Vergleichens. Für den Vergleich wurde spätestens seit den zwanziger Jahren entschieden plädiert, so beispielsweise von
Marc Bloch und Otto Hintze. Es gab immer wieder herausragende Beispiele
vergleichender Forschung, häufig aus der Feder historisch arbeitender Sozialwissenschaftler. Unter den Historikern blieb der Vergleich die Ausnahme.
Nicht nur stellt er besondere Anforderungen an Wissen und Arbeitskraft.
Seine Logik steht auch in Spannung zu einigen Grundprinzipien des historischen Arbeitens, etwa dem Postulat, das untersuchte Phänomen in seiner vollen Komplexität und vielfältigen Einbettung zu rekonstruieren, statt
es – wie es der Vergleich oft tun muss, besonders wenn mehr als zwei »Fälle«
verglichen werden – aus seinem Kontext ein Stück weit herauszulösen und
es nur *in bestimmter Hinsicht* zu untersuchen, dafür aber im Vergleich zu
anderen.[18]

Auch in der Sozial- und Gesellschaftsgeschichte blieb der Vergleich sehr
lange am Rande. Sie entwickelte sich zunächst, abgesehen von bemerkenswerten Ausnahmen, im nationalgeschichtlichen Rahmen. Das gilt auch für
Berlin. Allerdings hatte schon Rosenberg nachdrücklich für die Notwendigkeit des expliziten Vergleichens plädiert. Auch spielte in seiner kritischen Interpretation der deutschen »divergence from the West« implizit der Vergleich
Deutschlands mit »dem Westen« eine wichtige Rolle wie in vielen anderen
Arbeiten zum »deutschen Sonderweg« auch.[19] Gerhard A. Ritter hat früh und

18 Vgl. Marc Bloch, Pour une histoire comparée des sociétés européennes (1928), in: ders.,
Mélanges historiques, Bd. 1, Paris 1963, S. 16–40; auf dt. in: Matthias Middell u. Steffen Sammler
(Hg.), Alles Gewordene hat Geschichte. Die Schule der »Annales« in ihren Texten. 1929–1992,
Leipzig 1994, S. 121–168; Otto Hintze, Soziologische und geschichtliche Staatsauffassung, in:
ders., Soziologie und Geschichte. Gesammelte Abhandlungen, hg. v. Gerhard Oestreich, Bd. 2,
Göttingen 1964, S. 239–305. Zur Geschichte und Logik des historischen Vergleichs vgl. Heinz-
Gerhard Haupt u. Jürgen Kocka (Hg.), Geschichte und Vergleich. Ansätze und Ergebnisse interna-
tional vergleichender Geschichtsschreibung, Frankfurt/Main 1996, darin vor allem die Einleitung
der Herausgeber und die Beiträge von Jürgen Kocka und Hartmut Kaelble. Weiterhin: Hartmut
Kaelble, Der historische Vergleich. Eine Einführung zum 19. und 20. Jahrhundert, Frankfurt/Main
1999; Chris Lorenz, Comparative Historiography: Problems and Perspectives, in: H&T 38. 1999,
S. 25–39; Heinz-Gerhard Haupt, Historische Komparatistik in der internationalen Geschichtsschreibung, in: Gunilla Budde u. a. (Hg.), Transnationale Geschichte. Themen, Tendenzen und
Theorien, Göttingen 2006, S. 137–149.
19 Genannt sei vor allem Ernst Fraenkel, Deutschland und die westlichen Demokratien, Stuttgart 1964. Fraenkel hatte sich ebenfalls aus Nazi-Deutschland in die USA retten können. An der
Deutschen Hochschule für Politik, dann am Otto-Suhr-Institut lehrte er »Vergleichende Lehre der

immer wieder verglichen und seine Schüler, speziell Hans-Jürgen Puhle, Jürgen Kocka und Hartmut Kaelble, zu breiten Vergleichen angeregt. Vor allem ist hier Hartmut Kaelble zu nennen, der sich früh für europäische Geschichte interessierte und spätestens seit 1974 vorführte, wie der entschiedene Bezug auf Theorien und Begriffe sozialwissenschaftlicher Provenienz – z. B.»soziale Mobilität« – zum historischen Vergleich führen kann. Arthur Imhof, der seit den siebziger Jahren an der FU einen wichtigen Schwerpunkt historisch-demographischer Forschung aufgebaut hat, arbeitete ebenfalls vergleichend. Des weiteren sind sozialhistorische Veröffentlichungen von Christoph Conrad, Michael Erbe, Wolfram Fischer, Stefi Jersch-Wenzel, Andreas Kunz, Horst Matzerath, Ilja Mieck und Hannes Siegrist zu nennen, die von Berliner Historikern stammten, in den siebziger und achtziger Jahren erschienen und vergleichend vorgingen.[20] Doch, wie Kaelble in seiner Bestandsaufnahme vergleichender Arbeiten im einzelnen zeigt, blieben Vergleiche bis in die späten achtziger Jahre überall, und so auch in Berlin, die Ausnahme.[21]

In den letzten 15 Jahren des 20. Jahrhunderts machte das Vergleichen große Fortschritte, auch und gerade in der Sozial- und Gesellschaftsgeschichte. Vielleicht lag es daran, dass allmählich eine kritische Schwelle erreicht wurde, oberhalb derer nun genug Potential an Forschungen und Forschungsmöglichkeiten bestand, um die an sich in der Logik analytisch orientierter Sozialgeschichte angelegte Tendenz zum expliziten Vergleich zu realisieren.

Herrschaftsformen«. Generell: Jürgen Kocka, Nach dem Ende des Sonderwegs. Zur Tragfähigkeit eines Konzepts, in: Arnd Bauerkämper u. Martin Sabrow (Hg.), Doppelte Zeitgeschichte. Deutsch-deutsche Beziehungen 1945–1990, Festschrift für Christoph Kleßmann, Bonn 1998, S. 364–375; James J. Sheehan, Paradigm Lost. The Sonderweg Revisited, in: Budde, Transnationale Geschichte, S. 150–160.

20 Dies nach der Untersuchung:»Sozialhistorische Vergleiche von europäischen Historikern im bibliographischen Überblick« (nur internationale Vergleiche zur modernen Geschichte seit dem 18. Jahrhundert), die Hartmut Kaelble 1995 veröffentlichte in: Gerhard Haupt u. Jürgen Kocka, Geschichte und Vergleich, S. 111–130 (dort genauere Nachweise). Gerhard A. Ritter, Deutscher und britischer Parlamentarismus. Ein verfassungsgeschichtlicher Vergleich, Tübingen 1962; ders., Social Welfare in Germany and Britain: Origins and Developments, Leamington Spa 1986; Hans-Jürgen Puhle, Politische Agrarbewegungen in kapitalistischen Industriegesellschaften. Deutschland, USA und Frankreich im 20. Jahrhundert, Göttingen 1975; Jürgen Kocka, Angestellte zwischen Faschismus und Demokratie. Zur politischen Sozialgeschichte der Angestellten: USA 1890–1940 im internationalen Vergleich, Göttingen 1977. Die erste einer langen Reihe vergleichender Arbeiten von Hartmut Kaelble: Sozialer Aufstieg in den USA und Deutschland, 1900–1960. Ein vergleichender Forschungsbericht, in: Wehler, Sozialgeschichte heute, S. 525–42. Von Arthur Imhof u. a.: Die gewonnenen Jahre. Von der Zunahme unserer Lebensspanne seit 300 Jahren oder Von der Notwendigkeit einer neuen Einstellung zu Leben und Sterben. Ein historischer Essay, München 1981.

21 Vgl. auch die sehr skeptische Bestandsaufnahme von Hans-Ulrich Wehler, Sozialgeschichte und Gesellschaftsgeschichte, in: Wolfgang Schieder u. Volker Sellin (Hg.), Sozialgeschichte in Deutschland. Entwicklungen und Perspektiven im internationalen Zusammenhang, Bd. 1, Göttingen 1986, S. 33–52, hier 41 f.: zur Seltenheit und zu den Schwierigkeiten vergleichender Gesellschaftsgeschichte.

Sicher lag es an der zunehmenden Internationalität eines erheblichen Teils der nun in die produktivsten Lebensjahre einrückenden Historikergeneration, die innerhalb Europas und darüber hinaus viel stärker international vernetzt war als jede frühere. Zweifellos lag es auch am Thema »Europa«, das vor und nach der Wende von 1989/90 dringlicher und intensiver zum Thema öffentlicher Diskussion und geschichtswissenschaftlicher Aufmerksamkeit wurde als je zuvor – gerade auch im bis dahin vernachlässigten West-Ost-Vergleich. Doch meldete sich auch neue, grundsätzliche Kritik am Vergleich. Aus dem Blickwinkel der oft sehr kultur-, diskurs- und wahrnehmungsgeschichtlich orientierten Transfergeschichte, die sich allmählich unter verschiedenen Bezeichnungen – z. B. *entangled histories* und *histoire croisée* – zur Verflechtungsgeschichte weiterenwickelte, erscheint das Vergleichen manchmal als zu analytisch oder gar zu mechanisch, weil es die Vergleichseinheiten begrifflich-methodisch klar voneinander scheidet, um sie auf Ähnlichkeiten und Unterschiede zu befragen, während sie – transfer- und verflechtungsgeschichtlich gesehen – in Wirklichkeit durch grenzüberschreitende, wechselseitige, oft asymmetrische Beziehungen eng verbunden bzw. gar als Teile ein und desselben Zusammenhangs zu begreifen seien. Die Diskussionen sind noch im Gang und werden zunehmend mit Blick auf welt- bzw. globalgeschichtliche Dimensionen geführt. Als Ergebnis zeichnet sich aber kein Gegensatz zwischen Vergleich und Verflechtungsgeschichte ab; das Ziel besteht vielmehr in ihrer Verknüpfung.[22]

IV. Neueste Entwicklungen. Seit der Wiedervereinigung haben die geschichtswissenschaftliche Forschung und damit auch die Sozialgeschichte in Berlin sehr an Boden verloren. Zugleich haben sich neue Ansätze und Institutionen etabliert. Auf die Abwicklung der geschichtswissenschaftlichen Institute der DDR-Akademie (einschließlich des sozialgeschichtlich aktiven Instituts für Wirtschaftsgeschichte) Anfang der neunziger Jahre folgte Mitte der neunziger Jahre die Abwicklung der West-Berliner Historischen Kommission, in der bis zuletzt wichtige sozialgeschichtliche Forschung betrieben wurde. Anlässlich des Umzugs in die Koserstraße 20 entschied sich das selber bald schrumpfende FMI unverständlicherweise gegen die – an sich mögliche – Einbeziehung der Sozial- und Wirtschaftsgeschichte, gegen die Verbindung mit dem traditionell

---

22 Vgl. als Bestandsaufnahmen: Haupt u. Kocka, Der historische Vergleich; sowie Kaelble, Der historische Vergleich; weiterhin Jürgen Kocka, Comparison and Beyond, in: H&T 42. 2003, S. 39–44; Heinz-Gerhard Haupt, Comparative History, in: International Encyclopedia of the Social and Behavioral Sciences, Bd. 4, Amsterdam 2001, S. 2397–2403. Weiterhin Hartmut Kaelble u. Jürgen Schriewer (Hg.), Vergleich und Transfer. Komparatistik in den Sozial-, Geschichts- und Kulturwissenschaften, Frankfurt/Main 2003, sowie Michael Werner u. Bénédicte Zimmermann, Vergleich, Transfer, Verflechtung. Der Ansatz der Histoire Croisée und die Herausforderung des Transnationalen, in: GG 28. 2002, S. 607–636.

bei den Wirtschaftswissenschaftlern angesiedelten Fischer-Institut. Dieses hat die Emeritierung seines Leiters nicht überlebt, auch Fischers Lehrstuhl wurde nicht wieder ausgeschrieben, eine große Berliner Tradition ist damit unrühmlich abgebrochen. Auch die TU-Geschichtswissenschaft befindet sich im freien Fall, frei werdende Professuren werden nicht neu besetzt. Dagegen hat die Humboldt-Universität die Sozialgeschichte neu aufgebaut, unter der tatkräftigen Leitung Hartmut Kaelbles, der 1991 von der FU an die Humboldt-Universität überwechselte. Unter der Leitung von Wolfgang Kaschuba an der Humboldt-Universität Berlin entstand der Bereich »Europäische Ethnologie«, in dem auch sozial- und kulturgeschichtliche Forschungen betrieben werden. Von den jüngsten Entwicklungen in Berlin sollen abschließend nur einige wenige angesprochen werden, ausschließlich mit Blick auf die Moderne.

Von 1992 bis 1997 bestand an der Freien Universität die Arbeitsstelle für Vergleichende Gesellschaftsgeschichte, die aus Mitteln der DFG[23] finanziert, von der FU tatkräftig unterstützt und von Jürgen Kocka zusammen mit Hannes Siegrist geleitet wurde. Siegrist hatte bei Rudolf Braun in Zürich promoviert, teilweise in Bielefeld gearbeitet, dann dem Fischer-Institut angehört und sich 1992 mit einer vergleichenden Arbeit zur Geschichte der Rechtsanwälte in Deutschland, Italien und der Schweiz habilitiert. »Aufstieg, Krisen und Perspektiven der Bürgergesellschaft/Zivilgesellschaft vom 18. bis zum 20. Jahrhundert« stellte das Rahmenthema der Arbeitsstelle dar, innerhalb dessen vielfältige Einzelthemen mit unterschiedlichen Methoden, aber fast immer komparativ, bearbeitet wurden. Die Arbeitsstelle bezweckte, den historisch-komparativen Ansatz weiterzuentwickeln, Sozial- und Kulturgeschichte auf neue Weise zu verbinden und Bausteine für eine europäische Geschichte in vergleichender Absicht vorzulegen. Sie beherbergte insgesamt sechzehn meist jüngere Wissenschaftler und Wissenschaftlerinnen, die mit Qualifikationsarbeiten und sonstigen Forschungsarbeiten beschäftigt wa-

---

23 Aus Mitteln eines mir zugesprochenen Leibniz-Preises, nachdem ich 1988 zur Wahrnehmung einer »Professur für Geschichte der Industriellen Welt« (zunächst als Stiftungsprofessur der Stiftung Preußische Seehandlung) nach Berlin zurückgekommen war. Habilitationen, die an diesem Lehrstuhl stattfanden: Thomas Welskopp, Das Banner der Brüderlichkeit. Die deutsche Sozialdemokratie vom Vormärz bis zum Erlaß des Sozialistengesetzes, Bonn 2000; Ralph Jessen, Akademische Elite und kommunistische Diktatur. Die ostdeutsche Hochschullehrerschaft in der Ulbricht-Ära, Göttingen 1999; Arnd Bauerkämper, Ländliche Gesellschaft in der kommunistischen Diktatur. Zwangsmodernisierung und Tradition in Brandenburg 1945–1963, Köln 2002; Gunilla Budde, Frauen der Intelligenz. Akademikerinnen in der DDR 1945–1975, Göttingen 2003; Árpád von Klimó, Nation, Konfession, Geschichte. Zur nationalen Geschichtskultur Ungarns im europäischen Ausland (1860–1948), München 2003; Martin Sabrow, Das Diktat des Konsenses. Geschichtswissenschaft in der DDR 1949–1969, München 2001; Philipp Ther, In der Mitte der Gesellschaft. Opperntheater in Zentraleuropa 1815–1914, München 2006; Sebastian Conrad, »Deutsche Arbeit« in der Welt. Globalisierung und Nation im Kaiserreich, 1880–1910 [in Vorbereitung]; Oliver Janz, Das symbolische Kapital der Trauer: Nation, Religion und Familie im italienischen Gefallenenkult des Ersten Weltkriegs, unveröffentlichte Habilitationsschrift (FU Berlin) 2005.

ren und über längere Zeit kontinuierlich kooperierten. Sie führte 14 größere Konferenzen und Tagungen durch, mit internationaler und teilweise interdisziplinärer Besetzung. Sie beherbergte insgesamt 54 Gäste aus 19 Ländern. Durch regelmäßige Kolloquien und mit vielen Publikationen wirkte sie in der wissenschaftlichen Öffentlichkeit Berlins und darüber hinaus. Sie arbeitete eng mit dem Graduiertenkolleg »Gesellschaftsvergleich« zusammen, das von Georg Elwert, Hartmut Kaelble, Jürgen Kocka und Martin Kohli 1992 gegründet wurde und auch sozialgeschichtlich-komparative Forschungen im interdisziplinären Kontext förderte.[24]

Das von 1998 bis 2003 bestehende, von der Volkswagen Stiftung finanzierte und von FU und HUB gemeinsam getragene »Zentrum für Vergleichende Geschichte Europas« setzte diese Arbeiten fort, jedoch unter neuen Zielsetzungen, mit neuen Schwerpunkten und in neuen Formen. Nunmehr wurden – französische Anregungen aufnehmend[25] – die vergleichenden Ansätze (die nach Ähnlichkeiten und Unterschieden fragen) entschieden durch Verflechtungsgeschichte (die gegenseitige Beeinflussungen, Transfers und Beziehungen betont) ergänzt. Die Frage nach Europa trat in den Vordergrund und in diesem Rahmen das Ziel, den Standort Berlin gezielt zur Verknüpfung der Geschichte West- und Osteuropas zu nutzen. Entsprechend wurde das Zentrum von vier Historikern gemeinsam geleitet – Hartmut Kaelble (HUB) und Jürgen Kocka (FU), deren Kompetenz eher im westeuropäischen Bereich liegt, sowie Manfred Hildermeier (Universität Göttingen) und Holm Sundhaussen (FU Berlin) als Kenner der ost- und südosteuropäischen Geschichte. Christoph Conrad, der mit dem Thema »Vom Greis zum Rentner. Der Strukturwandel des Alters in Deutschland zwischen 1830 und 1930 – am Beispiel Köln« und Philipp Ther, der mit dem Thema »Vertriebene in der SBZ/DDR und Polen 1945–1956« (beide an der FU Berlin) promoviert hatte, bauten das Zentrum als leitende Wissenschaftliche Mitarbeiter auf und prägten es mit. 2001 trat Arnd Bauerkämper als leitender Wissenschaftlicher Mitarbeiter ein, der sich mit einer Arbeit über die Geschichte der Bodenreform und der Zwangskollektivierung in Ostdeutschland nach 1945 habilitiert und auch über englische Geschichte publiziert hat. Weiterhin stand die Geschichte der Zivilgesellschaft im Vordergrund, dabei besonders: (a) die Herausbildung einer europäischen Öffentlichkeit, (b) die Diskurse des Nationalen und gesellschaftliche Identitätsbildung, (c) die lokale politische Herrschaft, Modernisierung und partizipatorische politische Kultur sowie (d) das Bürgertum, die Bürgerlichkeit und dabei besonders die Einstellungen zur Arbeit. Das

24 Unter dessen ca. 75 Kollegiaten (1992–2001) gab es 26 Historiker und Historikerinnen. Vgl. Armin Triebel (Hg.), Die Pragmatik des Gesellschaftsvergleichs, Leipzig 1997.

25 Als erster Direktor des Berliner Centre Marc Bloch, das seit 1992 auch historische und sozialwissenschaftliche Forschungen zur europäischen Geschichte betreibt, vermittelte Etienne François wichtige Anregungen.

Zentrum förderte elf Promotions- und Habilitationsprojekte, die mittlerweile erfolgreich abgeschlossen sind. Es veranstaltete 27 große internationale Tagungen, bot europaweit Sommerkurse an, beherbergte zahlreiche Gäste aus ganz Europa und darüber hinaus und wirkte mit regelmäßigen Kolloquien und durch zahlreiche Publikationen.[26]

Aus diesem Zentrum ging 2004 das »Berliner Kolleg für Vergleichende Geschichte Europas« hervor. Die neue Institution konzentriert sich unter dem Titel »Europäisierung Europas?« auf Prozesse der Grenzüberschreitung und Grenzziehung besonders im Hinblick auf die Entstehung, Verbreitung und Erosion zivilgesellschaftlicher Werte und Praktiken in Europa seit dem 18. Jahrhundert. Zudem werden im Berliner Kolleg Außenwahrnehmungen und Außenbeziehungen des Kontinents untersucht, um Abgrenzungen, aber auch gemeinsame Identitäten zwischen Europäern zu klären. Dabei wird besonders erforscht: (a) Öffentlichkeit und *citizenship*, (b) Migration und Transfer, (c) Selbstorganisation und Staat sowie (d) Identitäten und Zuschreibungen in globaler Perspektive. In methodischer Hinsicht stehen weiterhin die Vergleichs- und die Verflechtungsgeschichte im Mittelpunkt. Bis 2009 werden im Berliner Kolleg insgesamt zwanzig Doktorandinnen und Doktoranden gefördert, die hier eng zusammenarbeiten, auch mit auswärtigen Gastwissenschaftlern. Darüber hinaus umfasst das Programm Konferenzen, Workshops, Sommerkurse und das Forschungscolloquium. Nicht zuletzt werden in der eigenen Schriftenreihe Monographien veröffentlicht, die einen Überblick zu wichtigen Themenfeldern transnationaler Geschichte bieten, darunter Geselligkeit und Demokratie, Nationsbildung oder Religion und Konfessionalität.[27]

In den neunziger Jahren hat sich die vergleichende Gesellschaftsgeschichte auch stark in der Humboldt-Universität entwickelt. Seit 2004 besteht dort der Sonderforschungsbereich »Repräsentationen sozialer Ordnungen im Wan-

---

26 Vgl. Arnd Bauerkämper (Hg.), Die Praxis der Zivilgesellschaft. Akteure, Handeln und Strukturen im internationalen Vergleich, Frankfurt/Main 2003; Philipp Ther u. Holm Sundhaussen (Hg.), Regionale Bewegungen und Regionalismen in europäischen Zwischenräumen seit der Mitte des 19. Jahrhunderts, Marburg 2003; Manfred Hildermeier u. a. (Hg.), Europäische Zivilgesellschaft in Ost und West. Begriff, Geschichte, Chancen, Frankfurt/Main 2000; Jürgen Kocka, Zivilgesellschaft als historisches Projekt. Moderne europäische Geschichtsforschung in vergleichender Perspektive, in: Christof Dipper u. a. (Hg.), Europäische Sozialgeschichte. Festschrift für Wolfgang Schieder, Berlin 2000, S. 475–484; Hartmut Kaelble u. a., Ein Zentrum für die Vergleichende Geschichte Europas, in: Humboldt-Spektrum 7. 2000, H. 1, S. 28–34.

27 Stefan-Ludwig Hoffmann, Geselligkeit und Demokratie. Vereine und zivile Gesellschaft im transnationalen Vergleich, 1750–1914, Göttingen 2003; Miroslav Hroch, Das Europa der Nationen. Die moderne Nationsbildung im europäischen Vergleich. Aus dem Tschechischen von Elizka und Ralph Melville, Göttingen 2005. Das Kolleg wird von der Hertie- und der Henkel-Stiftung unterstützt, von FU und Humboldt-Universität getragen und von denselben Wissenschaftlern geleitet wie die Vorgängerinstitution. Neben Arnd Bauerkämper fungiert Bernhard Struck als Wissenschaftlicher Mitarbeiter. Vgl. ders., Nicht West – nicht Ost. Frankreich und Polen in der Wahrnehmung deutscher Reisender zwischen 1750 und 1850, Göttingen 2006.

del«, dessen Sprecher Hartmut Kaelble ist und an dem neben Historikern auch Ethnologen, Erziehungswissenschaftler, Politikwissenschaftler und Sprachwissenschaftler arbeiten. Der Sonderforschungsbereich bezweckt vor allem, den Austausch zwischen Europaexperten und Experten zur außereuropäischen Geschichte zu fördern. Der Berliner Raum bietet dafür eine gute Chance, denn hier ist neben Forschungspotential zur deutschen und europäischen Geschichte auch viel »Fernkompetenz« in Gestalt von Forschungspotential zu anderen Teilen des Globus vorhanden.

An der Technischen Universität wurde die international vergleichende stadtgeschichtliche Forschung unter der Leitung Heinz Reifs und im Rahmen seines »Zentrums für Metropolenforschung« ausgebaut. Zuletzt ist daraus ein von der DFG gefördertes interdisziplinäres Transatlantisches Graduiertenkolleg »Geschichte und Kultur der Metropolen im 20. Jahrhundert« hervorgegangen, an dem die drei Berliner mit zwei New Yorker Universitäten (Columbia und New York University) zusammenarbeiten.

V. Abgrenzung und Transnationalisierung der Sozialgeschichte. Zweifellos hat sich die Sozialgeschichte im zurückliegenden halben Jahrhundert erheblich verändert, zum kleineren Teil durch innerwissenschaftliche Dynamik, zum größeren Teil mit dem Wandel der Zeit und dem Wechsel der Generationen sowie den sich damit verschiebenden Fragen und Selbstverständlichkeiten. In der Auseinandersetzung mit ihren Kritikern hat sie manches von deren Programm selektiv angeeignet und verarbeitet: das Interesse an der Geschlechterdifferenz; die Frage nach Wahrnehmungen und Erfahrungen, Handlungs- und Verarbeitungsweisen, also nach subjektbezogenen Dimensionen; die Fähigkeit zur Einbeziehung der Deutungen und Deutungssysteme, der Symbole und symbolischen Praktiken in das Untersuchungsfeld der Sozialgeschichte; die Aufmerksamkeit für die Sprache und die Neigung zur begriffsgeschichtlichen Erweiterung, die methodischen Konsequenzen des Konstruktivismus, wenngleich nicht in seiner radikalen Form. Im Zuge der inneren Erweiterung verschwammen die Außengrenzen der Sozialgeschichte, die niemals sehr scharf gezogen waren, noch mehr. Die Sozialgeschichte hat nicht nur längst aufgehört, jene herausfordernde »Oppositionswissenschaft« zu sein, als die sie in den sechziger und siebziger Jahren faszinierte und abstieß. Sie scheint mit ihrem inneren Komplexitätszuwachs überdies so umfassend zu werden, dass sie mit ihren Gegnern alle abgrenzenden Besonderheiten und damit ihre Identität verliert.

Doch dieser Eindruck trügt. Die Sozialgeschichte ist weiterhin durch Merkmale gekennzeichnet, die von vielen anderen Historikern nicht geteilt werden. Ich hebe vier dieser Merkmale hervor:

1. Zur Sozialgeschichte gehört die Zurückweisung eines strikten methodologischen Individualismus. Sozialgeschichte ist nicht an einzelnen Biogra-

phien und Begebenheiten als solchen interessiert, sondern an ihren gesellschaftlichen Kontexten, und dazu gehören soziale Strukturen, Prozesse und
Formationen einschließlich sozialer Ungleichheit.

2. Die Spezialisierung in der Geschichtswissenschaft ist sehr weit vorangetrieben worden. Damit stellt sich das Problem der Fragmentierung. Dagegen setzt die Sozialgeschichte das Interesse an Zusammenhangserkenntnis,
vor allem durch Betonung sozialer Strukturen und Prozesse.

3. In vielen Bereichen der Geschichtswissenschaft, besonders in der Kulturgeschichte, ist in den letzten Jahrzehnten der Trend zu beobachten, dass auf
Warum-Fragen verzichtet wird, während man sich mit Wie-Fragen und ihrer
Beantwortung begnügt. So wichtig es ist, die Bedeutung vergangener Phänomene interpretierend zu erschließen, so unaufgebbar bleibt doch zugleich,
nach Ursachen und Folgen zu fragen, wenn die Geschichtswissenschaft nicht
an begreifender Kraft verlieren soll. Sozialhistoriker fragen weiterhin nach
Ursachen und Folgen, so unsicher die Antworten manchmal auch sind.

4. Anders als vor zwei oder drei Jahrzehnten konzentrieren sich heute viele
Historiker und Historikerinnen darauf zu rekonstruieren, wie in der Vergangenheit gedeutet und formuliert, was in der Vergangenheit erfahren und entworfen, was und wie erinnert worden ist, durch wen, in welchen Netzwerken
und – vielleicht – mit welchen Handlungsfolgen. Häufig wird den Diskursen
und Entwürfen, den Erinnerungen und Akten des mentalen *mapping* überdies
soziale und politische Prägekraft unterstellt und bisweilen auch nachgewiesen.
Dies ist eine Folge der kulturalistischen Wende der letzten beiden Jahrzehnte
und macht mit der Einsicht ernst, dass die vergangene gesellschaftliche Wirklichkeit immer auch durch die Zeitgenossen sprachlich geformt und kulturell
mitkonstituiert worden ist, also nie pur und an sich existierte. Damit verbindet
sich zwanglos die methodologische Einsicht, dass die Erwartungen, Fragen
und Begriffe des rückblickenden Historikers seinen Gegenstand mitkonstitu-
ieren. Beide Konsequenzen des konstruktivistischen Denkens – die Einsicht
in die kulturelle Formung vergangener gesellschaftlicher Wirklichkeit durch
zeitgenössische Deutungen, Sprache und Praxis sowie die Einsicht in die Ge-
sichtspunkt-, Fragestellungs- und Theorieabhängigkeit historischer Erkenntnis – scheinen mir unabweisbar. Dass sie methodisch heute konsequenter eingelöst werden als früher, stellt einen Fortschritt dar. Aber zu problematischen
und vereinseitigenden Ergebnissen führt diese Perspektivenveränderung,
wenn sie verabsolutiert wird. Sie führt dann zu einem Bild der Welt als Wille,
Vorstellung und Diskurs, das die harten, wenn auch nicht unveränderbaren
Strukturen und Prozesse, die Voraussetzungen und Bedingungen, unter denen Erfahrungen gemacht und erinnert, Entwürfe geformt und kommuniziert,
Handlungen geplant und partiell ausgeführt wurden, unterschlägt. Dabei
kommt oft auch die Frage nach der praktischen Umsetzung von Vorstellungen
und Diskursen in prozess- und strukturrelevante Handlungen – also die Frage

nach den Folgen, die sich aufgrund komplexer Handlungsbedingungen meist von den Intentionen unterscheiden – zu kurz. Ein merkwürdig dezisionistisch-voluntaristisches Bild der historischen Wirklichkeit aus kulturalistischer Perspektive entsteht, das der tatsächlichen Komplexität, Resistenz und Schwerbeweglichkeit historischer Wirklichkeit nicht gerecht wird. Die weitgehende Vernachlässigung der von Knappheit regierten ökonomischen Dimension gehört oftmals dazu. Geschichtswissenschaft wird damit zur Produzentin von Illusionen und zur Agentur der Verdrängung. Dagegen halten Sozialhistoriker daran fest, dass die historische Wirklichkeit nicht hinreichend als Zusammenhang von Erfahrungen, Deutungen, Diskursen und Handlungen begriffen werden kann, sondern Erfahrungen, Deutungen, Diskurse und Handlungen strukturelle und prozessuale Bedingungen haben, die in ihnen nicht präsent sind und also erfahrungs-, deutungs-, diskurs- und handlungsgeschichtlich allein nicht erschlossen werden können.

Diese Abgrenzungen sind wichtig, sie werden in der Regel als Abgrenzung der Sozial- von der Kulturgeschichte diskutiert, so sehr sich in Forschung und Darstellung Sozial- und Kulturgeschichtliches auch nahtlos verknüpfen kann, und dies seit langem auch praktiziert wird.[28] Quer dazu verläuft die Diskussion über die Transnationalisierung oder Transregionalisierung der Sozialgeschichte.

Wie die Berliner Entwicklung der letzten fünf bis zehn Jahre unübersehbar zeigt, findet der Fortschritt der sozialgeschichtlichen Konzeptualisierung, Forschung und Darstellung immer eindeutiger in Relation zum Nachdenken über Transnationalisierung statt, mit dem auf die in den letzten ein bis zwei Jahrzehnten erheblich verstärkte Herausforderung von Europäisierung und Globalisierung reagiert wird. Dabei geht es um Vergleich und Verflechtung, um Grenzen und Grenzüberschreitung, um die Verknüpfung von Nah- und Fernkompetenz, um die Entprovinzialisierung der Sozialgeschichte, deren Blick »von der Gesellschaft her« und deren Bindung an meist nationalstaatlich grundierte Gesellschaftsbegriffe sie jedenfalls bei Forschungen zum 19. und 20. Jahrhundert meist auf den nationalgeschichtlichen Rahmen verwies, innerhalb dessen sie sich, ungeachtet immer häufigerer internationaler Vergleiche, auch in den letzten Jahren vorwiegend entwickelt hat, jedenfalls in Deutschland. Auch zukünftig gibt es viele Gründe, Geschichte – auch So-

---

28 Vgl. bereits die Forschungen zur Arbeiterkultur, z.B.: GG 5. 1979, H. 1; oder die kulturgeschichtlich gefüllte Definition von »Bürgertum« in den einschlägigen Forschungen der achtiger Jahre, z.B.: Jürgen Kocka (Hg.), Bürger und Bürgerlichkeit im 19. Jahrhundert, Göttingen 1987. Wolfgang Hardtwig u. Hans-Ulrich Wehler (Hg.), Kulturgeschichte heute, Göttingen 1996; Thomas Mergel u. Thomas Welskopp (Hg.), Geschichte zwischen Kultur und Gesellschaft. Beiträge zur Theoriedebatte, München 1997. Peter Jelavich, Cultural History, in: Budde u.a. (Hg.), Transnationale Geschichte, S. 227–237. Ute Daniel, Kompendium Kulturgeschichte. Theorien, Praxis, Schlüsselwörter, Frankfurt/Main 2001.

zialgeschichte – im nationalgeschichtlichen Rahmen (einschließlich internationaler Vergleiche) zu betreiben. Aber im Hinblick auf reale Erfahrungen mit Transnationalisierung und Transregionalisierung, Europäisierung und Globalisierung der jüngsten Zeit drängen sich neue Fragen und Forschungen auf, zu denen die Sozialgeschichte beitragen sollte, während sie von ihnen verändert wird.[29] Jedenfalls in Berlin ist die Transnationalisierung der Sozialgeschichte in vollem Gang. Neben den genannten Projekten und Instituten haben auch Projekte des Wissenschaftskollegs dazu beigetragen.[30]

Der Zeitschrift »Geschichte und Gesellschaft« ist zu ihrem 25. Jubiläum vorgehalten worden, dass sie nationalgeschichtlich begrenzt und letztlich germanozentrisch geblieben sei.[31] Wenn man gleichzeitig erfährt, dass zwischen 1975 und 1999 jeder vierte Autor der Zeitschrift von außerhalb Deutschlands kam und immerhin jeder dritte Aufsatz seinen geographischen Schwerpunkt außerhalb Deutschlands und Mitteleuropas hatte, mag man diesem Urteil misstrauen und sich Vergleichszahlen über andere Zeitschriften wünschen, um den Grad der Internationalität von »Geschichte und Gesellschaft« richtig einschätzen zu können. Gleichwohl bleibt die nationalgeschichtliche Prägung der Sozialgeschichte auch in ihrem weiten Verständnis, wie es in dieser »Zeitschrift für Historische Sozialwissenschaft« gilt, unübersehbar. Dafür gab und gibt es sehr gute Gründe: die tatsächliche Prägung des gesellschaftlichen Lebens durch die Nationalstaaten im 19. und 20. Jahrhundert trotz den um 1900 und nach 1945 zunehmenden transnationalen Verflechtungen; die Verfügbarkeit und der Zuschnitt der Quellen in Verbindung mit der wohlbegründeten Neigung der Sozialgeschichte, »highly place-specific« (Peter Stearns) zu sein und sehr genau hinsehen zu wollen; vor allem aber auch die gesellschaftlichen Funktionen der Geschichtswissenschaft und auch der Sozialgeschichte, deren kritische und orientierende Leistung sich, wenn überhaupt, vor allem in einer Öffentlichkeit entfaltet, die bis auf Weiteres nationalgeschichtlich gerahmt, nationalkulturell getönt und nationalsprachlich spezifisch bleibt, auch in Bezug auf das kollektive Gedächtnis, die Mythen

---

29 Meine Position dazu habe ich skizziert in: Sozialgeschichte im Zeitalter der Globalisierung, in: Merkur 60. 2006, S. 305–316.

30 Insbesondere AGORA, ein Projekt, in dem 1998–2001 eine Gruppe jüngerer Fellows aus verschiedenen Ländern über grundlegende Probleme der Zukunft von Arbeit, Wissen und sozialer Bindung arbeiteten. Vgl. in diesem Zusammenhang vor allem Sebastian Conrad u. Shalini Randeria (Hg.), Jenseits des Eurozentrismus. Postkoloniale Perspektiven in den Geschichts- und Kulturwissenschaften, Frankfurt/Main 2002 (darin als Einleitung der Herausgeber: Geteilte Geschichten). Europa in einer postkolonialen Welt). Jürgen Kocka, Geschichte im Kolleg (Arbeitstitel), in: Dieter Grimm (Hg.), Das Wissenschaftskolleg zu Berlin 1981–2006, [in Vorbereitung]. Bahnbrechend waren die Arbeiten von Jürgen Osterhammel, z.B. Transnationale Gesellschaftsgeschichte. Erweiterung oder Alternative, in: GG 27. 2001, S. 464–479; zuletzt die Beiträge zu Budde u.a. (Hg.), Transnationale Geschichte.

31 Lutz Raphael, Anstelle eines Editorials, in: GG 26. 2000, S. 5–37, bes. 18, 20, 24.

und Erinnerungen, das historische Bewusstsein, seine Lücken und Lernmöglichkeiten.[32] Blauäugig, disfunktional und vergeblich wäre das Plädoyer, die vorherrschende nationalgeschichtliche Perspektive durch eine theoretische, methodische und darstellungspraktische Dominanz des Transnationalen schlicht zu ersetzen.

Doch unter dem Einfluss von Europäisierung und Globalisierung ändert sich, was »unsere« Geschichte ist, graduell; ihre transnationalen Dimensionen gewinnen an Gewicht. Die Debatten über Vergleich und Verflechtung, *entangled histories* und *histoire croisée*, über die nur relative und historisch variable Bedeutung von Grenzen, über Welt- und Globalgeschichte, über »the West and the rest« machen klar, dass eine Perspektivenverschiebung im Fach begonnen hat und der energische Blick über den nationalgeschichtlichen Tellerrand hinaus auch für die Sozialgeschichte neue Fragen und Einsichten verspricht.

Diesen Veränderungsimperativen hat »Geschichte und Gesellschaft« im letzten Jahrfünft in bemerkenswerter Weise entsprochen, d. h. als die Auswahl der Autoren und Titel noch entscheidend vom langjährigen Hauptherausgeber Hans-Ulrich Wehler geprägt wurde, bevor er den Stab Ende 2004 an die Geschäftsführenden Herausgeber Dieter Langewiesche, Paul Nolte und Jürgen Osterhammel weiterreichte. In lockerer Folge hat das Diskussionsforum der Zeitschrift seit 2001 unterschiedliche Beiträge zum Thema »Transnationale Zugriffe« veröffentlicht.[33] Und die Statistik der Beiträge hat sich verändert. Im Zusammenhang dieses Aufsatzes interessiert weniger, dass der Anteil der Frauen an den Autoren und Autorinnen von 12 Prozent im Durchschnitt der Jahre 1975–1999 auf knapp 22 Prozent im Durchschnitt der Jahre 2000–2005 anwuchs, doch ist es erwähnenswert. Die zeitliche Erstreckung – der Untersuchungszeitraum – der Aufsätze nahm im Durchschnitt zu: 2000–2005 bezogen sich 27 Prozent der Aufsätze auf mehr als ein Jahrhundert und nur 14 Prozent auf Untersuchungsgegenstände mit einer Zeitdauer bis zu zehn Jahren; im Durchschnitt der Jahre 1990–1999 lagen die beiden Prozentzahlen dagegen bei 18 und 28 Prozent, im Durchschnitt der

---

32 Näher Kocka, Sozialgeschichte im Zeitalter der Globalisierung, S. 310–12; zuletzt Hans-Ulrich Wehler, Transnationale Geschichte – der neue Königsweg historischer Forschung?, in: Budde u. a. (Hg.), Transnationale Geschichte, S. 161–174.
33 Vgl. Einladung zur Diskussion, in: GG 27. 2001, S. 463 sowie u. a.: Osterhammel, Transnationale Gesellschaftsgeschichte; Susanne-Sophia Spiliotis, Das Konzept der Transterritorialität oder Wo findet Gesellschaft statt?, in: ebd., S. 480–488; Albert Wirz, Für eine transnationale Gesellschaftsgeschichte, in: ebd., S. 489–498; Sebastian Conrad, Doppelte Marginalisierung. Plädoyer für eine transnationale Perspektive auf die deutsche Geschichte, in: GG 28. 2002, S. 145–169; Marcel van der Linden, Vorläufiges zur transkontinentalen Arbeitergeschichte, in: ebd., S. 291–304; Michael Werner u. Bénédicte Zimmermann, Vergleich; Kiran Klaus Patel, Transatlantische Perspektiven, transnationale Geschichte, in: GG 29. 2003, S. 625–647; Michael Brenner, Abschied von der Universalgeschichte. Ein Plädoyer für die Diversifizierung der Geschichtswissenschaft, in: GG 30. 2004, S. 118–124. Wichtig bereits Friedrich H. Tenbruck, Gesellschaftsgeschichte oder Weltgeschichte, in: KZfSS 41. 1989, S. 417–439.

Jahre 1975–1979 gar bei 12 Prozent und 30 Prozent. Es zeigt sich, so scheint es, eine Tendenz zum Argumentieren in längeren Zeiträumen und größeren Zusammenhängen, in Strukturen und Prozessen statt in Begebenheiten, Erfahrungs- und Handlungskonstellationen. Interessanterweise verbindet sich diese Tendenz mit einer weiteren Zunahme des Anteils der Aufsätze, die sich primär mit kulturellen Ordnungen und kulturgeschichtlichen Phänomenen befassten (35 Prozent 2000–2005 statt 30 Prozent 1995–1999 und 27 Prozent 1975–1979); dies ging prozentual zu Lasten der Aufsätze, die sich primär mit Problemen politischer Herrschaft beschäftigten (33 Prozent 2000–2005 statt 43 Prozent 1995–1999 und 44 Prozent 1975–1979), während Themen im Umkreis »Ökonomische Prozesse« und »Sozialer Wandel« vom letzten Jahrfünft vor bis zum ersten Jahrfünft nach der Jahrtausendwende leicht an Boden gewannen.[34] Naturgemäß ist die Zuordnung der Beiträge zu solchen Kategorien besonders problematisch und nicht ohne Dezision möglich. Vor allem aber verschoben sich die geographischen Schwerpunkte der Artikel: von Deutschland auf andere Länder Europas und außerhalb Europas vom amerikanisch-atlantischen Raum in Richtung Asien und Afrika.[35] Die Zahl der Artikel mit grenzüberschreitenden Untersuchungsräumen nahm zu.[36]

Die Sozialgeschichte kann viel zur Transnationalisierung und Transregionalisierung des Blickwinkels der Historiker und zur Einlösung der damit neu entstehenden Forschungsaufgaben beitragen. Umgekehrt bietet die transnationale und transregionale Öffnung, wie sie derzeit vor allem in der Diskussion über Globalgeschichte stattfindet,[37] der Sozialgeschichte neue

34 Ich danke Willfried Geßner für diese Berechnungen in Weiterführung der Reihen bei Lutz Raphael, Anstelle eines Editorials.

35 Geographische Schwerpunkte der Aufsätze in »Geschichte und Gesellschaft«:

| | Jahrgang 1–25 (1975–1999) | | Jahrgang 20–31 (2000–2005) | |
	Aufsätze	Prozent	Aufsätze	Prozent
Deutschland	206	52,7	41	46,6
Sonstiges Europa, einschl. Russland, Sowjetunion	96	24,4	28	31,8
Nord- und Südamerika, Atlantischer Raum	27	6,9	4	4,6
Afrika/Asien	7	1,8	9	10,2
Nicht lokalisiert	55	14,0	6	6,8
Gesamt	391	100,0	88	100,0

Quelle: Raphael, Anstelle eines Editorials, für 1975–1999; Berechnungen von Willfried Geßner für 2000–2005.

36 Vor allem GG 28. 2002, H. 1: Modernisierung und Modernität in Asien; sowie GG 31. 2005, H. 3 u. 4: Südasien in der Welt sowie Globalisierungen; aber auch innereuropäisch in GG 26. 2000, H. 3: Aspekte des Nationalismus.

37 Vgl. Matthias Middell, Die konstruktivistische Wende, der *spatial turn* und das Interesse an der Globalisierung in der gegenwärtigen Geschichtswissenschaft, in: GZ 93. 2005, S. 33–44; Jürgen Osterhammel, »Weltgeschichte«. Ein Propädeutikum, in: GWU 56. 2005, S. 452–479.

Chancen: empirisch als Kritik ihrer meist nationalgeschichtlich eingefärbten Grundbegriffe und als Herausforderung an ihr dominantes Erklärungsmuster. Denn Sozialhistoriker verorten und erklären die von ihnen untersuchten Phänomene zumeist in Kategorien innergesellschaftlicher Dynamik. Dagegen rückt der transregionale bzw. transnationale Blick oft externe Faktoren, grenzübergreifende Verflechtungen sowie zwischengesellschaftliche Beziehungen, Konflikte und Symbiosen in den Vordergrund, auch mit ihrem Verursachungspotential. Beides richtig zusammenzuführen, stellt sich als interessante Aufgabe, im empirischen Einzelfall wie in theoretischer Hinsicht.

Klaus von Beyme

Die antagonistische Partnerschaft

Geschichtswissenschaft und Politikwissenschaft

I. Phasen der Konsolidierung des neuen Faches Politikwissenschaft. Die Zeitschrift »Geschichte und Gesellschaft« hat sich immer um die Synergie-Effekte der Sozialwissenschaften bemüht. Die »Gründerväter« hatten keine Probleme, auch die Geschichtswissenschaft als Sozialwissenschaft zu verstehen. Das schien zur Entstehungszeit der Zeitschrift eine außerordentlich fortschrittliche Position. In der ersten Phase der Kooperation in den fünfziger Jahren gab es wenige Historiker, wie Hans Mommsen,[1] welche das neue Fach ernst nahmen und nach gegenseitiger Befruchtung suchten. In einer zweiten Phase der Politisierung der Sozialwissenschaften trat vereinzelt die Vorstellung auf, dass Geschichte zeitgemäß als Politikwissenschaft gepflegt werden könne.[2] Mit der kulturalistischen Wende der Sozialwissenschaften in der dritten Phase, der Ära des Postmodernismus, wurde die Betonung der »Gesellschaftsgeschichte« mit ihrem Schwerpunkt auf Sozialstrukturen und Institutionen als konservative Position gebrandmarkt. Unlängst hörte man in einer Diskussion von Hans-Ulrich Wehler als dem »Kardinal Ratzinger der Sozialgeschichte« sprechen (Rüdiger Bubner). Hätte der Ironiker gewusst, dass Ratzinger bald Papst werden würde, wäre diese Sottise vielleicht unterlassen worden. Im Verteidigungskampf gegen die Subjektivierung der Analysen, die sich seit der Hinwendung zur *oral history* zunehmend in schwer fassbare »Diskursstrukturen« verflüchtigten, kann die Sozialgeschichte der Sympathie der benachbarten Sozialwissenschaften gewiss sein. Gerade die Politikwissenschaft, welche die behavioristische Revolte der fünfziger und sechziger Jahre überlebt hat, die einst die Institutionen in bloßes Verhalten auflösen wollte, wurde durch den aufgeklärten Neo-Institutionalismus immer wieder auf Sozialstrukturen und politische Institutionen zurück verwiesen.

Die Politikwissenschaft hat die Fieberkurven der Nachkriegsgeschichte weit stärker durchlitten als die Geschichtswissenschaft. Sie profitierte bis

1 Hans Mommsen, Zum Verhältnis von politischer Wissenschaft und Geschichtswissenschaft in Deutschland, in: VfZ 10. 1962, S. 341–372.
2 Jürgen Bergmann u. a. (Hg.), Geschichte als politische Wissenschaft. Sozialökonomische Ansätze, Analyse politikhistorischer Phänomene, politologische Fragestellungen in der Geschichte, Stuttgart 1979.

1960 davon, dass sie als »Demokratiewissenschaft« nicht zuletzt bei der *re-education* der Gesellschaft und in der Gymnasiallehrerausbildung gebraucht wurde. »Historia – magistra vitae« war nie in gleichem Maße ein Leitmotiv, wie »Politik als Anleitung zur Schaffung mündiger Bürger«. In der zweiten Phase der Politisierung bildeten sich drei methodologisch-theoretische Lager in der Politikwissenschaft heraus, die sich in ganzen Instituten verschanzten: die normativ-ontologische Richtung, der kritisch-rationalistische Mainstream und die Adaption der Frankfurter Schule als »kritische Politikwissenschaft«. Die von der kritischen Theorie unscharf als positivistisch bezeichnete Mitte musste in deduktiv-empirische und induktiv-generalisierende Ansätze unterteilt werden. Die Mehrheit der an Theoriedebatten uninteressierten Politologen gehört gleichsam ohne bewusste Option zur zweiten Variante. Die »Trias-Narretei« wurde später scharf angegriffen – am schärfsten von Wolf-Dieter Narr, in dessen Werk diese Typologie zum ersten Male popularisiert wurde.[3] Sie blieb stark an die deutschsprachige Literatur gebunden, auch wenn es in Amerika Pendants einer kritischen Politikwissenschaft gab, die aber eher unter dem Begriff *radical* auftrat und sich lose in einem *caucus* der American Political Science Association als Fraktion formierte. Sie hat vor allem bei der Herausbildung der »*policy*-orientierten Politikwissenschaft« eine wichtige Rolle gespielt. Die schematische Dreiteilung grundsätzlich verschiedener Theorietypen diente eine Weile der Differenzierung von Schulen und Instituten. Der linke Flügel hätte das Fach Politikwissenschaft am liebsten in einer marxistischen »Politischen Ökonomie« aufgehen lassen. Aber er befand sich selbst am Otto-Suhr-Institut (Freie Universität Berlin) in der Minderheit. Mit der Studentenrevolution geriet das Fach Politikwissenschaft in eine Krise. Die Deutsche Vereinigung für Politische Wissenschaft (DVPW) wurde gespalten. In der Deutschen Gesellschaft für Politikwissenschaft, erst 1983 gegründet, als der Pulverdampf ideologischer Grabenkämpfe sich eigentlich schon verzogen hatte, sammelten sich eher konservativ-liberale Politologen. Nicht wenige von ihnen waren »zeithistorisch« orientiert, während die behavioristischen Szientisten in der DVPW blieben, auch wenn ihnen der Klamauk der Linken auf einigen Tagungen missfiel.

So weit reichende Friktionen blieben der Geschichtswissenschaft erspart. Auch dort gab es vereinzelte Fahnenschwenker einer »Kritischen Geschichtswissenschaft in emanzipatorischer Absicht«.[4] Für die Kooperation mit Nachbardisziplinen war der Untertitel wichtiger: »Überlegungen zu einer Geschichtswissenschaft als Sozialwissenschaft«. Die Geschichtswissenschaft wurde in diesen Konflikten durch die handwerklichen Regeln der historischen

---

3 Wolf-Dieter Narr, Theoriebegriffe und Systemtheorie, Stuttgart 1969, S. 41 ff.
4 Dieter Groh, Kritische Geschichtswissenschaft in emanzipatorischer Absicht. Überlegungen zur einer Geschichtswissenschaft als Sozialwissenschaft, Stuttgart 1973.

Methode zusammen gehalten. Der theoretische Ansatz beim handelnden In-
dividuum musste in der Geschichtswissenschaft weniger durch einen Gegen-
Dogmatismus der Popper-Albert-Schule untermauert werden, weil er für eine
narrative Geschichtsforschung selbstverständlich schien, auch wenn sich immer wieder Kollektivbegriffe wie »Staaten« oder »Nationen« als handelndes
Movens in die Darstellung einschlichen.

Auch das Entlarvungspathos der Linken hat sich unter Historikern später
vollzogen, etwa in der Kritik an Theodor Schieder oder Werner Conze hinsichtlich ihrer Rolle im Dritten Reich. In der Politikwissenschaft war *prima
vista* so viel Diskontinuität, dass *fellow-travellers* des Nationalsozialismus
seltener gefunden wurden. Aber auch »Ausgebürgerte« wie Ernst Jäckh,
Arnold Bergstraesser oder Adolf Grabowsky, drei Gründungsväter einer erneuerten Politikwissenschaft im Nachkriegsdeutschland, wurden als zeitweilig »angebräunt« entlarvt.[5] In der Spätphase wurden selbst einige liberale
Demokratietheoretiker wie Carl Joachim Friedrich und sein Lehrer Alfred
Weber für die beginnenden dreißiger Jahre schon fast in die Nähe der »konservativen Revolution« gerückt.[6]

*II. »Altes« und »neues Fach« – ein Konkurrenzverhältnis in der Methoden-
debatte.* Politikwissenschaft wurde aus den USA nach dem Zweiten Weltkrieg
reimportiert. »Reimportiert« – weil im 19. Jahrhundert deutsche Emigranten
wie Francis Lieber die deutsche Staatslehre zur *political science* verselbst-
ständigt hatten. Die wörtliche Übersetzung von *political science* hat dem
neuen Fach vielfach geschadet, weil das Adjektiv »politisch« eine politisierte
Staatsbürgerkunde suggerierte. Die altehrwürdige Geschichtswissenschaft
hat das neue Fach argwöhnisch beäugt. Es hat der Politikwissenschaft wenig
genutzt, dass sie sich bei einzelnen Theoretikern wie Eric Voegelin[7] als die
älteste Wissenschaft überhaupt deklarierte. Voegelin legte aber Wert auf die
Feststellung, dass es sich bei der Gründung einer »Neuen Wissenschaft von
der Politik« nicht um eine literarische Renaissance von antiken Theorien han-
dele. Es ging ihm um die Widerstellung des Sinnes von Wissenschaft (*episte-
me*) im Gegensatz zu (politischen) Meinungen (*doxai*). Aber der Lehrstoff der
Epigonen zeigte die Begrenztheit des »neuen Ansatzes« im Geist von Platon
und Aristoteles. Es diente der Professionalisierung des Faches wenig, wenn
man anfangs bei einigen Normativisten Examen mit Kenntnissen über klassische politische Theorien plus aktuellen Kenntnissen aus der »Frankfurter
Allgemeinen Zeitung« machen konnte.

---

5 Reiner Eisfeld, Ausgebürgert und doch angebräunt. Deutsche Politikwissenschaft 1920–1945,
Baden-Baden 1991.
6 Hans J. Lietzmann, Politikwissenschaft im Zeitalter der Diktaturen. Die Entwicklung der
Totalitarismustheorie Carl Joachim Friedrichs, Opladen 1999.
7 Eric Voegelin, Die Neue Wissenschaft der Politik, München 1965², S. 13.

Fruchtbarer wurde die Kooperation von Politikwissenschaft und Geschichtswissenschaft, als die Vertreter der Cambridge-Schule in England mit
J. G. A. Pocock[8] und Quentin Skinner[9] die abgehobenen Höhenwanderungen
der Theoriegeschichte aufgaben und zu einer Verbindung der Theorien mit
dem politischen Handeln vorstießen. Sprachtheorien und Begriffsgeschichte
wirkten dabei ebenfalls integrierend, denn abstrakte Theorien und konkretes
Handeln war durch Sprache verbunden.[10] Der politische Kontext von Theorien wurde wieder stärker herausgestellt, und konnte nicht ohne die Hilfe der
Historiker deutlich gemacht werden. Eine »Kulturgeschichte des Sozialen«
hat später die Lesepraktiken und den Massenkonsum von Bürgern und ihre
Veränderung des Meinungsklimas und der Politik ins Blickfeld gerückt.[11] Die
Sozialgeschichte der politischen Ideen konnte vor allem für den Zeitraum
nach 1789 sogar zu quantitativen Analysen über Verbindungen von politischen Positionen und politischer Theoriebemühung vorstoßen.[12]

Das Verhältnis von Geschichts- und Politikwissenschaft konnte nicht immer konfliktfrei sein. Neue Fächer haben es immer schwer – das ging der
Agrochemie eines Justus von Liebig einst nicht anders. Noch im 19. Jahrhundert haben Historiker (Treitschke) oder Juristen (von Mohl bis Jellinek und
noch später in der »allgemeinen Staatslehre«) die Politik in Eigenregie betreut.
Dass die Theorie der Politik in andere Bereiche abwanderte, konnten Historiker verschmerzen. Aber immer weitere Gebiete, die früher von Historikern
mit betreut wurden, sind durch die Sozial- und Wirtschaftswissenschaften
angeeignet worden. Es wurde befürchtet, dass der Historie »kein genuines
Erkenntnisobjekt« mehr übrig bleibe. Man musste sich damit trösten, dass
die Nachbarwissenschaften »historisch imprägniert« blieben.[13] Aber genau
dies trat nicht ein. Es kam zu einer beispiellosen Enthistorisierung der Sozialwissenschaften. Die Ökonomie arbeitete am Abbau ihres Image als »Politische Ökonomie«, zumal die Marxisten den archaischen Ausdruck zum
politisierten Fahnenschwenken missbrauchten. Es gab in wirtschaftswissenschaftlichen Fakultäten meist noch einen Wirtschaftshistoriker. Er diente als
Alibi, damit die Kernzunft sich immer ungenierter in eine mathematisierte
Ökonometrie flüchten konnte. Ehe es zum Rückschlag kam und eine institu-
tionen-orientierte Wirtschaftswissenschaft gegensteuerte, hat allenfalls der

8 J. G. A. Pocock, Die andere Bürgergesellschaft. Zur Dialektik von Tugend und Korruption,
Frankfurt/Main 1993.
9 Quentin Skinner, The Foundations of Modern Political Thought, 2 Bde., Cambridge 1978.
10 Hartmut Rosa, Ideengeschichte und Gesellschaftstheorie, in: PVS 35. 1994, S. 199.
11 Robert Darnton, The Forbidden Best-Sellers of Pre-Revolutionary France, New York 1985.
12 Wilhelm Bleek, Geschichte der Politikwissenschaft in Deutschland, München 2001, S. 129 ff.;
Klaus von Beyme, Politische Theorien im Zeitalter der Ideologien, 1789–1945, Wiesbaden 2002,
S. 935 ff.
13 Reinhart Koselleck, Wozu noch Historie? In: HZ 212. 1971, S. 1–18, hier 3 f.

Fachvertreter für Wirtschaftspolitik noch Auskunft über konkretes Geschehen im Wirtschaftsleben geben können. Ähnliches trat in der Soziologie ein. Über einer losen Konföderation von Bindestrich-Soziologien schwebten die *general theories* – von der funktionalistischen Systemtheorie bis zu den kritisch-dialektischen Schulen. Nur die Politikwissenschaft – solange sie nicht von der *Rational-Choice*-Methode absorbiert wurde, wie zu Zeiten in Amerika – konnte sich nicht den gleichen Grad der Enthistorisierung leisten wie die Nachbardisziplinen.

Der mögliche politologische Bundesgenosse der Historiker im Methodenkonflikt schien in den fünfziger Jahren noch nicht recht bündnisfähig. Der politisierte *Reeducation*-Auftrag des neuen Faches in Deutschland machte die Disziplin,»die anderen die Federn ausrupft und sich damit schmückt« (Jürgen von Kempski), nicht respektabler. Noch immer ist die Politikwissenschaft als eine seltene Ausnahme unter den »harten Fächern« an der Ausbildung der Sozialkundelehrer maßgeblich beteiligt. In einigen Ländern hat sie sogar eine Monopolstellung in diesem Bereich erlangt, die angesichts der Vielfalt der Aspekte, die in den Schulen behandelt werden müssen, kaum noch angemessen erscheint. Der Ansatz einer »Lehre vom guten politischen Leben« beherrschte in den süddeutschen Ländern eine Weile die Ausbildung der Sozialkundelehrer. Für die theoretische Professionalisierung des Faches spielte sie eine abnehmende Rolle. Die normativen Theorien der praktischen Philosophie und des Neo-Aristotelismus wurden in der Politikwissenschaft von empirischen Theorien der Politik verdrängt. Das hinderte freilich Kultusbürokratien nicht, immer wieder nach einem besseren Sozialkundeunterricht im Geist einer normativen Demokratietheorie zu rufen, wenn die Rechtsextremisten wieder einmal Erfolge bei einer Landtagswahl hatten. Aber von solchen politischen Kurzzeitschwankungen der Wissenschaftsentwicklung im Anwendungsbereich waren Geschichtslehrer ebenfalls betroffen.

Das neue Fach Politikwissenschaft, das in den fünfziger Jahren nach Ansicht verschreckter Historiker »auf den Bajonetten« der Besatzungsmächte gegründet worden war, hatte anfangs noch keine klare methodische Struktur. Es war so vielfältig wie die Herkunftsfächer der bekanntesten Gründerväter des Faches, die von der Geschichte (Theodor Eschenburg), über die Volkswirtschaftslehre (Carl J. Friedrich), die Rechtswissenschaft (Ernst Fraenkel) bis zur Philosophie (Dolf Sternberger) reichten. Wichtige Exponenten auf politikwissenschaftlichen Lehrstühlen wie Karl Dietrich Bracher, Waldemar Besson oder Gilbert Ziebura wurden überwiegend als Zeithistoriker wahrgenommen. Ex-Historiker konnten sich zu Politologen am schnellsten mausern, wenn sie die historische Analyse mit normativen Theorien verbanden (Hans Maier, Kurt Sontheimer).

*III. Methodische Annäherungen der Politikwissenschaft und der Geschichts-
wissenschaft.* Auf dem Weg der Modernisierung der Wissenschaften und
der Öffnung für neue empirische Methoden kam es zu Synergie-Effekten
zwischen den Sozial- und Geschichtswissenschaften. Hans-Ulrich Wehler[14]
erwarb sich besondere Verdienste in der Heranführung der Historiker an soziologische und psychologische Paradigmen. Für einige Fortschritte im Umgang mit Geschichte schien man aber kaum auf die sozialwissenschaftliche
Konkurrenz und ihre methodischen Beiträge angewiesen zu sein.

Vier wichtige Differenzierungsleistungen hat die Entwicklung der Gesellschaftstheorien seit dem 19. Jahrhundert erbracht:

1. *Die Trennung von Evolution und Geschichte* ist durch die Historiographie des 19. Jahrhunderts bereits geleistet worden – zum Teil ohne Kenntnis
der sozialtheoretischen Literatur, die es dazu auch schon gab. Dass Hegel bei
der Aufnahme in die Preußische Akademie an Savigny und den Historikern
scheiterte, könnte als Beleg angesehen werden.

2. *Die Trennung von Theorie und Praxis* war für Historiker längst selbstverständlich gewesen, auch wenn Mommsen, Treitschke oder Meinecke sich
immer wieder zu politischen Fragen äußerten. An historischen Gedenktagen
sind Historiker in Sonntagsreden mit guten Ratschlägen aus der Geschichte
auch nach dem zweiten Weltkrieg gelegentlich wieder aufgetreten, obwohl
Koselleck[15] und andere die Vorstellung der »historia magistra vitae« für
längst überholt hielten.

In diesem Bereich gibt es bis heute noch Meinungsverschiedenheiten zwischen Geschichts- und Politikwissenschaft. Der aktualitätsbesessene Politikwissenschaftler hat diese zweite Differenzierungsleistung der Theorie zum
Teil wieder über Bord geworfen. Im Gegensatz zur Historie muss das Fach seine Nützlichkeit vielfach in der Politikberatung erweisen. Nach einer Umfrage
unter deutschen Politikwissenschaftlern gaben Dreiviertel der Interviewten
an, schon einmal in der Politikberatung tätig gewesen zu sein.[16] Selbst wenn
viele von den Interviewten die Bedeutung dieser Tätigkeit überschätzten,
wird man verallgemeinern können, dass die Historiker-Kollegen zur gleichen
Zeit seltener in der Politikberatung auftauchten und gegen eine solche Ak-
tualisierung ihres Wissens vermutlich sogar methodische Bedenken gehabt
hätten. Letztlich aber spielten beide Disziplinen in diesem Bereich eine mar-
ginale Rolle im Vergleich zu Juristen und Wirtschaftswissenschaftlern. Auch

14 Hans-Ulrich Wehler (Hg.), Geschichte und Psychoanalyse, Köln 1971; ders., Modernisierungstheorie und Geschichte, Göttingen 1975.

15 Reinhart Koselleck, Vergangene Zukunft. Zur Semantik geschichtlicher Zeiten, Frankfurt/
Main 1989, S. 38 ff.

16 Christine Landfried, Politikwissenschaft und Politikberatung, in: Klaus von Beyme (Hg.):
Politikwissenschaft in der Bundesrepublik Deutschland. Entwicklungsprobleme einer Disziplin,
Opladen 1986, S. 104.

wenn dies nur als vorauseilender Gehorsam gegenüber möglichen Auftrag-
gebern in der Politikberatung erscheint, orientieren sich viele Politologen in
den Bindestrich-Politiken und *policies* auf Akteure, die Handlungsanleitung
suchen. Systematische Wissenschaften als Handlungswissenschaften haben
gelegentlich überhöhte Ansprüche geltend gemacht: »Der systematische Wissenschaftler tritt von vornherein mit dem Anspruch auf, im Prinzip dasselbe
leisten zu können wie die jeweils ›Besten‹ des fraglichen Gegenstandsbe-
reiches. Es bestehen also hier bestenfalls graduelle, nicht prinzipielle Unterschiede«.[17] Eine solche Hybris käme wohl keinem Historiker in den Sinn!
Geschichte als »magistra vitae« wird nicht mehr geglaubt. Politische Wissenschaft – oder gar der altertümliche Ausdruck »wissenschaftliche Politik« der
in Lehramtscurricula noch umherspukt – als »Lehrmeisterin der Politiker«
wird noch vielfach erhofft.

3. *Die Anerkennung der Autonomie unterschiedlicher Handlungssphären
in den Subsystemen der Gesamtgesellschaft* ist durch die Weber-Rezeption in
der Systemtheorie auch in der Geschichtswissenschaft ohne Vermittlung der
Nachbardisziplinen vorangeschritten. Jedes Subsystem hat nach Luhmann
seinen eigenen Code. Manchmal ist dieser höchst umstritten, etwa wenn Luhmann für die Kunst den überholten Gegensatz »schön – hässlich« zugrunde
legt. Geschichtswissenschaftliche Arbeiten können vermutlich mit der Sche-
matisierung von Codes wenig anfangen. »Regierung und Opposition« für die
Politik kann ohnehin allenfalls für die Zeit seit der Französischen Revolution
nützlich sein. Aber auch Historiker haben die Resistenz von Subsystemen gegen Einflüsse von Nachbarsystemen erkannt, vor allem bei der abnehmenden
Steuerungsfähigkeit der Politik gegenüber der Wirtschaft.

4. Eine letzte Innovation, die von den Sozialwissenschaften getragen
wurde, war der *vergleichende Ansatz*. In diesem Bereich hat die Politikwissenschaft besondere Kompetenzen erworben. Die vergleichende Lehre von
Wirtschafts- oder Rechtssystemen spielt in den Nachbardisziplinen nicht annähernd die gleiche Rolle wie in der Politologie. Wichtiger als der quantitative Aspekt im Curriculum ist der qualitative Aspekt, dass eigenständige
politikwissenschaftliche Theorien ganz überwiegend in der vergleichenden
Systemforschung entstanden. Der vergleichende Ansatz war in der Historiographie von Lamprecht bis Hintze immer gepflegt worden. Er blieb aber
vielen Historikern des Mainstreams eher suspekt, weil die Differenz von
Geschichte und Evolution wieder eingeebnet zu werden drohte. Nach dem
Zweiten Weltkrieg wurde die vergleichende Methode von Historikern, die
sich nicht bei positivistischer Ereignisgeschichte aufhielten, zunehmend wie-

---

17 Helmut Seiffert, Die Hermeneutik und die historische Methode, in: ders., Einführung in die
Wissenschaftstheorie, München 1971, S. 156.

der eingesetzt.[18] Wie hätte man sonst Modernisierungsgeschichte überhaupt treiben können? »Im Streit der Fakultäten« bahnte sich nach dem Zweiten Weltkrieg ein Kompromiss an: Die Politikwissenschaft war für Zeiträume bis etwa dreißig Jahre zurück zuständig. Sie durfte mit gedruckten Quellen, Interviews und öffentlichen Verlautbarungen vorlieb nehmen, die dem klassischen Historiker – der auf amtliche Quellen in ordentlichen Archiven geeicht war – suspekt erscheinen mussten. Noch verdächtiger wurde eine neue Wissenschaft, die ihre Quellen selbst fabrizierte – etwa durch Umfragen. In der Nachkriegszeit war der Kompromiss leicht zu respektieren: Zeithistoriker haben den Politikwissenschaftlern die Nachkriegsgeschichte überlassen. Inzwischen hat die schiere Chronologie diesen historischen Kompromiss überrollt: die Quellen der Nachkriegsgeschichte wurden zugänglich. Selbst Quellen in den untergegangenen Diktaturen wurden benutzbar, und machten etwa die Sowjetologen mit ihrem Anspruch auf besonderes Wissen um die *arcana imperii* einer fremden politischen Kultur über Nacht funktionslos.

Einige Sozialwissenschaftler, wie Ralf Dahrendorf,[19] verkündeten nicht ohne Überheblichkeit, dass die theoretische Soziologie »keinen Respekt vor der Geschichte« habe. Da die Politikwissenschaft im Vergleich zur Soziologie immer ein geringeres theoretisches Abstraktionsniveau pflegte, war diese Arroganz hier schwächer ausgeprägt, obwohl auch für sie galt, dass sie sich nicht in erster Linie an der Chronologie orientiere. Auch für politikwissenschaftliche Theorien traf zu, dass sie ein kategoriales Bezugssystem darstellten, von dem weitere analytische Kategorien deduziert werden. Aber die Politologie war nie so dogmatisch auf die Popperschen Grundsätze verpflichtet, die in historischen Aussagen nur »Quasi-Theorien« erkennt, die weniger die Frage »warum?« als die Frage »wie« beantworten. Allenfalls der Funktionalismus wurde eine Weile zum erbitterten Gegenspieler der historischen Methode, da er in funktionalen Äquivalenten dachte. Die Leistung einer Institution für den Erhalt eines politischen Systems kann nach diesem Ansatz unter Umständen auch von einer ganz anderen Einrichtung erbracht werden als die historische Kausalitätsanalyse unterstellt. Was in einem Land die Verfassungsgerichtsbarkeit als Schranke gegenüber von leichtfertigen Mehrheitsentscheidungen leistet, kann in einem anderen Land – wie der Schweiz – das Erfordernis einer doppelten Mehrheit im Parlament und im Referendum erbringen.

---

18 Hans Jürgen Puhle, Theorien in der Praxis des vergleichenden Historikers, in: Jürgen Kocka u. Thomas Nipperdey (Hg.), Theorie der Geschichte, Bd. 3: Theorie und Erzählung in der Geschichte, München 1979, S. 119–136.
19 Ralf Dahrendorf, Pfade aus Utopia, München 1967, S. 217.

Die Geschichtswissenschaft war trotz der Ausbreitung sozialwissenschaftlicher Methoden in ihren Reihen weiterhin überwiegend an einmaligen Zusammenhängen interessiert. Gesetzmäßigkeiten, wie sie die Sozialwissenschaften suchten, wurden von reflektierten Historikern nicht geleugnet. Aber sie interessierten nur als Mittel, Einzelzusammenhänge besser zu verstehen. Sozialwissenschaftliche Theorien wie Modernisierungs- oder Revolutionstheorien wurden so zu Hilfswissenschaften für die Geschichtswissenschaft. Umgekehrt war die Geschichtswissenschaft für die Politikwissenschaft zur Vorklärung gewisser historischer Fakten eine unentbehrliche »Hilfswissenschaft«. Der Ausdruck ist nicht diskriminierend gemeint. Es gibt keine feste Hierarchie von Wissenschaften. Jede Wissenschaft ist autonom und hat zugleich subsidiäre Funktionen als Hilfswissenschaft für andere Disziplinen.

Geschichtswissenschaft und Politikwissenschaft blieben nicht nur durch die Moden der theoretischen Paradigmen-Entwicklung verbunden. Sie hatten aus der Sicht der Politik auch viel speziellere Beziehungen. Es gibt keine andere Sozialwissenschaft, in der die »Geschichte der politischen Theorien« die gleiche Rolle im Curriculum und im Prüfungsstoff spielt, während die Geschichte der ökonomischen »Dogmen« längst zur Randdisziplin für »Märchenklausuren« geworden ist. Gewichtiger noch erscheint, dass in der Politikwissenschaft der historisch-genetische Ansatz neben dem institutionellen, dem behavioristischen, dem funktionalistischen, dem vergleichenden und dem *Rational-Choice*-Ansatz immer eine wichtige Rolle spielte.[20]

Die Theoriebildung in den Sozialwissenschaften vollzog sich zwischen den Polen Handlungs- und Systemtheorien auf der X-Achse und zwischen Makro- und Mikro-Ebene auf der Y-Achse.[21] Die Bandbreite der praktizierten Ansätze ist aber in der Politikwissenschaft größer. Sie steht auch stärker unter dem Einfluss der Soziologie als Zulieferer für Makrotheorien. Die Politikwissenschaft konnte daher nicht auf eine Ansatzhöhe fixiert werden. Die Vorstellung: »ein Fach, eine Methode, eine bevorzugte Untersuchungseinheit«, die auch die klassische Historiographie pflegte, ist als ontologische Weltauffassung überholt worden. Die Erkenntnisobjekte stehen nicht wie Fixsterne am Himmel. Die Politikwissenschaft optierte ganz überwiegend für Handlungstheorien und Akteursansätze – ähnlich wie die Geschichtswissenschaft. Auch in der Reduktion historischer Komplexität nähern sich Geschichts- und Politikwissenschaft vielfach an: Beide teilen die Vorliebe für eine Meso-Ebene des Geschehens, die zwischen großen gesellschaftlichen Konstellationen liegt, die mit Makrotheorien angegangen wurden, und dem

---

20 Klaus von Beyme, Die Politischen Theorien der Gegenwart, Wiesbaden 2000[8], S. 88 ff.
21 Schema in Klaus von Beyme, Theorie der Politik im 20. Jahrhundert. Von der Moderne zur Postmoderne, Frankfurt/Main 1996[3], S. 346.

individuellen Geschehen im strikten Sinn, mit dem sich Psychologen und soziologische Mikrotheoretiker beschäftigen.

IV. Individualisierende Akteursorientierung in beiden Wissenschaften. Mit dem Behaviorismus, der in den fünfziger Jahren und dem *Rational-Choice*-Ansatz, der in den neunziger Jahren in der amerikanischen Politikwissenschaft dominierte, hat der historische Ansatz ein strikt individualistisches Vorgehen gemeinsam. Ereignisse und Institutionen müssen letztlich als Produkt der Intentionen und Handlungen individueller Akteure nachgewiesen werden. Kollektivbegriffe wie »der Staat« haben idealiter keinen Zutritt zu einer strikt historisch-genetischen Analyse. Da aber die Komplexität aller Handlungen niemals aufgeschlüsselt werden und nicht jeder Begriff bis zu seinen Ursprüngen zurück verfolgt werden kann, haben auch die neopositivistischen Gralshüter wie Hans Albert im Kampf gegen metaphysische Kollektivbegriffe eingeräumt, dass die historische Methode zu Kollektivbegriffen Zuflucht nehmen muss.[22] Umgekehrt wurde ein Teil der Politikwissenschaftler der quantifizierenden Vereinfachung müde, die über die Länder hinweg rechnete. Etwa in der Debatte um mangelnde Reformfähigkeit von Systemen wurde die »Pfadabhängigkeit« von Institutionen entdeckt.[23] Vor allem dem deutschen Bundesstaat wurde die »Ur-Sünde« Bismarcks vorgerechnet, der die schönen konföderalen und pluralistischen Traditionen eines *consociationalism* – im Geist von Johannes Althusius – in der Reichsgründung überging und preußischen Unitarismus über die erneuerte Reichstradition stülpte. Dabei drohten sich freilich Ex-post-facto-Werturteile einzuschleichen, die historisch problematisch waren. Ein »authentischer Föderalismus«, wie er den Bundesstaatstheoretikern der Moderne vorschwebt, hätte 1871 nur entstehen können, wenn Bismarck das siegreiche Preußen aufgelöst hätte. Wäre es denkbar gewesen, den deutschen Fürsten, die zum Teil widerwillig in den Krieg gegen Frankreich gezogen waren, nicht ihr Trostpflaster für die Entmachtung im kaiserlichen Bundesrat zu gewähren? Wohl kaum. Aber ungeachtet ahistorischer Urteile blieb die Einsicht des aufgeklärten Neo-Institutionalismus verdienstvoll, dass historische Weichenstellungen langanhaltende Nachwirkungen entfalten. Beim Föderalismus galt das für die Anfänge der Bundesrepublik ebenso wie für die Schaffung der Weimarer Reichsverfassung. Theorien der Pfadabhängigkeit helfen erklären, warum die Reformfähigkeit des Institutionensystems vergleichsweise gering blieb. Die Bundesratskonzeption wurde viel kritisiert, aber kaum jemand plädiert

---

22 Hans Albert, Methodischer Individualismus und historische Analyse, in: Karl Acham u. Winfried Schulze (Hg.), Theorie der Geschichte, Bd. 6: Teil und Ganzes, München 1990, S. 227.
23 Gerhard Lehmbruch, Der unitarische Bundesstaat. Pfadabhängigkeit und Wandel, in: Arthur Benz u. Gerhard Lehmbruch (Hg.), Föderalismus. Analysen in entwicklungsgeschichtlicher und vergleichender Perspektive, Wiesbaden 2002, S. 53–110.

offen für ihre Abschaffung. Auch angebliche historische Fehlentwicklungen können Wirkungen entfalten, die unter neuen Gegebenheiten schon wieder »funktional« wirken. Die Entscheidungskosten im deutschen Bundesrat sind hoch, aber gefundene Kompromisse erweisen sich als dauerhafter als in Systemen mit Parlamentssouveränität der Volkskammer.

Mit der sozialwissenschaftlichen Theoretisierung, welche vor der Geschichtswissenschaft nicht Halt machte und die Hans-Ulrich Wehler mit der Zeitschrift »Geschichte und Gesellschaft« kräftig gefördert hat, schienen herkömmliche historiographische Kunstformen wie die Biographie fast ebenso obsolet wie in den Sozialwissenschaften. Einige kulturhistorisch orientierte Sozialwissenschaftler haben schon früh die biographische Methode als Hilfsmittel zur Erforschung von sozialem Bewusstsein eingesetzt und sie neben die Momentaufnahmen der Survey-Studien als Quelle gesetzt.[24] In der Elitenforschung hat die biographische Methode schon immer eine wichtige Rolle auch für die Politikwissenschaft gespielt.[25] Die kulturalistische Wende hat diese Entwicklung in Geschichts- und Politikwissenschaft verstärkt.

In der Politikwissenschaft schien diese Entwicklung eine Besonderheit zu sein, weil kein Fach – außer der Soziologie – so stark von theoretisch-ideologischen Grabenkämpfen zerrissen war. Nach dem die ideologisierten Schlachten der 68er Generation um eine *grand theory* – hie kritischer Rationalismus, Funktionalismus und Behaviorismus, dort dialektische Theorien – abebbten, trafen sich Dialektiker und Funktionalisten in einer auf Politikfelder orientierten Mehrebenen-Analyse. Dies wurde vielfach als Sieg des technokratischen »Positivismus« interpretiert. Aber diese Sicht verkannte, wie viele Elemente der kritischen Theorien – auf eine meso-theoretische Ebene gesenkt – in die Policy-Analyse einging. Normative Ansätze waren wieder gefragt, weil Politikziele nicht nur beschrieben, sondern auch normativ-theoretisch postuliert und durch normative Setzungen implementiert werden mussten. Die Mehrebenenanalyse, die ihre Anregungen vor allem vom Kölner Max-Planck-Institut für Gesellschaftsforschung und von der Bielefelder Schule der Sozialwissenschaften erhielt, entdeckte – wie einst die Dialektiker – überall Unvereinbarkeiten von Handlungslogiken und Steuerungscodes. Nur von einer pauschalen »Kapitallogik« wurde nicht mehr gesprochen. Auch von »Widersprüchen« redete man nicht gern – aber die Eigendynamiken der Teilsysteme entwickelten sich im Bielefelder Sprachduktus der Luhmann-Schule rasch zum funktionalen Äquivalent marxistischer Widerspruchslehren. Handlungszwänge und Systemlogiken richteten

24 Jan Szczepanski, Die biographische Methode, in: René König u. Heinz Maus (Hg.), Handbuch der empirischen Sozialforschung, Stuttgart 1967², S. 551–569, 556 f.; Don Karl Rowny u. James Q. Graham (Hg.), Quantitative History, Homewood, IL 1969.
25 Lewis J. Edinger, Political Science and Political Biography, in: JoP 26. 1964, S. 423–439.

sich auch gegen die besten Intentionen politischer Akteure. Ihnen wurden nur noch schmale »Handlungskorridore« eingeräumt, nachdem die Planungs-euphorie der sozial-liberalen Koalition verflogen war. Diese Entwicklungen haben die Historiker anscheinend nur peripher ge-streift. Dennoch zeigte sich, dass auch die Geschichtswissenschaft auf der Suche nach neuen Themen immer stärker in die Politikfelder der Vergangen-heit einstieg – vor allem die Sozialpolitik.[26] Mit der kulturalistischen Wende hat die Geschichtswissenschaft – nicht nur um Nischen von bisher nicht be-handelten Gegenständen für Doktoranden und Habilitanden zu finden – eine ähnliche Ausdifferenzierung der Bindestrich-Historien erlebt wie die Politik-wissenschaft im Bereich der Politikfelder der Staatstätigkeit.

Wissenschaften können sich immer weniger durch einen »Gegenstand« definieren, den sie »exklusiv« verwalten. Sie gleichen darin der Entwick-lung in den bildenden Künsten, in denen das Sujet im herkömmlichen Sinne abhanden kam. Geschichte ist nicht die einzige Wissenschaft, die Tempo-ralstrukturen erforscht. Philosophie, Sozialwissenschaften und Physik inter-essieren sich für das gleiche Thema unter den spezifischen Fragestellungen ihrer Wissenschaften. Längst trifft nicht mehr zu, dass Historiker mit sta-tischen Begriffe operieren wie »Ständestaat« oder »Merkantilismus«. Die So-zialwissenschaftler haben anfangs unter Einfluss der frühen Systemtheorien ebenfalls statische Typologien eingesetzt. Sie haben sich aber zunehmend den dynamischen Ablaufmodellen zugewandt, die von sozialwissenschaft-lich orientierten Historikern – vor allem in Amerika – entwickelt wurden. Die Wissenschaften driften immer weiter auseinander – und werden zugleich durch methodische Bande immer enger verknüpft. Daher haben die alten Grundsatzdebatten um die Dignität der Fächer im Streit der Fakultäten ihren ontologischen und ideologischen Charakter weitgehend verloren.

---

26 Jürgen Kocka, Sozialgeschichte, Göttingen 1986².

Gisela Bock

Geschlechtergeschichte auf alten und neuen Wegen

Zeiten und Räume

Als die Zeitschrift »Geschichte und Gesellschaft« vor einem Vierteljahrhundert erstmals der Geschichte von Frauen ein umfangreiches Heft widmete, stand das Unternehmen im Zeichen des Höhepunkts der Frauenbewegung und ihres umstrittenen Einflusses auf die Geschichtswissenschaft und den akademischen Betrieb. Hans-Ulrich Wehler, als mutiger Herausgeber dieses innovativen Hefts, bekundete nicht nur Respekt vor der älteren wie neueren Frauenbewegung, die »gegen die auf den Geschlechtsunterschieden beruhende Ungleichheit« angetreten sei, sondern hatte sich auch mit einer »feministischen Kampfideologie« auseinanderzusetzen, außerdem mit Vorwürfen, dass unter den Autoren des Hefts nicht nur weibliche, sondern auch männliche Historiker waren.[1] In der Tat kennzeichnet ein – amerikanischer – Rückblick auf jene Zeiten, nicht ohne selbstironische Nostalgie, das Ambiente der beginnenden Frauenforschung als eine »homosoziale Welt« von Frauen und das damalige Bewusstsein feministischer Historikerinnen dahingehend, dass »we were the knowledge-producing arm of a broad-based feminist movement devoted to radical social change«.[2]

In dem seitherigen Vierteljahrhundert hat sich die Situation in vielerlei Hinsicht gewandelt. Der enge Nexus zwischen Frauenbewegung und Historischer Frauenforschung, der hauptsächlich einer identitätssuchenden und -stiftenden feministischen Politik entstammte, wurde weitgehend relativiert oder auch gelöst, und zwar im wesentlichen aus drei Gründen: durch den Wandel und die Fragmentierung dessen, was als Frauenbewegung oder Feminismus gilt; durch die Ausweitung und thematische, epochale und regionale Differenzierung der Geschichtsschreibung über Frauen und Geschlechterbeziehungen – zumal wenn sie international gesehen wird –, deren hochgradige Spezialisierung oft ebenfalls als Fragmentierung wahrgenommen wird und in der teleologische *master narratives* (etwa von Subordination zu Emanzipation) als ähnlich überholt erscheinen wie in großen Teilen der übrigen Geschichtswissenschaft;

1 Hans-Ulrich Wehler, Vorbemerkung zu: Frauen in der Geschichte des 19. und 20. Jahrhunderts, Themenheft von GG 7. 1981, H. 3/4, S. 325–27. Weitere geschlechtergeschichtliche Themenhefte von GG: 11. 1985, H. 4; 16. 1990, H. 1; 18. 1992, H. 2; 18. 1992, H. 4; 19. 1993, H. 3; 26. 2000, H. 4, und rund zwanzig Beiträge in anderen Heften.
2 Joan W. Scott, Feminism's History, in: JWH 16. 2004, H. 2, S. 10–29, hier 13, 16.

schließlich durch die Ablösung von Kampagnen durch Institutionalisierung, die allerdings in Europa in geringerem Maß stattgefunden hat als in den USA: »Once viewed as transgressors«, so Joan W. Scott im Jahr 2004, »we are now in possession of legitimate title. But ownership, for those who began as revolutionaries, is always an ambiguous accomplishment.«[3] Überdies ist das Bewusstsein dafür gewachsen, dass das Pathos von historiographischer Innovation, das von den sechziger bis in die achtziger Jahre die *women's history* inspirierte, relativiert werden muss: Denn es wurde eine lange Tradition von Geschichtsschreibung über Frauen rekonstruiert, die hauptsächlich von Frauen praktiziert wurde, seit dem späten 18. Jahrhundert großenteils vom modernen (aus heutiger Sicht: älteren) Feminismus inspiriert war und in Historiographiegeschichten nicht berücksichtigt wird; diese pflegen sich einer Welt ohne Frauen zuzuwenden.[4] Schließlich – und vor allem – ist teils an die Stelle, teils an die Seite der Historischen Frauenforschung die Historische Geschlechterforschung getreten, die nicht nur über Frauen, sondern auch über Männer als Geschlechtswesen, als geschlechtlich geprägte Menschen handelt. Sie versteht »Geschlecht« nicht als etwas Vorgegebenes, sondern als eine relationale Kategorie, die für die historische Analyse menschlicher Beziehungen unerläßlich ist, und sie kehrt das Postulat um, dass die Ungleichheit zwischen Frauen und Männern auf »den Geschlechtsunterschieden« beruhe: »Geschlecht« selbst beruhe – so jedenfalls Joan W. Scott in ihrem international einflussreichen Aufsatz von 1986 – auf der Konstruktion und Wahrnehmung von »Unterschieden« und sei »eine vorrangige Weise, Machtbeziehungen zu benennen«; an die Stelle der Kategorie »Ungleichheit« trat nun weithin die Kategorie »Macht«.[5] Daran schloss sich eine langjährige Debatte über die mögliche Rivalität zwischen Frauengeschichte und Geschlechtergeschichte an; der Begriffskomplex »Frauen- und Geschlechtergeschichte« trägt die Spuren davon.

Vor diesem Hintergrund von Expansion, Differenzierung, Fragmentierung und Wandel im letzten Vierteljahrhundert[6] sollen hier einige neuere Dimen-

---

3 Ebd., S. 11 f.
4 Vgl. Mary Spongberg, Writing Women's History Since the Renaissance, Basingstoke 2002; dies. u. a. (Hg.), Companion to Women's Historical Writing, Basingstoke 2005; Maura Palazzi u. Ilaria Porciani (Hg.), Storiche di ieri e di oggi. Dalle autrici dell'Ottocento alle riviste di storia delle donne, Rom 2004; Mary O'Dowd u. Ilaria Porciani (Hg.), History Women, Themenheft von: Storia della Storiografia 46. 2004; Bonnie G. Smith, The Gender of History: Men, Women, and Historical Practice, Cambridge, MA 1998.
5 Joan W. Scott, Gender: A Useful Category of Historical Analysis, in: AHR 91. 1986, S. 1053–1175: »Gender is a constitutive element of social relationships based on perceived differences between the sexes, and gender is a primary way of signifying relationships of power« (S. 1067). Vgl. Ute Frevert, Männergeschichte oder die Suche nach dem »ersten« Geschlecht, in: Manfred Hettling u. a. (Hg.), Was ist Gesellschaftsgeschichte? Positionen, Themen, Analysen (Hans-Ulrich Wehler zum 60. Geburtstag), München 1991, S. 31–43.
6 Für die USA, von wo die historiographische Bewegung ausging, lässt sich der Beginn der neueren Frauengeschichtsschreibung ansetzen mit Eleanor Flexner, Century of Struggle: The

sionen thematisiert werden: Debatten, die angesichts des neuen Millenniums geführt wurden, die Internationalisierung der Frauen- und Geschlechterhistoriographie, deren Globalisierung unter dem Zeichen von kolonialer und postkolonialer Geschlechtergeschichte und schließlich einige transnational geführte Debatten über *gender* als Kategorie historischer Analyse.

I. Alte und neue Fragen im neuen Millennium. Kurz vor und nach der Jahrtausendwende machten sich Autorinnen und Zeitschriften an eine Bilanzierung der vergangenen Jahrzehnte und an Ausblicke auf die Zukunft der Geschlechtergeschichte. Verhandelt wurden sowohl spezifische Themenfelder als auch – und insbesondere – Bedeutung, Erfolge und Grenzen weithin benutzter Forschungskonzepte und -strategien.

Innesti – Pfropfreise, Verflechtungen, Veredelungen – ist die botanische Metapher, die Giulia Calvi für die Frage nach dem sich wandelnden Verhältnis von Frauen-, Geschlechter- und »allgemeiner« Geschichte, also Geschichte *tout court* und ohne Attribut, gewählt hat.[7] Die Beiträge zu einem Band, den sie herausgegeben hat, rekonstruieren Phasen und Kategorien der Integration: von »Affinitäten« in den siebziger und achtziger Jahren, als Frauengeschichte noch eher separat von der übrigen Geschichte betrieben wurde, über spätere »Einwurzelungen« und »Kreuzungen« – ermöglicht vor allem durch den Übergang zu einer umfassenderen Geschichte von Geschlechterbeziehungen bzw. die zunehmende Zentralität der Kategorie *genere* (die Italianisierung des englischen *gender*) – bis hin zu den »Blüten und Früchten«, die das einstige Pfropfreis getragen hat. Die sechs Felder, auf denen dies – für die gesamte Neuzeit – durchgespielt wird, sind solche, über die seit Jahren auch außerhalb Italiens geforscht wurde: Bürgerschaft und Öffentlichkeit, Recht und Gerechtigkeit, Staat und Nation, Kirche und Religiosität, Familie und schließlich Arbeit. Gefragt wird – und das ist im Vergleich mit anderen historiographischen Reflexionen dieser Jahre originell – nach der Dimension der historischen Zeit: erstens nach zeitlichen Zäsuren innerhalb der neuzeitlichen *longue durée* (sie werden je nach Bereich recht unterschiedlich bestimmt), zweitens nach der Art des Übergangs von der frühen zur späten Neuzeit (hier überwiegen Kontinuitäten und gradueller Wandel), und drittens danach, ob die Geschlechtergeschichtsschreibung eingelöst hat, was in ihren Anfängen so oft und so entschieden gefordert wurde: Das anvisierte Neu- und Um-

Woman's Rights Movement in the United States (1959), Cambridge MA, 1975 (dt.: Frankfurt/Main 1978), oder auch mit Barbara Welters Studie von 1966; vgl. Women's History in the New Millennium: A Retrospective Analysis of Barbara Welter's »The Cult of True Womanhood, 1820–1860«, in: JWH 14. 2002, H. 1, S. 149–73.

7 Giulia Calvi (Hg.), Innesti. Donne e genere nella storia sociale, Rom 2004. Im Zentrum steht die Geschichte Italiens seit dem Spätmittelalter, aber die Vergleiche und historiographischen Reflexionen führen darüber hinaus.

schreiben der Geschichte müsse zu einer neuen »Periodisierung« führen, die
sich nicht (nur) an den für Männer wesentlichen historischen Wendepunkten
orientieren dürfe – etwa der Renaissance oder der Industrialisierung –, sondern (auch) solchen entsprechen müsse, in denen sich weibliche Erfahrungen
und für Frauen relevante Entwicklungen komprimieren.[8]

Die Forderung nach einer neuen historischen Periodisierung wurde, so das
Ergebnis, in den Folgejahren nicht eingelöst und auch nicht systematisch debattiert, wenngleich Periodisierungen sich in Überblickswerken immer schon
in deren Aufbau niederschlagen können; hier setzten sich allerdings eher
traditionelle Periodisierungen durch (mit dem Risiko einer Art Fortschritts-
oder »Emanzipations«-Geschichte auf dem Weg zur Moderne).[9] Die Alternative ist, Frauenleben und Geschlechterbeziehungen in ihre thematischen
Bestandteile zu zerlegen (entlang von Lebensphasen oder -bereichen) und die
Frage nach Epochen bzw. Kontinuität und Wandel in den jeweils unterschiedlichen Kontexten zu beantworten.[10] Als 1996 in der »American Historical Review« über »periodization in world history« diskutiert wurde – als Kriterium
wurde *cross-cultural interaction* vorgeschlagen, doch blieb umstritten, was
genau *culture* oder *interaction* bedeuten –, bezog man sich zwar eingangs auf
Joan Kellys berühmten Essay von 1977 (»Did Women Have a Renaissance?«),
aber in der Diskussion der Kriterien, nach denen Epochen konzipiert werden
könnten, spielte Geschlechtergeschichte keine Rolle.[11]

Doch aus dieser Perspektive griff im folgenden Jahr das in den USA er-
scheinende »Journal of Women's History« die Frage wieder auf: als Frage
nach dem Verhältnis von Kontinuität und Wandel in Europa seit dem Spätmittelalter, in den USA und im präkolonialen Westafrika. Judith Bennent

---

8 Tommaso Detti, Tra storia delle donne e »storia generale«. Le avventure della periodizzazi-
one, in: ebd., S. 293–303. Obligatorisch ist hier der Hinweis auf Joan Kelly, »Did Women Have a
Renaissance?« (1977), in: dies., Women, History, and Theory, Chicago 1984, S. 19–50. Eine neue
Periodisierung wurde von so gut wie allen gefordert, die bei der Konstituierung der neuen Frauengeschichtsschreibung führend waren.

9 Frühe und späte Neuzeit in Calvi, Innesti; Jahrhunderte in: Karen Offen, European Feminisms, 1700–1950: A Political History, Stanford, CA 2000; Georges Duby u. Michelle Perrot (Hg.), Geschichte der Frauen, 5 Bde., Frankfurt/Main 1993–1995 (Bd. 1, S. 17: »die übliche Periodisierung«
sei »auch für die Geschichte der Geschlechterverhältnisse brauchbar«); The Longman History of
European Women, 7 Bde., London 2002–2006: Janet Nelson u. Pauline Stafford: 500–1200; Jen-
nifer Ward: 1200–1500, Cissie Fairchilds: 1500–1700, Margaret Hunt: 1700–1800, Lynn Abrams:
1789–1918, Jill Stephenson: seit 1900.

10 Zugespitzt in Bonnie S. Anderson u. Judith P. Zinsser, A History of Their Own: Women
in Europe from Prehistory to the Present, 2 Bde., New York 1988 (dt. Übers.: Frankfurt/Main
1995); Olwen Hufton, The Prospect Before Her: A History of Women in Western Europe, Bd. 1:
1500–1800, Cambridge, MA 1995 (dt. Übers. Frankfurt/Main 1998): Lebensphasen; Merry Wies-
ner-Hank, Gender in History, London 2001: Lebensbereiche.

11 AHR Forum: Jerry Bentley, Cross-Cultural Interaction and Periodization in World History,
in: AHR 101. 1996, S. 749–770; Patrick Manning, The Problem of Interactions in World History,
ebd., S. 771–782.

argumentierte – im Sinn einer Kritik an »whiggish notions« vom Emanzipationsfortschritt in der Moderne, aber ebenso an verbreiteten Visionen von einem älteren »goldenen Zeitalter« –, dass im Leben von Frauen seit dem Mittelalter zwar vielfältiger »Wandel« zu konstatieren sei (im Vergleich von früherem mit späterem Frauenleben), aber nur geringe »Transformation« der Geschlechterbeziehungen (im Vergleich von Frauen und Männern: »always the men are leading«). Die Afrikahistorikerin Sandra Greene sah das Verhältnis von Kontinuität und Wandel als eine Frage von Fokus und Perspektive; Karen Offen plädierte für ein Überwiegen von Wandel im Vergleich mit Kontinuität spätestens seit dem 19. Jahrhundert, und Gerda Lerner dafür, dass die herkömmlichen »markers for periodization« keineswegs »trivial« seien, dass aber manche Strukturen – wie Hausarbeit, Kindererziehung oder Subsistenzwirtschaft – sehr resistent gegenüber historischem Wandel seien und somit Periodisierungen immer und notwendig komplex sein müssen.[12] Und in dem eindrucksvollen Überblickswerk »Restoring Women to History« von 1999, das Frauengeschichte in nicht-westlichen Weltgegenden behandelt, wird die Frage einer sinnvollen Periodisierung auf klassische Weise gelöst (durch große Epochen seit den Anfängen der präkolonialen Geschichte, die sich an traditioneller Geschichtsschreibung orientieren), und die Dis-/Kontinuitäten und eventuellen »Epochen« im Leben von Frauen werden nicht zum äußeren Strukturprinzip gemacht, sondern im Text diskutiert.[13] Als auf dem »International Congress of Historical Sciences« in Oslo im Jahr 2000 eines der Hauptthemen »Millennium, Time and History« hieß und dabei »the construction and division of time: periodisation and chronology« behandelt wurden – darunter chinesische, indische, islamische, jüdische und westliche Zeit- und Periodisierungsvorstellungen –, fand sich kein Beitrag aus geschlechtergeschichtlicher Perspektive.[14]

Dass die einst so emphatisch vorgetragene Forderung nach neuer Periodisierung sich erledigt zu haben scheint, hat diverse Gründe: erstens die seitherige Expansion und Differenzierung der Historischen Geschlechter-

---

12 Judith M. Bennett, Confronting Continuity, in: JWH 9. 1997, H. 3, S. 73–94 (Zitat S. 88); Sandra E. Greene, A Perspective from African Women's History, ebd., S. 95–104; Karen Offen, A Comparative European Perspective, ebd., S. 105–13; Gerda Lerner, A Perspective from European and U.S. Women's History, ebd., S. 114–18 (Zitate S. 114, 118).
13 Cheryl Johnson-Odim u. Margaret Strobel (Hg.), Restoring Women to History, 4 Bde., Bloomington, IN 1999: Iris Berger u. E. Frances White, Women in Sub-Saharan Africa; Marysa Navarro u. Virginia Sánchez Korrol, Women in Latin American and the Caribbean; Barbara N. Ramusack u. Sharon Sievers, Women in Asia; Guity Nashat u. Judith E. Tucker, Women in the Middle East and North Africa. Zur Periodisierung in diesen Bänden vgl. Judith P. Zinsser, Women's History, World History, and the Construction of New Narratives, in: JWH 12. 2000, H. 3, S. 196–206.
14 19th International Congress of Historical Sciences, Oslo, 6.–13.8.2000, Major Themes: 2. Millennium, Time and History: a. The construction and division of time: Periodisation and chronology: http://www.oslo2000.uio.no/english (Zugriff am 5.5.2006).

forschung, die auch in viele Bereiche jenseits vermeintlich klassischer Frauen- und Männerbereiche vordrang und sich damit auch der Reduktion von Komplexität durch Periodisierung verweigerte; zweitens der Umstand, dass jene Forderung seit den achtziger Jahren von wichtiger erscheinenden Debatten überlagert wurde, insbesondere von derjenigen um *gender* als historische Kategorie und damit auch um dekonstruktivistische Ansätze; drittens das allgemein sinkende Interesse an Periodisierungsdebatten (im Kontext der vielfältigen Wandlungen der Geschichtswissenschaft seit den siebziger Jahren); viertens die inter- bzw. transnationale Erweiterung der anfangs lokal oder national orientierten Geschlechtergeschichte, was eine raumübergreifende Epochenbildung erschwerte; und fünftens das wachsende Interesse an globaler Geschichte oder Weltgeschichte.

Unter den Kategorien, mit denen der Band »Innesti« dem Weg der neueren Frauenhistoriographie zur allgemeinen Geschichte auf die Spur zu kommen sucht, ist das Begriffspaar »öffentlich/privat« als Charakteristikum männlicher und weiblicher Räume teils abwesend, teils wird sein dualistisch-dichotomischer Anschein von wechselseitigem Ausschluss von »Öffentlichkeit« und »Privatheit« historisierend dekonstruiert. Selbst in Bezug auf das lange 19. Jahrhundert, für welches das Binom vielfach benutzt worden ist, wird festgehalten – als eine der Früchte des Pfropfreises –, dass auch Frauen auf vielfache Weise als politische Subjekte aufgetreten seien und dass die Grenze zwischen Öffentlich und Privat nicht eindeutig, vielmehr immer fließend, ungewiss und prozesshaft gewesen sei; gerade auch die Familie sei eine wesentliche Komponente des Politischen im modernen Sinne geworden.[15] Etwa zur selben Zeit, als dieser Band erschien, widmete das »Journal of Women's History« ein Dutzend Hefte der Frage nach »Women's History in the New Millennium«, und zwei davon befassten sich mit »Rethinking of Public and Private«.[16] Deutlich wird hier, dass das Begriffspaar – in seiner Anwendung auf die Geschlechter in dichotomischem Sinn – nicht ein Produkt des 19. Jahrhunderts ist, sondern des 20. Im 19. Jahrhundert wurde im Englischen oft der Begriff *separate spheres* benutzt (ob affirmativ oder kritisch), wobei die genaue Bestimmung der »Sphären« durchaus umstritten war. Manche sind sogar der Meinung, dass die dualistische Konstruktion als Paradigma für die Geschlechterbeziehungen sich erst zu Beginn der zweiten Hälfte des 20. Jahrhunderts durchsetzte und dass die frühe Frauenforschung bei dieser Innovation eine beträchtliche Rolle spielte: Sie benutzte

---

15 Marco Meriggi, Privato, pubblico, potere, in: Calvi, Innesti, S. 39–51, bes. 39, 49.
16 JWH 15. 2003, H. 1 u. 2. Vgl. auch die in Anm. 6 genannte Millennium-Retrospektive; weitere Retrospektiven auf »foundational texts«: auf Louise Tilly u. Joan Scott, Women, Work, and Family (1978) in JWH 11. 1999, H. 3; auf Carroll Smith Rosenberg, The Female World of Love and Ritual (1975) in JWH 12. 2000, H. 3; auf Adrienne Rich, Compulsory Heterosexuality and Lesbian Existence (1980) in JWH 15. 2003, H. 3 und JWH 16. 2004, H. 1.

das Paradigma als Ausdruck für das Verhältnis von männlicher Dominanz und weiblicher Subordination.[17] Seit damals ging das Begriffspaar auch in die Umgangssprache ein. In der Sprache der Geschlechterforschung ist es als Paradigma ebenso ubiquitär wie (von Anfang an) umstritten – sowohl im historischen Detail als auch, und erst recht, in seiner universalisierenden Anwendung –, und neben gender ist es am weitesten verbreitet. Vielfach wurde es in Verbindung gesetzt mit dem aus den Vereinigten Staaten stammenden feministischen Slogan der siebziger Jahre: »Das Persönliche ist politisch«. Wenn er im Deutschen vielfach als »Das Private ist politisch« rezipiert wurde, hat man dabei übersehen, dass die damalige feministische Kritik nicht etwa das »Private« politisieren wollte, denn sie sah es – eben das war ihre Entdeckung – als ohnehin politisch, als von Machtverhältnissen zwischen den Geschlechtern geprägt. Vielmehr sollten die »persönlich«-individuellen Erfahrungen und Bestrebungen von Frauen, die ganz besonders in den als privat definierten Bereichen (unter vielem anderen Familie oder Sexualität) männlich-politischer Macht unterworfen seien, zum Gegenstand eines – neudefinierten – »Politischen« werden. Der Slogan bezeichnete somit die Forderung nach »the private and the public good« gleichermaßen.[18]

Anhand der Debatte im »Journal of Women's History« sollen hier die wesentlichen Punkte der Kritik an jenem Paradigma skizziert werden, da sie (auch) im neuen Millennium eine wichtige Rolle für die Geschlechtergeschichte spielen. Erstens: Dass das »Private« – verstanden als Haushalt und Familie – normativ bzw. rechtlich seit Jahrhunderten politisch geregelt wurde, zeigt die Geschichte des Privatrechts (und seiner Vorläufer) mit den Bestimmungen über die Ehe (männlicher Haushaltsvorstand, weibliche Gehorsamspflicht und in dem weiten Einzugsbereich des Common Law die eheweibliche Besitzlosigkeit) ebenso wie die »väterliche Gewalt« gegenüber den Kindern. Für viele Situationen gilt, dass männliche Autorität im öffentlichen Raum ihre wichtigste Wurzel im privaten Raum hatte und dass in diesem Männlichkeit geradezu konstituiert wurde. Dementsprechend war der deutsche Spruch aus

---

17 Leonore Davidoff, Gender and the Great Divide: Public and Private in British Gender History, in: JWH 15. 2003, H. 1, S. 11–27, hier 11; die Konstruktion in den sechziger und siebziger Jahren: Carole Turbin, Refashioning the Concept of Public/Private: Lessons from Dress Studies, in: ebd., S. 43–51, hier 43–45, 49; Joan B. Landes, Further Thoughts on the Public/Private Distinction, in: JWH 15. 2003, H. 2, S. 28–39, hier 28; zur Begriffsgeschichte im Englischen: Mary P. Ryan, The Public and the Private Good: Across the Great Divide in Women's History, in: ebd., S. 10–27, hier 11; im Deutschen: Karin Hausen, Öffentlichkeit und Privatheit. Gesellschaftspolitische Konstruktionen und die Geschichte der Geschlechterbeziehungen, in: dies. u. Heide Wunder (Hg.), Frauengeschichte – Geschlechtergeschichte, Frankfurt/Main 1992, S. 81–88. Zum Streit im 19. Jahrhundert um die separate spheres: Gisela Bock, Frauen in der europäischen Geschichte, München 2000 (überarbeitet: 2005), Kap. 3; vgl. Lucian Hölscher, Öffentlichkeit, in: Geschichtliche Grundbegriffe, Bd. 4, Stuttgart 1978, S. 413–467; zu »Privat«: ebd., Bd. 8.1, Stuttgart 1997, S. 887–891.
18 Ryan, Public, S. 11, 16, Zitat 24; vgl. Landes, Thoughts, S. 28.

dem 19. Jahrhundert – »Dem Mann der Staat, der Frau die Familie« – irre-
führend: Denn die »Privatsphäre« unterstand keineswegs weiblicher Autorität (auch wenn das in der historischen Alltagspraxis, wo die Beziehungen
ausgehandelt wurden, anders sein konnte).[19] Zweitens: Dass die Grenzen zwischen Öffentlich und Privat uneindeutig und fließend sind, unterschiedlich
nach Situationen und Zeiten, und dass sie – gerade wo sie historiographisch
dingfest gemacht werden sollen – immer auch überschritten werden, ist ein
Ergebnis nicht nur derjenigen Geschlechtergeschichtsschreibung, die jenes
Paradigma in Frage gestellt hat, sondern ebenso derjenigen, die es historisch
demonstrieren will.[20] Drittens: Öffentlich und Privat verhalten sich zueinander keineswegs wie männlich zu weiblich oder Männer zu Frauen: »It is
time to surrender the a priori assumption that man is to public as woman is
to private«, Frauen (wie Männer) sind auf beiden Seiten des »great divide«
zu finden, und das Private konnte in vielen Formen zu einem konstitutiven
Element von Öffentlichkeit werden. Für viele Gruppen von Frauen hat die
(angenommene) Grenze keinerlei Bedeutung – die *public women* oder »öffentlichen Frauen« (Prostituierte) sind nur ein Beispiel unter vielen –, aber
die Fluidität der vermeintlichen Grenze gilt ebenso für bürgerliche (»white
middle-class«) Frauen. Zuweilen rekurrierte man deshalb auf die Konstruktion einer »Halböffentlichkeit«, eines »Sozialen« zwischen Öffentlichem und
Privatem oder auf pluralisierte »Öffentlichkeiten«, und rekonstruiert wurden
auch für Frauen deren bedeutsame Transformationen.[21] Viertens: Lässt sich
»Öffentlichkeit« und ihre komplexe (Begriffs-)Geschichte relativ gut rekonstruieren, so gilt das nicht für das Private: ursprünglich ein bloß negativer Begriff (das Nicht-Öffentliche im Sinn von Verborgenem und Geheimem, einschließlich der fürstlichen Privatschatulle), kann er – und kann erst recht der
Dualismus »öffentlich/privat« – zahllose Bedeutungen annehmen bzw. hat
sie angenommen. So auch in der Geschlechtergeschichte, wo sie keineswegs
beschränkt ist auf den »häuslichen« Bereich der (engeren) Familie: von der
räumlichen Dimension (etwa landschaftliche, urbane oder architektonische
Räume, und das Schlafzimmer von Männern der *Oxbridge Colleges* war ein
Raum von persönlicher »Privatheit«, nicht aber notwendig das des Ehepaars)
über metaphorische, symbolische und rhetorische Verwendungen. Angesichts
der gleichzeitigen Ubiquität, Uneindeutigkeit und Fluidität des Begriffspaars

---

19 Sandra Lauderdale Graham, Making the Public Private: A Brazilian Perspective, in: JWH
15. 2003, H. 1, S. 28–42, hier 30 f.; Davidoff, Gender, S. 17 f.; Art. Frauenfrage, in: Meyers Konver-
sationslexikon, Bd. 6, Mannheim 1894, S. 822; vgl. Ute Frevert, »Mann und Weib, und Weib und
Mann«: Geschlechterdifferenzen in der Moderne, München 1995, S. 39.
20 So in sämtlichen Beiträgen zu den beiden Millenniumsheften.
21 Ryan, Public, S. 19, 13; vgl. Graham, Making, S. 29 f.; Davidoff, Gender, S. 20 f.; vgl. auch
Maria Grever u. Berteke Waaldijk, Transforming the Public Sphere: The Dutch International Exhi-
bition of Women's Labor in 1898, Durham, NC 2004.

wurde auch die Semiotik herangezogen, die seine beiden Bestandteile als Indices für »hier« und »dort«, »nah« und »fern« sieht.[22] Fünftens erwies es sich als umso problematischer, je mehr die Forschung sich der zeitlichen und räumlichen Ferne widmete: vormodernen Zeiten und nicht-westlichen Räumen. Einerseits wurden Bemühungen westlicher Forscher/innen von ihren außereuropäischen Kolleg/inn/en zurückgewiesen, außereuropäische (koloniale, vor-, post- und nichtkoloniale) Situationen wie etwa die hinduistische und muslimische Zenana (die Frauenräume innerhalb des Haushalts) oder die Institution des Harems mit der Kategorie »westlicher« Privatheit als *separate sphere* und ihre Bewohnerinnen gleichsam als Sklavinnen zu verstehen (dem werden weibliche Handlungsräume, Handlungsoptionen und Machtpositionen entgegengehalten). Andererseits werden kolonialistische Versuche, den Einheimischen westliche »Zivilisation« (auch) in Form westlich-»privater« Familienmodelle nahezubringen, kritisch analysiert.[23] Ein sechstes Problem: Es scheint, dass in der Geschlechterhistoriographie – auch in derjenigen, die sich ausführlich auf historische Diskurse und deren Quellen stützt – das Begriffspaar nicht aus den Quellen selbst bezogen wird. Die vielfältige Terminologie, mit der in der Vergangenheit – einschließlich des bürgerlichen oder viktorianischen Jahrhunderts – die Geschlechter und ihre Beziehungen charakterisiert werden, wird nicht so sehr in damaliger, sondern in *heutiger* Terminologie als »öffentlich« und »privat« klassifiziert.[24]

Die Kritik an dem dichotomischen Paradigma in seiner Anwendung auf die Geschlechterbeziehungen ist derart vielfältig, historisch belegt und überzeugend, dass nach den Gründen für seine Persistenz gefragt werden muss, zumal angesichts des Umstands, dass die Kritik so gut wie nie – auch nicht unter den Diskutandinnen im »Journal of Women's History« – zu dem Vorschlag führt, es *ad acta* zu legen. Stattdessen schlagen einige vor, die beiden Begriffe auszuweiten, umzudefinieren und (relativ beliebig) dem jeweils behandelten Gegenstand anzupassen, um sie beibehalten zu können.[25] Möglicherweise gibt es nationale bzw. sprachliche oder diskurshistorische Unter-

---

22 Zur Variabilität der räumlichen Dimension: Davidoff, Gender, bes. S. 18 f. Zum semiotischen Ansatz: Landes, Thoughts, S. 35 f.

23 Elizabeth Thompson, Public and Private in Middle Eastern Women's History, in: JWH 15. 2003, H. 1, 52–69; vgl. Frances Gouda, Das »unterlegene« Geschlecht der »überlegenen« Rasse. Kolonialgeschichte und Geschlechterverhältnisse, in: Hanna Schissler (Hg.), Geschlechterverhältnisse im historischen Wandel, Frankfurt/Main 1993, S. 185–203.

24 Dies trifft z. B. für die Autorinnen der Debatte im JWH zu. In der in Anm. 19 genannten Analyse von Ute Frevert, die auf einem breiten Quellenfundus seit dem späten 18. Jahrhundert basiert, spielt hingegen die Kategorie »privat« bzw. die Dichotomie in den Quellen keine Rolle (nur selten taucht »öffentlich« auf) und ebensowenig in der Analyse. Die Angaben zu »Privat« und Komposita in Geschichtliche Grundbegriffe (Anm. 17) enthalten keine frauenbezogenen Hinweise.

25 So etwa Turbin, Refashioning, S. 43–45.

schiede: In der italienischen Geschlechtergeschichte spielte das Paradigma nie eine besondere Rolle, in der deutschsprachigen wurde es oft problematisiert (aber das letztere gilt eben auch für das Englische).[26] Einer der Gründe für die Persistenz liegt in der Verbreitung der »public-private dichotomy« in der heutigen Umgangssprache, ein anderer wohl darin, dass sich für die Geschichte der (zwei) Geschlechter weiterhin – und ungeachtet aller Dekonstruktion scheinbar fixer Begriffe und Dichotomien – dualistisch konstruierte Paradigmen anzubieten scheinen. Andere Wege der Geschlechterhistoriographie, die zum neuen Millennium reflektiert wurden, erscheinen zukunftsweisender.

II. Lokale, nationale, trans-/internationale, globale Dimensionen. Mehrere Zeitschriften widmeten sich um die Jahrhundertwende neuen Dimensionen der Geschlechtergeschichte, die in den achtziger Jahren noch kaum sichtbar geworden oder marginal geblieben waren. Die britisch-amerikanische Zeitschrift »Gender & History« brachte ein Themenheft über »Feminisms and Internationalism«, die britische »Women's History Review« eines zu »Heartland and Periphery: Local, National and Global Perspectives on Women's History«, und das »Journal of Women's History« komplettierte seine Millennium-Serie mit einer globalen Perspektive auf Frauenlohnarbeit, einschließlich einer Aufsatzreihe über »Sex Work and Women's Labors around the Globe« und einer über häusliche – unbezahlte und schlecht bezahlte – Frauenarbeit.[27] Zum einen »Internationalismus« oder »Transnationalismus« – besonders auch in der Frauenbewegungsgeschichte – und zum anderen die Annäherung an globale Perspektiven, einschließlich eines geschlechtergeschichtlichen Blicks auf Kolonialismus und Postkolonialismus, wurden in den neunziger Jahren zu bedeutenden thematischen und methodischen Schwerpunkten und verdrängten ältere Paradigmen, nicht zuletzt »öffentlich/privat«. Die Impulse dazu entstammten sowohl neuen Wegen in der Geschichtsschreibung insgesamt (vergleichende, internationale, transnationale, globale, Transfer- und

---

26 Vgl. Claudia Opitz, Um-Ordnungen der Geschlechter. Einführung in die Geschlechtergeschichte, Tübingen 2005, S. 156–187 (»Öffentlich vs. Privat?«). In den USA wurde das Thema schon auf der Berkshire Conference of Women's History von 1987 verhandelt; vgl. Susan M. Reverby u. Dorothy O. Halley (Hg.), Connected Domains: Beyond the Private-Public Dichotomy, Ithaca, NY 1991. Für die Parameterbildung der italienischen Geschlechtergeschichte war grundlegend: Lucia Ferrante u.a. (Hg.), Ragnatele di rapporti: patronage e reti di relazione nella storia delle donne, Turin 1988. Zu Frankreich: Françoise Thébaud, Ecrire l'histoire des femmes, Fontenay-aux-Roses 1998.

27 G&H 10. 1998, H. 3: Feminisms and Internationalism; vgl. auch 11. 1999, H. 3: Gender and History: Retrospect and Prospect; WHR 11. 2002, H. 3: Heartland and Periphery: Local, National and Global Perspectives on Women's History; Themenschwerpunkt »Sex Work and Women's Labors around the Globe« in: JWH 15. 2004, H. 4, S. 141–185; und Alice Kessler-Harris, Reframing the History of Women's Wage Labor: Challenges of a Global Perspective, ebd., S. 186–206; häusliche Arbeit: JWH 15. 2004, H. 4 und JWH 16. 2004, H. 2.

Kolonialismusgeschichte) als auch eigenen Wegen der Geschlechterforschung und transdisziplinären Anstößen. Frühe Ansätze zu einer internationalen Geschlechtergeschichte entstanden im politikwissenschaftlichen Rahmen der Internationalen Beziehungen und traten 1988 in der Zeitschrift »Millennium« hervor, mit feministischen Perspektiven etwa auf den »politischen Realismus«, auf Krieg und Frieden, Entwicklung und Nord-Süd-Beziehungen.[28] Befördert wurden die neuen Fragen an dieses als besonders »männlich« geltende Feld durch das Jahrzehnt der Frauen (1975–1985), das die Vereinten Nationen ausgerufen hatten, die vier UN-Weltfrauenkonferenzen (1975: Mexiko, 1980: Kopenhagen, 1985: Nairobi, 1995: Beijing) und die in diesem Zusammenhang entstehenden oder sichtbar werdenden transnationalen feministischen Netzwerke. Nicht nur Politikwissenschaftlerinnen, sondern auch Historikerinnen wandten sich dieser Entwicklung zu.[29] Es war ein langer Weg, bis solche Fragestellungen – einschließlich von »Gendering International Security« – auch Eingang in politikwissenschaftliche Handbücher fanden.[30] Von besonderer Bedeutung für Historiker/innen waren die politologischen Untersuchungen zur Geschichte auch der älteren internationalen Frauenbewegungen – als »private« Organisationen oder NGOs *avant la lettre* (also vor Art. 71 der UN-Charta) – und des (spärlichen) Platzes von Frauen in Internationalen Organisationen wie dem Völkerbund und (deutlicher sichtbar) in der Internationalen Arbeitsorganisation.[31]

28 Millennium: Journal of International Studies 17. 1988, H. 3: Themenheft Women and International Relations; darin u. a. Kathleen Newland, From Transnational Relationships to International Relations: Women in Development and the International Decade of Women (S. 507–515). Die meisten Beiträge auch in: Rebecca Grant u. Kathleen Newland (Hg.), Gender and International Relations, Bloomington, IN 1991. Auch der Politologe Robert O. Keohane engagierte sich: International Relations Theory: Contributions of a Feminist Standpoint, in: ebd., S. 41–50.

29 So etwa Judith P. Zinsser, From Mexico to Copenhagen to Nairobi: The United Nations Decade for Women, 1975–1985, in: Journal of World History 13. 2002, S. 139–168; Ping-Chun Hsiung u. Yuk-Lin Renita Wong, Jie Gui – Connecting the Tracks: Chinese Women's Activism Surrounding the 1995 World Conference on Women in Beijing, in: G&H 10. 1998, S. 470–497. Vgl. Martha Alter Chen, Engendering World Conferences: The International Women's Movement and the United Nations, in: Thomas G. Weiss u. Leon Gordenker (Hg.), NGOs, the UN, and Global Governance, Boulder, CO 1996, S. 139–155; Mary K. Meyer u. Elisabeth Prügl (Hg.), Gender Politics in Global Governance, Lanham, MD 1999.

30 J. Ann Tickner, Feminist Perspectives on International Relations, in: Thomas Risse u. a. (Hg.), Handbook of International Relations, London 2002, S. 275–291.

31 Carol Riegelman Lubin u. Anne Winslow, Social Justice for Women: The International Labor Organization and Women, Durham, NC 1990; Sandra Whitworth, Feminism and International Relations: Towards a Political Economy of Gender in Interstate and Non-Governmental Institutions, Basingstoke 1994; Deborah Stienstra, Women's Movements and International Organizations, Basingstoke 1994; Bob Reinalda, The International Women's Movement as a Private Political Actor between Accommodation and Change, in: Karsten Ronit u. Volker Schneider (Hg.), Private Organizations and Global Politics, London 2000.

Die neunziger Jahre brachten auch den Aufschwung spezifisch historischer Forschungen über internationale Dimensionen der Frauengeschichte
(die *public-private*-Debatten hatten sich auf den nationalstaatlichen Rahmen
bezogen), auf dem Weg über Studien zur geschlechtergeschichtlichen Prägung von National- und Sozialstaaten, deren Vergleich und (west-)europä-
ische Perspektiven.[32] Die Frauengeschichtsschreibung war dabei, ihre Räume
zu erweitern. Erste international angelegte Werke untersuchten die jüdische
Frauenbewegung (seit der vorletzten Jahrhundertwende) oder die vorwiegend
US-amerikanisch-britische World Woman's Christian Temperance Union
(seit den 1880er Jahren): Deren weltweiter »Kulturimperialismus« war inspiriert vom Kampf gegen Alkohol und Opium und den Handel mit ihnen,
von Religiosität, Sozialismus und Feminismus.[33] Die Frauenbewegungen des
19. Jahrhunderts, so fand man heraus, waren schon früh (etwa seit dem internationalen Antisklaverei-Kongress in London 1840) international ausgerichtet – in Form von informellen, aber folgenreichen Netzwerken –, und auch
mit biographischen Methoden wurden solche Netzwerke rekonstruiert.[34] Am
Vorabend der Jahrhundertwende hieß es dann »organization is the tenden-
cy of the age«: so eine amerikanische Suffragistin und Mitbegründerin des
»International Council of Women« (ICW) auf dessen erster Konferenz in
Chicago 1893 (als dem ICW neben den USA allerdings nur Kanada ange-
hörte).[35] Die schottische Lady Aberdeen informierte sich, als sie Präsidentin
des ICW wurde und die Bedeutung des damals immer noch neu erscheinenden Begriffs »international« studierte, über Karl Marx' Internationale

---

32 Z.B. G&H 5. 1993, H. 2: Gender, Nationalisms and National Identities; Susan Pedersen, Family, Dependence, and the Origins of the Welfare State: Britain and France, 1914–1945, Cambridge
1993; Gisela Bock u. Pat Thane (Hg.), Maternity and Gender Policies: Women and the Rise of
the European Welfare States, 1880s–1950s, London 1991; Ida Blom u.a. (Hg.), Gendered Nations:
Nationalism and Gender Order in the Long 19th Century, Oxford 2000; Ute Planert (Hg.), Nation,
Politik und Geschlecht. Frauenbewegungen und Nationalismus in der Moderne, Frankfurt/Main
2000. Zu europäischen Perspektiven siehe auch Anm. 9 und 10; Bock, Frauen, Kap 3.

33 Linda Gordon Kuzmack, Woman's Cause: The Jewish Woman's Movement in England and
the United States, 1881–1933, Columbus, OH 1990; Ian Tyrrell, Woman's World, Woman's Empire:
The Woman's Christian Temperance Union in International Perspective, 1880–1930, Chapel Hill,
NC 1991.

34 Bonnie S. Anderson, Joyous Greetings: The First International Women's Movement,
1830–1860, Oxford 2000; Margaret H. McFadden, Golden Cables of Sympathy: The Transatlantic
Sources of 19th-Century Feminism, Lexington, KY 1999 (1840–1888); Annemieke van Drenth u.
Francisca de Haan, The Rise of Caring Power: Elizabeth Fry and Josephine Butler in Britain and
the Netherlands, Amsterdam 1999; Francisca de Haan u.a. (Hg.), A Biographical Dictionary of
Women's Movements and Feminisms: Central, Eastern, and South Eastern Europe, 19th and 20th
Centuries, Budapest 2006.

35 May Wright Sewall, zit. in: Ute Frevert, Die Zukunft der Geschlechterordnung. Diagnosen
und Erwartungen an der Jahrhundertwende, in: dies. (Hg.), Das Neue Jahrhundert. Europäische
Zeitdiagnosen und Zukunftsentwürfe um 1900, Göttingen 2000, S. 146–184, hier 153.

(erst später wurde sie als »erste« bezeichnet);[36] ähnlich wie bei der Arbeiterbewegung fanden internationale Frauenkongresse nun oft im Umkreis von Weltausstellungen statt (es gab verbilligte Eisenbahnfahrkarten). 1997 erschien, anknüpfend an Studien von Mineke Bosch, das Werk von Leila Rupp, das erstmals – und mit historischen Fragestellungen und Methoden – die drei großen internationalen Organisationen der Frauenbewegung vergleichend analysierte, die seit der Jahrhundertwende die »Frauenwelten« prägten: der ICW, die »International Alliance of Women« seit 1904 (beide haben heute Konsultativstatus bei der UNO) und die »Women's International League for Peace and Freedom« (1915/19), außerdem diverse »superinternationale« Koalitionen von transnationalen Verbänden in der Zwischenkriegszeit, die großenteils im Kontext des Völkerbunds entstanden.[37] Die Hoffnungen, die Feministinnen auf den Völkerbund setzten, und den Ort von Frauenfragen (z. B. Frauen- und Kinderhandel) und Frauenorganisationen im Völkerbund hatte zuvor schon Carol Miller untersucht.[38] Neben diesen drei auf Universalität zielenden, tatsächlich aber bis zum Zweiten Weltkrieg europa- und nordamerikazentrierten Organisationen standen transnationale Bewegungen im panamerikanischen Kontext.[39] Die transnationalen Organisationen betrieben auch eine rege archivalische Tätigkeit mit einem Zentrum in Amsterdam, wo es dem Internationalen Institut für Sozialgeschichte zugeordnet und von der jüdischen Niederländerin Rosa Manus geleitet wurde (sie hatte die berühmte Friedenspetition mit knapp zehn Millionen Unterschriften organisiert, die 1932 der Abrüstungskonferenz vorgelegt wurde). Rosa Manus wurde 1941

36 Marjorie Pentland, In the Nineties: Ishbel Aberdeen and the I.C.W., London 1947, S. 14.
37 Mineke Bosch zus. mit Annemarie Kloosterman, Politics and Friendship: Letters from the International Woman Suffrage Alliance, 1902–1942, Columbus, OH 1990; Leila J. Rupp, Worlds of Women: The Making of an International Women's Movement, Princeton, NJ 1997.
38 Carol Ann Miller, Lobbying the League: Women's International Organizations and the League of Nations, unveröffentlichte Diss., Oxford 1992; dies., »Geneva – The Key to Equality«: Inter-War Feminists and the League of Nations, in: WHR 3. 1994, S. 219–245, und: Women in International Relations? The Debate in Inter-War Britain, in: Grant u. Newland, Gender, S. 64–82. Vgl. Marilyn Lake, From Self-Determination via Protection to Equality via Non-Discrimination: Defining Women's Rights at the League of Nations and the United Nations, in: Patricia Grimshaw u. a. (Hg.), Women's Rights and Human Rights: International Historical Perspectives, Basingstoke 2001, S. 243–253; Thomas Fischer, Frauenhandel und Prostitution. Zur Institutionalisierung eines transnationalen Diskurses im Völkerbund [in Vorbereitung]; Lutz Sauerteig, Frauenemanzipation und Sittlichkeit: Die Rezeption des englischen Abolitionismus in Deutschland, in: Rudolf Muhs u. a. (Hg.), Aneignung und Abwehr. Interkultureller Transfer zwischen Deutschland und Großbritannien im 19. Jahrhundert, Bodenheim 1998, S. 159–197.
39 G&H 10. 1998, H. 3, bes. Francesca Miller, Feminisms and Transnationalism (S. 569–580); Donna J. Guy, The Politics of Pan-American Cooperation: Maternalist Feminism and the Child Rights Movement, 1913–1960 (S. 449–469); Asunción Lavrin, International Feminisms: Latin American Alternatives (S. 519–534); Barbara Potthast, Internationalismus und Feminismus in Lateinamerika in der ersten Hälfte des 20. Jahrhunderts, in: Peter Birle u. a. (Hg.), Lateinamerika. Gemeinsamkeiten und Vielfalt eines Kontinents, Frankfurt/Main [im Druck].

von der Gestapo ins Konzentrationslager Ravensbrück verschleppt, wo sie 1943 starb. Schon 1940 hatte das Reichssicherheitshauptamt das Frauenarchiv nach Deutschland bringen lassen, von wo es durch die Rote Armee nach Moskau verbracht wurde; erst 2003 kehrten seine Reste nach Amsterdam zurück.[40] Sie trugen dazu bei, dass erstmals auch die multi-, trans- und internationale Dynamik der Frauenbewegungen im Habsburgerreich und in Ostmitteleuropa untersucht werden konnte, nachdem bis dahin die Frauengeschichtsschreibung dieser Region auf einzelne Nationen konzentriert war.[41]

Die inter- und transnationale Geschlechterhistoriographie war von Anfang an (und stärker als die Neuansätze in den Internationalen Beziehungen) geprägt von einer hohen Sensibilität für die komplexen Beziehungen zwischen Nationalität und Internationalität, für den europa- und nordamerikazentrierten Charakter des frauenbewegten Internationalismus innerhalb einer von westlicher Hegemonie bestimmten Welt sowie für das Verhältnis von Inklusion und Exklusion. In der Regel konnten nur nationale Frauenverbände (und nur jeweils einer) den internationalen beitreten, wobei »national« als nationalstaatlich verstanden wurde, was – mit wenigen Ausnahmen, z. B. Indien 1925 – die Vertretung nationaler Minderheiten und einheimischer Frauenorganisationen in Kolonien ausschloß (deren es allerdings in der ersten Hälfte des 20. Jahrhunderts nur wenige gab).[42]

Die bedeutendste Innovation der neunziger Jahre, welche die Geschlechtergeschichte auch weiterhin bestimmen wird, war der systematische Blick auf nicht-westliche, vor allem koloniale Situationen. Sie verdankt sich einerseits dem Aufschwung »lokaler« Frauen- und Geschlechterforschungen im Rahmen von *area studies*, die teils bis in die siebziger Jahre, teils noch weiter zurückreichen; ihr Stellenwert im gegenwärtigen Trend zu einer (oft »westlich« geprägten) Global- und Globalisierungsgeschichte ist durchaus umstritten, und ihm werden sowohl die Eigenständigkeit lokaler Forschung (»lokal« kann

40 Francisca de Haan, A »Truly International« Archive for the Women's Movement (IAV, now IIAV): From its Foundation in Amsterdam in 1935 to the Return of its Looted Archives in 2003, in: JWH 16. 2004, H. 4, S. 148–172. Auch das Archiv des ICW in Brüssel wurde von den Nazis verschleppt: Offen, Feminisms, S. 9.

41 Susan Zimmermann, The Challenge of Multinational Empire for the International Women's Movement: The Habsburg Monarchy and the Development of Feminist Inter/National Politics, in: JWH 17. 2005, H. 2, S. 87–117; dies., Reich, Nation und Internationalismus. Kooperationen und Konflikte der Frauenbewegungen der Habsburgermonarchie im Spannungsfeld internationaler Organisation und Politik, in: Waltraud Heindl u. a. (Hg.), Frauenbilder, feministische Praxis und nationales Bewusstsein in Österreich-Ungarn 1867–1918, Tübingen 2006 [im Druck]; de Haan, Biographical Dictionary. Ab 2006 erscheint Aspasia. International Yearbook of Central, Eastern and South Eastern European Women's and Gender History (Berghahn Verlag).

42 Rupp, Worlds, S. 16–18, Kap. 3 (Who is In, Who is Out), Kap. 5 (Forging an International »We«), Kap. 6 (How Wide the Circle of the Feminist »We«); Zimmermann, Challenge; Mineke Bosch, Colonial Dimensions of Dutch Women's Suffrage: Aletta Jacob's Travel Letters from Africa and Asia, 1911–1912, in: JWH 11. 1999, H. 2, S. 8–34.

hier ganze Kontinente bezeichnen) als auch die Notwendigkeit interkolonialer Vergleiche entgegengesetzt.[43] Andererseits verdankt sie sich dem wachsenden Bewusstsein vom eurozentrischen Charakter der bisherigen Frauenforschung über westliche Regionen. War der Begriff »Feminismus« seit der vorletzten Jahrhundertwende internationalisiert worden, so wurde er – zusammen mit »Inter«- und »Transnationalismus« – um die letzte Jahrhundertwende im Zuge von Analyse und Dekonstruktion pluralisiert: sowohl für inner-westliche als auch (und besonders) für globale Bezüge.[44] Die neuen Fragen richteten sich auf Frauen und Geschlechterbeziehungen in kolonialen und postkolonialen Regionen, auf die eurozentrische Prägung der Geschichte westlicher Frauenbewegungen (und Frauen) bzw. ihrer Diskurse und auf Verflechtungen zwischen metropolitanen und kolonialen Situationen (bei den letzteren wird deutlich unterschieden zwischen Siedlerkolonien und Beherrschungskolonien wie Indien, von wo die Europäer wieder in ihre Heimat zurückkehrten). Die in den letzten Jahren weit vorangeschrittene Forschung – am weitesten in Großbritannien und den USA für das britische Empire – hat nicht nur dazu geführt, Geschlechterdimensionen in die neue »Oxford History of the British Empire« einzubeziehen, sondern auch zu einem selbständigen »Companion Volume« zu diesem Werk.[45] Aber auch das niederländische, französische und deutsche Imperium wurden geschlechtergeschichtlich untersucht, und diskutiert wurden die methodisch-theoretischen Voraussetzungen, Parameter und Konsequenzen solcher Forschungen (im deutschen Fall ist darunter die Frage, inwiefern oder ob überhaupt der Kolonialismus als eine Art Vorläufer des Nationalsozialismus gelesen werden kann).[46]

---

43 Destination Globalization? Women, Gender and Comparative Colonial Histories in the New Millennium: Themenheft von Journal of Colonialism and Colonial History 4. 2003, H. 1 (Geschichte der Frauenhistoriographie über Afrika, China, Lateinamerika, Südasien und den Nahen Osten). Vgl. auch Johnson-Odim u. Strobel, Restoring Women; Jean Marie Allman u.a. (Hg.), Women in African Colonial Histories, Bloomington, IN 2002; Carla Freeman, Is Local : Global as Feminine : Masculine? Rethinking the Gender of Globalization, in: Signs: Journal of Women in Culture and Society 26. 2001, H. 4, S. 1007–137.

44 Z.B. Mary E. John, Feminisms and Internationalisms: A Response from India, in: G&H 10. 1998 S. 539–548; Bonnie G. Smith, Global Feminisms since 1945, London 2000; Offen, Feminisms, S. 19 ff.

45 Philippa Levine (Hg.), Gender and Empire, Oxford 2004; William Roger Louis (Hg.), The Oxford History of the British Empire, 5 Bde., Oxford 1999. Eine deutsche Besprechung des letzteren Werks verbucht zur Geschlechterdimension bloß, dass sie »politisch korrekt« sei: Benedikt Stuchtey, Nation und Emanzipation. Das britische Empire in der neuesten Forschung, in: HZ 274. 2002, S. 88–118, hier 113. Vgl. auch Diana Jeater, The British Empire and African Women in the Twentieth Century, in: Philip D. Morgan u. Sean Hawkins (Hg.), Black Experience and the Empire, Oxford 2004, S. 228–256; G&H 16. 2004, H. 2 (New Work on Gender and Empire); JWH 14. 2003, H. 4 (Revising the Experiences of Colonized Women: Beyond Binaries).

46 Birthe Kundrus, Moderne Imperialisten. Das Kaiserreich im Spiegel seiner Kolonien, Oldenburg 2003; Lora Wildenthal, German Women for Empire, 1884–1945, Durham, NC 2001, Kap. 5; Pascal Grosse, What Does German Colonialism Have to Do with National Socialism? A

Zu den großen Fragen gehört diejenige nach den Gründen und dem Charakter des Wandels von Kolonialherrschaft, als – je nach Region zwischen der Mitte des 19. und dem ersten Drittel des 20. Jahrhundert – die weißen Herren ihre intimen Bedürfnisse nicht mehr (nur) durch Konkubinage, Prostitution oder zuweilen auch Heirat mit einheimischen Frauen befriedigten, dies aufgrund neuer Rassendiskurse moralisch verurteilt und oft auch formell untersagt wurde (besonders in Siedlerkolonien) und europäische (Ehe-)Frauen in größerer Zahl in die Kolonien gerufen wurden. Zuweilen folgten rigide, mit der angeblichen Gefahr von Vergewaltigung begründete Diskurse oder auch gesetzliche Maßnahmen gegen Annäherungen zwischen schwarzen Männern und weißen Frauen (etwa die berüchtigte »White Women's Protection Ordinance« in Britisch-Neuguinea 1926). Zeitgenössischen und späteren Stimmen, die diesen Wandel den europäischen Ehefrauen zuschrieben, weil sie mit ihrem Verhalten Rassentrennung und Rassismus (in Indien besonders nach dem großen Aufstand von 1857/8) und gar »the ruin of the Empire« verursacht hätten, setzten geschlechtergeschichtliche Studien eine differenziertere Analyse entgegen.[47] Ann Laura Stoler, Historikerin von Niederländisch-Indien, identifizierte jene intimen »Kontaktzonen«, ihren Wandel und die ihm zugrundeliegenden (keineswegs einheitlichen) Diskurse über *mixedness*, »gemischte« Sexualbeziehungen und »Mischlinge«, als »strategies of governance that joined sexual conquest with other forms of domination«, in denen sich artikuliere, dass »the personal is political«; in Bezug auf diese Prozesse sei eine neue Art des historischen Vergleichs nötig, nämlich der Kolonien untereinander.[48]

Conceptual Framework, in: Eric Ames u. a. (Hg.), Germany's Colonial Past, Lincoln, NE 2006, S. 115–134; Julia Clancy-Smith u. Frances Gouda (Hg.), Domesticating the Empire: Race, Gender, and Family Life in French and Dutch Colonialism, Charlottesville, VA 1998; Elsbeth Locher-Scholten, Women and the Colonial State: Essays on Gender and Modernity in the Netherlands Indies, 1900–1942, Amsterdam 2000; Christelle Tardaud, La prostitution coloniale: Algérie, Tunisie, Maroc, 1830–1962, Paris 2003; Anne Hugon (Hg.), Histoire des femmes en situation coloniale: Afrique et Asie, XXᵉ siècle, Paris 2004.

47 Margaret Strobel, European Women and the Second British Empire, Bloomington, IN 1991, bes. Kap. 1; Nupur Chaudhuri, Memsahibs and their Servants in 19th-Century India, in: WHR 3. 1994 (H. 4: Feminism, Imperialism and Race: A Dialogue Between India and Britain), S. 549–562. Vgl. G&H 17. 2005, H. 1: Empire, Migration and Fears of Interracial Sex, c. 1830–1870; Jock McCulloch, Black Peril, White Virtue: Sexual Crime in Southern Rhodesia, Bloomington, IN 2000; Claudia Knapman, White Women in Fiji, 1835–1930: The Ruin of Empire? Boston, MA 1986.

48 Ann Laura Stoler, Tense and Tender Ties: The Politics of Comparison in North American History and (Post) Colonial Studies, in: JAH 88. 2001, S. 829–65; auch in dies. (Hg.), Haunted by Empire: Geographies of Intimacy in North American History, Durham, NC 2006 [im Druck]; dies., Carnal Knowledge and Imperial Power: Race and the Intimate in Colonial Rule, Berkeley, CA 2002; Australian Feminist Studies 16. 2001, H. 34, Themenheft: Gender in the »Contact Zone«. Dieser Begriff wurde geprägt von Marie Louise Pratt, Imperial Eyes: Travel Writing and Transculturation, London 1992.

Diskursanalyse ist von großer Bedeutung in der Forschung über *gender and colonialism* geworden. So wurde gezeigt, dass die eindrucksvolle Beteiligung britischer Frauen an der Antisklavereibewegung des 19. Jahrhunderts auch als Wurzel eines *imperial feminism* gesehen werden kann, weil Abolitionistinnen die Sklavinnen (und Sklaven) als passive und hilflose Opfer sahen, die des Schutzes britischer Frauen bedürften, und weil der Abolitionismus zum »Kern« der humanitären *civilizing mission* des europäischen und besonders des britischen Imperialismus wurde.[49] Einflussreich wurde Antoinette Burtons Analyse der britischen Frauenbewegung (bzw. ihres Diskurses) in den Jahrzehnten vor dem Ersten Weltkrieg, die mit ihren emanzipatorischen Errungenschaften lange Zeit als internationales Vorbild gegolten hatte, als »weiß«, rassistisch und »imperial«. Nicht nur habe die Frauenbewegung das Empire nicht bekämpft, sondern habe es genutzt, um ihre eigenen Ziele zu verwirklichen; sie präsentierte indische Frauen als passive und hilflose Opfer eines Hindu- oder Muslim-Patriarchats – als orientalische »Andere« ohne jegliche *agency* –, gegenüber denen sich die Feministinnen moralisch, politisch und rassisch überlegen fühlten und vor allem dazu berufen, durch die Erlangung des eigenen Wahlrechts (aus ihrer Sicht) frauenemanzipatorische Reformen in Südasien zu bewirken (vor allem die Abschaffung von Sati, Zenana, Kinderheirat und des Verbots der Witwenheirat): »the white woman's burden«. International galt für Burtons Argumentationen, dass »once stated, they became almost axiomatic.«[50] In der Tat wird aus dem Fall der britischen Feministinnen heutzutage weithin gefolgert: »Most European feminists were imbued with cultural presumptions about the racial superiority of Europeans«, und zuweilen werden dafür auch irreführende Quellen herangezogen.[51] Die

49 Clare Midgley, Anti-Slavery and the Roots of »Imperial Feminism«, in: dies. (Hg.), Gender and Imperialism, Manchester 1998, S. 161–179; dies., Women Against Slavery: The British Campaigns, 1780–1870, London 1992. Jürgen Osterhammel, »The Great Work of Uplifting Mankind«. Zivilisierungsmission und Moderne, in: Boris Barth u. ders. (Hg.), Zivilisierungsmissionen. Imperiale Weltverbesserung seit dem 18. Jahrhundert, Konstanz 2005, S. 363–425, Zitat S. 401. Vgl. Catherine Hall, Civilising Subjects: Metropole and Colony in the English Imagination, 1830–1867, Cambridge 2002. In Afrika südlich der Sahara waren die Mehrheit der Sklaven weiblich: Claire C. Robertson u. Martin A. Klein (Hg.), Women and Slavery in Africa, Madison, WI 1997.

50 Antoinette Burton, Burdens of History: British Feminists, Indian Women, and Imperial Culture, 1865–1915, Chapel Hill, NC 1994; Zitat aus der Besprechung von Dorothy O. Helly, in AHR 101. 1996, H. 2, S. 493; vgl. Susan Pedersen, in: JMH 69. 1997, S. 144–146. Vgl. Mrinalini Sinha, Suffragism and Internationalism: The Enfranchisement of British and Indian Women under an Imperial State, in: Ian Christopher Fletcher (Hg.), Women's Suffrage in the British Empire: Citizenship, Nation and Race, London 2000, S. 244–239.

51 Rubrik »In the Classroom: Gender, Genre, and Political Transformation«, in: JWH 15. 2003, H. 3, S. 151. Vgl. aber auch Sylvia Paletschek u. Bianka Pietrow-Ennker (Hg.), Women's Emancipation Movements in the 19th Century: A European Perspective, Stanford, CA 2004; Offen, Feminisms. Eine ultrarassistische Kochbuch-Passage (zit. in Boris Barth, Die Grenzen der Zivilisierungsmission. Rassenvorstellungen in den europäischen Siedlungskolonien Virginia, den Burenrepubliken und Deutsch-Südwestafrika, in: ders. u. Osterhammel, Zivilisierungsmissionen, S. 225)

vielfältigen Verhaltensweisen und Aktivitäten europäischer Frauen in Kolonien und Metropolen – Kollaboration, Komplizität, Widerstand, christliche
wie säkulare Mission oder die Suche nach einem »emanzipierten« Leben in
Übersee – wurden auf komplexere Weise thematisiert, und die Frage nach
der Interaktion von europäischen und kolonisierten Frauen führte – angesichts der immer umstrittenen Machtverhältnisse zwischen (kolonisierenden
und kolonisierten) Männern und Frauen – auch zu Wegen »beyond complicity and resistance«: Hier wird das bloße »Opfer-Täterinnen-Modell« problematisiert (außerdem als Parallele zu kurzschlüssigen Debatten über Frauen in
NS-Deutschland gesehen) ebenso wie, auf der Seite der Einheimischen, das
»Opfer-Verräter/innen«-Modell.[52] Die Ehefrauen der Beamten in Britisch-
Indien kannten kein »white women's burden«, sondern identifizierten sich mit
dem Empire auf durchaus maskuline Weise und in Räumen, für die keine *public-private distinction* galt; anglo-indische *Empire families* verkehrten nach
ihrer Rückkehr fast nur noch mit ihresgleichen; nicht- oder antifeministische
Frauen der höheren Mittelklasse und des Adels kümmerten sich in ihrem
Selbstverständnis als *mothers of the Empire* nicht um das Wohl einheimischer Frauen in den Kolonien, sondern um das der weißen Siedlerinnen, und
ihre Vereine konstituierten einen veritablen »weiblichen Imperialismus«.[53]
Auf der Seite der »Anderen« wurde gezeigt, wie in der zweiten Hälfte des
19. Jahrhunderts reformfreudige und westlich gebildete bengalische Männer
Anleitungen für Frauen verfassten, denen zufolge diese – im Gegensatz zu
alten patriarchalischen Strukturen – sich in Liebe ihrem Ehemann widmen,
Bildung erlangen und die Grenzen der Zenana überschreiten sollten; sie trafen bei den Adressatinnen auf beträchtlichen Zuspruch. Untersucht wurde
auch die seit dieser Zeit entstehende indische Frauenbewegung.[54] Männer und

stammt keineswegs von Henriette Davidis, die der Frauenbewegung nahestand, deren berühmtes
Kochbuch 1845 erschien und die 1876 starb, sondern von dem männlichen Bearbeiter der zitierten
Ausgabe von 1911.

52 Nupur Chaudhuri u. Margaret Strobel (Hg.), Western Women and Imperialism: Complicity
and Resistance, Bloomington, IN 1992; Malia B. Formes, Beyond Complicity versus Resistance:
Recent Work on Gender and European Imperialism, in: JSocH 28. 1995, S. 629–641 mit Anm. 23;
Journal of Colonialism and Colonial History 6. 2005, H. 3: Themenheft Indigenous Women and
Colonial Cultures.

53 Mary A. Procida, Married to the Empire: Gender, Politics and Imperialism in India, 1883–
1947, Manchester 2002; Elizabeth Buettner, Empire Families: Britons and Late Imperialism, Oxford 2004; Julia Bush, Edwardian Ladies and Imperial Power, Leicester 2000. Vgl. Lora Wildenthal,
Rasse und Kultur. Frauenorganisationen in der deutschen Kolonialbewegung des Kaiserreichs, in:
Birthe Kundrus (Hg.), Phantasiereiche. Zur Kulturgeschichte des deutschen Kolonialismus, Frank-
furt/Main 2003, S. 202–219; Birthe Kundrus, Weiblicher Kulturimperialismus. Die imperialistischen Frauenverbände des Kaiserreichs, in: Sebastian Conrad u. Jürgen Osterhammel (Hg.), Das
Kaiserreich transnational. Deutschland in der Welt 1871–1914, Göttingen 2004, S. 213–235.

54 Judith E. Walsh, Domesticity in Colonial India: What Women Learned When Men Gave
Them Advice, Lanham, MD 2004; Geraldine Forbes, Women in Modern India, Cambridge 1996.

Männlichkeit sind integraler Bestandteil der geschlechtergeschichtlichen Variante der *new imperial history*. Grundlegend war das Werk von Mrinalini Sinha: Ausgehend von der britischen Konstruktion des »virilen« Engländers und des »weibischen« Bengalen seit dem späten 19. Jahrhundert (letztere wurde teils auf ganz Indien ausgedehnt, teils den virilen *martial races* des Punjab entgegengesetzt) nahm sie die gesamte Bandbreite der Beziehungen und Begrenzungen von Geschlechtern, Rassen und Klassen in Britisch-Indien in den Blick.[55]

III. Transnationale Debatten über »Geschlecht« und gender. Konstitutiv für große Teile der (post)kolonialen Historiographie, einschließlich ihrer geschlechtergeschichtlichen Dimension, ist die Annahme, dass »Grenzen« und Kategorien (auch »Kolonisatoren« und »Kolonisierte«) prekär und eine Machtfrage sind sowie auf vielfache (auch gewaltsame) Weise ausgehandelt werden. Zumal die transnationalen, globalen und (post)kolonialen Forschungen der letzten Jahre haben die Kategorie *gender*, wie sie nicht nur im Englischen, sondern auch im Deutschen und in zahlreichen anderen Sprachen benutzt wird (seit 1989 auch in den slawischen), immer wieder problematisiert.[56] Die dreißig Jahre alte Trias *gender, race, class* wurde angesichts der Einsicht, dass die drei Kategorien (und noch andere) aufeinander bezogen sind, sich durchkreuzen und eine sinnvolle Geschlechtergeschichte undenkbar ist ohne Bezug auf »Rasse« und »Klasse« (usw.), neu konzipiert als *intersectionality*: Geschlecht dürfe ebenso wenig (mehr) im Zentrum stehen wie einst »Frauen«, sondern habe gleiches analytisches Gewicht wie die anderen Kategorien. Mit dem Postulat, dass sie alle diskursiv konstruiert, vieldeutig und variabel sind, gehen sprachliche Innovationen einher wie *racialization, genderization* und, neben dem Adjektiv *gendered*, auch *raced* und *classed*. Während *class* im Englischen locker gebraucht wird (etwa im Sinn von »arm« und »reich«) und ohne das Gepäck von Marx und Weber, sind sich deutschschreibende Wissenschaftlerinnen einig darin, dass »Rasse« angesichts der Last ihrer

55 Mrinalini Sinha, Colonial Masculinity: The »Manly Englishman« and the »Effeminate Bengali« in the Late Nineteenth Century, Manchester 1995; dies., Britishness, Clubbability, and the Colonial Public Sphere: The Genealogy of an Imperial Institution in Colonial India, in: JBS 40. 2001, S. 489–521; Nancy Rose Hunt u. a. (Hg.), Gendered Colonialisms in African History, Oxford 1997; Nancy L. Paxton, Writing under the Raj: Gender, Race, and Rape in the British Colonial Imagination, 1830–1947, New Brunswick, NJ 1999; Wildenthal, German Women, Kap. 3; Robert Aldrich, Colonialism and Homosexuality, London 2003; Ronald Hyam, Empire and Sexuality: The British Experience, Manchester 1990.

56 Zur Rezeption von *gender* in Kroatien: Biljana Kasic, Is Gender – Women's Destiny? A Postsocialist Perspective, in: L'Homme. Z.F.G. 13. 2002, H. 2, S. 167–173; vgl. Lin Chun, Finding a Language: Feminism and Women's Movements in Contemporary China, in: Joan W. Scott u. a. (Hg.), Transitions, Environments, Translations: Feminisms in International Politics, New York 1997, S. 11–20.

spezifisch deutschen Begriffsgeschichte kaum als analytische Kategorie benutzbar ist.[57]

Auch von ganz anderer Seite, nämlich politischer, wurde *gender* problematisiert. In der Vorbereitung und während der IV. UN-Weltfrauenkonferenz in Beijing 1995 wurde vor dem Begriff gewarnt, weil er und sogenannte *gender feminists* Moral und Familienwerte, Männlichkeit und Weiblichkeit, Mutterschaft und Vaterschaft in Frage stellten. Die UN-Kommission zum Status von Frauen setzte eigens ein Komitee ein zur Bestimmung von »the commonly understood meaning of the term ›gender‹«; das Ergebnis war nicht eine Definition, sondern nur ein Verweis auf die schon frühere Benutzung des Begriffs in zahlreichen UN-Dokumenten. Der Heilige Stuhl, einige lateinamerikanische (Guatemala, Paraguay, Peru) und arabische Staaten fürchteten, dass mit *gender* nicht nur die Familie, sondern auch die einzig »natürliche« Art von Sexualität angezweifelt werde. Ohne nähere Definition ging *gender* dann in den Bericht der Weltfrauenkonferenz ein. 1998 wurde der Begriff im Römischen Statut des Internationalen Strafgerichtshofs definiert – nach heftigen Kontroversen und keineswegs zur Zufriedenheit aller Interessierten: »the term ›gender‹ refers to the two sexes, male and female, within the context of society«.[58] In Frankreich wurde die Kontroverse auf höchster Ebene weitergeführt: Im Juli 2005 kritisierte die Commission générale de terminologie et de néologie das Wort *genre* (im geschlechterbezogenen Sinn), da es lediglich eine Übernahme des englischen *gender* sei, und empfahl stattdessen: »le mot sexe et ses dérivés sexiste et sexuel s'avèrent parfaitement adaptés dans la plupart des cas pour exprimer la différence entre hommes et femmes, y compris dans sa dimension culturelle, avec les implications économiques, sociales et politiques que cela suppose«, und *gender equality* könne man bestens mit »égalité entre hommes et femmes, ou encore égalité entre les sexes« ausdrücken.[59]

Gerungen wurde und wird weiterhin um das Verhältnis von Geschlechter- zu Frauengeschichte, besonders weil unter dem Titel *gender* oft nichts anderes als Frauengeschichte praktiziert wurde und somit der Forderung, »Frauen« ebenso wie »Männer« als diskursive Konstruktionen zu erkennen, zu dekonstruieren und *gender* als eine Metapher für Machtbeziehungen zu verstehen, nicht nachgekommen werde, sondern jene Kategorien stattdessen

---

57 Gudrun-Axeli Knapp, »Intersectionality« – ein neues Paradigma feministischer Theorie? Zur transatlantischen Reise von »Race, Class, Gender«, in: Feministische Studien 23. 2005, S. 68–81; Hanna Hacker, Editorial zum Themenheft »Whiteness« von L'Homme Z.F.G. 16. 2005, H. 2.

58 Hierzu und zu den Debatten bei der IV. Weltfrauenkonferenz: Valerie Oosterveld, The Definition of »Gender« in the Rome Statute of the International Criminal Court: A Step Forward or Back for International Criminal Justice? in: Harvard Human Rights Journal 18. 2005, S. 55–84.

59 Recommandation sur les équivalents français du mot ›gender‹, in: Journal Officiel 169, 22.7.2005.

auf »essentialistische« Weise vorausgesetzt werden. Manche insistieren auf deutlicher Unterscheidung, für andere ist Geschlechter- nicht ohne Frauenge-schichte denkbar oder auch umgekehrt, wiederum andere halten die Debatte für abgeschlossen.[60] Vielfach wird Geschlechtergeschichte als der Weg ge-sehen, auf dem Frauen- (und Männer-) Geschichte in die »allgemeine« Ge-schichte integriert und die letztere dabei transformiert werde (de facto ist allerdings mehr das erstere als das letztere geschehen).[61]

Immer wieder wird die Kategorie *gender* heimgesucht von ihren Ursprün-gen, als sie – verstanden als begriffliche Innovation – an die Seite von *sex* gestellt wurde und beide in einem dichotomisch-kontrastierenden Verhältnis gesehen wurden: *sex* sei eine »biologische«, den Körper und die Geschlechts-unterschiede bezeichnende Kategorie, *gender* eine soziale, kulturelle, poli-tische, historische (verschärft wird dies im Deutschen, wenn explizit von »biologischem und sozialen Geschlecht« die Rede ist). Aber angesichts des Umstands, dass »Biologie« in diesem Kontext selber eine kulturelle Konstruk-tion ist, und der breiten Forschung zu »Körpergeschichte« kann die scheinbar reinliche Trennung schon lange nicht mehr aufrechterhalten werden. Deutlich wird, dass *gender* in den 1970er Jahren hauptsächlich deshalb »erfunden« wurde, um die traditionelle Identifizierung des weiblichen Geschlechts (im viktorianischen Englisch: »the sex«) mit physischen Geschlechtsunterschie-den und (Hetero-) Sexualität aufzubrechen. Es beginnt auch deutlich zu wer-den, dass *gender* zuvor keineswegs, wie meist angenommen, bloß eine gram-matische Kategorie war, denn der Begriff im heutigen Sinn findet sich auch in alten Texten.[62] Und im Kontext von Kolonial- und Weltgeschichte gilt die »centrality of bodies – raced, sexed, classed, and ethnicized bodies« als Ort der Imagination und Ausübung imperialer und kolonialer Macht.[63]

Die neueste Debatte um *gender* ist also komplex: Der Begriff ist akade-misch respektabel geworden, wird in unterschiedlichsten, dekonstruktivisten wie banalen Bedeutungen verwendet und weiterhin kontrovers diskutiert; er

60 Ellen DuBois u. a., Considering the State of U.S. Women's History, in: JWH 15. 2003, H. 1, S. 151 (The Future of Women's History): »The woman versus gender debate among historians is done, it is old news, it is not worth worrying about, it has happened, and it is over. Women's history was not washed away by the rise of gender history, so I accept women's history and gender history as compatible.« Zu »histoire des femmes«/»histoire du genre« vgl. Thébaud, Femmes, Teil III.

61 Lynn Hunt, The Challenge of Gender: Deconstruction of Categories and Reconstruction of Narratives in Gender History, in: Hans Medick u. Anne-Charlotte Trepp (Hg.), Geschlechter-geschichte und Allgemeine Geschichte, Göttingen 1998, S. 57–97, bes. 86, 97. Vgl. auch Calvi, Innesti.

62 Vgl. Karen Offen, Before Beauvoir, Before Butler: Genre and Gender in France and the An-glo-American World [in Vorbereitung]; Beispiele in Bock, Frauen, S. 20, 26, 132. Vgl. auch Wies-ner-Hank, Gender, S. 2–5; Moira Gatens, A Critique of the Sex/Gender Distinction, in: Judith Al-len u. Paul Patton (Hg.), Beyond Marxism? Interventions After Marx, Sydney 1983, S. 143–160.

63 Tony Ballantyne u. Antoinette Burton (Hg.), Bodies in Contact: Rethinking Colonial Enco-unters in World History, Durham, NC 2005, S. 6.

wird – oft unübersetzt – in andere Sprachen übernommen und auf internationaler Ebene formell (gar justiziabel) definiert. Vor diesem Hintergrund – und
angesichts der Gefahr, dass wegen der Abspaltung des »Kulturellen« vom
»Biologischen« ein intellektuelles Potential gegen den Zugriff der neueren
Evolutionsbiologie auf die physische Dimension der Geschlechterunter-
schiede fehle – bezweifelte Joan Scott anläßlich des neuen Millenniums den
Wert der Kategorie *gender*, die einst von ihr historisch definiert worden war,
und argumentierte: »Gender is not a particularly useful category for thinking
along these lines.« Es gelte, auch »biological sex as an historically variable
concept« zu sehen, »sex and sexual difference« seien sinnvollere Kategorien,
letztlich sei es »feminism, not ›gender‹ that is at issue«, und Geschlechterdifferenz sei lediglich eine von diversen »Differenzachsen« wie Rasse, Ethnizität, Nationalität oder Sexualität.[64] Allerdings wird wohl weiterhin gelten:
»Gender is here to stay.«[65] Und im Deutschen kann Geschichte durchaus mit
dem Begriff »Geschlecht« geschrieben werden, Kultur und Körper übergrei-
fend und ohne kategorisierendes Attribut.

---

64 Joan W. Scott, Millenial Fantasies: The Future of »Gender« in the 21st Century, in (auch auf
Deutsch): Claudia Honegger u. Caroline Arni (Hg.), Gender – die Tücken einer Kategorie. Beiträge zum Symposion anlässlich der Verleihung des Hans-Sigrist-Preises 1999 der Universität Bern
an Joan W. Scott, Zürich 2001, S. 19–37, Zitate 26, 30 f., 34; das letzte Zitat aus dem in Anm. 2
genannten Aufsatz, wo »gender history« nur noch als Durchgangsstadium figuriert (S. 20 f.); vgl.
Scott, Category, und die Debatte in: L'Homme Z.F.G. 13. 2002, H2.
65 Hunt, Challenge, S. 57.

Dieter Langewiesche

Über das Umschreiben der Geschichte

Zur Rolle der Sozialgeschichte

I. Umschreiben und seine Kosten: der sozialgeschichtliche Aufbruch der sechziger Jahre als Geschichtstherapie an der deutschen Gesellschaft. Jede Geschichtsschreibung bezeugt Erfahrungen. Der Soziologe Maurice Halbwachs hat zwischen den eigenen und den fremden Geschichtserfahrungen unterschieden, indem er die eigenen dem kollektiven Gedächtnis zuordnete, die fremden hingegen der Geschichte. Das kollektive Gedächtnis bewahre nur, was innerhalb einer Generation lebensweltlich überliefert werde; jenseits dieser Zeit eigener Erinnerung beginne die Geschichte.[1] Heute unterscheidet man im gleichen Sinn meist zwischen kommunikativem und kulturellem Gedächtnis. Reinhart Koselleck hat diese Zusammenhänge präziser bestimmt. Er entwarf drei Typen von Geschichtsschreibung, denen sich jede Art von Historie zuordnen lasse: Aufschreiben, Fortschreiben, Umschreiben. Sie koppelte er mit den drei Temporalstrukturen geschichtlichen Erfahrungsgewinns, die er bereits bei Herodot und Thukydides beobachtete und bis in die Gegenwart unverändert fortdauern sieht: Erfahrungen kurzfristiger, mittlerer und langfristiger Dauer.[2]

Die Sozialgeschichte, wie sie sich im Westdeutschland der sechziger Jahre durchsetzte und das Fach umformte, mit Hans-Ulrich Wehler an vorderster Front, hatte sich für Erfahrungen kurzer Dauer allenfalls am Rande interessiert. Sie verstand sich als historische Sozialwissenschaft und blickte deshalb auf langfristig angelegte Strukturen, die kollektive Verhaltensdispositionen prägen, nicht aber individuelles Handeln festlegen. Was Koselleck als singuläre und unwiederholbare Urerfahrung begreift, eine Überraschung, die aufgrund bisheriger Erfahrung nicht zu erwarten war und in Erfahrungsgewinn umgesetzt wird, war in der Sozialgeschichte als Strukturgeschichte nicht vorgesehen oder fand doch zumindest wenig Aufmerksamkeit. Wenn dennoch solche Erfahrungssprünge analysiert wurden – etwa in Erinnerungen von Arbeitern aus dem deutschen Kaiserreich, die in einer Art Erweckungserlebnis zum Sozialismus konvertierten –, so lag dies daran, dass die neue

---

1 Maurice Halbwachs, Das kollektive Gedächtnis, Frankfurt/Main 1985.
2 Reinhart Koselleck, Erfahrungswandel und Methodenwechsel. Eine historisch-anthropologische Skizze (1988), in: ders., Zeitschichten. Studien zur Historik, Frankfurt/Main 2000, S. 27–77.

Sozialgeschichte in der Praxis offener war als in der Theorie. Dennoch gilt: Auf Erfahrungen kurzfristiger Dauer richtete die Sozialgeschichte damals ihr Programm nicht aus. In ihr handelten Struktur-Agenten wie Gruppen und Organisationen oder gar Schichten und Klassen, nicht Individuen, die sich in Handlungsfeldern der kurzen Dauer bewegten. Zu ihnen verharrte auch die »Sozialgeschichte in Erweiterung« (Werner Conze) in Distanz.

Auch die gegenwärtige Kulturgeschichtskonjunktur hat dies nicht grundsätzlich geändert. Wenn etwa in der Flut der Erinnerungsforschung nach den Erfahrungen, die sich mit den Kriegen des 20. Jahrhunderts verbinden, gefragt wird, geht es auch hier um Verhaltensdispositionen, die sich nur schwer ändern. Und geschieht dies doch unter dem Gewicht unerwarteter Ereignisse, dann richtet sich der Blick auf die neuen Erfahrungsmuster, die erneut längerfristige, überindividuelle Wahrnehmungsbedingungen schaffen.

Nicht der auf eine kurze Zeit verdichtete Veränderungsschub, sondern dessen langfristigen Folgen stehen im Mittelpunkt des Interesses. Denn jede Geschichtsschreibung privilegiert die Suche nach Kontinuitäten. Ihnen wird zwar Wandel eingeschrieben, doch selbst die Frage nach Zäsuren gewinnt ihre Bedeutung aus der Perspektive langer Dauer. »Der Bruch macht die Kontinuität sichtbar, während die Kontinuität den Hintergrund für das Neue bildet.«[3] Der Sozialphilosoph George Herbert Mead bestimmte deshalb diese »Kontinuitäten im Übergang« als »das Wesen der Unvermeidlichkeit«. Sie zu empfinden, gebe uns »die Gewissheit […], nach der wir streben.«[4] Paul Ricœur sah in dieser »retrospektiven Fatalitätsillusion« die Gefahr eines »historischen Determinismus«, von dem ein »Wiederholungszwang« ausgehen könne wie von einem Trauma. Die Geschichte als »Friedhof nicht gehaltener Versprechen« zu erzählen, schrieb er deshalb eine therapeutische Wirkung zu.[5]

Die Sozialgeschichte der sechziger Jahre sah sich als ein solcher Geschichtstherapeut am Krankenlager der deutschen Gesellschaft. Sie kaprizierte sich zwar nicht darauf, das »Ungetane der Vergangenheit«[6] zu erzählen – Erzählen stellte sie ohnehin unter den Verdacht der Theorieblässe –, doch ihre historische Diagnose eines deutschen Sonderweges in die Moderne, unter deren Leitbild sie die Geschichte des 19. und 20. Jahrhunderts schrieb, hatte in ihren Defizitanalysen stets »die nicht gehaltenen Versprechen der Vergangenheit«[7] vor Augen. Das historisch Mögliche im Kontrast zum »Westen« zu ermessen und das Realisierte daran abzugleichen, forderte den Blick

---

3 George Herbert Mead, Das Wesen der Vergangenheit (1929), in: ders., Gesammelte Aufsätze, hg. v. Hans Joas, Bd. 2, Frankfurt/Main 1983, S. 337–346, hier 343.

4 Ebd., S. 345.

5 Paul Ricœur, Das Rätsel der Vergangenheit. Erinnern – Vergessen – Verzeihen, Göttingen 1998, S. 127–130.

6 Ebd., S. 129.

7 Ebd., S. 130.

auf stabile zeitenüberdauernde und gesellschaftsübergreifende Strukturen und Prozesse. Anders hätte sich ein deutscher Sonderweg nicht begründen lassen. Die Frage nach den strukturellen Bedingungen geschichtlicher Kontinuität und – damit innig verbunden – die Suche nach den Gründen, warum die Fortschrittsgeschichte des 19. Jahrhunderts in Deutschland in die nationalsozialistische Barbarei führen konnte, legten der Sozialgeschichte damals einen Zugang nahe, der nach Erfahrungskontinuitäten über alle politischen Zäsuren hinweg suchte.

In diesem auf lange Dauer geeichten Bewertungsmaß dokumentiert sich also zum einen ein spezifischer theoretischer Zugang und zum anderen der Wille, durch Aufklärung über die Vergangenheit und die Gründe für ihre Katastrophen die Gegenwart geschichtstherapeutisch zu läutern. Prozesse kurzer Dauer schienen dabei keine bedeutende Rolle beanspruchen zu können. Deshalb war der sozialgeschichtliche Aufbruch der sechziger Jahre kaum an jenem Typus von Geschichtsschreibung beteiligt, den Koselleck Aufschreiben genannt hat: ein innovativer Akt, mit dem ein Ereignis erstmals festgehalten wird. Wenn mit diesem Ereignis etwa Neues auftritt, das nicht vorrangig die bisherige Erfahrung fortschreibt, erzeugt dieser Typus von Geschichtsschreibung einen historischen Erfahrungsgewinn.

Diese Art von Innovation war der Sozialgeschichte, wie sie in den sechziger Jahren in Westdeutschland etabliert wurde, versperrt. Ihre spezifische Leistung – die Analyse von Strukturen langer Dauer und deren geschichtsbestimmende Kraft – ließ einen blinden Fleck auf der Ereignisgeschichte und ihrem Innovationspotential entstehen. Dies dürfte auch ein wichtiger Grund sein, warum die neue Sozialgeschichte sich kaum der Zeitgeschichte gewidmet hatte. Gegenwartstherapie durch Vergangenheitsanalyse, nicht durch Zeitgeschichte. Aufschreiben als ein Typus der Geschichtsschreibung war aber stets vorrangig eine Leistung der Zeitgeschichte. Das ist der systematische Grund, warum die innovative Geschichtsschreibung bis ins 18. Jahrhundert Zeitgeschichte gewesen ist. Noch Johann Martin Chladenius kannte in seiner Theorie einer »Allgemeinen Geschichtswissenschaft« von 1752 nur jene Pluralität von Geschichtsbildern, die aus den unterschiedlichen »Sehepunkten« entstehen, mit denen die Zuschauer einer Begebenheit diese wahrnehmen, nicht aber erkannte er die retrospektive Veränderung der Geschichte, die aus der Vielfalt zeitlich differierender Sehepunkte bei der Betrachtung der Vergangenheit hervorgeht. Die Zeit als ein Faktor, der die Wahrnehmung von Geschichte verändert, war ihm noch fremd. Seine Lehre der Konstituierung von Geschichte durch den »Sehepunkt« des Beobachters stand weiterhin »im Banne der Augenzeugen-Authentizität«.[8]

---

8 So Koselleck in seinem grundlegenden Aufsatz: Standortbindung und Zeitlichkeit, in ders., Vergangene Zukunft. Zur Semantik geschichtlicher Zeiten, Frankfurt/Main 1989, S. 184. Das Werk

Mit ihr brach die Sozialgeschichte der sechziger Jahre radikal und ersetzte sie durch Theorien, welche die Geschichte in neuer Weise erschließen sollten. Theorie als ein neuer überindividueller, wissenschaftlich objektivierter Sehepunkt. Theoriebedürftigkeit hieß deshalb eines der zentralen Programmworte für eine erneuerte Geschichtswissenschaft, die sich als Historische Sozialwissenschaft verstand. Man forderte den Einsatz von Theorien, die in anderen Wissenschaftsdisziplinen entwickelt worden sind, nicht eine *Common sense*-Erzählung auf der Grundlage von Quellen mit der Aura von Augenzeugenschaft. Die Geschichtswissenschaft erweiterte so unter dem Banner *Sozialgeschichte* ihr theoretisches Instrumentarium und ihre Forschungsfelder, doch diese Leistung verlangte ihren Preis: Verzicht auf das Innovationspotential, das der Erzähltypus des Aufschreibens bietet.

II. Umschreiben als Wiederfinden: Ein Geschichtsbild rückt von der politischen Peripherie ins Zentrum. Erfahrungen mittelfristiger Dauer sind einer Sozialgeschichte, die sich als sozialwissenschaftlich angeleitete Strukturgeschichte versteht, eher zugänglich. Sie folgen, wie Koselleck eindringlich dargelegt hat, einer anderen Zeitstruktur: nicht ein einmaliger Akt, sondern ein stetiger Prozess akkumulierender Wiederholung. Hier ist der Ort generationenspezifischer Erfahrungen. Sie wurzeln in Prozessen mittelfristiger Dauer, die viele Menschen in ähnlicher Weise erleben. Dies ist gemeint, wenn man vom Zeitgeist spricht, eine schwer zu fassende, aber wirkmächtige Größe. Solche Erfahrungen werden individuell gemacht, aber kollektiv ähnlich. Weil sie an den Einzelnen und seine Umwelt gebunden sind, bleiben sie auf dessen Lebenszeit begrenzt. Halbwachs spricht hier vom kollektiven Gedächtnis, Aleida Assmann vom kommunikativen, das sie vom Speichergedächtnis abgrenzt – letzteres wohl nicht mehr als eine Metapher für Geschichte.[9]

Fortschreiben ist die Normalform menschlicher Erfahrung und jeder Geschichtsschreibung. Die allermeisten Historiker sind Fortschreiber. Auch darin liegen innovative Möglichkeiten, wenn etwa durch den Vergleich unterschiedliche historische Erfahrungen in Beziehung zueinander gesetzt werden. Dabei können neue Einsichten entstehen. Die Konfrontation diachroner Ereignisse und Erfahrungen gehört hierher, wenn z. B. die Sklaverei in unterschiedlichen Zeiten und Räumen verglichen wird.

Diese Möglichkeiten, die der Zeitmodus mittelfristige Dauer und der Typus Fortschreiben bieten, hat die Sozialgeschichte in vielfältiger Weise genutzt. Ihre wichtigste Leistung wird man jedoch in der Konzentration auf

von Chladenius ist als Neudruck bei Böhlau (Johann Martin Chladeius, Allgemeine Geschichtswissenschaft, Wien 1985) zugänglich. Seine Theorie der »Sehepunkte« bietet das Kapitel V, S. 91–115.

9 Aleida Assmann, Mnemosyne. Formen und Funktionen der kulturellen Erinnerung, München 1991.

Strukturen und Prozesse langer Dauer sehen dürfen, deren Analysen sie zum Umschreiben vertrauter Geschichtsbilder nutzte. Was dabei geschieht, hat Koselleck systematisch geklärt – eine bedeutende theoretische Innovation, die bislang von der Geschichtswissenschaft nicht angemessen gewürdigt wurde. Koselleck hat die drei Erfahrungstypen mit ihren unterschiedlichen Zeitstrukturen – kurz-, mittel-, langfristig – auf die drei Typen von Geschichtsschreibung – Aufschreiben, Fortschreiben, Umschreiben – bezogen, ohne sie jedoch exklusiv einander zuzuordnen: »Das Aufschreiben ist ein einmaliger Akt, das Fortschreiben akkumuliert Zeitfristen, das Umschreiben korrigiert beides, das Auf- und Fortgeschriebene, um rückwirkend eine neue Geschichte daraus hervorgehen zu lassen.«[10]

Umschreiben von Geschichte zielt auf Fremderfahrung durch Geschichtsschreibung. Es entsteht eine Geschichte, die sich nicht durch die Erfahrung der damaligen Akteure erschließt. Nicht Augenzeugenschaft, sondern zeitliche Distanz ist erforderlich, um die Vergangenheit mit einem Erfahrungswissen und aus theoretisch fundierten »Sehepunkten« zu erschließen, die den Menschen jener Zeiten, die betrachtet werden, nicht zur Verfügung standen.

Dies schließt allerdings nicht aus, dass möglicherweise bereits in der Vergangenheit jene Einsichten formuliert worden sind, die im Rückblick mit anderen Fragen und angeleitet durch Theorien in neuer Weise begründet werden. In solchen Fällen waren es in aller Regel Gegenwartsdiagnosen aus den Oppositionsräumen der Gesellschaft, die Geschichtsdeutungen entwarfen, die sich in den damaligen Kämpfen um die Deutungshoheit über die Geschichte nicht durchsetzen, später aber in einer Gesellschaft, die anderen »Sehepunkten« folgte, dominant werden konnten. Umschreiben der Geschichte heißt hier, in der Wissenschaft und in der Gesellschaft Geschichtsdeutungen zur Geltung zu bringen, die in früheren Zeiten nur bei Außenseitern Zustimmung gefunden hatten. Das Deutungsmodell deutscher Sonderweg ist ein solcher Fall. Mit ihm gelang der Sozialgeschichte der sechziger Jahre ein politisch wirkungsmächtiges Umschreiben der Geschichte. Es war eine Innovation, die ein Geschichtsbild wiederfand und gesellschaftlich durchsetzte: ein Geschichtsbild, das zuvor nur oppositionelle Milieus, vor allem das sozialdemokratische, akzeptiert hatten, rückte nun ins Zentrum der öffentlichen Debatte über die deutsche Geschichte und die Folgerungen, die daraus zu ziehen seien.[11]

Dass dieses Neue an alte, wenn auch politisch marginalisierte Geschichtsvorstellungen anknüpfen konnte, dürfte zu den Voraussetzungen für deren

---

10 Koselleck, Erfahrungswandel und Methodenwechsel, S. 41.
11 Das habe ich näher ausgeführt in: Der »deutsche Sonderweg«. Defizitgeschichte als geschichtspolitische Zukunftskonstruktion nach dem Ersten und Zweiten Weltkrieg, in: Horst Carl u. a. (Hg.), Kriegsniederlagen. Erfahrungen und Erinnerungen, Berlin 2004, S. 57–65.

späteren gesellschaftlichen Erfolg gehören. Denn nur eine Geschichtsschreibung, die nicht mit alten Geschichtsbildern gänzlich bricht, kann in der Gesellschaft Akzeptanz finden – darin stimmen Reinhart Koselleck, George Herbert Mead und Paul Ricœur überein, so unterschiedlich ihre Theorien ausgerichtet sind.

Koselleck sieht die Einheit der Geschichte darin begründet, dass jede der drei temporalen Erfahrungsweisen von Geschichte in jede der drei Arten der Geschichtsschreibung eingehen. Nur wenn dies so ist, entsteht eine Geschichtsschreibung, welche die Mitmenschen erreicht, weil sie in ihr ihre eigene Erfahrung wiederfinden und zugleich neue Einsichten gewinnen mittels einer Fremderfahrung, die ihnen nur die Geschichtsschreibung eröffnen kann.

George Herbert Mead hatte diese Einsicht Kosellecks, worin die Einheit der Geschichte trotz des ständigen Auf-, Fort- und Umschreibens durch die Geschichtsschreibung bestehe – damit wird, das sei am Rande notiert, eine theoretisch fundierte Gegenposition zum postmodernistischen Geschichtskaleidoskop formuliert –, sechs Jahrzehnte zuvor aus einer anderen Perspektive in ähnlicher Weise begründet: »Jede Generation schreibt ihre Geschichte neu – und ihre Geschichte ist die einzige, die sie von der Welt hat.« Diese »konstruktiv gewonnenen Vergangenheiten menschlicher Gemeinschaften« beruhen, so Mead, auf den »Kontinuitäten, die ihre Struktur ausmachen«.[12] Das kurzfristige Ereignis und die langfristige Struktur stehen sich bei Mead wie bei Koselleck nicht fremd gegenüber, sondern bedingen sich wechselseitig: »Die Vergangenheiten, die wir aus der Sicht des neuen Problems von heute konstruieren, wird auf Kontinuitäten gestützt, die wir in dem entdecken, was entstanden ist, und nützt uns so lange, bis die morgen aufkommende Neuheit eine neue Geschichte notwendig macht, welche die Zukunft interpretiert. Alles, was auftaucht, hat Kontinuität, aber erst dann, wenn es tatsächlich auftaucht.«[13]

Nur wenn die Geschichtsschreibung diese Zusammenhänge sichtbar macht, wird sie erfolgreich ein vertrautes Geschichtsbild umschreiben können. Die Umschreibung wird nur dann Akzeptanz in der Gesellschaft finden, wenn sie sich deren Erfahrung nicht verweigert. Das Umschreiben der Geschichte erschafft zwar eine neue Vorstellung von Geschichte, doch durchsetzen kann sich diese nur, wenn die Menschen sie aus ihrer Erfahrung heraus annehmen können. Das erfolgreiche Umschreiben der Geschichte setzt also einen Erfahrungsumbruch in der Gesellschaft voraus. Diesen Kairos hat die Sozialgeschichte der sechziger Jahre genutzt. Nur deshalb fand sie in der Gesellschaft eine breite Aufmerksamkeit. Und nur deshalb konnte sie auf therapeutische Wirkung hoffen.

12 Mead, Vergangenheit, S. 344.
13 Ebd., S. 345.

Paul Ricœur erfasst diese Wirkungsbedingung, indem er Gedächtnis und Geschichte dialektisch aufeinander bezieht, um den »Bruch der Historie mit dem Diskurs der Erinnerung«[14] zu versöhnen. Möglich sei dies nur einer Historie, die das vorwissenschaftliche Gedächtnis ernst nimmt und es zugleich ihrer Kritik unterwirft. »Gedächtnistreue« und »historische Wahrheit« aufeinander beziehen, darin liege die Möglichkeit der Geschichtsschreibung, in der Gesellschaft zu wirken: Indem sie die Menschen erfasst, gehe Geschichtserkenntnis über in Zukunftsgestaltung.[15] Mit Koselleck zu sprechen: Vergangene Zukunft gestaltet die künftige. Aber nur, wenn die Geschichtsschreibung eine Vergangenheit entwirft, die der Erfahrung der Zeitgenossen zugänglich ist.

III. Umschreiben ohne politische Wirkung: der austromarxistische Versuch, Nation und Nationalismus neu zu verstehen. Während das Sonderwegsmodell zur Erklärung der deutschen Geschichte im 19. und 20. Jahrhundert von einer sozialdemokratischen Außenseiterperspektive zur Zeit des Kaiserreichs und der Weimarer Republik mit Hilfe der Sozialgeschichte der sechziger Jahre zum wissenschaftlich nobilitierten vergangenheitspolitischen Grundkonsens der Bundesrepublik aufsteigen konnte, haben andere Geschichtsdeutungen eine solche Wirkkraft nicht entfaltet. Auch sie hatten wissenschaftlich das Potential dazu, doch die gesellschaftliche Erfahrung, auf die sie trafen, erlaubte ihnen ein wirkmächtiges Umschreiben der Geschichte nicht. Ein Beispiel dafür bietet die sozialgeschichtliche Nationalismustheorie, die im Austromarxismus des Jahrzehnts vor dem Ersten Weltkrieg maßgeblich von Otto Bauer und Karl Renner entwickelt worden ist.[16]

Sie durchbrachen mit ihren Werken die Unterschätzung der *Nation* in der marxistischen Gesellschaftstheorie. Beide gingen von ihren Erfahrungen mit den nationalen Konflikten in der Habsburgermonarchie aus, doch beide versuchten, daraus allgemeine theoretische Einsichten abzuleiten und für die Politik der sozialistischen Arbeiterbewegung zu nutzen. Sie entwickelten auf der Grundlage der marxistischen Theorie, welche die ökonomischen Struktu-

---

14 Ricœur, Rätsel, S. 114.
15 Mead, Vergangenheit, S. 130.
16 Siehe v. a. Karl Renner, Das Selbstbestimmungsrecht der Nationen in besonderer Anwendung auf Oesterreich. 1. Teil: Nation und Staat. Leipzig 1918; ders., Marxismus, Krieg und Internationale. Kritische Studien über offene Probleme des wissenschaftlichen und des praktischen Sozialismus in und nach dem Weltkrieg. Stuttgart 1918[2] (1. Aufl. 1917). Otto Bauer, Die Nationalitätenfrage und die Sozialdemokratie (Wien 1907), in: ders., Werkausgabe, Bd. 1, Wien 1975, S. 49–639. Die folgende Analyse habe ich näher ausgeführt in: »La socialdemocrazia considera la nazione qualcosa di indistruttibile e da non distruggere«. Riflessioni teoriche dell'austromarxismo sulla nazione intorno al 1900 e il loro significato per la ricerca attuale sul nazionalismo, in: Marina Cattaruzza (Hg.), La Nazione in Rosso. Socialismo, Comunismo e »Questione nazionale«: 1889–1953, Soveria Mannelli 2005, S. 55–82.

ren als Erklärungsfaktoren in den Mittelpunkt stellt, eine konstruktivistische
Nationsdeutung. Austromarxisten wurden hier zu Pionieren, weil sie sich
früh damit auseinandersetzen mussten, dass ihre theoretische Überzeugung,
jede Geschichte sei eine Klassengeschichte und jede Politik Klassenpolitik,
offensichtlich in der Habsburgermonarchie nicht funktionierte. Deshalb entwarfen sie ein neues marxistisches Gesellschaftsmodell, in dem die Nation
den Zentralpunkt einnimmt, ohne daraus jedoch die Forderung nach einem
Nationalstaat abzuleiten. Um ihre Konzeption für einen habsburgischen Nationalitätenstaat zu begründen, schrieben sie die Geschichte der Idee Nation
um. Sie begriffen sie nicht mehr als eine überzeitliche Struktur, sondern als
einen offenen historischen Prozess, der von Wahrnehmungen und Imagina-
tionen der Akteure abhängt. Als historisches Erklärungsmodell entfaltete
dieser Ansatz erst seit den achtziger Jahren weltweite Wirkung und eroberte
mit Benedict Anderson Buchtitel »Imagined Communities«[17] den Weltmarkt
ubiquitär verfügbarer Deutungsformeln. Das Wissen um die sozialgeschichtlichen Ursprünge dieses Nationsverständnisses ging jedoch verloren. Sozialgeschichte und Geschichtskonstruktivismus gelten heute als Gegenpole.

Im späteren 20. Jahrhundert waren es erneut vor allem Forscher, die aus
der Habsburgermonarchie kamen, wie Robert A. Kann, Ernest Gellner, Emerich Francis, Karl W. Deutsch oder Walker Connor, welche die frühen austromarxistischen Versuche, das Phänomen Nation neu zu verstehen und seine
Geschichte umzuschreiben, aufnahmen und weiterführten. Allerdings ohne
dies ausdrücklich anzusprechen. Der habsburgische Erfahrungsraum eines
multinationalen Reiches ließ sie nach Nationskonzepten suchen, die mit dem
europäisch dominanten Modell »*eine* Nation – *ein* Staat« brachen und statt
dessen über die Vorzüge des Nationalitätenstaates als Alternative zum Nationalstaat nachdachten.

Schon Otto Bauer und Karl Renner waren von der – nicht nur damals –
provozierenden Feststellung ausgegangen: Der Nationalstaat ist eine Fiktion.
»Glücklich zu preisen ist natürlich ein Volk, bei dem Staat und Nation zu-
sammenfallen. Aber wo gibt es dieses Volk? [...] Der Nationalstaat ist die
lebendigste Wirklichkeit im Denken aller nationalen Bourgeoisien, aber auf
der Landkarte ist er nicht zu finden – von ein paar bedeutungslosen Kleinstaaten abgesehen«.[18] Die Normalität sei vielmehr der »Nationalitätenstaat«.
Dem großen übernationalen Staat, der jeder Nation in seinem Innern Autonomie biete, gehöre die Zukunft, nicht dem homogenen Nationalstaat, der zu
klein sei, um seine Aufgaben in der künftigen Weltwirtschaft zu erfüllen.

---

17 Benedict Anderson, Imagined Communities: Reflections on the Origin and Spread of Nationalism, London 1983.
18 Karl Renner, Staat und Nation (1915), in: ders., Oesterreichs Erneuerung. Politisch-program-
matische Aufsätze, Wien 1916, Bd. 1, S. 52–57, hier 55.

Die Geschichte ging andere Wege und vermittelte andere Erfahrungen. Deshalb blieb das austromarxistische Umschreiben der europäischen Geschichte ein intellektuelles Experiment. Es ist noch heute höchst anregend, konnte aber weder das Geschichtsbild breiterer Gesellschaftskreise prägen noch politisches Handeln bestimmen. So erging es zunächst auch anderen Autoren, welche die Impulse Otto Bauers und Karl Renners aufnahmen. Wer sich, wie der Soziologe Emerich Francis, dem Willen der Nation zum eigenen Staat widersetzte, hatte den *Zeitgeist* nicht nur in der Politik, sondern auch in der Wissenschaft gegen sich, denn die Dominanz der Homogenitätsideologie bestimmte die politischen Ziele der Nationen ebenso wie das Denken der meisten Nationsforscher. Auch Francis war ein Habsburger, in Tschechien geboren. Sein Widerspruch gegen den Mehrheitstrend in der Nationalismusforschung wird man dafür verantwortlich machen dürfen, dass sein Buch »Ethnos und Demos« (1965) von der neueren Forschung kaum beachtet wird, obwohl es die Kernprobleme nationaler Ordnungen in einer beeindruckend weiten Perspektive erörtert.[19] Geschult durch sein Wissen um die nationale Komplexität der Habsburgermonarchie, die er eingehend betrachtet, entwickelte er eine demokratietheoretische Rechtfertigung des *Nationalitätenstaates*, den er als einen »besonderen Typus des modernen Staates« verstand und vom »Modell des Nationalstaates« scharf abgrenzte.[20] Zwar sei die »Integrität von Nationalitätenstaaten immer potentiell bedroht«, doch in vielen Teilen der Welt, vor allem »im Bereich der sogenannten jungen Nationen, vorab in Afrika«, biete er die einzige Staatsform, die dauerhaft friedliche Konfliktregelungen ermöglichen könne.[21]

Francis modellierte am altösterreichischen Nationalitätenrecht einen Typus *Nationalitätenstaat*, der nicht von der Fiktion einer ethnisch homogenen Nation ausging. Die untergegangene Habsburgermonarchie diente ihm als Anschauungsobjekt für ein Zukunftsmodell, in dem nationale Minderheiten keine Einschränkung demokratischer Partizipationsrechte mehr hinnehmen müssten. Die Minderheitsnationalitäten werde man dann nicht länger als »unfertige Nationen« behandeln, die auf »Befreiung« warten, sondern als »relativ stabile, eigenständige Gebilde, deren Mitbestimmungsrecht innerhalb der bestehenden Staatsgrenzen ausreichend garantiert ist«.[22]

19 Eine Ausnahme ist die Rede zu seinem 80. Geburtstag 1986 von M. Rainer Lepsius: »Ethnos« oder »Demos«. Zur Anwendung zweier Kategorien von Emerich Francis auf das nationale Selbstverständnis der Bundesrepublik und auf die Europäische Einigung, in: ders., Interessen, Ideen und Institutionen, Opladen 1988, S. 247–255.
20 Emerich Francis, Ethnos und Demos. Soziologische Beiträge zur Volkstheorie, Berlin 1965, S. 178.
21 Ebd., S. 193.
22 Ebd.

Zu den Vorzügen von Otto Bauers empirisch gesättigter, marxistisch fundierter sozialgeschichtlicher Nationalismustheorie gehört eine Einsicht, die in den heutigen kulturalistischen Ansätzen[23] weitgehend verlorengegangen ist: die Verschränkung von *Kultur* und *Herrschaft*. Wer nicht zum Kreis derer zugelassen ist, die als kulturell gleichrangig und als herrschaftsberechtigt gelten, zähle nur zu den »Hintersassen der Nation«.[24] Diese minderberechteten Domestiken der Kultur- und Herrschaftsnation stellten zunächst und für viele Jahrhunderte die große Mehrheit der Gesellschaft: Bürger und unterbürgerliche Kreise in den Städten sowie die Bauern. Die Integration dieser Klassen in die Nation verlaufe schrittweise und konfliktreich. Vollendet werde die »nationale Kulturgemeinschaft« erst durch den »demokratischen Sozialismus« der Zukunft. Das marxistische Klassenkampfmodell wird hier also um den Kampf für die Teilhabe an der Nation erweitert, und beides wird parallelisiert und aufeinander bezogen. »Nationaler Hass ist transformierter Klassenhass.«[25]

Innerhalb dieses ökonomisch begründeten Geschichtsmodells analysiert Otto Bauer sensibel die zentrale Bedeutung kultureller Prozesse für den umfassenden Kommunikationsprozess, in dem sich Nationsbildung ereignet. So thematisiert er mit Blick auf das Alte Reich die Rolle der Reformation und der neuhochdeutschen Sprache, ebenso die Bedeutung von Heimat oder Kindheitserinnerung und der Abgrenzung gegen das Fremde, die Einflüsse kirchlicher Einrichtungen und der Bildungsinstitutionen, doch all dies wird stets eingebettet in die ökonomischen Entwicklungen, konkretisiert etwa in Gestalt von Zuwanderung in die neuen Industriezentren und die dadurch bedingten kulturellen Konflikte.

Otto Bauer nimmt die Schlagworte des nationalen Diskurses seiner Zeit auf, verwandelt sie jedoch in analytische, sozialgeschichtliche fundierte Begriffe. So bestimmt er Nation als »Schicksalsgemeinschaft«,[26] doch die gängigen Abstammungs- oder Homogenitätsfiktionen verwarf er. »Gemeinsames Erleben desselben Schicksals in stetem Verkehr« der Menschen untereinander bringe die Nation als »Erscheinung des vergesellschafteten Menschen« hervor.[27] Deshalb definierte Bauer die Nation als »die Gesamtheit durch Schicksalsgemeinschaft zu einer Charaktergemeinschaft verknüpften Menschen«. »Charaktergemeinschaft« meint im Kern das gleiche, was Ernest Renan in

---

23 Zu den international erfolgreichsten Autoren des Kulturalismus gehört Homi Bhaba, The Location of Culture, London 1994. Dieses Buch hat nahezu jährlich eine Neuauflage erlebt, die letzte 2004. Einflussreich ist vor allem sein Aufsatz: DissemiNation: Time, Narrative and the Margins of the Modern Nation, in: ebd., S. 139–170.
24 Bauer, Nationalitätenfrage, S. 44 u. ö.
25 Ebd., S. 88, 229.
26 Ebd., S. 97.
27 Ebd., S. 97, 108.

seiner berühmten Schrift »Qu'est-ce qu'une nation?« (1882), die Otto Bauer kannte, mit Nation als Geschichts- und Willensgemeinschaft umschrieben hat. Der Wille zusammenzuleben, erschaffe die Nation als »plébiscite de tous les jours«[28] immer wieder aufs neue, eingefügt jedoch in eine Tradition, die Renan als ein Geschichtsgehäuse konstruiert, das der einzelne nicht einfach verlassen und nur schwer umbauen kann: ein kulturelles Werk des Menschen, errichtet aus dessen Deutungen, und in diesem Sinn erfunden. Das Geschöpf dieser historischen Konstruktionsarbeit des Menschen ist die Nation als »der Endpunkt einer langen Vergangenheit von Anstrengungen, Opfern und Hingabe.« Dieses Geschichtserbe sei »le capital social«, »auf dem man eine nationale Idee gründet.«[29]

Otto Bauer teilt weitestgehend Renans Verständnis von Nation, integriert den Kern, den er psychologisch-voluntaristisch nennt,[30] jedoch in seine materialistische Geschichtsauffassung, so dass er Ökonomie und Herrschaft ins Zentrum rücken kann. *Nation* gilt auch Bauer als »das nie vollendete Produkt eines stetig vor sich gehenden Prozesses«,[31] der an die Geschichte gebunden bleibe. Er definiert *Nation* deshalb als »erstarrte Geschichte« und »Nationalcharakter« als »ein Stück geronnene Geschichte«.[32] Die Erinnerung an »Triumphe und an Niederlagen« gehöre zu den »Triebkräften des Nationalgefühls«.[33] Nation als das »Historische in uns«[34] ist bei Bauer also – wie in den gegenwärtigen kulturalistischen Konzeptionen – ein für Veränderungen offenes Produkt kultureller Arbeit des Menschen, das in Kommunikation entsteht und an diese gebunden bleibt. Doch diesen Kommunikationsprozess, den er um die Pole *Kultur* und *Herrschaft* zentriert, bindet Bauer an die wirtschaftliche Entwicklung.

Kapitalismus und Industrialisierung, verbunden mit der »Verbreiterung der Kulturgemeinschaft«[35] durch die Bildungseinrichtungen, die der moderne Staat errichtet, sind für Bauer die materiellen Voraussetzungen für den Übergang vom Eliten- zum Massennationalismus. Auf dieser Grundlage baute acht Jahrzehnte später Ernest Gellner, ein weiterer ungemein wirkungsmächtiger Ideengeber der heutigen Nationalismusforschung mit dem Erfahrungshinter-

---

28 So die berühmte Formulierung in Renans programmatischer Rede »Qu'est-ce qu'une nation?« (1882), in: Ernest Renan, Œuvres Complètes de Ernest Renan, 2 Bde., hg. v. Henriette Psichari, Paris 1947, Bd. 1, S. 887–906, 904.
29 Ebd.; deutsche Übersetzung nach: Ernest Renan, Was ist eine Nation? Und andere politische Schriften, Wien 1995, S. 56.
30 Bauer, Nationalitätenfrage, S. 150.
31 Ebd., S. 106.
32 Ebd., S. 107.
33 Ebd., S. 126.
34 Ebd., S. 106.
35 Ebd., S. 188.

grund der Habsburgermonarchie,[36] seine Deutung der weltgeschichtlichen
Rolle des Nationalismus auf: die Gesellschaft durch kulturelle Homogenisierung an die Bedingungen der Moderne anpassen. Der Nationalstaat orga-
nisiere die hochdifferenzierten Bildungssysteme, in denen sich die nationale
Hochkultur ausforme, und er garantiere zugleich seinen Angehörigen den
alleinigen Zugang zu diesem neuen gesellschaftlichen Machtkern. Die territoriale Identität von Kultur und Staat wird zum nationalistischen Imperativ,
der fremde Kulturen im eigenen Territorium als Skandal erscheinen lässt,
dessen Beseitigung die Nation als eine Aufgabe kollektiver Selbsterhaltung
begreift.

Es gehört zu den bleibenden Leistungen Otto Bauers, diese Entwicklungstrends in seinem Werk empirisch beschrieben und theoretisch reflektiert zu
haben. Dabei sind ihm Einsichten gelungen, welche die spätere Forschung
nicht überholt hat, ja, hinter die sie heute nicht selten zurückfällt. So gelang
es ihm, die noch in heutigen Studien geläufige Formel vom »Erwachen« der
Nationen, die *Nation* als eine überzeitlich dauerhafte Substanz suggeriert,
präzise zu füllen. Wenn Bauer vom »Erwachen der geschichtslosen Nation«[37]
spricht, hat er im Gegensatz zu Friedrich Meinecke, dessen einflussreiches
Buch »Weltbürgertum und Nationalstaat« gemeinsam mit Bauers »Die Nationalitätenfrage und die Sozialdemokratie« im Jahr 1907 in erster Auflage
erschienen ist, nicht eine »frühere Periode« vor Augen, in der »die Nationen im ganzen ein mehr pflanzenhaftes und unpersönliches Dasein« fris-
teten.[38] Bauer bezieht die Metaphern *Erwachen* und *geschichtslos* vielmehr
konkret auf die beiden Pole, die in seinem theoretischen Modell die Entfal-
tungsmöglichkeiten von Nationen bestimmen: Kultur und Herrschaft auf der
Grundlage der ökonomischen Struktur. Die tschechische Nation, so erläutert
er an einem Beispiel, das die Habsburgermonarchie und die österreichische
Arbeiterbewegung damals existentiell bedrängte, sei 1620 auf Grund der
vernichtenden Niederlage in der Schlacht am Weißen Berg aus der Politik
ausgeschieden, und die tschechische Kultur sei zugrunde gegangen, weil ihr
nun der Rückhalt an der Herrschaft fehlte. Zwei Jahrhunderte später konnte
die tschechische Nation erwachen, weil die wirtschaftliche Entwicklung, die
neue Lebenschancen schuf, und der moderne Staat, der die Bildungsmög-
lichkeiten sozial erweiterte, eine »Verbreiterung der Kulturgemeinschaft«
ermöglichten.[39] Erst dadurch, nicht infolge einer untergründigen Kontinuität

---

36 Ernest Gellner, 1925 in Prag geboren und dort 1995 gestorben, stammte aus einer jüdischen
Familie und emigrierte 1939 nach Großbritannien. Die größte Wirkung erzielt er mit seinem Buch:
Nations and Nationalism. Oxford 1983; vgl auch ders., Nationalism, London 1997.

37 Bauer, Nationalitätenfrage, S. 188.

38 Friedrich Meinecke, Weltbürgertum und Nationalstaat, in: ders., Werke, Bd. 5, München
1969, S. 13.

39 Bauer, Nationalitätenfrage, S. 187 ff., Zitat 188.

eines vermeintlich »ewigen« Nationalcharakters, so Bauer, konnte eine moderne tschechische Nation aus einem Kommunikationsprozess hervorgehen, der sich (auch) in kulturellen Akten ereignet und auf staatliche Herrschaft zielt, sei es in Gestalt nationaler Autonomie innerhalb der Habsburgermonarchie oder als Sezession von ihr. Nicht anders hat es später der tschechische Mediävist František Graus gesehen.[40]

Als Erzeugnis der Geschichte besitzt die Nation keinen »substantiellen Charakter«, argumentiert Otto Bauer gegen den politischen Zeitgeist. Sie sei vielmehr »Spiegelbild der geschichtlichen Kämpfe«, in denen sie sich Fremdes einverleibt und danach strebt, jeden zu befähigen, die »Kultur der Nation« in sich aufzunehmen.[41] Die bürgerliche Nationalgeschichte habe dies verdunkelt, weil sie die Nation als ewig ausgab, um so einen festen Grund zu erhalten, von dem aus der Wille des Bürgertums zur Veränderung des Staates legitimiert werden kann.[42] Gegen diese Sicht, die Bauer bekämpfte, argumentiert heute erneut die kulturalistische Nationalismusforschung – aber viel enger als Bauer.

Kulturelle Assimilation bis zur Aufgabe der angestammten Nationalität ist für Bauer kein voluntaristischer Akt, wie er an der Frage erläutert, ob Juden eine eigenständige Nation bilden und deshalb nationale Autonomie erhalten sollten. 1905 hatten in Galizien Juden die polnische Sozialdemokratie verlassen, um eine eigene Organisation zu gründen. Bauer verurteilte diesen Schritt nicht, sondern begründete, warum seine Theorie der Nation erwarten lasse, dass der Assimilierungsprozess sich durchsetzen werde: weil die Verkehrsgemeinschaft mit der nicht-jüdischen Umwelt notwendig zur Kulturgemeinschaft führen werde. In früheren Jahrhunderten hätten sich die Juden als Nation ohne Territorium nur behaupten können, weil sie in einer Welt der Naturalwirtschaft Repräsentanten der Geldwirtschaft gewesen seien. Seit Juden und Christen nicht mehr unterschiedliche Wirtschaftsverfassungen verkörperten, schwinde die kulturelle Trennung. Bauer akzeptiert also die Assimilierung nationaler Minderheiten als Folge von Kommunikationsgemeinschaft, nicht jedoch als Forderung der Mehrheitsnation.

Auch den »Nationalhass« erklärt er auf der Grundlage seiner Nationstheorie, und auch hier nimmt er Einsichten vorweg, an die spätere Forschung hätte anknüpfen können. Nationalbewusstsein braucht Erfahrung von Differenz. Der »unerhörte Verkehrsreichtum« in seiner Gegenwart lasse die Zugehörigkeit zu einer nationalen Kulturgemeinschaft und damit auch die Distanz nach außen immer mehr Menschen bewusst werden. Die eigene Nation wird zum zweiten Ich. »Wer die Nation schmäht, schmäht damit mich

---

40 František Graus, Die Nationenbildung der Westslawen im Mittelalter, Sigmaringen 1980.
41 Bauer, Nationalitätenfrage, S. 112, 120, 143.
42 Ebd., S. 161 ff.

selbst; wird die Nation gerühmt, so habe ich an dem Ruhm meinen Teil. Denn die Nation ist nicht außer in mir und meinesgleichen. [...] Nicht, wie man zuweilen geglaubt hat, wirkliche oder angeblich *Interessengemeinschaft* mit den Nationsgenossen, vielmehr die Erkenntnis des Bandes der *Charakterge-meinschaft*, die Erkenntnis, dass die Nationalität nichts als meine eigene Art ist, [...] erweckt in mir die Liebe zur Nation.«[43] Liebe zur Nation ist mithin Selbstliebe, die empfänglich ist für Hass auf den Fremden. Die Binnenwanderung, die mit der Industrialisierung einhergeht, so erläutert er am Beispiel Böhmens, verschärft die Reibungsflächen zwischen den Nationalitäten, weil sie die Berührungspunkte und mit ihnen die Rivalität im sozialen Leben und in der Politik vermehrt.

Das mag genügen, um die intellektuelle Kraft der austromarxistischen Nationskonzepte anzudeuten. Sie entwarfen aus ihren Gegenwartserfahrungen eine neue Vorstellung von Nation, indem sie die Geschichte der Nationalitäten in der Habsburgermonarchie umschrieben und daraus eine Theorie mit umfassendem Erklärungsanspruch ableiteten. Durchsetzen konnten sie sich mit ihrem Gegenentwurf zu den dominanten Geschichtsbildern nicht. Der Grund ist offensichtlich: Sie verfehlten mit ihrem sozialgeschichtlich fundierten Zukunftsmodell des multiethnischen Nationalitätenstaates die Erfahrungen ihrer Zeitgenossen, die überwiegend dem Leitbild des ethnisch homogenen Nationalstaats folgten, das sich nach dem Ersten Weltkrieg mit der Auflösung der Habsburgermonarchie zu erfüllen schien.

Das Scheitern des austromarxistischen Versuches, die Geschichte der Nationsbildung in Europa umzuschreiben, lässt sich als die Kehrseite des (zumindest zeitweise) erfolgreichen Deutungsmusters *deutscher* Sonderweg verstehen: Der innovative Akt des Umschreiben der Geschichte wird von der Gesellschaft nur angenommen, wenn sie ihre Geschichtserfahrung darin wiederfindet. Die Gesellschaft entscheidet über Erfolg oder Misserfolg von Geschichtsbildern. Sie bestimmt, ob das Umschreiben der Geschichte durch die Geschichtswissenschaft erfolgreich ist oder nicht.

---

43 Ebd., S. 125.

Jürgen Osterhammel

Gesellschaftsgeschichte und Historische Soziologie

I. Distanzierte Nähe. Um die Mitte der siebziger Jahre herum schien sich die Historische Sozialwissenschaft (von Anfang an mit großem »H« geschrieben) zu einer neuen historischen Sozialökonomik von konsequenter Theorieorientierung zu entwickeln. Damals lagen Hans-Ulrich Wehlers »Das deutsche Kaiserreich« (1973) und Jürgen Kockas »Klassengesellschaft im Krieg« (1973) als Modelle begrifflich geschärfter Analyse von prononciertem Erklärungswillen vor. Wehlers »Modernisierungstheorie und Geschichte« (1975) sprengte den Rahmen historistischer Denkformen und hatte auch Soziologen viel Neues zu sagen. Seit 1973 (einem *annus mirabilis*) standen seine drei berühmten »Geschichte und X«-Vorworte über Soziologie, Ökonomie und Psychoanalyse als Suhrkamp-Bändchen gesammelt in vielen studentischen Bücherregalen. Das Editorial im ersten Heft von »Geschichte und Gesellschaft« (1975), Jürgen Kockas »Sozialgeschichte. Begriff, Entwicklung, Probleme« (1977) in der Kleinen Vandenhoeck-Reihe und das 3. Sonderheft von »Geschichte und Gesellschaft« (1977), das unter dem Titel »Theorien in der Praxis des Historikers« die Erträge (vor allem auch die Diskussionen) einer Bielefelder Tagung von 1975 vereinte, umrissen das Programm einer Geschichtswissenschaft, die mehr sein wollte als eine bescheidene und eklektische Anwenderin von Theoriestücken aus den Werkstätten der »systematischen« Sozialwissenschaften. Zuweilen schien es, als würde manche Theorie erst unter den Händen der Historiker zu sich selbst kommen. Zur gleichen Zeit fanden Theorieprobleme der Geschichtswissenschaft eine noch breitere Bühne auf den Tagungen der Studiengruppe »Theorie der Geschichte« bei der Werner-Reimers-Stiftung. Deren Reihe von gleichnamigen Aufsatzbänden im Deutschen Taschenbuchverlag – mit dem Untertitel »Beiträge zur Historik« – begann 1977 zu erscheinen. Damals war ein Höhepunkt theoretischer Energieerzeugung in der (west-)deutschen Geschichtswissenschaft erreicht. Die Zukunft der Historischen Sozialwissenschaft war offen, doch wenige hätten sich damals ein Werk wie die »Deutsche Gesellschaftsgeschichte« überhaupt vorzustellen vermocht. »Diese Form der Umsetzung«, so hat Thomas Welskopp in einer klugen Historisierung des Bielefelder Projekts geschrieben, »war alles andere als selbstverständlich. Die theoretische Begründung der Geschichte als Historischer Sozialwissenschaft hätte es auch nahegelegt, eine theorieförmige Synthese zu suchen [...].«[1]

---

1 Thomas Welskopp, Westbindung auf dem »Sonderweg«. Die deutsche Sozialgeschichte vom Appendix der Wirtschaftsgeschichte zur Historischen Sozialwissenschaft, in: Wolfgang Küttler u. a.

Der Weg hin zur nationalgeschichtlichen Gesamtinterpretation enzyklo-
pädischen Zuschnitts, der statt dessen gewählt wurde, war von dem begleitet,
was die Kulturanthropologie *boundary maintenance* nennt. Auf eine Phase
der weitherzigen Öffnung zu benachbarten Disziplinen folgte eine Periode
verminderter Inklusionsbereitschaft und höherer Selektivität, die zugleich
auch das Ergebnis enttäuschter Erwartungen an den Diskussions- und Ko-
operationswillen der Anderen war. In nicht zu ferner Zukunft werden Wis-
senschaftshistoriker das genau untersuchen und insbesondere Hans-Ulrich
Wehlers ausgedehntem Rezensieren besondere Beachtung schenken. Sie werden feststellen, dass die dezidierten Vorlieben und Abneigungen des Schul-
haupts die Zeitschrift »Geschichte und Gesellschaft« und die »Kritischen
Studien zur Geschichtswissenschaft« nicht banden und einschränkten; beide sind Foren des Experiments und der Erneuerung geblieben. Bei Wehler
selbst werden sie Nuancen des Einspruchs unterscheiden, die sich im Spektrum zwischen wachsendem kritischem Respekt vor dem »Neohistorismus«
und heftigem Protest gegen Alltagsgeschichte, »neue« Kulturgeschichte und
Postmodernismus (einer »plötzlich auftretenden Algenpest«)[2] bewegen. Verglichen mit den heroischen siebziger Jahren, fand nur wenig Neues Eingang
in den paradigmatischen Kern der Gesellschaftsgeschichte, mit deutlicher
Zustimmung eigentlich nur noch Elemente aus Pierre Bourdieus Werk, aber
nichts mehr aus der unerschöpflichen Quelle der Aufbruchzeit, der amerikanischen Sozialwissenschaft.

Dieses Versiegen der transatlantischen Inspiration ist ein eigentümlicher
Vorgang, zumal er kaum durch die Erschließung neuer Anregungspoten-
ziale ersetzt wurde.[3] Es ist leicht einzusehen, dass die Hauptrichtungen der
neueren *systematischen* US-Soziologie der Gesellschaftsgeschichte wenig
zu bieten haben: Rational-Choice-Ansätze, Neo-Funktionalismus und eine
eher beschreibend-impressionistische Kultursoziologie. In dem Maße, wie
die deutsche Soziologie sich ins Fahrwasser dieser Strömungen begeben hat,
wird auch von ihr wenig zu lernen sein.[4] Weniger selbstverständlich ist, dass
die Größen der anglophonen *historical sociology* zwar mit einem pauscha-

(Hg.), Geschichtsdiskurs, Bd. 5: Globale Konflikte, Erinnerungsarbeit und Neuorientierungen seit
1945, Frankfurt/Main 1999, S. 191–237, hier 211.
   2 Hans-Ulrich Wehler, Historisches Denken am Ende des 20. Jahrhunderts 1945–2000, Göttingen 2001, S. 104.
   3 So gab es etwa keine Referenzverlagerung generell nach Frankreich. Foucault wurde als
Aufklärungsfeind schlechthin angeprangert, und der Rest der französischen Sozialwissenschaften
ist im gesamten Feld der Historischen Sozialwissenschaft kaum beachtet worden. Vgl. über die
Chancen die vorzügliche Übersicht bei Stephan Moebius u. Lothar Peter (Hg.), Französische Soziologie der Gegenwart, Konstanz 2004. Zusätzlich zu den hier vorgestellten Autoren wären noch
Pierre Birnbaum und Bertrand Badie zu nennen.
   4 So Hans-Ulrich Wehler, Soziologie und Geschichte als Nachbarwissenschaften, in: ders.,
Umbruch und Kontinuität. Essays zum 20. Jahrhundert, München 2000, S. 265–274.

len Kopfnicken gegrüßt, aber nicht diskutiert und für die eigene Arbeit erschlossen werden.[5] Dies ist um so erstaunlicher, als der mit guten Gründen beharrlich als »Königsweg« empfohlene internationale und interkulturelle historische Vergleich selten mit einer solchen logischen Strenge durchgeführt worden ist wie bei Jack Goldstone oder Stein Rokkan – zwei Autoren, die im Kreis der Historischen Sozialwissenschaft so gut wie nie zitiert werden.[6] Aber auch stark historisch arbeitende Soziologen wie Michael Mann oder William H. Sewell Jr. haben wenig Interesse und Gegenliebe gefunden. Anlässlich der Besprechung eines Buches, das allerdings nicht zu seinen besten gehört, hat sich Charles Tilly, der unermüdliche Brückenbauer zwischen Soziologie und Geschichte, »abstraktes Begriffsgeklingel« und Scheitern »an der Komplexität der historischen Realität« vorwerfen lassen müssen.[7] Der in den siebziger Jahren hoch gerühmte Barrington Moore wurde später als »zu eng« abgetan und Theda Skocpols einflussreiches Buch »States and Social Revolutions« (1979) als eine weitere Verengung des Mooreschen Ansatzes, »theoretisch und empirisch abstrus«, für indiskutabel erklärt.[8] Skocpols auch heute noch unentbehrliche Aufsatzsammlung »Vision and Method in Historical Sociology« (1984), die eine Summe aus der ungemein produktiven historischen Soziologie der sechziger und siebziger Jahre zieht, ist in Deutschland kaum beachtet worden.[9]

Die deutschen historischen Soziologen neben und nach Max Weber – von denen einige in Hans-Ulrich Wehlers Buchreihe »Deutsche Historiker« vorgestellt wurden[10] – haben im Theoretikerolymp der Historischen Sozialwissenschaft nie einen sicheren Platz gefunden.[11] Da Werner Sombart, Alfred Weber, Karl Mannheim, Hans Freyer und sogar der weberisch breit denkende Joseph A. Schumpeter als Klassiker minderen Ranges nicht in Frage zu kommen schienen und die Konzepte der Systemtheorie und des Neomarxismus als empiriefern und dogmatisch abgewehrt wurden, blieben und bleiben

---

5 Ebd., S. 267. Eine Aufzählung der bekannten Namen auch bei Jürgen Kocka, Historische Sozialwissenschaft, in: Stefan Jordan (Hg.), Lexikon Geschichtswissenschaft. Hundert Grundbegriffe, Stuttgart 2002, S. 164–167, hier 165, obwohl keiner dieser Autoren nennenswerten Einfluss auf Kockas neuere Arbeiten gehabt zu haben scheint.

6 Jack A. Goldstone, Revolution and Rebellion in the Early Modern World, Berkeley, CA 1991; Stein Rokkan, Staat, Nation und Demokratie in Europa. Die Theorie Stein Rokkans. Hg. von Peter Flora, Frankfurt/Main 2000.

7 Hans-Ulrich Wehler, Politik in der Geschichte, München 1998, S. 68, 72.

8 Hans-Ulrich Wehler, Modernisierung und Modernisierungstheorien, in: ders., Umbruch und Kontinuität, S. 214–250, hier 231 (etwas versteckt publiziert, ist dies einer von Wehlers interessantesten theoretischen Texten aus neuerer Zeit).

9 Theda Skocpol (Hg.), Vision and Method in Historical Sociology, Cambridge 1984.

10 Hans-Ulrich Wehler (Hg.), Deutsche Historiker, 9 Bde., Göttingen 1971–1982.

11 Zu dieser Tradition vgl. Volker Kruse, »Geschichts- und Sozialphilosophie« oder »Wirklichkeitswissenschaft«? Die deutsche historische Soziologie und die logischen Kategorien René Königs und Max Webers, Frankfurt/Main 1999.

im Referenzkosmos der Gesellschaftsgeschichte aus der gesamten deutschen Tradition als wirklich ernst genommene Denker von Format außer dem singulären Max Weber bestenfalls Norbert Elias, auf den man sich aber so gut wie nie präzise bezogen hat, und der disziplinär von der Soziologie weit entfernte Otto Hintze, den man vor allem als Bürokratietheoretiker verstand.[12] Wurde die deutsche Tradition der »ersten Welle« der historischen Soziologie nur sehr wählerisch aufgenommen,[13] so ist die in den sechziger Jahren in den USA entstandene *historical sociology*, also die zweite der drei Wellen, bei deutschen Historikern erst recht ohne Resonanz oberhalb pauschaler Fußnoten geblieben.[14] Es ist auch unwahrscheinlich, dass diese Literatur in historischen Seminaren noch in nennenswertem Umfang diskutiert wird – vielleicht mit Ausnahme von Immanuel Wallersteins Weltsystemtheorie, die nach einer Phase der Schwunglosigkeit dank eines neuen Interesses an Globalisierung abermals hoffähig zu werden scheint.[15]

Im Folgenden geht es nicht in rekonstruktiver Absicht darum, die *tatsächliche* Theorieverwendung der Historischen Sozialwissenschaft zu untersuchen. Vielmehr soll der Versuch unternommen werden, einige wenige Beziehungen zwischen Gesellschaftsgeschichte und historischer Soziologie *neu* zu knüpfen. Dies geschieht aus der disziplinären Sicht des Historikers. Eine solche Positionsbestimmung muss vorausgeschickt werden, denn den Historiker interessiert es wenig, wie sich die historische Soziologie zu den Leittheorien der Allgemeinen Soziologie verhält, und die Frage, wie zentral oder marginal die historischen Soziologen im Gesamtraum ihres eigenen Faches platziert

---

12 Zur Singularität Max Webers besonders deutlich: Hans-Ulrich Wehler, Was ist Gesellschaftsgeschichte? in: ders., Aus der Geschichte lernen? Essays, München 1988, S. 115–129, hier 122 f. Norbert Elias teilt übrigens mit Max Weber und Pierre Bourdieu die besondere Ehre, sowohl von der Gesellschaftsgeschichte als auch von der »neuen« Kulturgeschichte als kanonischer Autor betrachtet zu werden. Aus kulturgeschichtlicher Sicht etwa: Ute Daniel, Kompendium Kulturgeschichte. Theorien, Praxis, Schlüsselwörter, Frankfurt/Main 2001, S. 77 ff., 179 ff., 254 ff.

13 Julia Adams u. a., Introduction: Social Theory, Modernity, and the Three Waves of Historical Sociology, in: dies. (Hg.), Remaking Modernity: Politics, History, and Sociology, Durham, NC 2005, S. 1–72, unterscheiden drei »Wellen« in der Entwicklung der historischen Soziologie (bes. S. 15 ff.).

14 Vgl. zur Übersicht Dennis Smith, The Rise of Historical Sociology, Cambridge 1991; Rainer Schützeichel, Historische Soziologie, Bielefeld 2004; Walter L. Bühl, Historische Soziologie. Theoreme und Methoden, Münster 2003; Willfried Spohn (Hg.), Kulturanalyse und Vergleich in der historischen Soziologie, in: Comparativ 8. 1998, S. 95–121. Unentbehrlich ist auch der polemische Essay: Craig Calhoun, The Rise and Domestication of Historical Sociology, in: Terrence J. McDonald (Hg.), The Historic Turn in the Human Sciences, Ann Arbor, MI 1996, S. 305–37. Nicht behandelt wird im Folgenden eine Nebenrichtung, die den Anschluss an Theorie und Geschichte der internationalen Beziehungen sucht. Vgl. Stephen Hobden u. John M. Hobson (Hg.), Historical Sociology of International Relations, Cambridge 2002.

15 Novizen nähern sich dieser Denklandschaft am besten über die Selbsthistorisierung ihres Urhebers: Immanuel Wallerstein, Wegbeschreibung der Analyse von Weltsystemen, oder: Wie vermeidet man, eine Theorie zu werden? in: ZWG 2. 2001, S. 9–31.

sind, muss ihn nicht kümmern. Eine zweite Voraussetzung soll ebenso deutlich getroffen werden. Unterscheidet man zwischen Gesellschaftsgeschichte Typ I als »gesamtgesellschaftlich«-nationaler Synthese-Matrix im Sinne von Hans-Ulrich Wehlers »Deutscher Gesellschaftsgeschichte« und Gesellschaftsgeschichte Typ II als einer Geschichte des Sozialen in seinen weltweit realisierten Erscheinungsformen unter Einschluss transnationaler Wirkungen und Wechselwirkungen, dann ist hier dieser zweite Typus gemeint.[16] Diese Unterscheidung setzt voraus, dass Gesellschaftsgeschichte in Zukunft weiterhin im nationalen Rahmen geschrieben werden wird: vielleicht als mexikanische, ungarische oder vietnamesische Gesellschaftsgeschichte.[17] Daneben bleibt aber Raum für Spielart Nr. 2. Ihr Theoriebedarf ist schon deshalb höher, weil sie sich nicht durch den Bezug auf nationalgeschichtliche Konventionen in Raum und Zeit entlasten kann. Viel *mehr* bleibt zu strukturieren, wo Traditionen fehlen und daher das nützliche Mittel der Traditionskritik nicht so recht weiterhilft.

II. Theorieimport. Spätestens seit der Ausstrahlung der schottischen Aufklärung auf den europäischen Kontinent hat es so etwas wie Theorieimport in die Geschichtsschreibung gegeben. Auch außerhalb Europas finden sich schon früh vergleichbare geistige Übernahmen. So haben sich seit der Mitte des 19. Jahrhunderts Historiker in zahlreichen asiatischen Ländern weniger durch die narrativen Feinheiten europäischer Geschichtswerke beeindrucken lassen als durch die modellhaften Deutungsangebote, die in ihnen schlummerten. Nur so lässt sich erklären, dass stark schematisierende, etwa Stufen des materiellen und politischen Fortschritts darstellende Geschichtskonzeptionen besonderen Anklang fanden, in Ostasien ebenso wie in Lateinamerika und Russland. In Frankreich riss der Faden zwischen Geschichtsschreibung und Soziologie niemals, seit es die jüngere Disziplin überhaupt gab. In Deutschland hielten sich die Traditionen der *relativ* theorienahen historischen Schule der Nationalökonomie und der Leipziger Universalgeschichte, deren letzter bürgerlicher Vertreter der *Soziologe* Hans Freyer war, in residualer Form bis in den Zweiten Weltkrieg hinein. Neu an den international zu beobachtenden, in Bielefeld mit singulärem Wagemut betriebenen Theorieentdeckungen seit den sechziger Jahren war dreierlei:

1. Den systematischen Sozialwissenschaften wurde ein Vokabular der Analysesprache entlehnt, das in einem Spannungsverhältnis zur Beschreibungssprache stand, wie sie die historistischen Geschichtsschreiber aus den Quellen geschöpft hatten. Schon bei Theodor Schieder hatte man hochre-

---

16 Vgl. als Aufriss Jürgen Kocka, Sozialgeschichte im Zeitalter der Globalisierung, in: Merkur, 60. 2006, S. 305–316.
17 Siehe auch Ulrike Freitag in diesem Band.

flektierte Begriffsbildung lernen können. Aber fortan musste man nicht nur genau definieren, was man unter »Nationalismus« oder »Revolution« verstand. Auch Begriffe wie »Status«, »Klasse«, »Staat«, »Macht«, »Mythos« oder »Ideologie« wurden sorgsamer Überprüfung und Rechtfertigung vor dem Hintergrund der neueren sozialwissenschaftlichen Literatur unterzogen. Dem eigentlichen *linguistic turn*, der Deutschland erst in den achtziger Jahren erfasste, ging eine *begriff*skritische Wende voraus, zu der ganz zentral und mit größter bleibender Wirkung die vor allem von Reinhart Koselleck entwickelte Begriffsgeschichte gehörte. Das kritische Wörterbuch historischer Terminologie wurde fortan, gespeist aus den verschiedenen miteinander debattierenden Richtungen, durch eine Vielzahl von Umdeutungen und Neuprägungen angereichert. Der Wissenschaftscharakter der Geschichts*wissenschaft* ergibt sich seither nicht nur aus einer wahrheitsverbürgenden Methodik der Quellenauswertung, sondern in mindestens gleichem Maße aus ihrer Teilhabe an der Schaffung und Nutzung eines multidisziplinären Begriffskosmos, in dem nicht säuberlich zwischen »Kultur«- und »Sozial«-Wissenschaften unterschieden werden kann. Ständig bereichern theoretisch gestützte Neubildungen dieses Lexikon: von »Modernisierung« und »Globalisierung« über »Sozialdisziplinierung« und »invented tradition« bis hin zu »gender«, »Hegemonie« oder »Habitus«.[18] Historikerinnen und Historiker haben den großen Vorteil, dass sie sich innerhalb der Grenzen von logischer Konsistenz und intellektueller Redlichkeit ohne Furcht vor Eklektizismus und Theorieverrat aus diesem Begriffsreservoir frei bedienen können.

2. Die Skepsis der theoriefreundlichen Bielefelder Historiker gegenüber jeder Art von materialer Geschichtsphilosophie (außer dem eingebauten Evolutionismus von Modernisierungstheorien) übertrug sich auf eine generelle Abneigung gegen Großtheorien aller Art.[19] Man übernahm die wissenschaftsmoralischen Imperative des »Kritischen Rationalismus« (vor allem in Hans Alberts Version) und glaubte sich selbst an einem »Paradigmenwechsel« *à la* Thomas S. Kuhn beteiligt, vermied aber eine Identifikation mit substanziell ausgearbeiteten Theorien, die eigene ontologische Voraussetzungen und geschlossene Sprachspiele vorgaben. Solche Zurückhaltung galt über »Bielefeld« hinaus. Kein einziges öffentlich wirksames Werk der westdeutschen Geschichtswissenschaft war in einem konsequent neo-marxistischen (und sei es so verbindlich wie bei Hobsbawm) oder systemtheoretischen Duktus gehalten, und selbst die Annäherung einzelner Historiker an eine »kliometrische«, also dem Denkstil der neoklassischen Ökonomie verwandte »historische So-

18 Ein *dictionnaire critique* dieser Terminologie fehlt, einen guten Überblick gibt aber Peter Burke, History and Social Theory, Cambridge 1992, S. 44 ff.
19 Quentin Skinner (Hg.), The Return of Grand Theory, Cambridge 1985 (zu den neun hier behandelten *grand theories* zählt auch die Annales-Schule).

zialforschung« führte niemals zu revisionistischen Provokationen wie Robert Fogels und Stanley Engermans »Time on the Cross«.[20] In dieser Hinsicht gingen später die radikalsten Vertreter des *cultural turn* (davon gab und gibt es in Deutschland wenige) viel weiter. Sie unterwarfen sich *maître penseurs* wie Jacques Derrida, Hayden White oder Clifford Geertz viel bedingungsloser, als die Theorieimporteure der siebziger Jahre dies gegenüber ihren eigenen Autoritäten je getan hatten. Max Webers Werk bot den Vorteil, dass man es – mit einem Lieblingsbild Hans-Ulrich Wehlers – getrost als »Goldmine« verwenden konnte, ohne eine komplette Theorieapparatur oder die es einende tiefere »Fragestellung« (Wilhelm Hennis) übernehmen zu müssen. Selbst die Querverstrebungen bei Weber, die Wolfgang J. Mommsen, einer der Gründungsherausgeber von »Geschichte und Gesellschaft«, immer wieder sorgfältig herausarbeitete, schienen bei einem solch robusten Zugriff auf einen »useable Weber« ignorierbar zu sein. Hans-Ulrich Wehlers Abneigung gegen Michel Foucault scheint sich, nebenbei bemerkt, nicht unwesentlich an dem charismatisch-autoritätserheischenden Gestus von dessen Denken zu entzünden, der eine nur partiale Rezeption nicht zu erlauben scheint, während Pierre Bourdieus rhetorisch schlichteres Werk sich viel eher zur Selbstbedienung als Werkzeugkasten eignet.

3. Zwischen der theoriegeladenen Vokabel (oft typologisch in sich weiter differenziert) und der Großtheorie wurde eine dritte Ebene der Bereichstheorien gesehen. Was unter Theorien »mittlerer Reichweite« zu verstehen sei, hat sich wissenschaftstheoretisch nie ganz einwandfrei klären lassen. In der Praxis ging es darum, in der sozialwissenschaftlichen Literatur Hypothesen über *kausale* Zusammenhänge in *begrenzten* Wirklichkeitszusammenhängen zu suchen (man sprach manchmal auch von »Modellen«, obwohl deren Verwendung auf den Bereich der Heuristik beschränkt werden sollte). Beispiele wären die Theorie des demographischen Übergangs, John Hajnals »europäisches Heiratsmuster«, Alexander Gerschenkrons Theorie der »nachholenden« Industrialisierung, Max Webers Idealtypus »charismatischer Herrschaft« oder (bisher vor allem auf die Staatsbildung in der Frühen Neuzeit angewendet) Samuel E. Finers Theorem des *coercion-extraction-cycle*. Auf dieser mittleren Ebene waren die Ansätze der Historischen Soziologie nicht nur anschlussfähig, sondern sogar hochwillkommen. Denn sie offerierten, was eine auf historische Individualitäten fixierte historistische Geschichtsschreibung niemals bieten konnte: empirienah formulierte, im Prinzip falsifizierbare Regelmäßigkeiten nicht-trivialen Charakters, die gleichwohl nicht mit dem deterministischen Anspruch historischer »Gesetze« auftraten. Selbst wenn man den historischen Soziologen nicht im Detail zu folgen bereit

---

20 Robert Fogel u. Stanley L. Engerman, Time on the Cross: The Economics of American Negro Slavery, Boston u. Toronto 1974.

war, so schätzte man doch den Erkenntnis anbahnenden Wert ihrer Generalisierungen. Die Gerschenkron-These zum Beispiel wurde in der Industrialisierungsforschung vielfach korrigiert und bleibt dennoch ein immer wieder zitierter Anreger, und Norbert Elias' Idealtypus der »höfischen Gesellschaft« ebenso wie Jürgen Habermas' Konstrukt der raisonnierenden Öffentlichkeit bewähren fortdauernd ihre erkenntnisfördernde Kraft in der Übertragung auf immer neue Zusammenhänge.[21]

Ein solcher Theorieimport auf mittlerer Ebene scheint in den letzten Jahren nicht nur innerhalb der Historischen Sozialwissenschaft rückläufig geworden zu sein. Der Beginn der letzten großen Rezeptionsanstrengungen liegt eine ganze Weile zurück. Dazu gehört etwa die Inkorporation der (gewiss unterschiedlichen) Nationalismustheorien von Benedict Anderson und Ernest Gellner, Eric Hobsbawm und John Breuilly (die letzten beiden theoretisch stark profilierte Historiker) in den historiographischen *mainstream*[22] oder die große Resonanz auf die Institutionenökonomik in der Wirtschaftsgeschichte.[23] Aus der *historical sociology* der letzten beiden Jahrzehnte ließe sich kein vergleichbares Beispiel nennen. Auch S. N. Eisenstadts Konzept der »multiple modernities«, das selbstverständlich weit über den Okzident hinausweist, hat keine nennenswerte Aufnahme unter (deutschen) Historikern gefunden.[24] Am ehesten sind noch historisch-soziologische Interpretationen des Sozialstaates akzeptiert worden.[25]

Wo gäbe es neue Anknüpfungsmöglichkeiten, wo Chancen und Notwendigkeiten frischen Theorieimports? Die Pluralisierung von Deutungsperspektiven, die zum Merkmal der Sozial- und Kulturwissenschaften an der letzten Jahrhundertwende geworden ist, legt die pragmatische Antwort nahe, Historiker sollten sich von Fall zu Fall dann und dort aus dem Theorienfundus bedienen, wo konkrete Forschungsfragen zu bearbeiten seien. Dies schließt bestimmte Rezeptionen aus, etwa von radikal postmodernistischen Auffassungen von der Unmöglichkeit eines nicht sprachlich vermittelten Zugangs

---

21 Vgl. als vorbildliche Theoriekritik in empirischer Absicht: Jeroen Duindam, Myths of Power: Norbert Elias and the Modern European Court, Amsterdam 1995.

22 Ein Meilenstein war hier der große Literaturbericht von Dieter Langewiesche, Nation, Nationalismus, Nationalstaat. Forschungsstand und Forschungsperspektiven, in: NPL 40. 1995, S. 190–236.

23 Clemens Wischermann, Von der »Natur« und der »Kultur«. Die neue Institutionenökonomik in der geschichts- und kulturwissenschaftlichen Erweiterung, in: Karl-Peter Ellerbrock u. ders. (Hg.), Die Wirtschaftsgeschichte vor der Herausforderung durch die New Institutional Economics, Dortmund 2004, S. 17–30; Werner Plumpe, Die Neue Institutionenökonomik und die moderne Wirtschaft. Zur wirtschaftshistorischen Reichweite institutionenökonomischer Argumente am Beispiel des Handlungsmodells der Rationalität, in: ebd., S. 31–57.

24 S. N. Eisenstadt, Die Vielfalt der Moderne, übers. v. Brigitte Schluchter, Weilerswist 2000; S. N. Eisenstadt, Multiple Modernities, in: Daedalus 129. 2000, S. 1–30.

25 Besonders einflussreich: Gøsta Esping-Andersen, The Three Worlds of Welfare Capitalism, Princeton, NJ 1990.

zur Vergangenheit; von dort aus führt kein Weg zu den meisten Problemen, für die Historiker sich interessieren.[26] Die meisten historischen Phänomene erschöpfen sich nicht in Wahrnehmung und diskursiver Konstruktion. Umgekehrt sind aber auch manche Verbindungswege zwischen Geschichtswissenschaft und Theorie kürzer geworden. Der *cultural turn* und damit das Vordringen interpretativer Ansätze und eine Schwerpunktverlagerung zur Mikroanalyse machten sich gleichzeitig in der Historiographie wie in der historischen Soziologie bemerkbar und führten zuweilen dazu, dass sich eine disziplinäre Grenze kaum noch sinnvoll ziehen lässt. Häufiger als vor zwei oder drei Jahrzehnten trifft man heute auf soziologische Arbeiten, die sich für verallgemeinernde Aussagen auf Archivquellen stützen und auch sonst große Affinitäten zur Forschungstechnik der Geschichtswissenschaft zeigen – zum Beispiel Roger V. Goulds Netzwerkanalyse des städtischen Protests in Paris zwischen 1848 und 1871.[27] Gerard Deljanty und Engin F. Isin sprechen sogar von einer »post-disciplinary phase« der historischen Soziologie, also ihrer fachlichen Autonomisierung.[28] Neben dieser sinnverstehenden »dritten Welle« werden freilich die makrosoziologischen und kausalanalytischen Fragestellungen der »zweiten Welle«, der deutschen Gesellschaftsgeschichte näher stehend, von zahlreichen Autoren theoretisch weiterentwickelt und auf neue Problemfelder bezogen.[29] Auch in der historischen Soziologie hat die kulturwissenschaftliche Wende die früheren Ansätze nicht vollkommen überholt oder gar diskreditiert, sondern eher zu Korrektur mechanistischer und deterministischer Einseitigkeiten Anlass gegeben. So spielten kulturelle Faktoren 1966 bei Barrington Moores vergleichender Analyse typischer Formen von Klassenkonflikt im Übergang zur Moderne so gut wie keine Rolle. Jack Goldstones im Prinzip ähnlich klassenanalytisch (also im »Second wave«-Modus) angelegte Untersuchung von europäischen und asiatischen Staatszusammenbrüchen in der Frühen Neuzeit beachtete hingegen 1991, wie strukturell analoge Prozesse der Herrschaftsorganisation auf jeweils spezifische Weise *interpretiert* wurden – ein in »materialistische« Argumentationen als

---

26 Ernst Breisach, On the Future of History: The Postmodernist Challenge and Its Aftermath, Chicago 2003, S. 202; Willibald Steinmetz, Von der Geschichte der Gesellschaft zur »Neuen Kulturgeschichte«, in: Andreas Wirsching (Hg.), Neueste Zeit, München 2006, S. 233–352, hier 248 f.

27 Roger V. Gould, Insurgent Identities: Class, Community, and Protest in Paris from 1848 to the Commune, Chicago 1995.

28 Gerard Delanty u. Engin F. Isin, Introduction: Reorienting Historical Sociology, in: dies. (Hg.), Handbook of Historical Sociology, London 2003, S. 1–8, hier 5; vgl. auch Willfried Spohn, History and the Social Sciences, in: International Encyclopedia of the Social and Behavioral Sciences, Bd. 10, Amsterdam 2001, S. 6829–6835, hier 6833.

29 Besonders instruktiv ist der Versuch, die Entwicklung von Nationen oder Großregionen im Lichte unterschiedlicher Theorien zu betrachten. So vor allem Miguel Angel Centeno u. Fernando López-Alves (Hg.), The Other Mirror: Grand Theory Through the Lens of Latin America, Princeton, NJ 2001 (über Alexander Gerschenkron, Karl Polanyi, Charles Tilly, Samuel Huntington, Barrington Moore, Benedict Anderson, u. a.).

Ideologiekritik leicht inkorporierbarer Gesichtspunkt.[30] Eine darüber hinaus
gehende »Third Wave«-Wendung bestünde darin, nach der *ursächlichen* Bedeutung von Kultur, also etwa nach dem Zusammenspiel von Interessen und
Identitäten bei der Entstehung moderner Staatlichkeit zu fragen.[31]

III. Zeit. Es ist der Gesellschaftsgeschichte verschiedentlich Raumblindheit
vorgeworfen und ihr empfohlen worden, sich jenseits eines undiskutierten
»Container«-Modells der eindeutig umrandeten Nationalstaatsgesellschaft ein
größeres Repertoire an Raumbegriffen zuzulegen. Insofern ihre Vertreter die
Bedeutung der Kategorie »Grenze« einzusehen beginnen und das Thema der
kognitiven Konstruktion von Räumen zumindest für legitim erachten, ist der
Anfang einer Reaktion auf diese Herausforderung gemacht.[32] Die Theorieangebote der Geographie, einer seit eh und je nicht ganz ernst genommenen
Nachbarwissenschaft, wären allerdings noch gründlicher zu prüfen. Über-
raschender mag es sein, ein Defizit auch in der Konzeptualisierung von Zeit
festzustellen, ist Zeit nach üblichem Verständnis doch das Element, in dem
Geschichte sich abspielt. Wenige Geschichtstheoretiker haben sich jedoch
diesem scheinbar selbstverständlichen Themen gewidmet und nicht viele
Nicht-Geschichtstheoretiker aus ihren Überlegungen Konsequenzen für die
eigene Arbeit gezogen.

1. Der pragmatischste Zugang zur Zeitproblematik erfolgt über *Periodisierung.*[33] Historiker genieren sich oft, beim Periodisieren ertappt zu werden.
Es gilt als eine Übung für Pedanten. Da selbst diejenigen aber, die in einer
Strukturierung des Zeitkontinuums nicht ein Ziel der historischen Arbeit sehen, Periodenschemata als *Voraussetzungen* ihrer Beschäftigung mit Sach-
aspekten nicht umgehen können, wird diese Übung von der Rechtfertigungs-
pflicht über die eigenen Prämissen zwingend geboten. Spätestens seit Ernst
Troeltsch ist von der jeweils besonderen Temporalstruktur der Wirklichkeitsbereiche auszugehen: Die Literaturgeschichte verlangt andere Periodisierungen als die Wirtschaftsgeschichte, die Umweltgeschichte andere als die
Geschichte des Staatensystems. Der integrale Anspruch der Gesellschaftsgeschichte, »die Gleichrangigkeit der großen historischen Potenzen anzu-
erkennen«,[34] macht daher die Periodisierung selbst einer einzigen National-

30 Barrington Moore, Soziale Ursprünge von Diktatur und Demokratie. Die Rolle der Grundbesitzer und Bauern bei der Entstehung der modernen Welt, Frankfurt/Main 1969; Goldstone, Revolution and Rebellion. Vgl. dazu auch Randall Collins, Macrohistory: Essays in Sociology of the
Long Run, Stanford, CA 1999, S. 29–31.
31 So etwa George Steinmetz (Hg.), State/Culture: State-Formation after the Cultural Turn,
Ithaca, NY 1999.
32 Vgl. das Themenheft »Mental Maps« (hg. v. Christoph Conrad) von GG 28. 2002. H. 4.
33 Vgl. auch Jürgen Osterhammel, Über die Periodisierung der neueren Geschichte, in: Berlin-
Brandenburgische Akademie der Wissenschaften, Berichte und Abhandlungen, Bd. 11 [im Druck].
34 Wehler, Was ist Gesellschaftsgeschichte? S. 121.

geschichte nicht einfach. Die Privilegierung sozialökonomischer Prozesse als der leitenden Maßstäbe zeitlicher Feingliederung, also eine sozialgeschichtliche Lösung, scheidet aus, und es bleiben im Grunde nur zwei Möglichkeiten: zum einen die mühsame induktive Suche nach Überlagerungen und momentanen »Verdickungen« in den Zeitstrukturen von Produktion, sozialer Hierarchisierung, politischer Herrschaft und Kultur, zum anderen die Anlehnung an die konventionellen Zäsurdaten der politischen Geschichte, denen unterstellt wird, als Symptome tiefer liegender Basisprozesse gedeutet werden zu dürfen. Die zweite Lösung ist eher sicher und »konsensfähig« als erkenntnisfördernd: Niemand wird die *umfassende* Bedeutung der Jahre 1848/49 oder 1919 für die deutsche Geschichte bestreiten wollen. Periodisierungen, die sich an gesellschaftliche Basisprozesse anschließen, können hingegen riskant werden, wenn die Forschung sie nicht länger stützt. So hat, wie Werner Abelshauser erläutert,[35] die herkömmliche Erhebung der »industriellen Revolution« zu einem der grössten Wendepunkte in der Menschheitsgeschichte viel an Überzeugungskraft verloren.

Da räumliche und zeitliche Spezifik für die Arbeit von Historikern immer unausweichlich ist, sie also stets angeben müssen, für welche raum-zeitlichen Koordinatenpunkte eine besondere Aussage Gültigkeit beanspruchen soll, stellt sich das Periodisierungsproblem auch über den Rahmen einer einzelnen Nationalgeschichte hinaus. Es stellt sich zum Beispiel, wenn man die Geschichte Europas konzipieren will. Dabei führt der Weg einer Kollationierung der einzelnen nationalhistorischen Konventionen nicht sehr weit. So markiert »1848« keine Zäsur in der Geschichte Großbritanniens, Spaniens oder Russlands, »1648« war für die Peripherien des Kontinents (mit Ausnahme Skandinaviens) ebenfalls« von keineswegs erstrangiger Bedeutung, und es lässt sich zwischen 1815 und 1914 kein einziges Datum der politischen Geschichte finden, das für ganz Europa epochemachend gewesen wäre. 1815 und 1914 entstammen beide der Chronologie internationaler Politik, also einem Wirklichkeitsbereich, durch dessen Ausblendung sich eine konsequente Gesellschaftsgeschichte gegenüber einer *zu* umfassend angelegten *histoire totale* ganz besonders profiliert.

Vollends eine weltgeschichtliche Periodisierung (wie sie in der üblichen Vorstellung einer global wirksamen »Doppelrevolution« um 1800 mitschwingt) lässt sich nicht durch eine Kombination von Teilchronologien gewinnen.[36] Bis heute gibt es keine synchronisierte *politische* Geschichte der Welt. Befragt man verschiedene nationale und regionale Historiographien darauf, welche Jahre sie als die politisch wichtigsten innerhalb des kalendarischen Rahmens

---

35 Siehe in diesem Band.
36 Es gibt dazu erstaunlich wenige Überlegungen. Vgl. vor allem William A. Green, Periodization in European and World History, in: Journal of World History 3. 1992, S. 13–53.

1800 bis 1899 auszuzeichnen pflegen, dann erhält man ganz unterschiedliche Antworten: Mexiko 1824, Großbritannien 1832, Neuseeland 1840, Indien 1857, USA 1865, Japan 1868, Westafrika 1884, Spanien 1898, usw. Alle diese Daten sind von nationalen Mythen umflort und unweigerlich *contested*. Sie fallen nicht auf natürliche Weise in ein übergreifendes Schema zusammen. Eine weltgeschichtliche Periodisierung, die nicht »eurozentrischer« als nötig ist, sieht sich daher auf zwei Kategorien verwiesen, die der Gesellschafts- geschichte nicht fremd sein können: zum einen den generalisierbaren »Wen- depunkt«, zum anderen den weiträumig wirksamen »Transformationsschub«, der sich bestenfalls durch Jahrzehnte datieren lässt. Wendepunkte bilden eine besondere Unterklasse wirkungsstarker Ereignisse und können im Anschluss an jüngere Überlegungen zur Theorie des Ereignisses gewinnversprechend diskutiert werden.[37] Auch der Begriff der Schwelle (*threshold*), wie ihn Stein Rokkan in seiner Untersuchung der Demokratisierung Europas verwendet, sollte auf seine Brauchbarkeit für die Gesellschaftsgeschichte geprüft werden.[38] Transformationsschübe, im Ungefähren als Perioden demarkierbar (und sei es als eine jahrhundertelange »Achsenzeit« *à la* Eisenstadt), sind als verdichtet und beschleunigt wahrgenommene Übergänge zwischen Desintegration und andersartiger Re-Integration sozialer und politischer Ordnungszusammen- hänge bei gleichzeitiger Veränderung der Legitimitätskonstruktionen, die mit diesen Ordnungen verbunden wurden. Die Gesellschaftsgeschichte sollte sich auf ihr eigenes Programm besinnen, sich von ereignisgeschichtlichen Zäsur- konventionen lösen und Spekulationen um »lange« oder »kurze« Jahrhunderte aus der Distanz betrachten.[39] Eine genuin gesellschaftsgeschichtliche Periodi- sierungsdiskussion hat noch nicht begonnen.

   2. Zeitskalen, Zeitschichten, Tempi. Hat sich die Gesellschaftsgeschichte seit ihren Anfängen von der chronologischen Kleinschrittigkeit der politischen Er- eignisgeschichte distanziert, so blieb ihr auf der anderen Seite die *longue durée* der klassischen historischen Soziologie (und ebenso der *Annales*-Schule) als zu unspezifisch verdächtig. Kein Gesellschaftshistoriker hat mit einer ähn- lichen zeitlichen Varianzbreite wie Emanuel Le Roy Ladurie experimentiert, der ebenso eine mikrohistorische Momentaufnahme (»Montaillou«, 1975) wie eine Geschichte des Klimas seit dem Jahre 1000 geschrieben hat. Nie- mand aus dem Kreis der Historischen Sozialwissenschaft hat sich jemals wie Charles Tilly, Perry Anderson, Johan Galtung oder der Wirtschaftshistoriker

---

37 Andreas Suter u. Manfred Hettling (Hg.), Struktur und Ereignis, Göttingen 2001 (mit Beiträ- gen historischer Soziologen, vor allem Rod Aya und William H. Sewell Jr.). Wichtige Bemerkungen eines Soziologen zu Wendepunkten in Andrew Abbott, Time Matters: On Theory and Method. Chicago 2001, S. 240–260.
38 Rokkan, Staat, S. 296–316.
39 Dazu grundsätzlich auch Manfred Hettling, Der Mythos des kurzen 20. Jahrhunderts, in: Saeculum 49. 1998, S. 327–345.

E. L. Jones an die Interpretation von einem ganzen Jahrtausend (oder sogar einem längeren Zeitraum) herangewagt.[40] Die frühe historische Soziologie der »zweiten Welle« – etwa S. N. Eisenstadt[41] – hat Max Webers China- und Indienstudien folgend, bei der Behandlung vor allem nicht-westlicher Zivilisationen auf jede zeitliche Spezifik verzichtet und etwa *al fresco* über »das kaiserliche China«, also 21 Jahrhunderte, hinweg generalisiert. Andere Autoren begnügten sich mit einer groben Gegenüberstellung von Moderne und »Vormoderne«.[42] So »flächig« ist die Historische Sozialwissenschaft trotz eines anfänglichen Desinteresses für die Frühe Neuzeit nie vorgegangen.

Mittlerweile haben ausgerechnet historische Soziologen das Thema temporaler Feinstrukturen entdeckt, das man eher in der Obhut von Historikern vermutet hätte. Ronald Aminzade, der sich auch als Historiker Frankreichs im 19. Jahrhundert einen Namen gemacht hat, unterscheidet vier Eigenschaften gesellschaftlicher Abläufe: *duration, pace, cycles* und *trajectory*, und erörtert die Frage, wie sich die zeitlichen Orientierungen von Akteuren zu den Zeitdimensionen sozialer Strukturen verhalten.[43] William H. Sewell Jr. hat auf andere Weise in der historischen und historisch-soziologischen Praxis mehrere *temporalities* unterschieden: *Big-bang*-Theorien, die alles Spätere als eine Entfaltung der bei einem »Urknall« (etwa der Entstehung des modernen Weltsystems im 16. Jahrhundert oder der »industriellen Revolution«) geschaffenen Potenziale sehen; verkappte Stadienschemata, die regionale Unterschiede zu Ungleichzeitigkeit in einem evolutionären Kontinuum umdeuten; die Annahme einer abstrakt-leeren »Laborzeit«, in der man einzelne Fälle, etwa Revolutionen, miteinander vergleichen kann, ohne zu sehen, dass frühere dieser Fälle spätere beeinflusst haben könnten, usw.[44] Die schroffe »Terrassendynamik« abrupter Systemwechsel und Evolutionssprünge weicht in der neuesten historischen Soziologie einem subtileren Verständnis von

40 Charles Tilly, Coercion, Capital, and European States, AD 990–1990, Oxford 1990; Perry Anderson, Passages from Antiquity to Feudalism, London 1974; ders., Lineages of the Absolutist State, London 1974; Johan Galtung u. a., On the Last 2500 Years of Western History: And Some Remarks on the Coming 500, in: Peter Burke (Hg.), The New Cambridge Modern History. Bd. 13: Companion Volume, Cambridge 1979, S. 318–361; Eric L. Jones, Growth Recurring: Economic Change in World History, Oxford 1988. Wagemutiger waren in Deutschland andere, etwa Wolfgang Reinhard, Geschichte der Staatsgewalt. Eine vergleichende Verfassungsgeschichte Europas von den Anfängen bis zur Gegenwart, München 1999. Als Überblick über »Big History« vgl. Donald M. Macraild u. Avram Taylor, Social Theory and Social History, Basingstoke 2004, S. 55–79.

41 S. N. Eisenstadt, Political Systems of Empires, New York 1963.

42 Der pauschale Begriff der »Vormoderne« geistert immer noch durch die Literatur. Warum man ihn vermeiden sollte, begründen John R. Hall u. a., Sociology on Culture, London 2003, S. 91.

43 Ronald Aminzade, Historical Sociology and Time, in: SMR 20. 1992, S. 456–480.

44 William H. Sewell Jr., Three Temporalities: Toward an Eventful Sociology, in: ders., Logics of History: Social Theory and Social Transformation, Chicago 2005, S. 81–123, bes. 85–100 (von Sewells eigenem Angebot einer »eventful sociology« bin ich weniger überzeugt).

Übergängen und von eher kontingenten Zusammenführungen individueller Teilprozesse. An die Stelle schroffer *coupures* zwischen gesellschaftlichen und kulturellen Zuständen tritt eine feinere Rhythmisierung zwischen der konfliktreichen Öffnung von Situationen und ihrer Neukonsolidierung.[45] Damit nähern sich historische Soziologen der »normalen« Denkweise von Historikern an, jedoch mit einem Grad theoretischer Expliziertheit, den sich Historiker bisher selten zugemutet haben.

Ganz besonders kann die Frage des *Tempos* gesellschaftlicher Veränderungen von neuen Überlegungen profitieren. Unter (deutschen) Historikern ist Reinhart Kosellecks solide bestätigte These der Beschleunigung von Weltwahrnehmungen in der europäischen »Sattelzeit« und der gleichzeitigen Erschließung eines offenen Zukunftshorizonts mittlerweile *communis opinio*.[46] Für spätere Epochen und nicht-europäische Kontexte ist die Beschleunigungsthese noch nicht mit ähnlicher Gründlichkeit geprüft worden.[47] Die heutige Zeiterfahrung (die Menschen in den reichen Ländern arbeiten weniger und haben doch immer weniger Zeit) rückt das Thema historischer Akzeleration in den Vordergrund. Sie kommt der alten Faszination der historischen Soziologie mit Revolutionen entgegen.[48] Darüber wird leicht vergessen, dass sich manches nicht oder nur sehr langsam ändert. Es ist ein Vorzug des neu entwickelten Historischen Institutionalismus in der Soziologie, unter dem Problemtitel von Tempo/*pace* nicht nur den »Wandel«, sondern auch die Trägheit von Institutionen erfassen zu wollen.[49] Andere Autoren, die nicht unbedingt dieser Richtung zuzuordnen sind, haben jüngst anspruchsvolle Konzeptionalisierungen von gesellschaftlicher Kontinuität vorgelegt, vor allem Charles Tilly in »Durable Inequality«, seinem vielleicht theoretisch anspruchsvollsten Buch, und Orlando Patterson, der große Interpret der Sklave-

---

45 Vgl. auch Adams u. a., Introduction, S. 33 f.

46 Koselleck selbst diskutierte 1980 die Folgen seiner Zeittheorie für die Sozialgeschichte in einem fundamentalen Vortrag: Reinhart Koselleck, Moderne Sozialgeschichte und historische Zeiten, in: ders., Zeitschichten. Studien zur Historik, Frankfurt/Main 2000, S. 317–335. Keiner der neueren Beiträge zum Thema Zeit aus der *historical sociology* reicht an das Niveau der Texte von Koselleck oder auch Niklas Luhmann heran (vgl. auch die Übersicht bei Barbara Adam, Time and Social Theory, Cambridge 1990). Das rechtfertigt natürlich nicht, sie zu ignorieren. Kosellecks internationale Wirkung oder Nicht-Wirkung wäre ein lohnendes Thema der wissenschaftshistorischen Transferforschung. Ein stark von Koselleck beeinflusstes Buch wie Peter Fritzsche, Stranded in the Present: Modern Time and the Melancholy of History, Cambridge, MA 2004 lässt die klaren Konturen von Kosellecks Argumentation in anekdotenreicher Rhetorik untergehen.

47 Was es bisher an Erkenntnissen gibt, sammelt und diskutiert Hartmut Rosa, Beschleunigung. Die Veränderung der Zeitstrukturen in der Moderne, Frankfurt/Main 2005. Es fehlen weitere Untersuchungen in der Art von Stephen Kern, The Culture of Time and Space, 1880–1918, Cambridge, MA 1983, oder Wolfgang Kaschuba, Die Überwindung der Distanz: Zeit und Raum in der europäischen Moderne, Frankfurt/Main 2004.

48 Die Gesellschaftsgeschichte scheint schon Ende der siebziger Jahre ihr Interesse an diesem Thema verloren zu haben.

49 Vgl. die kurze Charakteristik bei Schützeichel, Historische Soziologie, S. 52–57.

rei, in einem Aufsatz, der »the time-sensitive nature of causal structures« mit einer ingeniösen Kombination strukturanalytischer und kulturwissenschaftlicher Zugangsweisen behandelt.[50] Die Überschichtung verschiedener Wandlungsgeschwindigkeiten, wie sie Fernand Braudel und Reinhart Koselleck auf unterschiedliche Weise beschrieben haben,[51] ist eine unumgehbare Herausforderung gerade für die Gesellschaftsgeschichte mit ihrem Anspruch auf integrierende Erfassung verschiedener, notwendig mit je eigenen Temporalitäten (auch: Rhythmen und Taktungen) verbundener Wirklichkeitsbereiche.

3. *Relative Zeiten und gesellschaftliche Koordination.* Zeit sollte schließlich die Gesellschaftsgeschichte auch als ein eigener Gegenstand interessieren. Anthropologische und erfahrungsgeschichtliche Untersuchungen – besonders einflussreich bleibt bis heute ein Aufsatz von E. P. Thompson über die Disziplinierungsgewalt industrieller Zeitregime[52] – haben die Vorstellung, die Geschichtswissenschaft könne mit einem leeren, einem gleichsam neutralen oder objektiven Zeitkontinuum rechnen, längst diskreditiert.[53] Es gibt japanische und westeuropäische Zeiten, Zeiten der Bauern und der Städter, der Unternehmer und der Unternommenen, der Frauen und der Männer, der Alten und der Jungen. Kurz: ein kulturalistischer Blick auf jeweils spezifische, standort- und situationsgebundene »Konstruktionen« von Zeit wird Myriaden unterschiedlicher Zeitwelten zum Vorschein fördern. Es bliebe allerdings bei der immerwährenden Bekräftigung eines kulturwissenschaftlichen Gemeinplatzes, würde man sich mit einem solchen Partikularismus begnügen.

Zeit ist auch ein Medium und Mittel gesellschaftlicher Integration. Gesellschaften nutzen Zeittechnologien als Ressourcen zu räumlich expandierender Koordination. Kein Nationalstaat kann sich als organisatorisch vollendet fühlen, der nicht eine einheitliche oder zumindest (wie in den USA) eine nach Zeitzonen praktikabel gestaffelte Einheitszeit – konkret: einen nationalen

---

50 Charles Tilly, Durable Inequality, Berkeley, CA 1998; dazu aber die Kritik bei Barbara Laslett, The Poverty of (Monocausal) Theory: Tilly's Durable Inequality, in: CSSH 42. 2000, 475–481; Orlando Patterson, Culture and Continuity: Causal Structures in Socio-Cultural Persistence, in: Roger Friedland, u. John Mohr (Hg.), Matters of Culture: Cultural Sociology in Practice, Cambridge 2004, S. 71–109 (Zitat S. 86).

51 Koselleck will dabei auch der »Scheinalternative linearer und kreisläufiger Zeitverläufe« entkommen (Zeitschichten, S. 26), die auch noch durch die neueste kulturalistische Zeitliteratur geistert. Braudels Theorie der Dauer wird vorzüglich in ideengeschichtliche Zusammenhänge eingeordnet bei Ulrich Raulff, Der unsichtbare Augenblick. Zeitkonzepte in der Geschichte, Göttingen 1999, S. 13–49.

52 E. P. Thompson, Time, Work-Discipline and Industrial Capitalism, in: P&P 38. 1967, S. 56–97.

53 Ob Historiker jemals so naiv mit »neutral time« gerechnet haben, wie eine postmodernistische Polemik ihnen vorwirft, steht auf einem anderen Blatt: Elizabeth Deeds Ermath, Sequel to History: Postmodernism and the Crisis of Representational Time, Princeton, NJ 1992, etwa S. 26 f.

Eisenbahnfahrplan – vorzuweisen hat. Dieser Zustand war in Europa erst im späten 19. Jahrhundert erreicht. Die Koordinationsbedürfnisse von Verkehr, Ökonomie und Militär drängten zu homogenen Zeitordnungen. Solche Bedürfnisse ihrerseits standen in einer komplizierten Wechselbeziehung zur Wissenschaft und Technik der Zeitmessung, also zur Geschichte der Uhr.[54] Zwei Aspekte sind dabei gesellschaftsgeschichtlich von besonderem Interesse: Zum einen hat sich überall seit dem 19. Jahrhundert der Staat – und hier lassen sich Foucaultsche Vorstellungen von Disziplinargesellschaft und Gouvernementalität einbeziehen – die Gestaltung von Zeitordnungen vorbehalten.[55] Heute stehen die impulsgebenden Normaluhren in staatlichen Behörden, und Gesetzgeber regeln Ladenschluss und Sommerzeit. Zum anderen hat Zeitkoordination schon früh den nationalstaatlichen Rahmen übersprungen: Die gregorianische Zeitrechnung, ein Produkt der Gegenreformation, verbreitete sich seit ihrer Einführung in den katholischen Ländern Europas 1582 unaufhaltsam über den Planeten. Um die Mitte des 18. Jahrhundert waren die protestantischen Länder samt ihrer Überseekolonien erreicht, 1873 Japan, 1918 Russland und 1927 die Türkei. Damit war kalendarische Universalität im wesentlichen hergestellt.[56] Die Einführung einer Welt-Uhrzeit, also der auch heute noch gebräuchlichen Zeitzonen, konzentrierte sich auf den kürzeren Zeitraum zwischen 1884 und etwa 1911. Durch all diese parallelen Normierungsvorgänge wurden neue Niveaus intra- wie intergesellschaftlicher Koordinierung und Synchronisierung realisiert, die unmittelbare Auswirkungen auf Handel, Telekommunikation und Militärstrategie hatten. Im einzelnen gab und gibt es Unterschiede in der Leistungsfähigkeit gesellschaftlichen Zeitmanagements, etwa unterschiedliche Ausmaße von Unpünktlichkeitsverlusten. Es ist kein Zufall, dass in Japan, dem der Westen keineswegs seine eigene Zeit »hegemonial« aufzwang, Uhr und gregorianischer Kalender zu frühen Symbolen von Modernität wurden und die Modernisierungspolitik der Meiji-Oligarchie nach 1868 in der Erziehung der Bevölkerung zu einem disziplinierten Zeitbewusstsein eine wichtige Voraussetzung für den nationalen Erfolg sah.[57] Auch überall sonst hatte die Globa-

---

54 Vgl. David S. Landes, Revolution in Time: Clocks and the Making of the Modern World, Cambridge, MA 1983; Gerhard Dohrn-van Rossum, Die Geschichte der Stunde. Uhren und moderne Zeitrechnung, München 1992; Peter Galison, Einstein's Clocks, Poincaré's Maps: Empires of Time, New York 2003.

55 Vgl. zusammenfassend Charles Tilly, The Time of States, in: ders., Stories, Identities, and Political Change, Lanham, MD 2002, S. 171–187, bes. 175, 182–185.

56 Im einzelnen: Edward G. Richards, Mapping Time: The Calendar and Its History, Oxford 1998.

57 Vgl. Florian Coulmas, Japanische Zeiten. Eine Ethnographie der Vergänglichkeit, Reinbek 2000; Reinhard Zöllner, Zeit und Konstruktion der Moderne im Japan des 19. Jahrhunderts, in: HA 11. 2003, S. 47–71.

lisierung kultureller Standards (oder ihr Fehlen) erhebliche gesellschaftliche Konsequenzen.[58]

IV. Prozesse.[59] In einem besonderen Interesse für die großen Wandlungsprozesse, die zur »modernen« Welt hinführten, wie sie in Europa seit dem späten 19. Jahrhundert sichtbar wurde, fand die Gesellschaftsgeschichte ihre größte Nähe zur gleichzeitig aufblühenden historischen Soziologie der sechziger und siebziger Jahre. Die Deutschlandzentrierung ihres Forschungsprogramms, die Orientierung an der Leitperspektive eines deutschen Sonderweges und die anfängliche Abwertung kultureller Faktoren (selbst in jener institutionalistischen Einschränkung, die Hans-Ulrich Wehler dann für seine »Deutsche Gesellschaftsgeschichte« wählte) führten dazu, dass manche dieser Prozesse für wichtiger gehalten wurden als andere. Im Vordergrund standen Industrialisierung, Klassenbildung (später weit gefasst als Strukturwandel sozialer Ungleichheit) sowie die Formierung eines deutschen Nationalstaates.[60] Der Begriff der Modernisierung diente in manchen Zusammenhängen als bündelndes Kürzel. Andere Makroprozesse, für die sich die historischen Soziologen interessierten, wurden eher vernachlässigt oder erst später einbezogen: demographische Trends und Wanderungen, der Ausbau weltwirtschaftlicher Verflechtungen (»Globalisierung«, wie Wolfram Fischer sie schon beschrieb, bevor der Begriff aufkam), Säkularisierung, der Aufstieg der Massenkultur, usw. Mangels einer respektablen deutschen Revolution fand auch dieses zentrale Thema relativ wenig Beachtung.[61] Internationale Vergleiche wurden nur dort in der Manier eines Barrington Moore oder Reinhard Bendix wirklich symmetrisch angelegt, wo man die Sonderwegsthese in den Hintergrund treten ließ – etwa bei Hartmut Kaelble, der am Rande des GG-Kreises blieb.

Daher hat die Gesellschaftsgeschichte lange keine wirklich europäische Perspektive gewinnen können, die notwendig den Gedanken einer gleichwertigen Pluralität von nationalen Wegen voraussetzt. Erst die in den neunziger Jahren in Berlin gestellte Frage nach den historischen Voraussetzungen der »Zivilgesellschaft« lieferte diesen europäischen Schlüssel, verbunden mit einer neuen Aufmerksamkeit für Verfassungsstaatlichkeit, Öffentlichkeit

---

58 Vgl. etwa als Fallstudie: Mark M. Smith, Mastered by the Clock: Time, Slavery and Freedom in the American South, Chapel Hill, NC 1997.

59 Für eine tiefere Diskussion, die hier nicht möglich ist, bleibt als Ausgangspunkt: Christian Meier, Fragen und Thesen zu einer Theorie historischer Prozesse, in: Karl-Georg Faber u. ders. (Hg.), Historische Prozesse, München 1978, S. 11–66.

60 Die neueste Zusammenfassung ist Jürgen Kocka, Das lange 19. Jahrhundert. Arbeit, Nation und bürgerliche Gesellschaft, Stuttgart 2001.

61 Das änderte sich dann wieder mit Hans-Ulrich Wehlers »Deutscher Gesellschaftsgeschichte«, in der sogar die NS-Herrschaft als eine Revolution (neuen Typus: eine »totalitäre« Revolution) verstanden wird, vgl. Bd. 4: Vom Beginn des Ersten Weltkrieges bis zur Gründung der beiden deutschen Staaten 1914–1949, München 2003, S. 600–603.

und andere als bloß lobbyistische Assoziationen.[62] Da die Gesellschaftsgeschichte vor der Jahrtausendwende die nicht-westlichen »Kulturen« (deren
gesellschaftliche Dignität vermutlich unter dem Verdacht vormoderner Be-
harrung oder kolonialer Deformation stand) ignorierte, konnte sie der klassischen historischen Soziologie nicht auf deren zentrales, bereits von Max
Weber abgestecktes Terrain folgen: die Frage nach Art und Ursachen eines
gesamtokzidentalen »Sonderweges« in die kapitalistische Moderne. Erst die
»transnationale« Wende nach 2000 hat auch dieses Problem erschlossen.[63]
Nur wird es mittlerweile – nach einer langwierigen »Orientalismus«-Kritik
und der (nicht unproblematischen) Entdeckung außereuropäischer *modernities* – auch in der historischen Soziologie nicht länger nur als binäres »West/
rest*«-Problem formuliert. Die Frage »Warum Europa?« (Michael Mitterauer)[64] wird nicht mehr mit Vorgeschichten okzidentaler Vortrefflichkeit und
nicht-westlichen Versagens beantwortet, sondern als Frage nach Diffusionen,
Adaptionen und Widerstand in einer entstehenden Weltgesellschaft neu
gestellt.[65]

Die Vorstellungen der Gesellschaftsgeschichte und der klassischen (»second
wave«) historischen Soziologie von historischen Prozessen waren sich trotz
solcher Unterschiede in vielem ziemlich ähnlich. Gemeinsam war beiden
Richtungen vor allem eine evolutionäre (nicht: evolutionistische) Makroper-
spektive, die vielfältig mit empirischen Details ausgemalt werden konnte,
aber das Bedürfnis nach feineren Prozessbegriffen auf Meso- und Mikro-
ebenen nicht aufkommen ließ. Man sprach von den verschiedenen großen
Transformationsprozessen und entwarf Szenarien von Klassenkonflikten
und Klassenallianzen. Die Akteure waren Großentitäten wie »Eliten« und
»Staat«, »Adel« und »Bürgertum«. Nahezu gleichzeitig erreichte eine solche
Denkweise hier mit dem zweiten Band (1987) von Wehlers »Deutscher Gesellschaftsgeschichte«, dort 1991 mit Jack Goldstones »Revolution and Rebellion in the Early Modern World« einen letzten Höhepunkt.

Wo finden sich feinere Prozessbegriffe? Eine systematische Klärung dieser Frage steht noch aus. Vorerst können nur Spuren registriert werden:

(a) *Zyklen*: Nicht-lineare Verläufe sind der Gesellschaftsgeschichte dort
bekannt, wo sie wirtschaftliche Konjunkturen und Krisen behandelt. Hans

62 Ein Zwischenbericht war Manfred Hildermeier u. a. (Hg.), Europäische Zivilgesellschaft in
Ost und West. Begriff, Geschichte, Chancen, Frankfurt/Main 2000.
63 Gunilla Budde u. a. (Hg.), Transnationale Geschichte. Themen, Tendenzen und Theorien,
Göttingen 2006.
64 Michael Mitterauer, Warum Europa? Mittelalterliche Grundlagen eines Sonderwegs, München 2003.
65 Eine gute Problemskizze (mit methodischen Konsequenzen) ist Thomas Schwinn, Kultur-
vergleich in der globalisierten Moderne, in: Gert Albert u. a. (Hg.), Das Weber-Paradigma. Studien
zur Weiterentwicklung von Max Webers Forschungsprogramm, Tübingen 2003, S. 301–327.

Rosenbergs »Große Depression« gehörte zu den Initialzündungen der ganzen Richtung. Die Wirtschaftsgeschichte hat die vor allem von Schumpeter theoretisch bestimmten *business cycles* neuerdings wieder stärker beachtet als früher, und die historische Politikwissenschaft interessiert sich erneut für Zyklen weltpolitischer Hegemonie.[66] In der historischen Soziologie hat man sich von der Chaostheorie über Formen nicht-linearer Dynamik und von Makrohistorikern über Geschichten von Aufstieg und Fall ganzer Zivilisationen belehren lassen.[67]

(b) *Pfadabhängigkeit*. Dieser modische Begriff ist zu einem trojanischen Pferd geworden, durch das sich in wirtschaftswissenschaftliche Argumentationen ein Minimum an historischem Denken einschmuggeln lässt: Das Früher schränkt die Optionen im Später ein. Soziologen und Politologen haben auf diesem Grundkonzept kompliziertere Überlegungen zum *timing* historischer Prozesse aufgebaut: Es kann entscheidend wichtig sein, *wann* etwas geschieht, kontingente Ursachen können sich in strukturelle – und damit folgende Entwicklungen in feste Bahnen lenkende – Wirkungen verwandeln, und wenn Prozesse mit unterschiedlichen Zeitformen an *critical junctures* aufeinander treffen, kann ganz Unerwartetes geschehen, das wiederum durch die Lernfähigkeit (oder deren Mangel) von Individuen und Institutionen in neue Pfade kanalisiert wird.[68]

(c) *Wiederholungsstrukturen*. Dass Prozesse repetitiven Charakter haben können und sich soziale Gebilde überhaupt erst durch Repetition konstituieren, ist ein Grundgedanke soziologischer Handlungstheorien. Auch der späte Kosellek hat auf die große Bedeutung von »Rekurrenzphänomenen« hingewiesen: Historische Einmaligkeit wird überhaupt erst vor dem Hintergrund des oft wiederholten Gleichen oder Ähnlichen erkennbar.[69] Solche Wiederholungen fallen vor allem in kurzfristigen und kurzschrittigen Prozessen auf, etwa der durch Wahlen und Amtszeiten strukturierten und getakteten republikanischen Politik von der Antike bis zur Gegenwart.[70] Auch die großen

---

66 Zusammenfassende Erörterungen sind: Peter Hall, The Intellectual History of Long Waves, in: Tom Schuller u. Michael Young (Hg.), The Rhythms of Society, London 1988, S. 37–52; Solomos Solomou, Economic Cycles: Long Cycles and Business Cycles since 1870, Manchester 1998; Clive Trebilcock, Surfing the Wave: The Long Cycle in the Industrial Centuries, in: Peter Martland (Hg.), The Future of the Past: Big Questions in History, London 2002, S. 66–88; Joshua S. Goldstein, Long Cycles: Prosperity and War in the Modern Age, New Haven, CT 1988; George Modelski, Long Cycles in World Politics, Basingstoke 1987. Ulrich Menzel bereitet eine große Untersuchung zu diesem Thema vor.

67 Vgl. Bühl, Historische Soziologie, S. 11–18, 285–298.

68 Dazu vor allem mehrere Aufsätze von Paul Pierson sowie sein Buch Politics in Time: History, Institutions, and Social Analysis, Princeton, NJ 2004 (bes. Kap. 3 und 4).

69 Kosellek, Zeitschichten, S. 22.

70 Feinsinnige Überlegungen dazu in den wichtigen Aufsatz Peter Laslett, Social Structural Time: An Attempt at Classifying Types of Social Change by Their Characteristic Paces, in: Schuller u. Young, The Rhythms of Society, S. 17–36.

gesellschaftlichen Transformationen setzten sich nicht als überpersönliche »Mächte« durch, sondern ergaben sich aus der Veralltäglichung anfänglicher Innovationen durch Umsetzung in repetitive Praxis. Nur jene Innovationsimpulse, die sich routinisieren ließen, wurden zu neuen sozialen Wirklichkeiten. Die ursprünglichen Innovationen, auch als Durchbrechungen von Pfadabhängigkeit verstehbar, gehen indes auf schwach determinierte Entscheidungen zurück.[71] Die Gesellschaftsgeschichte sollte prüfen, ob sich mit der Spannung zwischen Innovation und Repetition etwas gewinnen lässt, und sie sollte sich mit den Rekursionsmodellen von Innovationsprozessen befassen, die in mehreren Sozialwissenschaften eine wachsende Rolle spielen.[72]

(d) *Mechanismen.* Die Gesellschaftsgeschichte hat bisher keine zureichenden Vorstellungen von der Wirkungsweise des Zusammentreffens verschiedener Dynamiken entwickelt. Sie arbeitet mit eher statischen Modellen sozialer Hierarchie und Schichtung im Rahmen der Totalität einer gedachten »Gesamtgesellschaft«. So bedarf das Verhältnis zwischen dem Produktions- und Marktgeschehen einerseits, sozialer Differenzierung andererseits einer neuen, über Weber-Zitate hinausführenden Diskussion. Ein möglicher Ansatzpunkt wäre die – in der internationalen *historischen* Soziologie bisher wenig einflussreiche – Systemtheorie samt der auf ihr fußenden Theorien funktionaler (und sonstiger) Differenzierung. Eine Prüfung wert wären auch die verschiedenen Konzepte sozialer »Mechanismen«, die auf dem Theoriemarkt angeboten werden. Schon Norbert Elias sprach von »Verflechtungsmechanismen« und »Verflechtungszwängen«.[73] Heute denkt man an repetitive Wirkungs-Prozesse, die keiner spezifizierbaren *agency* bedürfen.[74]

(e) *Erklärungen.* Was die frühe Gesellschaftsgeschichte an der historischen Soziologie attraktiv fand, war vor allem deren rigoroser Wille zur kausalen Erklärung. Die »neue« Kulturgeschichte hat hier wie dort diese Rigorosität »interpretativ« gemildert, doch leistet gerade die Gesellschaftsgeschichte mit Recht weiterhin Widerstand gegen einen erklärungsabstinenten Deskriptivismus (den man der Kulturgeschichte keineswegs pauschal unterstellen darf). An neuere Diskussionen um historisch-sozialwissenschaftliches Erklären hat

---

71 Interessant dazu etwa das Modell der Bifurkation (das Neue als Abweichung von gebahnten Wegen) bei Gottfried Schramm, Fünf Wegscheiden der Weltgeschichte, Göttingen 2004.
72 Vgl. als Einführung Hartmut Hirsch-Kreinsen, Wirtschafts- und Industriesoziologie. Grundlagen, Fragestellungen, Themenbereiche, Weinheim 2005, S. 194–199.
73 Norbert Elias, Über den Prozeß der Zivilisation. Soziogenetische und psychogenetische Untersuchungen, 2 Bde., Bern 1969, bes. Bd. 2, S. 434–437.
74 Vgl. Renate Mayntz, Zur Theoriefähigkeit makro-sozialer Analysen, in: dies. (Hg.), Akteure – Mechanismen – Modelle. Zur Theoriefähigkeit makro-sozialer Analysen, Frankfurt/Main u. New York 2002, S. 7–43, hier 24–27; Schützeichel, Historische Soziologie, S. 70–73; kritisch: Zenonas Norkus, Mechanisms as Miracle Makers? The Rise and Inconsistencies of the »Mechanismic Approach« in Social Science and History, in: H&T 44. 2005, S. 348–372.

sie allerdings noch keinen Anschluss gefunden.[75] Damit ist nicht gemeint, den berühmten Begriffsgegensatz zwischen Verstehen und Erklären mit intensivierter Spitzfindigkeit zu vertiefen.[76] Vielmehr stehen folgende Fragen, zu der historische Soziologen schon manchen bedenkenswerten Beitrag geleistet haben, zur Debatte: Welches Modell menschlichen Handelns soll Erklärungsversuchen unterlegt werden? Spricht nicht vieles dafür, die übliche Annahme einer interessengeleiteten Zweckrationalität durch ein »praxeologisches« Modell situativ gerahmter Problemlösung zu ersetzen?[77] Führt die Einsicht in die Zeitform und Temporalität sozialer und politischer Prozesse auch dazu, die Möglichkeit »narrativer Erklärung« in Erwägung zu ziehen? Und wie verhalten sich narrative zu klassischen kausalen Erklärungen?[78] Wie formal und abstrakt muss das zu Erklärende herauspräpariert werden, und wieviel »Kontext« (ein Leitbegriff der »neuen« Kulturgeschichte ebenso wie der anglo-amerikanischen New Social History) muss integriert werden? Was sind »causally relevant contexts« und wie lässt sich für explanatorische Zwecke »Kontextualisierung« optimieren (*zu viel* Kontext bewirkt Undeutlichkeit und Überdetermination)? Gesellschaftsgeschichte und historische Soziologie treffen sich dort, wo sie solche Fragen im Zusammenhang der Methodologie des Vergleichs diskutieren können.[79]

V. Die Gesellschaftsgeschichte hat die theoretische Weitherzigkeit, aber auch die provokante Gedankenschärfe ihrer Gründerjahre in einem gewissen Maße verloren. Teils hat sie sich auf die Gewissheiten der »Klassiker« zurückgezogen (etwa in Hans-Ulrich Wehlers Rekurs auf Max Webers Charisma-

---

75 Vgl. als besonders wichtige Beiträge Craig Calhoun, Explanation in Historical Sociology: Narrative, General Theory, and Historically Specific Theory, in: AJS 104. 1998, S. 846–71; C. Behan McCullagh, The Truth of History, London u. New York 1998, S. 172–289; ders., Theories of Historical Explanation: Philosophical Aspects, in: International Encyclopedia of the Social and Behavioral Sciences, Bd. 10, Amsterdam 2001, S. 6731–6737.

76 Davor warnt mit Recht Daniel, Kompendium, S. 401 f. Vgl. auch Richard Biernacki, Method and Metaphor after the New Cultural History, in: Victoria E. Bonnell u. Lynn Hunt (Hg.), Beyond the Cultural Turn: New Directions in the Study of Society and Culture, Berkeley, CA 1999, S. 62–92, hier 72 f.

77 Vgl. etwa Richard Biernacki, The Action Turn? Comparative-Historical Inquiry beyond the Classical Models of Conduct, in: Adams u. a. (Hg.), Remaking Modernity, S. 75–91, sowie zur Praxisorientierung: Karl H. Hörning u. Julia Reuter (Hg.), Doing Culture. Neue Positionen zum Verhältnis von Kultur und sozialer Praxis, Bielefeld 2004.

78 Schützeichel, Historische Soziologie, S. 68–71; Chris Lorenz, Konstruktion der Vergangenheit. Eine Einführung in die Geschichtstheorie, Köln 1997, S. 127–187.

79 Zahlreiche Anregungen dazu in James Mahoney u. Dietrich Rueschemeyer (Hg.), Comparative Historical Analysis in the Social Sciences, Cambridge 2003, einem Band, der ein wenig frischen Wind in die auf der Stelle tretende deutsche Diskussion über historische Komparatistik bringen könnte. Vgl. als Zugang zur neuesten amerikanischen Literatur eher formalistischer Provenienz auch James Mahoney, Comparative-Historical Methodology, in: Annual Review of Sociology 30. 2004, S. 81–101.

begriff), teils hat sie Anregungen bei Ideenbeständen gesucht, die man weniger als Theorien denn als Forschungsprogramme oder Weltdeutungsperspektiven bezeichnen sollte: »Zivilgesellschaft«, »multiple Modernen«, »Transnationalität«. Es fällt auf, dass auch die von Hans-Ulrich Wehler neuerdings begrüßte Hinwendung zur »Globalisierung«, dem populärsten Thema der westlichen Sozialwissenschaften seit der letzten Jahrhundertwende, noch nicht von sonderlichen theoretischen Bemühungen rezeptiver oder kreativer Art begleitet war.[80] In diesem Beitrag wurde auf Chancen eines neuerlichen kritischen Theorie-Imports aufmerksam gemacht. Im Vordergrund stand dabei der Gesichtspunkt der Temporalität und Prozessualität von Geschichte. »Theorie-Import« kann dabei nicht heißen, sich theoretisch ehrgeizigeren Nachbardisziplinen unterzuordnen. Wenn Teile der Literaturwissenschaft heute die Flucht nach vorn in einen »kulturtheoretischen« Pantextualismus antreten, dann muss das Gesellschaftshistoriker *prima facie* nicht beeindrucken.[81] Auch die Soziologie ist, anders als vielleicht noch in den siebziger Jahren, keine Wissenschaft mehr, die eine gleichsam natürliche Theorieautorität beanspruchen darf. Dennoch sollte der Dialog mit ihr, und besonders mit der *historical sociology*, erneut gesucht werden. Nach dem *cultural turn*, der Geschichte wie Soziologie zwar nicht revolutioniert, aber doch verändert hat, ist die Zeit dafür gekommen.

---

80 Vgl. Hans-Ulrich Wehler, Transnationale Geschichte – der neue Königsweg historischer Forschung? in: Budde u. a., Transnationale Geschichte, S. 161–174, hier 171; vgl. auch GG 31. 2005, H. 4 mit dem Titel »Globalisierungen«.

81 Gegen Omnipotenz- und Omnikompetenzansprüche von *cultural studies* vgl. Daphne Patai u. Will H. Corral (Hg.), Theory's Empire: An Anthology of Dissent, New York 2005, darin besonders: Stephen Adam Schwartz, Everyman an Übermensch: The Culture of Cultural Studies (S. 360–380).

Paul Nolte

Abschied vom 19. Jahrhundert

oder Auf der Suche nach einer anderen Moderne

I. Als die Sozialgeschichte in den sechziger und siebziger Jahren zur Herausforderung der traditionellen Geschichtswissenschaft antrat, hätten Prognosen für die nächsten Jahrzehnte der disziplinären Entwicklung vielleicht so ausgesehen: Nach einer langen und kontroversen Auseinandersetzung, einem heftigen Streit um die »Paradigmen« und ihre Kristallisationsfunktion für die Organisation neuen Wissens beruhigen sich die Fronten allmählich wieder.[1] Auf die Zeit des Konflikts im Paradigmenwechsel folgt eine längere Zeit der »Normalwissenschaft«, in der die Sozialgeschichte für mindestens eine Generation in Forschung und Lehre ihr unaufgeregtes Geschäft betreiben kann: in der allmählichen Einlösung der selbstgestellten programmatischen Forderungen, in der Anwendung der neuen theoretischen und methodischen Prinzipien auf eine Vielzahl empirischer Probleme – von der Klassenbildung bis zu Familie und Demographie, von der ländlichen bis zur städtischen Gesellschaft, von der Ökonomie der modernen Markt- und Industriegesellschaft bis zu ihrer politischen Organisation in Vereinen, Verbänden, Parteien.

Auch die neuen Theorien selber, deren Diskussion und Rezeption – von Max Weber bis zur amerikanischen Modernisierungstheorie, von Konjunktur- und Wachstumstheorien bis zu Theorien sozialer Ungleichheit – ja gerade erst begonnen hatte, benötigten noch eine längere Debattenzeit. Wenn das Paradigma des Historismus, das seinerseits den Rahmen der Aufklärungshistorie gesprengt hatte, für mehrere Generationen verbindlich geblieben war, konnte man ähnliches für den Übergang in die Historische Sozialwissenschaft erwarten. Dabei würde ein Teil der klassischen politischen Geschichtsschreibung wohl integriert oder »aufgehoben« werden können, so wie auch die Newtonsche Mechanik in der Einstein-Welt unter bestimmten Bedingungen ihre Gültigkeit behält. Das Fach würde sich interdisziplinär neu ausrichten und dabei vor allem an die systematischen Sozialwissenschaften andocken, denen ihrerseits eine lange Zeit des intellektuellen Primats auch in der öffentlichen Geltung bevorzustehen schien – allen voran die Soziologie. Dabei bliebe die Geschichtswissenschaft jedoch durchaus eine eigene Disziplin, im institutionellen ebenso wie im epistemischen Sinne; eine eigene

---

1 Vgl. Thomas S. Kuhn, Die Struktur wissenschaftlicher Revolutionen, Frankfurt/Main 1967.

Profession ebenso wie eine Erkenntnisweise eigener Art. Ob irgendwelche
Urenkel dieses neue Paradigma in ferner Zukunft ihrerseits wieder in Frage
stellen würden, daran brauchte man einstweilen nicht den mindesten Gedanken zu verschwenden.[2]
Ganz offensichtlich sind diese Erwartungen nicht eingetroffen; das Fach
Geschichte hat sich in den vergangenen drei bis vier Jahrzehnten mit manchmal atemberaubender Geschwindigkeit weiterentwickelt, gleich mehrfach
neu erfunden, und Innovationen in bemerkenswerter Dichte produziert und
zu verarbeiten versucht. Man mag diskutieren, ob dabei für die Konsolidierung neuer Fragestellungen, Methoden und Themen immer genügend Zeit
geblieben ist; ob die empirische Einlösung des in Deutschland häufig mit
besonders markantem theoretischen Geleitzug daherkommenden Neuen unter der raschen Folge der Innovationen nicht manchmal gelitten hat. Manche
Richtungen der Sozialgeschichte, etwa in der quantifizierenden Forschung,
konnten ihr Potential kaum unter Beweis stellen, bevor der Siegeszug der
Hermeneutik begann; eine vergleichsweise unpolitische Kultur- und Alltagsgeschichte war von den Vertretern einer »politischen Sozialgeschichte« kaum
in Ansätzen kritisiert worden, da wurde schon die »neue Politikgeschichte«
verkündet. Die Sozialgeschichte hatte gerade – vor allem in den achtziger Jahren – den nationalen Bezugsrahmen historischer Forschung dezidiert durch
die Analyse regionaler und lokaler Vergesellschaftungsprozesse durchbro-
chen und traf sich darin sogar mit Strömungen der kulturwissenschaftlichen
Mikrogeschichte, als die Global- und Transfergeschichte schon auf den Plan
trat und mit implizitem Vorwurf fragte, wie man sich denn auf die Untersuchung der Provinz Brandenburg, oder eines schwäbischen Dorfes, oder einer
einzelnen Industriestadt beschränken könne.
Den damit stichwortartig bezeichneten Verschiebungen des fachhisto-
rischen Interesses könnte man leicht weitere Beispiele hinzufügen: etwa die
vehemente »Anthropologisierung« der Disziplin, den Aufstieg neuer Leitfiguren der Theoriebildung wie zumal Michel Foucaults, oder die Transformation von Geschichte in Erinnerungs- und Gedächtnisgeschichte, die weniger
interessiert, wie es gewesen ist, sondern was wir heute aus der Vergangenheit
erinnern und wissen.[3] Der Traum der Sozialgeschichte von der langen und
unumschränkten Herrschaft ihres Paradigmas war zu Ende, kaum dass er
begonnen hatte. Aber ein alternatives, halbwegs scharf umrissenes Paradigma hat sich gleichfalls nicht etablieren können, und wer seinen Sinn für Per-

2 Vgl. für den so zusammengefassten Erwartungshorizont v. a. Hans-Ulrich Wehler, Geschichte als Historische Sozialwissenschaft, Frankfurt/Main 1973; Jürgen Kocka, Sozialgeschichte. Begriff, Entwicklung, Probleme, Göttingen 1977.
3 Vgl. dazu kritisch: Paul Nolte, Die Macht der Abbilder. Geschichte zwischen Repräsentation, Realität und Präsenz, in: Karl-Heinz Bohrer u. Kurt Scheel (Hg.), Wirklichkeit! Wege in die
Realität, Stuttgart 2005, S. 889–898.

spektive und Selbstkritik nicht ganz verloren hat, darf schon jetzt fragen, wie lange die Hochkonjunktur der neuen Globalgeschichte andauern wird und was wohl nach ihr kommt. Auf der anderen Seite fällt es gerade deshalb nicht mehr so leicht wie vielleicht noch vor zehn Jahren, heimlich über ein historiographisches Projekt von »langer Dauer« wie das der »Deutschen Gesellschaftsgeschichte« Hans-Ulrich Wehlers zu spotten, das sich selbstbewusst zu einmal gewählten Prämissen bekennt und sein Konzept von Geschichtsschreibung über Jahrzehnte durchhält.[4]

Angesichts der oft fundamentalen und mit hohem theoretischem Anspruch versehenen Transformationen und Innovationen seit den späten sechziger Jahren fällt eine Verschiebung zunächst kaum ins Gewicht, die dieser Beitrag dennoch in den Mittelpunkt rücken möchte. Es geht um die Verschiebung der epochalen Aufmerksamkeitsachse der Geschichtswissenschaft, um die Verschiebung des überwiegenden Interesses, jedenfalls im Bereich der neueren und neuesten Geschichte, vom 19. Jahrhundert in das 20. Jahrhundert. Mit dem »überwiegenden« Interesse ist dabei nicht unbedingt eine quantifizierbare Größe gemeint wie der relative Anteil von Dissertationen oder Zeitschriftenaufsätzen in bestimmten Epochensegmenten. Doch in der Tat lässt sich auch auf dieser Ebene spätestens seit Beginn der neunziger Jahre eine sehr markante, sich beschleunigt vollziehende Neuorientierung von Forschungsschwerpunkten, auch von damit verbundenen Karrierestrategien, feststellen. In seiner Untersuchung der ersten 25 Jahrgänge von »Geschichte und Gesellschaft« hat Lutz Raphael diesen Wandel der chronologischen Schwerpunkte bereits deutlich nachgewiesen: Der Anteil der Beiträge zum »langen 19. Jahrhundert« ist zwischen 1975 und 1999 deutlich zurückgegangen; während die Zeit des Kaiserreichs sich dabei noch gut behauptet hat, trat die erste Hälfte des 19. Jahrhunderts besonders rasch in den Hintergrund.[5] Eine ähnliche Tendenz lässt sich bei anderen Publikationsreihen feststellen, etwa bei den »Kritischen Studien zur Geschichtswissenschaft«. Sie verweist wiederum auf veränderte Qualifikationsmuster im Fach. Die Bereitschaft, nach einer Dissertation im 19. Jahrhundert auch noch die Habilitationsschrift im selben Zeitraum, etwa mit der Verlagerung vom Vormärz in die Zeit des Kaiserreichs, zu schreiben, hat in den letzten zehn Jahren ganz erheblich nachgelassen. Geradezu kollabiert ist in jüngster Zeit das Interesse an der Phase zwischen Französischer Revolution und den 1870er Jahren – um so auffälliger, weil diese Phase der deutschen und europäischen Geschichte von der Mitte der achtziger bis in die Mitte der neunziger Jahre einen erstaun-

---

4 Vgl. Hans-Ulrich Wehler, Deutsche Gesellschaftsgeschichte, bisher vier Bände, München 1987–2003.
5 Lutz Raphael, Nationalzentrierte Geschichte in programmatischer Absicht. Die Zeitschrift »Geschichte und Gesellschaft. Zeitschrift für Historische Sozialwissenschaft« in den ersten 25 Jahren ihres Bestehens, in: GG 26. 2000, S. 5–37, hier bes. 26 f.

lichen Boom, nicht zuletzt im Zeichen der neuen Bürgertumsforschung, erlebt hatte.

Solche Verschiebungen wären vielleicht eine Randnotiz wert, wenn es dabei tatsächlich nur um die Abfolge kleinerer Forschungskonjunkturen ginge: Das fachliche Interesse bündelt sich eine Zeitlang in zuvor relativ vernachlässigten Bereichen, zu neuen empirischen Erkenntnissen kommen neue Begriffe und Kontroversen hinzu, bis irgendwann der »Grenznutzen« neuer Forschung unter einer bestimmten Fragestellung nachlässt; das »Licht der großen Kulturprobleme« (Max Weber) fällt auf eine andere Epoche. Doch hinter dem Bedeutungsverlust, den das 19. Jahrhundert in den letzten ein bis zwei Jahrzehnten erfahren hat, scheint mehr zu stehen. Erstens hat das 19. Jahrhundert zwischen den sechziger und den neunziger Jahren eben nicht nur in zählbar-empirischer Weise, sondern in konzeptioneller Hinsicht im Mittelpunkt der Geschichtswissenschaft gestanden. Das 19. Jahrhundert wurde in dieser Zeit zum Dreh- und Angelpunkt größerer Interpretationen der Geschichte, zum Anker von *narratives*, von Meistererzählungen der Moderne – nicht nur im engeren disziplinären Kontext, sondern teils auch in weiteren öffentlichen Diskursen, in der allgemeinen Repräsentation von Geschichte.

Das ist, zweitens, zwar in mancher Hinsicht ein internationales Phänomen gewesen, aber doch mit einer erkennbaren deutschen, zumal bundesrepublikanischen Zuspitzung. Einen wirksamen Ausdruck fand sie nicht zuletzt in den großen epochalen Synthesen: neben Hans-Ulrich Wehlers »Gesellschaftsgeschichte« vor allem in Thomas Nipperdeys dreibändiger »Deutscher Geschichte« zwischen 1800 und 1918.[6] Drittens, und diese Beobachtung ist hier besonders wichtig, erfüllte die Geschichte des 19. Jahrhunderts seit den späten sechziger Jahren für die damals neue Sozialgeschichte und Historische Sozialwissenschaft eine wichtige metahistorische Funktion. Die westdeutsche Sozialgeschichte entwarf sich »ihr« 19. Jahrhundert in einer sehr spezifischen Art und Weise. Anders gesagt: Ihr begriffliches Raster, ihre theoretischen Konzepte, ihre metahistorischen Annahmen sind in besonderer Weise in der Geschichte des 19. Jahrhunderts verankert gewesen. Sie sollten sich an diesem Stoff erproben und erfüllen. Der Entwurf des 19. Jahrhunderts in der westdeutschen Sozialgeschichte stellte einen spezifischen Entwurf der Moderne dar – einen Entwurf der westlichen Moderne ebenso wie einen der deutschen Moderne.

Was ist aus diesem Entwurf der Moderne geworden, wenn die ihn tragende Epoche in den Schatten der Aufmerksamkeit getreten ist? Und warum richtet sich das Interesse zumal vieler jüngerer Historiker und Historike-

6 Vgl. Thomas Nipperdey, Deutsche Geschichte 1800–1866. Bürgerwelt und starker Staat, München 1983; ders., Deutsche Geschichte 1866–1918, Bd. 1: Arbeitswelt und Bürgergeist, München 1990; Bd. 2: Machtstaat vor der Demokratie, München 1992.

rinnen jetzt stattdessen auf das 20. Jahrhundert? Ganz offensichtlich spielen bei dieser Verschiebung die historischen Ereignisse am Ende des letzten Jahrhunderts, in die Deutschland in besonderer Weise einbezogen war, eine zentrale Rolle: der Fall der Mauer und der Zerfall des Kommunismus, die deutsche Wiedervereinigung und die Geburt einer neuen Weltordnung. Eine Ära war auch formell und institutionell zu Ende, die damit zur »Historisierung« bereitstand: die Geschichte der DDR ebenso wie die der nunmehr »alten« Bundesrepublik. In der deutschen Geschichtswissenschaft war man denn auch nach 1989/90 besonders schnell bereit, das 20. Jahrhundert als ein »kurzes« Jahrhundert für beendet zu erklären und damit der Bearbeitung durch spezifisch historische Kategorien zu öffnen.[7] Doch reicht das als Erklärung nicht aus. Es stand mehr zur Debatte als die gelegentlich schubweise vorankommende Ausweitung der »Zeitgeschichte« auf einige jüngere Jahrzehnte. Jenseits der endgültigen Historisierung der Nachkriegszeit hat die Geschichte des 20. Jahrhunderts diejenige Leitfunktion übernommen, die bis vor kurzem noch das 19. Jahrhundert innegehabt hat. Das 20. Jahrhundert ist demnach zur paradigmatischen Moderne geworden. Das kann nicht ohne Konsequenzen für den anders verankerten sozialgeschichtlichen Entwurf der Moderne bleiben.

Den damit angerissenen Fragen und Problemen soll in den folgenden beiden Teilen etwas genauer nachgegangen werden. Zuerst (II.) geht es um das 19. Jahrhundert: Wie ist es in das Zentrum der historischen Aufmerksamkeit gerückt, welche Annahmen, Konzepte, Theorien spielten dabei eine Rolle, und welches Bild (oder »Meta-Bild«) des 19. Jahrhunderts hat die westdeutsche Sozialgeschichte entworfen, welcher Entwurf einer »modernen« Gesellschaft steckte dahinter? Dann (III.) steht die jüngere Verschiebung in das 20. Jahrhundert zur Debatte: Wo bündelt sich, mehr konzeptionell als empirisch gesehen, das neue Interesse an der Geschichte des 20. Jahrhunderts, und welcher alternative Entwurf der Moderne kommt darin zum Ausdruck? Verweist diese neue Moderne möglicherweise auf Kategorien, die der Sozialgeschichte als »Historischer Sozialwissenschaft« Bielefelder Provenienz nicht zur Verfügung stehen? Daraus (IV.) ergeben sich Rückfragen an die zukünftige Geschichte des 19. Jahrhunderts[8] ebenso wie an Konzepte und Geschichten von Modernität und Modernisierung, die zum Schluss angedeutet werden.

---

7 Vgl. Klaus Tenfelde, 1914 bis 1990 – Die Einheit der Epoche, in: Manfred Hettling u. a. (Hg.), Was ist Gesellschaftsgeschichte?, München 1991, S. 70–80; und natürlich auch Eric Hobsbawm, The Age of Extremes: A History of the World, 1914–1991, New York 1995.

8 Vgl. dazu, überhaupt zum folgenden, auch die Überlegungen von Jürgen Kocka, Das lange 19. Jahrhundert, Stuttgart 2001, S. 23–44; Jürgen Osterhammel, In Search of a Nineteenth Century, in: Bulletin of the German Historical Institute Washington, 32. 2003, S. 9–28.

II. In der Anfangszeit der westdeutschen Sozialgeschichte wurde die Rede von einer »modernen deutschen Sozialgeschichte« zu einer programmatischen Formel. Die Bedeutung des »deutschen«, also der nationalen Eingrenzung in diesem Programm ist in letzter Zeit viel diskutiert worden, seit man die implizite oder eben (wie hier) auch explizite Nationalgeschichtsschreibung im Zeichen einer internationalen Geschichte zunehmend kritisch beurteilt.[9] Aber was verband sich mit der »modernen« Geschichte? Dem Verfasser sei hier das anekdotische (und wahrscheinlich keineswegs repräsentative) Bekenntnis gestattet, dass er den Begriff bei seinen ersten Kontakten mit diesem Programm, etwa bei der Lektüre der von Hans-Ulrich Wehler herausgegebenen, weit verbreiteten und einflussreichen Textsammlung »Moderne deutsche Sozialgeschichte«[10] keineswegs als einen Epochenbegriff verstanden hat, sondern als ein Synonym für zeitgemäß, frisch und neuartig: Es gab möglicherweise eine antiquierte, methodisch und inhaltlich überholte Sozialgeschichte; jetzt aber wurde Sozialgeschichte »modern« betrieben, so wie damals ja auch das »moderne Deutschland« geschaffen werden sollte.

Man mag darüber spekulieren, ob diese Art der Semantik der Moderne in der Hochzeit der alten Bundesrepublik zwischen 1966 und 1974 zusätzlich auf die Wehlersche Begriffsbildung abgefärbt hat, doch stellte sich der Begriff des Modernen bei näherem Hinsehen unzweifelhaft als ein Epochenbegriff heraus. In demselben Sinne legt Wehler bald auch seine »Vorüberlegungen zu einer modernen deutschen Gesellschaftsgeschichte« vor, mit denen wiederum nicht eine Geschichtsschreibung auf der Höhe der Zeit, sondern eine Gesellschaftsgeschichte Deutschlands in seiner modernen Epoche gemeint war.[11] Diese »moderne Geschichte« war weitgehend deckungsgleich mit dem, was in der herkömmlichen Terminologie und Lehrstuhlbezeichnung als die »Neueste Geschichte« firmierte, die sich damals zunehmend aus der allgemeinen Geschichte der Neuzeit auszudifferenzieren und von der »Frühen Neuzeit« zu unterscheiden begann. Gemeint war also die Geschichte »der letzten zweihundert Jahre«, wie es bei Wehler öfters hieß,[12] die Geschichte seit dem ausgehenden 18. Jahrhundert, oder auch, pragmatisch verkürzt, die Zeit zwischen 1800 und 1945, denn für die Nachkriegszeit war damals noch die Politikwissenschaft zuständig oder eine Zeitgeschichte, die man sich

---

9 Vgl. etwa (als sehr sachkundigen Überblick wie als Kritik an der nationalgeschichtlichen Engführung) Lutz Raphael, Geschichtswissenschaft im Zeitalter der Extreme. Theorien, Methoden, Tendenzen von 1900 bis zur Gegenwart, München 2003.

10 Hans-Ulrich Wehler (Hg.), Moderne deutsche Sozialgeschichte, Köln 1966.

11 Hans-Ulrich Wehler, Vorüberlegungen zu einer modernen deutschen Gesellschaftsgeschichte, in: ders., Historische Sozialwissenschaft und Geschichtsschreibung, Göttingen 1980, S. 161–180; siehe auch weitere Beiträge in diesem Band.

12 Z. B. im Vorwort zum ersten Band der »Deutschen Gesellschaftsgeschichte«: Vom Feudalismus des Alten Reiches bis zur Defensiven Modernisierung der Reformära 1700–1815, München 1987, S. 1.

offenbar auch nicht recht als Bestandteil der »modernen Sozialgeschichte« denken konnte. Deren Bogen endete spätestens mit dem Ende des »Dritten Reiches«.

Der 1966 zuerst erschienene Sammelband »Moderne deutsche Sozialgeschichte« thematisierte sogar ausschließlich das 19. Jahrhundert zwischen Reformzeit und Erstem Weltkrieg. Die Abgrenzung richtete sich, auf etwas diffuse Weise, gegen die »mittelalterliche Sozialgeschichte«. Ihr wurde ein Forschungsvorsprung zugebilligt, den es nun für die »moderne« Sozialgeschichte als derjenigen »des 19. Jahrhunderts« aufzuholen gelte.[13] Unter der gleichen Formel, unter der gleichen Begriffsverwendung firmierte bereits seit 1957 der von Werner Conze begründete »Arbeitskreis für moderne Sozialgeschichte«. Insofern kann man wohl vermuten, dass Wehlers Programmschriften seit den späten sechziger Jahren den Conzeschen Begriff unmittelbar übernommen haben. Doch anders als bei Conze, oder über Conze hinaus, verband sich damit bei Wehler ein neuartiges Programm der theoretischen und systematischen Explikation der »modernen« Gesellschaft: zunächst nur in Ansätzen, dann zunehmend elaboriert durch die Rezeption vor allem der angelsächsischen politikwissenschaftlich-soziologischen Modernisierungstheorien.[14]

Doch es war nicht zuletzt die praktizierte Forschung, die das 19. Jahrhundert immer mehr in den Mittelpunkt rückte; es waren die konkreten Arbeitsvorhaben: von den Synthesen und Gesamtdarstellungen bis zu den Qualifikationsarbeiten der Schülerinnen und Schüler, in denen diese Epoche als Schlüssel zum Verständnis der neueren deutschen Geschichte ebenso wie allgemeiner Probleme einer modernen bzw. sich modernisierenden Gesellschaft diente. Das trifft gewiss nicht ausschließlich, aber doch in besonders pointierter Weise für die Bielefelder Geschichtswissenschaft zu und fand in den achtziger Jahren auch einen institutionellen Ausdruck in den Projekten zur Bürgertumsgeschichte. Die von Jürgen Kocka 1986/87 geführte Forschungsgruppe am Zentrum für interdisziplinäre Forschung (ZiF) hieß »Bürgertum, Bürgerlichkeit und bürgerliche Gesellschaft. Das 19. Jahrhundert im europäischen Vergleich«.[15] Der 1986 seine Arbeit aufnehmende DFG-Sonderforschungsbereich zur »Sozialgeschichte des neuzeitlichen Bürgertums« bezog das späte Mittelalter und die Frühe Neuzeit ausdrücklich und teilweise sehr breit mit ein, aber der intellektuelle Kern, das fundamentale Erklärungsproblem dieses Projekts leitete sich unzweifelhaft aus der Geschichte des 19. Jahrhunderts her: aus den ein bis zwei Jahrzehnte älteren Annahmen

---

13 Wehler, Einleitung, in: ders. (Hg.), Moderne deutsche Sozialgeschichte, S. 9–16, hier 13.
14 Vgl. Hans-Ulrich Wehler, Modernisierungstheorie und Geschichte, Göttingen 1975.
15 Vgl. Jürgen Kocka (Hg.), Bürgertum im 19. Jahrhundert. Deutschland im europäischen Vergleich, 3 Bde., München 1988.

über den »deutschen Sonderweg«, über die obrigkeitliche Orientierung des deutschen Bürgertums, über seine »Feudalisierung« im Zeitalter von Industrieller Revolution und politischer Modernisierung.

Eine ähnliche Fokussierung der Sozialgeschichte fand jedoch gleichzeitig auch in anderen institutionellen Kontexten statt, etwa in Frankfurt mit dem von Lothar Gall initiierten und geführten Projekt zur Geschichte des Stadtbürgertums seit dem späten 18. Jahrhundert.[16] Das »Handbuch der Geschichte des deutschen Parlamentarismus« interessierte sich, jedenfalls in der ursprünglichen Konzeption, für die Zeit von 1815 bis 1933.[17] Ganz ähnlich wurde etwas später die von der Friedrich-Ebert-Stiftung geförderte »Geschichte der Arbeiter und der Arbeiterbewegung in Deutschland seit dem späten 18. Jahrhundert« konzipiert, dessen erste Pflöcke zwar mit Heinrich August Winklers Bänden über die Weimarer Republik eingeschlagen wurden, dessen Schwerpunkt aber die Geschichte der Industrialisierungszeit sein sollte – und das, bezeichnenderweise, erst nachträglich über den ursprünglichen Endpunkt »1933« hinausgeführt wurde.[18] Es spielte sich geradezu eine Art Arbeitsteilung ein: Das 20. Jahrhundert schien vor allem der Politikgeschichte zu gehören, sei es, weil hinter der Wucht der politischen Ereignisse und Umbrüche (zwischen 1914 und 1945) die gesellschaftlichen Grundlagen verblassten, oder sei es (nach 1945), weil es als unmittelbare Gegenwart ohnehin eher in der politischen Zeitgeschichte ressortierte. Die These ist nicht allzu gewagt, dass in den siebziger und achtziger Jahren auch im Fach insgesamt, in der deutschen Historiker-»Zunft«, die Vertreter des 19. Jahrhunderts eine besonders herausgehobene Rolle spielten so wie kaum irgendwann vorher oder nachher. Die Sozialgeschichte konzentrierte diese Grundströmung jedoch, mit ihrem Akzent auf den Umwälzungen des industriellen Zeitalters, zusätzlich.

Damit sind bereits einige Gründe für die Etablierung des 19. Jahrhunderts als der »paradigmatischen Moderne« der Sozialgeschichte angesprochen worden und einige Merkmale des Konstrukts, man möchte fast sagen, der Marke »19. Jahrhundert« genannt. In etwas vollständigerer und systematischerer Form lassen sich mindestens die folgenden Gesichtspunkte aufführen:

Erstens spielte die Vorstellung vom 19. Jahrhundert als einem »Zeitalter der Revolutionen« eine besonders wichtige Rolle auch in Deutschland, dem

16 Vgl. Lothar Gall (Hg.), Stadt und Bürgertum im 19. Jahrhundert, München 1990; ders. (Hg.), Vom alten zum neuen Bürgertum. Die mitteleuropäische Stadt im Umbruch 1780–1820, München 1991 (mit Skizzen zu den später monographisch publizierten Stadtstudien).
17 Vgl. hier nur: Gerhard A. Ritter (Hg.), Gesellschaft, Parlament und Regierung. Zur Geschichte des Parlamentarismus in Deutschland, Düsseldorf 1974.
18 Vgl. die einschlägigen Bände von Jürgen Kocka, Gerhard A. Ritter, Klaus Tenfelde und Heinrich August Winkler; sowie dann: Michael Schneider, Unterm Hakenkreuz. Arbeiter und Arbeiterbewegung 1933–1939, Bonn 1999, mit dem neuen Vorwort von Gerhard A. Ritter, S. V–VIII.

gerade damals viel apostrophierten Land der ausgebliebenen oder geschei-
terten Revolution.[19] Aus der angelsächsischen Forschung wurde das Konzept
eines »Zeitalters der Revolutionen« in der westlichen Geschichte der Neuzeit
übernommen, namentlich von Robert Palmer[20] und Eric Hobsbawm.[21] Eine
einflussreiche französisch-deutsche Koproduktion war der entsprechende
Band der »Fischer Weltgeschichte« aus der Feder von Louis Bergeron, François Furet und Reinhart Koselleck.[22] Mindestens aus heutiger Sicht muss man
feststellen, dass ein so konstruiertes »Zeitalter« eine lange Geschichte von
neuzeitlichen Revolutionen sowohl vor dem späten 18. Jahrhundert – England,
die Niederlande – als auch im 20. Jahrhundert auf elegante Weise abgeschnit-
ten hat: Russland, Mexiko, China; von den Revolutionen des späten 20. Jahrhunderts wie im Iran, die damals noch nicht absehbar waren, zu schweigen.
Das Konzept oder »Narrativ« des revolutionären Zeitalters eignete sich in besonderer Weise, die sozialgeschichtliche Prominenz des 19. Jahrhunderts zu
begründen: Hier verdichtete sich gesellschaftlicher Wandel auf exemplarische
Weise. Hier blieb zugleich jene Verbindung von »großer« Politik und Gesellschaft greifbar, an der die westdeutsche »politische Sozialgeschichte« jener
Jahre interessiert war. Trotz des deutschen Revolutionsdefizits im Vergleich
mit den westlichen Vorbildern war die Revolution bald das Paradigma der
deutschen Geschichte im 19. Jahrhundert: von der Reformzeit als einer kom-
pensierten Revolution oder »Revolution von oben« bis zur Reichsgründung,
die auf ähnliche Weise als ein Revolutionssubstitut gedeutet werden konnte.
In dieser Sicht waren sich übrigens die west- und die ostdeutsche Geschichtswissenschaft erstaunlich einig. Der Bogen spannte sich von dem »weißen
Revolutionär« Bismarck bis zu den marxistisch-leninistischen Versuchen, die
bürgerliche Revolution im Deutschland des 19. Jahrhunderts nachzuweisen.[23]
Zwischen der Mitte der achtziger Jahre und dem 150-jährigen Jubiläum 1998
fand dann auch eine Aufwertung der Revolution von 1848/49 zumal aus sozialhistorischer Perspektive statt.[24]

19 Dieses negative Motiv der Revolutionsgeschichte spiegelt sich noch in dem ersten Satz von
Wehlers Gesellschaftsgeschichte: »Im Anfang steht keine Revolution« (Bd. 1, S. 35), wird dann
aber positiv umgedeutet in das Konzept der industriell-politischen »Doppelrevolution« in der Mitte
des 19. Jahrhunderts.
20 Vgl. Robert R. Palmer, The Age of the Democratic Revolution: A Political History of Europe
and America, 1760–1800, Princeton, NJ 1959.
21 Vgl. Eric Hobsbawm, The Age of Revolution: Europe 1789–1848, London 1962.
22 Louis Bergeron u. a., Das Zeitalter der europäischen Revolution 1780–1848, Frankfurt/Main
1969.
23 Vgl. Lothar Gall, Bismarck. Der weiße Revolutionär, Frankfurt 1980; für die damalige ostdeutsche Debatte z. B.: Ernst Engelberg, Über die Revolution von oben. Wirklichkeit und Begriff,
in: ZfG 22. 1974, S. 1183–1212.
24 Beispielhaft und signalgebend: Wolfram Siemann, Die deutsche Revolution von 1848/49,
Frankfurt/Main 1985.

Zweitens stellte das »Zeitalter der Revolution« in der Perspektive der Sozialgeschichte der siebziger Jahre einen welthistorischen Einschnitt von kaum mehr zu überbietender Tiefe dar. Die Hobsbawmsche *dual revolution*, von Wehler als »Doppelrevolution« adaptiert, enthielt mit der Industriellen Revolution einen Umbruch, dessen Bedeutung weit über die herkömmlichen Epochenscheiden hinausging. Sie markierte eine ruckartige Umstellung der elementarsten Prinzipien wirtschaftlicher, gesellschaftlicher, auch technologischer Organisation, der in der gesamten Menschheitsgeschichte überhaupt nur mit dem Übergang zur Sesshaftwerdung in der Jungsteinzeit, mit der sogenannten »Neolithischen Revolution« vergleichbar sei – also mit dem Übergang von Jäger- und Sammlergesellschaften zu Gesellschaften des Ackerbaus und der Viehzucht. Das unterstützte die Vorstellung von einer relativ statischen, bewegungsarmen Zeit der Agrargesellschaft, die in teilweise vieltausendjähriger Kontinuität bis an die Schwelle des 19. Jahrhunderts reichte, und verlieh der dann einsetzenden Transformation in die »Industrielle Welt«[25] eine geradezu übergeschichtliche Bedeutung. Diese realhistorische Transformation wurde wie ein Paradigmenwechsel Thomas S. Kuhns vorgestellt: als ein revolutionärer Vorgang, der in eine wiederum relativ stabile Plateauphase der »industriellen Gesellschaft« übergeleitet habe. Eine damit eng verknüpfte, etwas bescheidenere Variante postulierte den Bruch des 19. Jahrhunderts mit den Prinzipien der europäischen Feudalgesellschaft seit dem Hochmittelalter: Dafür steht vor allem Werner Conzes Vorstellung vom revolutionären Umbruch in das technisch-industrielle Zeitalter im Anschluss an Otto Brunners Alteuropa-Konzept.[26] Wer sich mit der modernen Gesellschaft beschäftigen wollte, musste seine Forschungen geradezu im 19. Jahrhundert – Conze hätte vielleicht noch pointierter gesagt: im Vormärz[27] – ansiedeln.

Drittens hängt damit unmittelbar zusammen, und muss deshalb nur kurz erwähnt werden, die im Zusammenhang des Lexikons »Geschichtliche Grundbegriffe« seit den sechziger Jahren entwickelte, vor allem von Reinhart Koselleck theorieförmig ausgearbeitete Vorstellung von der »Sattelzeit« des späten 18. und frühen 19. Jahrhunderts. Die »Sattelzeit« meinte nicht nur eine Phase verdichteten begrifflichen Wandels bzw. der Neuerfindung der modernen politisch-sozialen Begriffswelt. Sie beschrieb im Wandel der

---

25 So bekanntlich der Titel der Veröffentlichungsreihe des »Arbeitskreises für moderne Sozialgeschichte«.

26 Vgl. hier nur: Werner Conze, Die Strukturgeschichte des technisch-industriellen Zeitalters als Herausforderung für Forschung und Unterricht, Köln 1957. Zum Topos von der »industriellen Gesellschaft« in der Sozialwissenschaft und Kulturkritik der fünfziger Jahre vgl. Paul Nolte, Die Ordnung der deutschen Gesellschaft. Selbstentwurf und Selbstbeschreibung im 20. Jahrhundert, München 2000, S. 273–278.

27 Vgl. Werner Conze (Hg.), Staat und Gesellschaft im deutschen Vormärz 1815–1848, Stuttgart 1962.

Begriffe auch eine fundamentale Transformation der Gesellschaft und ihres Selbstverständnisses. Der »heuristische Vorgriff« des Lexikons zielte auf begriffliche und soziale Veränderungen, die sich seit etwa 1750/1770 verdichteten und um 1850 zu einem relativen Abschluss gekommen seien. Koselleck hielt schon in der Einleitung ausdrücklich als Aufgabe und Ergebnis der »Geschichtlichen Grundbegriffe« fest, den »Umwandlungsprozess zur Moderne« zu thematisieren.[28] Erneut begegnen wir also der Hypothese, dass der Wandel zur Moderne sich, nach einer Verdichtungsphase des revolutionären Zeitalters, gleichsam auf einem Plateau verstetigt habe. Die spätere Geschichte, so könnte man zugespitzt sagen, bot prinzipiell nichts Neues mehr. In ihr hatte die moderne Dynamik wieder spürbar nachgelassen. Dieser »Vorgriff« auf die Moderne ist in den letzten zwei Jahrzehnten mehr als erschüttert worden. Wir können das späte 19. und das 20. Jahrhundert nicht mehr als bloße Fortschreibung der »Sattelzeit« (oder der Conzeschen Vormärz-Wendezeit) begreifen.

Viertens, und das ist ein für jede Sozialgeschichte schlechthin zentraler Punkt, erschien das 19. Jahrhundert auch in spezifischer Weise als ein Zeitalter der Gesellschaft. Erst an der Wende zum 19. Jahrhundert sei die Gesellschaft im modernen Sinne überhaupt erfunden worden. Erst in dieser Zeit also habe sich der Untersuchungsgegenstand der Sozial- und Gesellschaftsgeschichte recht eigentlich konstituiert. Auch diese Vorstellung ist maßgeblich von Werner Conze entwickelt und vertreten worden. Die Gesellschaft habe sich aus der alten *societas civilis* nicht nur begrifflich, sondern auch realhistorisch ausdifferenziert und zugleich aus der Pluralität einer herrschaftsständischen Ordnung, in der Bauern und Stadtbürger nicht eine »Gesellschaft« bilden konnten, integriert.[29] Freilich ist sofort hinzuzufügen, dass Hans-Ulrich Wehler seiner Gesellschaftsgeschichte einen anderen, weiteren und abstrakteren Gesellschaftsbegriff zugrunde gelegt hat: Gesellschaft als tendenziell universeller, jedenfalls im Weberschen Sinne »okzidentaler« Zusammenhang von Wirtschaft, Herrschaft und Kultur. Von dem Conzeschen Späthegelianismus, von dem Gesellschaftsbegriff in der Tradition von Hegel, Lorenz von Stein und Marx distanziert Wehler sich sogar explizit und scharf.[30] Prinzipiell ist für Wehler eine Gesellschaftsgeschichte der römischen Kaiserzeit genauso gut denkbar wie eine Deutschlands im 19. Jahrhundert – dennoch scheint es

28 Reinhart Koselleck, Einleitung, in: Otto Brunner u.a. (Hg.), Geschichtliche Grundbegriffe. Historisches Lexikon zur politisch-sozialen Sprache in Deutschland, Bd. 1, Stuttgart 1972, S. XIII–XXVII, hier XIX.

29 Vgl. z.B. Werner Conze, Nation und Gesellschaft. Zwei Grundbegriffe der revolutionären Epoche, in: HZ 198. 1964, S. 1–16.

30 Vgl. Wehler, Gesellschaftsgeschichte, Bd. 1, S. 7f. (aber ohne ausdrückliche Nennung Conzes).

untergründige, nicht ausgesprochene Argumente für eine Verbindung gerade *dieses* Theorieapparats und *dieser* Epoche zu geben.

Fünftens ist »Theorieapparat« das Stichwort für einen weiteren Grund, warum die Sozialgeschichte ihr Zentrum so auffällig im 19. Jahrhundert fand. Sie rüstete sich überwiegend mit Theorien oder begrifflichen Strategien, die auf die Analyse der Moderne des 19. Jahrhunderts besonders vorteilhaft zugeschnitten waren, wenn sie nicht sogar – wie das für den Gesellschaftsbegriff gerade diskutiert worden ist; für den Klassenbegriff, die Klassenanalyse könnte man ähnliches sagen – selbst ein Produkt dieser Zeit und ihrer Selbstreflexion gewesen sind. Auch hier ist sofort zu konzedieren, dass der Blick schon sehr früh epochal weiter reichte. Das Sonderheft 3 von »Geschichte und Gesellschaft«, das 1977 »Theorien in der Praxis des Historikers« gewidmet war, widmete sich sogar dezidiert dem Mittelalter und der frühen Neuzeit einerseits (Michael Mitterauer; Winfried Schulze), der Zeit des Nationalsozialismus andererseits (Horst Matzerath und Heinrich Volkmann; Peter Hüttenberger).[31] Und Jürgen Kocka warf in seiner Einleitung die Frage auf, wie es »mit der Anwendbarkeit von modernen Theorien, deren reales Substrat die Wirklichkeit des 19. und 20. Jahrhunderts ist, auf weiter zurückreichende […] Wirklichkeitsbereiche« stehe.[32]

Doch die Mehrzahl der damals viel diskutierten »großen« Theorieangebote ebenso wie der »Theorien mittlerer Reichweite« schlug ihren Anker in der Geschichte des 19. Jahrhunderts. Für Weber gilt das noch am wenigsten, aber sicher für Marx; dezidiert traf es, trotz deren prinzipieller Abstraktion, auf die Modernisierungstheorien zu, wie sie Wehler in seiner 1975 veröffentlichten Schrift diskutierte. Der Übergang von der »traditionalen« in die »moderne« Gesellschaft wurde ausbuchstabiert als Alphabetisierung, Industrialisierung, Urbanisierung, Klassenbildung, Säkularisierung, Bürokratisierung – Prozesse, deren »reales Substrat« zumal in der mitteleuropäisch-deutschen Geschichte überwiegend im 19. Jahrhundert zu verorten war (jedenfalls damals verortet wurde). Erst recht gilt das für speziellere Angebote wie die ökonomischen Konjunkturtheorien, die den Übergang von einem vorindustriellen Krisenregiment zu industriell-kapitalistischen Wachstumsprozessen und Zyklen voraussetzten, oder das Gerschenkronsche Argument von der »relativen Rückständigkeit« und ihrer Kompensation durch staatliche Intervention im Industrialisierungsprozess des 19. Jahrhunderts.[33] Mehr auf das Mittelalter und die Frühe Neuzeit zugeschnittene Theorien wie die Zivilisationstheorie von Norbert Elias oder Gerhard Oestreichs Konzept der Sozial-

31 Jürgen Kocka (Hg.), Theorien in der Praxis des Historikers, Göttingen 1977.
32 Jürgen Kocka, Einleitende Fragestellungen, in: ebd., S. 9–12, hier 11.
33 Vgl. dazu bes.: Hans-Ulrich Wehler (Hg.), Geschichte und Ökonomie, Köln 1973.

disziplinierung wurden dagegen, wenn überhaupt, eher zögerlich rezipiert.[34] Das 20. Jahrhundert hingegen schien kaum »theoriefähig« zu sein, wenn man einmal von dem Sonderfall der Faschismus- und Totalitarismustheorien absieht.

Sechstens fällt gerade hinsichtlich der Diktaturen des 20. Jahrhunderts, zumal des »Dritten Reiches«, die Neigung der Sozialgeschichte zwischen den sechziger und den achtziger Jahren ins Auge, deren Theoretisierung und empirische Bearbeitung in die Vorgeschichte des 19. Jahrhunderts zurückzuziehen. Es gab in den sechziger Jahren bereits Beispiele für eine Sozialgeschichte der NS-Diktatur, die auch viel beachtet worden sind – David Schoenbaum und Ralf Dahrendorf sind an erster Stelle zu nennen.[35] Aber die eigentliche Frage nach der Sozialgeschichte des »Dritten Reiches« war die Frage nach den »Ursachen des Nationalsozialismus«,[36] die in gesellschaftliche Strukturen des 19. Jahrhunderts zurückführte, vor allem in das Kaiserreich, aber auch in die Revolution von 1848/49 oder in die Strukturen der ländlichen Gesellschaft Preußens seit der Reformzeit. Die Frage nach dem »Dritten Reich« war ohnehin noch kaum die Frage nach dem Holocaust.[37] Sie war aber in der Sozialgeschichte auch nicht zuerst die Frage nach der Weimarer Republik – die Bedingungen der Machtergreifung oder der Schwäche der Weimarer Demokratie gehörten primär in das Ressort zeitgeschichtlicher Politologen wie Karl Dietrich Bracher. Hier bestätigt sich, worauf wir schon früher gestoßen sind: Das 20. Jahrhundert war das »politische« Jahrhundert, das Jahrhundert von Diktatur und Demokratie; das 19. Jahrhundert fragte dann nach den sozialen Ursprüngen dieser politischen Regimebildung. Barrington Moores Studie über die Modernisierungswege westlicher und ostasiatischer Gesellschaften – oder genauer: ihre Rezeption in der westdeutschen Sozialgeschichte der siebziger und achtziger Jahre – brachte das auf den Punkt. Zu erklären war der deutsche Faschismus. Die Erklärung fand sich in Modernisierungsproblemen des 19. Jahrhunderts und in der autoritären, »halbparlamentarischen« Herrschaft, die in Deutschland die Periode von den Stein-Hardenbergschen Reformen bis zum Ende des Ersten Weltkriegs umfasste.[38]

---

34 Vgl. Norbert Elias, Über den Prozess der Zivilisation, 2 Bde., Frankfurt 1976; Winfried Schulze, Gerhard Oestreichs Begriff der »Sozialdisziplinierung in der frühen Neuzeit«, in: ZHF 14. 1987, S. 265–302.
35 Vgl. David Schoenbaum, Die braune Revolution. Eine Sozialgeschichte des Dritten Reiches, Köln 1968; Ralf Dahrendorf, Gesellschaft und Demokratie in Deutschland, München 1965.
36 Vgl. Jürgen Kocka, Ursachen des Nationalsozialismus, in: APuZ 25. 1980, S. 3–15.
37 Vgl. dazu Nicolas Berg, Der Holocaust und die westdeutschen Historiker. Erforschung und Erinnerung, Göttingen 2003.
38 Barrington Moore, Soziale Ursprünge von Diktatur und Demokratie. Die Rolle der Bauern und Grundbesitzer bei der Entstehung der modernen Welt, Frankfurt/Main 1969.

Siebtens schließlich ist ein historiographiegeschichtlicher Grund zu nennen, der in der deutschen Geschichtswissenschaft, aufgrund ihrer spezifischen Traditionen, vermutlich dezidierter zum Ausdruck gekommen ist als anderswo. Der moderne Typus der wissenschaftlichen Geschichtsschreibung konstituiert sich im 19. Jahrhundert, im Übergang von der Aufklärung zum Historismus und dann in dessen Überformung durch das einflussreiche Paradigma der borussisch-protestantischen Historiographie. Zumal in dieser zweiten Phase, nach der Jahrhundertmitte, findet dieser Typus zugleich einen bevorzugten Gegenstand in der eigenen Zeitgeschichte, in der preußisch-deutschen Nationalstaatsbildung und der auf sie hin geordneten Vorgeschichte vor allem seit der napoleonischen Ära. Die Geschichte des 19. Jahrhunderts hat sich damit als ein bevorzugtes Feld der Nationalgeschichtsschreibung etabliert, das nach 1945 mit teilweise neuem – kritischem, sozialwissenschaftlichem, sozialgeschichtlichen – Gerät bestellt, aber keineswegs aufgegeben wurde. Die Sozialgeschichte der sechziger und siebziger Jahre hielt die Orientierung an der National- und Nationalstaatsgeschichte aufrecht und schrieb insofern, trotz veränderter wissenschaftlicher und politischer Prämissen, die Geschichte ihrer Lehrer und Großväter, von Johann Gustav Droysen, Heinrich von Sybel und Heinrich von Treitschke, fort. Ganz besonders auffällig ist das im Werk der Schüler Theodor Schieders wie Wolfgang J. Mommsen und Lothar Gall, Thomas Nipperdey und nicht zuletzt auch Hans-Ulrich Wehler. Das von Wehler in den neunziger Jahren betriebene Nationalismus-Projekt legt von dieser Kontinuität zum Werk des akademischen Lehrers besonders deutliches Zeugnis ab.[39] Vor allem jedoch sind es die großen Gesamtdarstellungen deutscher Geschichte, die in den achtziger und neunziger Jahren den sozialgeschichtlichen Forschungsertrag, überhaupt die »neue Geschichtswissenschaft« zu synthetisieren versuchten und sich dabei doch in eine historiographische Tradition der Exemplarität des 19. Jahrhunderts stellten: Nipperdeys Deutsche Geschichte ebenso wie Wehlers Gesellschaftsgeschichte, die im Vorwort ausdrücklich auf eine bei Treitschke beginnende Linie zurückweist.[40]

Gerade dieser letzte Aspekt weist noch einmal auf die komplizierte Verschachtelung allgemeiner und besonderer Faktoren hin in dem Prozess, der hier als die Konstruktion einer »paradigmatischen Modernität« des 19. Jahrhunderts skizziert wurde. Die westdeutsche Sozialgeschichte hat an diesem

---

39 Vgl. Theodor Schieder, Das Deutsche Kaiserreich von 1871 als Nationalstaat, hg. u. eingeleitet von Hans-Ulrich Wehler, Göttingen 1992²; Hans-Ulrich Wehler, Nationalismus. Geschichte – Formen – Folgen, München 2001.

40 Wehler, Gesellschaftsgeschichte, Bd. 1, S. 2. Vgl. dazu auch: Paul Nolte, Darstellungsweisen deutscher Geschichte. Erzählstruktur und *master narratives* bei Nipperdey und Wehler, in: Sebastian Conrad u. Christoph Conrad (Hg.), Die Nation schreiben. Geschichtswissenschaft im internationalen Vergleich, Göttingen 2002, S. 236–268.

Entwurf mit großem Nachdruck gearbeitet, doch unterscheiden sich bei näherem Hinsehen die Begründungsmuster; man könnte eine Conze-Variante (ständisch-industrieller Übergang, Sattelzeit), eine Schieder-Variante (Nationalstaat und bürgerliche Bewegung), vielleicht noch eine Ritter-Variante (Industrialisierung, Klassenbildung, Verbandsorganisation) benennen. Zugleich reichte das Bedürfnis, sich der eigenen modernen Identität im 19. Jahrhundert zu versichern, weit über die Sozialgeschichte hinaus. Sie entsprach den kulturellen Bedürfnissen einer sich stabilisierenden Bundesrepublik, deren eigene industrielle, demokratische und sozialstaatliche Gegenwart auf den Füßen dieses 19. Jahrhunderts stand. Diese Korrelation wiederum spielte zwischen den sechziger und den achtziger Jahren nicht nur in der Bundesrepublik, sondern ebenso in der DDR wie auch in anderen westlichen Gesellschaften und ihrer Historiographie eine wichtige Rolle. Dennoch war das Bild von Modernität und Modernisierung des 19. Jahrhunderts in der deutschen Sozialgeschichte spezifisch und hochgradig ambivalent.[41] Gegen die Fortschrittsgeschichte standen die »Schattenlinien« (Thomas Nipperdey). Der Richtungspfeil zeigte nach oben und nach unten zugleich. Auch das, und gerade das, gehörte zu dem Entwurf »paradigmatischer Modernität« dazu.

III. Inzwischen sind die großen Schlachten in der Geschichte des 19. Jahrhunderts geschlagen. Das Licht der Kulturprobleme ist weiter gezogen, die Karawane der Wissenschaft rüstet sich weiterzuziehen – aber, so vergisst Max Weber nicht hinzuzufügen: auch der Begriffsapparat wechsel unterdessen.[42] Die Begriffe und Kategorien, die für die Analyse einer Epoche konstitutiv gewesen sind, taugen nicht unbedingt für die Fortschreibung dieser Geschichte in spätere Zeiten, in diesem Fall: für die Geschichte des 20. Jahrhunderts, deren Bedeutung in den letzten zehn bis fünfzehn Jahren rasant zugenommen hat. Innerhalb der Neueren und Neuesten Geschichte hat sich in schnellem Tempo eine Schwerpunktverlagerung vollzogen, die an fachinternen Kriterien – der Ausschreibung und Besetzung von Lehrstühlen, den Themen von Dissertationen und Habilitationsschriften – ebenso ablesbar ist wie am öffentlichen Interesse an der Geschichte. Diese Verschiebung des magnetischen Pols der Geschichtswissenschaft vom 19. in das 20. Jahrhundert ist natürlich Teil des »normalen« Entwicklungsprozesses, dem ein Fach unterliegt, dem sonst buchstäblich »die Zeit davonläuft«, weil die Neuzeit nicht aufhört, immer neuer zu werden.[43] Zwei Aspekte fallen dabei zunächst ins

---

41 Vgl. dazu und zu anderen Aspekten des historiographischen Entwurfs von Nationalgeschichte auch Sebastian Conrad, Auf der Suche nach der verlorenen Nation. Geschichtsschreibung in Deutschland und Japan 1945–1960, Göttingen 1999.
42 Max Weber, Die »Objektivität« sozialwissenschaftlicher und sozialpolitischer Erkenntnis, in: ders., Gesammelte Aufsätze zur Wissenschaftslehre, Tübingen 1988[7], S. 146–214, hier 214.
43 Vgl. Reinhart Koselleck, Wie neu ist die Neuzeit?, in: HZ 251. 1990, S. 539–553.

Auge. Der erste ist der Generationenübergang im Fach: Die Generation derer, die Schwerpunkte ihrer Forschung im 19. Jahrhundert hatten und das neue Bild dieser Epoche maßgeblich geprägt haben – vor allem die Generation der »45er« in der westdeutschen Geschichtswissenschaft –, tritt allmählich in den Hintergrund.[44] Jüngere Generationen, darunter auffällig stark die Jahrgänge 1950–1955, profilieren sich mit neuen Themen und haben Gravitationszentren der Forschung dezidiert in das 20. Jahrhundert hinein verlagert.[45] Zweitens fiel das umso leichter, als die Zäsur von 1989/90 die historische Verfügbarkeit der damit »abgeschlossenen« Zeit ruckartig gesteigert hat. Geradezu begierig wurde das 20. Jahrhundert nach dem Zusammenbruch des Sowjetimperiums für beendet und damit geschichtsfähig erklärt. Im Falle der DDR lag in exzeptioneller Weise eine nach gängigen Kriterien abgeschlossene Geschichte vor.

Doch reichen diese und ähnliche Hinweise zur Erklärung nicht aus – schon deshalb nicht, weil einige Wurzeln des neuen Interesses an dem, was man früher in ein separates Fach »Zeitgeschichte« gesteckt hätte, vor 1989 zurückreichen. Auch deshalb nicht, weil das Tempo des Umschwungs die Schwierigkeiten, auch die Konflikte kaschiert, die ihn begleiteten. Gerade die »Bielefelder« Sozialgeschichte – den Begriff durchaus in etwas weiterem Sinne verstanden – hat sich mit einer sozialhistorischen Eroberung des 20. Jahrhunderts keineswegs leicht getan, vielmehr sind entscheidende Anstöße und Innovationen häufig aus dem etwas weiteren Umfeld gekommen. In das spezifische Bild des 19. Jahrhunderts und seiner Modernisierung, in das Bild dieser Epoche als der Scharnierzeit schlechthin wollte die Geschichte des 20. Jahrhunderts nicht recht hineinpassen: entweder weil sie zu schwierig, zu sperrig schien wie manche Aspekte der Geschichte des »Dritten Reiches«, oder weil sie umgekehrt als geradezu trivial erschien, weil sich in entscheidenden Parametern vermeintlich nichts wesentliches mehr änderte, weil die *Great Transformation* mit dem Vorabend des Ersten Weltkrieges im wesentlichen als vollendet galt – Deutschland hatte die Plateauphase einer verstädterten und hochgradig organisierten Industriegesellschaft erreicht. Das 20. Jahrhundert musste also unter anderen Fragestellungen seine historische ebenso wie gegenwärtige Bedeutung gewinnen. Es bedurfte, mit anderen Worten, des Entwurfs einer »anderen Moderne«, des Entwurfs einer neuen »paradigmatischen Modernität«, und es ist dieser Entwurf, der unser Verständnis des letzten Jahrhunderts inzwischen maßgeblich prägt. Wie sieht dieses Bild des 20. Jahrhunderts in seinen Grundzügen aus, welches Ver-

---

44 Vgl. Paul Nolte, Die Historiker der Bundesrepublik. Rückblick auf eine »lange Generation«, in: Merkur 53. 1999, S. 413–432.

45 Zu denken ist etwa an: Lutz Raphael, Ulrich Herbert, Norbert Frei, Axel Schildt, Martin Sabrow.

ständnis von Modernität und Modernisierung liegt ihm zugrunde, welche Rolle spielt darin die Sozialgeschichte? Und ist die »nationale« Prägung des Geschichtsbildes, die dem Syndrom des 19. Jahrhunderts zugrundelag, dabei überwunden worden? Wiederum sollen einige Gesichtspunkte knapp skizziert werden.

Erstens ist daran zu erinnern, dass die klassischen sozialwissenschaftlichen Modernisierungstheorien, kaum waren sie in die fachhistorische Diskussion eingespeist, seit den achtziger Jahren bereits wieder an Überzeugungskraft verloren.[46] Die durchaus vielfältigen Aspekte, die dabei eine Rolle spielten, sind schon öfters diskutiert worden. Die Orientierung an den großen Theorien, an den »Strukturen und Prozessen«, die den Handelnden (und ihrer *agency*, wie man etwas später sagte) vermeintlich »kalt« gegenübertraten, verschob sich zugunsten von »Mikro«-Perspektiven, von Binnenperspektiven des »Eigensinns« und der »eingeborenen« Theorie.[47] Von dieser Kritik waren nicht zuletzt die großen sozialökonomischen und soziopolitischen »Scharnierprozesse« des 19. Jahrhunderts betroffen: Industrialisierung und Klassenbildung, Nationalstaatsbildung und (wie auch immer verzögerte) Liberalisierung. Zudem verlor der »Richtungspfeil« der gesellschaftlichen Entwicklung seine Plausibilität, und zwar in doppelter Hinsicht: zum einen als Fortschritt, als Aufstieg, als normativer aufgeladener »Besserungsprozess«, zum anderen – vielleicht etwas später, dafür noch grundsätzlicher – als Linearität des historischen Prozesses; dieser Aspekt führte dann in die Kritik an den *master narratives* hinein. Wenn man überhaupt noch von Modernisierung sprechen mochte, so erschien sie als ein hochgradig ambivalenter Vorgang, als ein unauflösliches Geflecht von Fortschritten und Beschädigungen.

Was waren das für »Beschädigungen«? Man kann wiederum zwei Aspekte unterscheiden. In einer ersten Phase, die in der Bundesrepublik u. a. durch die Kontroversen um die »Alltagsgeschichte« Anfang der achtziger Jahre markiert war, standen die Kosten des Verlustes traditionaler Lebenswelten im Vordergrund: Welche lokale Identität, welche besondere Kultur ging verloren im gleichmacherischen Zugriff des bürokratischen Staates oder der zunehmend großverbandsmäßigen Organisierung der Gesellschaft?[48] In einer zweiten Phase, um 1990 beginnend, erhielt die Modernisierung selber

46 Vgl. dazu und zum folgenden auch: Thomas Mergel, Geht es weiterhin voran? Die Modernisierungstheorie auf dem Weg zu einer Theorie der Moderne, in: ders. u. Thomas Welskopp (Hg.), Geschichte zwischen Kultur und Gesellschaft. Beiträge zur Theoriedebatte, München 1996, S. 203–232; Paul Nolte, Art. Modernity, Modernization in History, in: International Encyclopedia for the Social and Behavioral Sciences, Bd. 15, Amsterdam 2001, S. 9954–9961.
47 Vgl. hier nur Hans Medick, »Missionare im Ruderboot«? Ethnologische Erkenntnisweisen als Herausforderung an die Sozialgeschichte, in: GG 10. 1984, S. 295–319.
48 Siehe z.B. Alf Lüdtke (Hg.), Alltagsgeschichte. Zur Rekonstruktion historischer Erfahrungen und Lebensweisen, Göttingen 1989; vgl. als frühe Kritik aus sozialgeschichtlicher Perspektive Klaus Tenfelde, Schwierigkeiten mit dem Alltag, in: GG 10. 1984, S. 376–394.

ihr seitdem vielzitiertes »Janusgesicht«.[49] Man hatte also, um es plastisch zu sagen, nicht mehr nur die Vorteile der Eisenbahn gegen den Verlust dörflicher Kommunikation abzuwägen, sondern auch die inhärenten Nachteile und Kosten der Eisenbahn zu gewärtigen. Man könnte sogar noch eine dritte Phase oder Stufe hinzufügen: Während diese Ambivalenz zunächst primär als ein Problem innerhalb der modernen und industrialisierten Nationalgesellschaften, innerhalb des Okzidents gedacht wurde, verschob sie sich, wiederum etwa ein Jahrzehnt später, vehement in die Richtung einer globalen Asymmetrie, also in die Perspektive einer Externalisierung der Kosten westlicher Modernisierung in die außereuropäischen Kolonien.

Obwohl die Modernisierung und ihre Theorien auf diese Weise mindestens ihren »intellektuellen Sex-Appeal« (Hans-Ulrich Wehler) einbüßten, stellte sich doch – und das ist bemerkenswert – sehr bald heraus: Der Kern eines »Moderne«-Begriffes, eines makrosoziologischen und gesellschaftstheoretischen Konzepts der historisch vermittelten Gegenwartserfahrung, blieb unter den neuen Vorzeichen unaufgebbar, ja er rückte, trotz der Kritik an der Modernisierung, erst recht in den Mittelpunkt. Aber es war nicht mehr die »Modernisierung« als der Übergangs*prozess* des 19. Jahrhunderts, die nun vor allem interessierte, sondern die »Moderne« oder die »Modernität« als eine *Zustands*beschreibung, als ein Struktursyndrom des mittleren und späten 20. Jahrhunderts. Die Historiker verstanden sich damit nicht mehr als Enkel der Modernisierung, die deren Erbe verwalteten – westdeutsch gesprochen: die schließliche, verspätete Ankunft im demokratischen Sozialstaat der Bundesrepublik. Sondern sie begriffen sich als Kinder der Moderne, als unmittelbar Betroffene eines komplizierten Zustandes der Modernität, von dem niemand so recht wusste, wohin er noch führen würde. Diese begriffliche Wendung gewann gelegentlich auch eine normative Codierung, so unverkennbar bei Jürgen Habermas, der 1980 eben nicht die »Modernisierung«, sondern die »Moderne« als ein »unvollendetes Projekt« charakterisierte.[50] »Gesellschaftliche Modernisierung« war nach dieser Lesart gekennzeichnet durch die Übermacht der großen Systeme, durch die »Imperative von Wirtschaftswachstum und staatlichen Organisationsleistungen«, die tendenziell zerstörerisch in kommunikative Binnenstrukturen, gewachsene Lebenswelten und die (kognitive, ästhetische, moralische) Autonomie einer »kulturellen Moderne« eindringen.[51]

49 Signifikant dafür: Frank Bajohr u. a. (Hg.), Ziviliation und Barbarei. Die widersprüchlichen Potentiale der Moderne. Detlev Peukert zum Gedenken, Hamburg 1991.

50 Jürgen Habermas, Die Moderne – ein unvollendetes Projekt (Rede zur Verleihung des Adorno-Preises der Stadt Frankfurt), in: ders., Kleine Politische Schriften I-IV, Frankfurt 1981, S. 444–464.

51 Ebd., S. 451; systematisch entwickelt dann in: Jürgen Habermas, Theorie des kommunikativen Handelns, 2 Bde., Frankfurt 1981.

Aus solchen Begriffen schälte sich bereits sehr deutlich das Bild einer neu-
en »paradigmatischen Moderne« des 20. Jahrhunderts heraus. Es ist jedoch
nicht verstehbar ohne – *zweitens* – den fundamentalen Wandel der Perspektiven auf den Nationalsozialismus in der deutschen und europäischen Geschichte. Die frühe Sozialgeschichte hatte das »Dritte Reich«, wie beschrieben, im Hinblick auf die Bedingungen von »1933« in der Geschichte des
19. Jahrhunderts fokussiert. So kritisierte Wehler in seinem »Kaiserreich«
die »Kurzatmigkeit«, mit der Historiker und Sozialwissenschaftler »die Ursachen für den Nationalsozialismus überwiegend in der Zeit nach 1918 gesucht«
hätten.[52] Seit der Mitte der achtziger Jahre, vollends ein knappes Jahrzehnt
später, verlagerte sich dieser Brennpunkt unübersehbar in das 20. Jahrhundert zurück; in der Zeitrechnung der großen öffentlichen Geschichtskontro-
versen der Bundesrepublik könnte man sagen: zwischen »Historikerstreit«
und »Goldhagen-Debatte«.

Erneut muss man mehrere Aspekte unterscheiden. Zum einen verschob
sich der Schwerpunkt auch der empirischen Forschungsarbeiten von der Auf-
stiegs- und Machtergreifungsphase in die Phase des Zweiten Weltkrieges,
von der Regimestruktur und ihren sozialen Bedingungen zur Rassen- und
Vernichtungspolitik, zum Holocaust. Zum anderen schwang das Pendel der
Ursachenforschung in das 20. Jahrhundert, zu den mittelfristigen Faktoren
zurück. Dabei spielte die neue Forschung zum Ersten Weltkrieg eine ganz
wichtige Rolle – nicht unter Stichworten wie »Ideen von 1914« oder »Ver-
sailles«, sondern mit dem Krieg als europäischem Ereignis der gesellschaftlichen und kulturellen Traumatisierung. Die Sozialgeschichte selber hatte ja
in der achtziger Jahren zunehmend konzedieren müssen, dass bürgerliche
Gesellschaft und bürgerliche Kultur in Deutschland während des 19. Jahrhunderts keinen markant abgegrenzten »Sonderweg« eingeschlagen hatten.
Die Verbindung zwischen der Reichsgründung von 1870/71, erst recht der
Revolution von 1848/49, und dem Nationalsozialismus wurde auf diese Weise
nahezu gekappt; pointiert gesagt: für das »Dritte Reich« brauchte man das
19. Jahrhundert nicht mehr. Zusätzlich öffnete sich ein ganz neuer Zeithorizont des Nationalsozialismus: der seiner Nachgeschichte, nicht Vorgeschichte; in den Forschungen und Debatten über die »Vergangenheitspolitik« der
Bundesrepublik[53] oder in den Bemühungen um eine »Erinnerungsgeschichte« von Nationalsozialismus und Holocaust. Wie bei den Ursachen gewannen
europäische und internationale Verflechtungen auch in der Nach- und Erinnerungsgeschichte gegenüber einem deutschen »Sonderweg« an Bedeutung:

---

52 Hans-Ulrich Wehler, Das deutsche Kaiserreich 1871–1918, Göttingen 1973, S. 15.
53 Vgl. Norbert Frei, Vergangenheitspolitik. Die Anfänge der Bundesrepublik und die NS-Ver-
gangenheit, München 1996; Ulrich Herbert, Best. Biographische Studien über Radikalismus, Weltanschauung und Vernunft, 1903–1989, Bonn 1996.

Der Holocaust wurde als europäisches Ereignis verstehbar, und seine Erinnerungsgeschichte schloss eine vehemente »Amerikanisierung« mit ein.[54]

Unterdessen entdeckte, *drittens*, die Sozialgeschichte seit den achtziger Jahren, wenn auch zunächst zögerlich, dass der Geschichte des 20. Jahrhunderts eine eigene sozialgeschichtliche Dynamik nicht abzusprechen war, sie mithin nicht im Abschluss oder Auslaufen der klassischen Modernisierungen des 19. Jahrhunderts aufging. Diese Problematik wurde zuerst als »Kontinuitätsproblem« aufgeworfen, und nicht zufällig spielte dabei der »Arbeitskreis für moderne Sozialgeschichte« eine wichtige Rolle.[55] Wie schrieben sich die großen gesellschaftlichen, auch politisch-kulturellen Prägungen des 19. Jahrhunderts, in der Geschichte der Nachkriegszeit seit 1945 fort? Bewahrten die Parteien ihren Milieucharakter, der Sozialstaat seine Bismarcksche Prägung, die sozialen Klassen wie etwa die Angestellten ihre ständisch-organisatorische Überformung? Die politischen Zäsuren des 20. Jahrhunderts, die eine Zeitlang geradezu als Sperrriegel gegen eine sozialgeschichtliche Sichtweise gedient hatten, wurden nunmehr verflüssigt.[56] Einem 19. Jahrhundert der Gesellschaft stand nicht mehr ein 20. der Politik gegenüber. Es bedurfte häufig nicht einmal neuer Kriterien oder Grundbegriffe, um die gesellschaftsgeschichtlichen Prozesse des 20. Jahrhunderts zu analysieren. Die Klassenbildung war mit dem Auslaufen der Hochindustrialisierungsphase am Vorabend des Ersten Weltkrieges keineswegs abgeschlossen, sondern setzte sich, teils in anderen Formen, fort, oder sie schlug in »Devolutionsprozesse«, in eine »Entklassung« zum Beispiel des Proletariats um.[57]

Ein Teil dieser Forschungen verblieb sogar, dem wachsenden Unbehagen an dem »Modernisierungs«-Begriff zum Trotz, unter diesem theoretischen Dach. Das gilt für das Verhältnis von »Nationalsozialismus und Modernisierung«, und mehr noch für eine Sichtweise auf die langen fünfziger Jahre der Bundesrepublik, die in der Nachkriegszeit eine Epoche stürmischer gesellschaftlicher Modernisierung erkannt hat.[58] Dabei wurde jedoch immer deutlicher, dass die Kontinuitätsperspektive auf das 20. Jahrhundert nicht

---

54 Vgl. z.B. Peter Novick, The Holocaust in American Life, Boston 1999.

55 Vgl. Werner Conze u. M. Rainer Lepsius, Sozialgeschichte der Bundesrepublik Deutschland. Beiträge zum Kontinuitätsproblem, Stuttgart 1983.

56 Wichtig dazu u. a.: Martin Broszat u. a. (Hg.), Von Stalingrad zur Währungsreform. Zur Sozialgeschichte des Umbruchs in Deutschland, München 1988; in Erweiterung solcher Perspektiven auch: Matthias Frese u. Michael Prinz (Hg.), Politische Zäsuren und gesellschaftlicher Wandel im 20. Jahrhundert. Regionale und vergleichende Perspektiven, Paderborn 1996.

57 Hier sind die Arbeiten von Josef Mooser empirisch, aber auch in einem weiteren konzeptionellen Sinne wegweisend gewesen. Vgl. v. a. Josef Mooser, Arbeiterleben in Deutschland 1900–1970. Klassenlagen, Kultur und Politik, Frankfurt/Main 1984.

58 Vgl. Michael Prinz u. Rainer Zitelmann (Hg.), Nationalsozialismus und Modernisierung, Darmstadt 1994²; Axel Schildt u. Arnold Sywottek (Hg.), Modernisierung im Wiederaufbau. Die westdeutsche Gesellschaft der 50er Jahre, Bonn 1993.

ausreichte. Die klassische »Sattelzeit« bedeutete nicht das Umlegen eines großen Schalters auf »industrielle Welt«, nicht den Übergang von einem relativ statischen Aggregatzustand der Gesellschaft in einen anderen, mindestens ebenso stabilen, der nun als Fortschreibung der großen Transformation untersucht werden konnte. Die Industriegesellschaft gerann nicht zu einer stabilen »Daseinsform« als Spiegelbild der durch sie abgelösten Agrargesellschaft, sondern wurde ihrerseits überraschend schnell wieder in Frage gestellt, oder erfand sich neu unter Bedingungen, die mehr als bloß eine Variante der »Industriellen Revolution« des frühen und mittleren 19. Jahrhunderts waren.[59] Das »Zeitalter der Revolutionen«, allgemeiner gesagt, hat offenbar nicht einfach eine Blaupause der Moderne geschaffen, sondern war entweder selber eine relativ kurzlebige Übergangszeit, oder hat eine gesellschaftliche Dynamisierung in Gang gesetzt, die auch seine eigenen Grundlagen in Frage stellt.

Viertens aber wurde die Kontinuitätsperspektive auf noch fundamentalere Weise in Frage gestellt im Entwurf einer ganz anderen Moderne, deren paradigmatische Ausformung in der Geschichte des 20. Jahrhunderts zu studieren war. Musste man nicht, so könnte man das Ausgangsproblem formulieren, die »politische« Prägung des 20. Jahrhunderts ernst nehmen, die Tatsache also, dass seine Geschichte mindestens zwischen 1914 und 1945 nicht in erster Linie auf Klassenbildung oder Entklassung, auf Industriegesellschaft oder Deindustrialisierung verweist, sondern auf Diktatur, extreme Gewalt, Krieg und Völkermord? Ist es deshalb überhaupt möglich oder legitim, etwa das Wehlersche Projekt der »Gesellschaftsgeschichte« einfach mit den Kategorien des 19. Jahrhunderts fortzuschreiben?[60] Doch steht hinter dieser Frage natürlich viel mehr als die nach dem Primat von Gesellschaft oder Politik, oder nach dem Verhältnis langlebiger, vergleichsweise »rationaler« Strukturen und Prozesse« zu »irrationalen« oder akzidentiellen Faktoren der Geschichte. Diktatur, Gewalt und Völkermord werden in dieser Perspektive nicht als bedauernswerte, letztlich immer wieder korrigierte Abweichungen vom Pfad der ansonsten stetigen Modernisierung begriffen, als Atavismen oder »vormoderne Relikte«. In den neueren Sichtweisen auf das 20. Jahrhundert sind sie nicht einmal »pathologische Störungen« der Moderne, etwa im vorhin schon erwähnten Habermas'schen Sinne: Das hieße ja, dass sie als Ergebnis der Modernisierung begriffen werden müssten, aber eben doch als eine Krankheit, die im weiteren Verlauf heilbar sein müsste. Extreme Gewalt erscheint vielmehr als ein genuines Signum der Geschichte des 20. Jahrhunderts, und der Holocaust geradezu als ein – hier wird die Formulierung von

---

59 Siehe dazu auch den Beitrag von Werner Abelshauser in diesem Band.
60 Vgl. dazu Bernd Weisbrod, Sozialgeschichte und Gewalterfahrung im 20. Jahrhundert, in: Paul Nolte u. a. (Hg.), Perspektiven der Gesellschaftsgeschichte, München 2000, S. 112–123.

Jürgen Habermas notwendig zynisch – »Projekt« der Moderne, sogar möglicherweise als *das* paradigmatische Projekt der Moderne überhaupt.[61]

Dieses Projekt der Moderne weist sich nicht durch den Anspruch auf Liberalisierung und Partizipation aus, nicht durch sozialökonomische oder politische Umbrüche im Zeichen von Industrialisierung, bürgerlicher Gesellschaft und politischer Demokratisierung. Es gibt sich auch nicht mit den Ambivalenzen dieser Prozesse zufrieden, sondern entwirft die Moderne sehr prinzipiell als ein Projekt der Ein- und Ausgrenzung, der Disziplinierung, des zunehmend institutionalisierten Zwanges, der auf die Menschen nicht nur metaphorisch, sondern unmittelbar und körperlich, und insofern mit einem eingebauten *telos* der Vernichtung ausgeübt wird. Es ist offensichtlich, dass diese Moderne ihre »Achsenzeit« nicht in dem vergleichsweise harmlosen 19. Jahrhundert haben kann, in einer vergleichsweise unstrukturierten Gesellschaft. Sie definiert sich weder aus dem Übergang von der Agrargesellschaft in die »industrielle Welt« noch aus der Transformation der Stände- in die Klassengesellschaft. Vielmehr richtet sich der Blick auf jene Phase, die Detlev Peukert vor knapp zwei Jahrzehnten als die »Krisenjahre der Klassischen Moderne« bezeichnet hat.[62] Über die Spezifika der deutschen Geschichte zwischen 1918 und 1933 hinaus war damit ein Syndrom der modernen Gesellschaft gemeint, das sich gegen Ende des 19. Jahrhunderts ausformte, in den zwanziger und dreißiger Jahren international einen diskursiven Höhepunkt erreichte, auf den in den dreißiger und vierziger Jahren eine Kulmination der praktizierten Radikalisierung folgte. Die Zeit bis zu den sechziger und siebziger Jahren des 20. Jahrhunderts kann als seine Nachlauf- und Abschwungphase verstanden werden.

Es handelt sich dabei, auf einen knappen Begriff gebracht, um das Syndrom der Ordnung aus Verunsicherung. Die Entfaltung der industriellen und massengesellschaftlichen Moderne führte in eine doppelte kulturelle Paradoxie hinein: in die Paradoxie von Verflüssigung und Erstarrung zugleich; und in die Paradoxie eines tiefen Pessimismus, der sich dennoch mit radikalem Optimismus verband. Die Gesellschaft war aus den Fugen geraten, aber man verfügte über die Mittel, sie wieder rational beherrschbar zu machen und »in Ordnung« zu bringen. Die Gesellschaft war zugleich erstarrt, aber man verfügte über die Mittel, notfalls radikale Mittel, um diese Erstarrung aufzubrechen. Das »stahlharte Gehäuse« des bürokratischen Anstaltsstaates und die scheinbar kraftlos werdende liberale Demokratie sollte auf revolutionärem Wege in eine neue Ordnung transformiert werden, während gleichzeitig eine

---

61 Vgl. zu dieser Perspektive v. a.: Zygmunt Bauman, Modernity and the Holocaust, Oxford 1989.

62 Detlev J. K. Peukert, Die Weimarer Republik. Krisenjahre der Klassischen Moderne, Frankfurt/Main 1987.

ungeordnete, anarchische Gesellschaft durch die Klassifikation nach einem Freund-Feind-Schema stabilisiert werden sollte. Dabei spielten die modernen Wissenschaften eine entscheidende Rolle; sie stellten die vermeintlich rationalen Grundlagen dieser Klassifikation zur Verfügung, bevorzugt in jener spezifischen Schnittmenge zwischen Naturwissenschaften und Sozialwissenschaften, die im ersten Drittel des 20. Jahrhunderts zu Popularität und politischem Einfluss gelangte; Rassenbiologie und Bevölkerungswissenschaft sind Beispiele dafür. Das Syndrom der Moderne besteht in dieser Sichtweise in dem Versuch, die Welt durch Systematisierung und Disziplinierung zu ordnen, und in der Überzeugung, dieses Projekt mit Hilfe der modernen Wissenschaften durchführen zu können, ja zu müssen, auch mit Mitteln des physischen Zwangs, »notfalls« auch der physischen Vernichtung von Menschen. Hinter diesem Projekt scheint dann, auch das gehört zum Kernbestand jenes Syndroms, die Utopie einer rationalen, geplanten, sich szientifisch selbst kontrollierenden Gesellschaft auf. Der Holocaust war der klarste und radikalste Ausdruck dieser Modernität, aber sie wirkte danach noch mindestens drei Jahrzehnte nach: in dem teilweise obsessiven Bemühen um eine rationale Planung auch der demokratischen Gesellschaften, in der Fortschrittsutopie einer perfekt »herstellbaren« Welt, wie sie nicht zuletzt für die Bundesrepublik bis in die Mitte der siebziger Jahren charakteristisch war.

Die klassischen sozialwissenschaftlichen Theorien, die der Sozialgeschichte des 19. Jahrhunderts ihr Unterfutter geliefert haben, kommen als Zulieferer für das neue Bild der Moderne nur noch begrenzt in Frage. Am ehesten noch lassen sich im Werk Max Webers Spuren einer solchen modernen Disziplinierungsgeschichte finden, um deren Rekonstruktion sich wiederum Detlev Peukert sehr bemüht hat.[63] Andere Klassiker erweisen sich als zu eng in ihrem Gegenstandsbereich, aber auch als gewissermaßen normativ falsch codiert; sie gehen von einer Aufstiegs-, Fortschritts- und Erfolgsgeschichte der Moderne aus, während das neue Bild der Modernisierung mindestens die Ambivalenzen und Paradoxien unterstreicht, vielleicht sogar das überwiegend skeptische, negative Bild einer Verlust-, Zwangs- und Vernichtungsgeschichte zeichnet. Das Narrativ einer Anti-Emanzipationsgeschichte hat sich in den Vordergrund geschoben.[64] Zwei neue Leitfiguren einer solchen Konzeptualisierung der Moderne müsste man hervorheben. Das ist zum ei-

63 Vgl. Detlev J. K. Peukert, Die »letzten Menschen«. Beobachtungen zur Kulturkritik im Werk Max Webers, in: GG 12. 1986, S. 425–442; ders., Max Webers Diagnose der Moderne, Göttingen 1989.
64 Welche gesellschaftlichen und kulturellen Bewegungen, nicht zuletzt auch: welche generationellen Verschiebungen am Ende des 20. Jahrhunderts dahinter stehen, liegt auf der Hand und kann hier nicht diskutiert werden. Man mag darüber spekulieren, warum gerade eine jüngere Generation, die man als die ersten Nachgeborenen dieser »Zwangs- und Planungsmoderne« bezeich-

nen Michel Foucault, in dessen Werk immer wieder das Leitmotiv einer kör-
perlichen Disziplinierung als Grundzug der Modernisierung entfaltet wird,
einer Disziplinierung, die durch einen staatlich-wissenschaftlichen Komplex
institutionell getragen und politisch implementiert wird.[65] Der Einfluss Foucaults und seines Entwurfs der Moderne auf jüngere Historikerinnen und
Historikern in Deutschland stellt inzwischen die Wirkung, die Max Weber
eine knappe Generation früher gehabt hat, wohl in den Schatten. Zum anderen ist der polnisch-britische Soziologe Zygmunt Bauman zu nennen: nicht,
weil sein Werk an Umfang, Tiefe und interdisziplinärer Reichweite an das
Foucaults heranreicht, aber doch insofern, als sein Vorstellung von der Moderne als einer »Dialektik der Ordnung«, die im Holocaust ihren »Normal-
fall« findet, die klarste und am schärfsten zugespitzte theoretische Formulierung des »neuen« 20. Jahrhunderts bietet.[66]

Während Foucault die moderne Disziplinierung als ein stetiges Projekt
der Neuzeit beschreibt – eher auf der Linie der Weberschen oder Elias'schen
Chronologie der Moderne also –, steht Bauman eher für jene Variante, die
den Umbruch der Moderne in den Ordnungswahn als ein Projekt des letzten
Jahrhunderts beschreibt. Von Bauman stammt die einflussreiche Metapher
des »Gärtners«, der im Garten der Moderne seiner scheinbar pflegenden Tätigkeit nachgeht, die jedoch vor allem in der Unterscheidung von Nutzpflanze
und Unkraut besteht, im Ausjäten und Vernichten von nicht mehr Brauch-
barem. In dieser Sichtweise setzt sich die Zwangsmoderne bis in die Gegenwart fort und spitzt sich in den neuen Verteilungs- und Migrationskonflikten
sogar noch zu; der Grundzug der Moderne bleibt, so könnte man pointiert
formulieren, die Produktion von Menschenschrott.[67] Die Kluft zu dem Bild
der Modernisierung, von dem die Sozialgeschichte in den späten sechziger
und frühen siebziger Jahren ausgegangen ist, könnte kaum größer sein.

Dennoch ist es dieser Entwurf einer paradigmatischen Moderne, auf den
sich ein wichtiger Teil der Geschichtsschreibung, zumal im Feld der Sozial-
und Kulturgeschichte in der Bundesrepublik, inzwischen zuordnet. Anders
gesagt: Es ist dieser Entwurf der Moderne, der gerade den heute Jüngeren attraktiv erscheint und ihre intellektuelle Aufmerksamkeit auf die Zeit seit den
1880er und 1890er Jahren – also auch auf Kosten des 19. Jahrhunderts – lenkt.
Dabei spielt die neue Wissenschaftsgeschichte ebenso eine Rolle wie die Geschichte des Rassismus bis zur Vernichtungspolitik der »Dritten Reiches«,

---

nen kann, sich diesem zutiefst skeptischen Bild der modernen Gesellschaft besonders dezidiert
verschrieben hat.

65 Vgl. z.B. Michel Foucault, Geschichte der Gouvernementalität, 2 Bde., Frankfurt/Main
2004.

66 Vgl. v.a. Bauman, Modernity and the Holocaust (dt.: Dialektik der Ordnung. Die Moderne
und der Holocaust, Hamburg 1992); siehe auch ders., Flüchtige Moderne, Frankfurt/Main 2003.

67 Vgl. ders., Verworfenes Leben. Die Ausgegrenzten der Moderne, Hamburg 2005.

die Körpergeschichte ebenso wie die Geschichte sozialer und technologischer Utopien, die Geschichte des Sozialstaates ebenso wie die Geschichte von »Planung« und Technokratie in der frühen Bundesrepublik.[68] Zwar hat es bisher noch keinen Versuch gegeben, diesen Entwurf der Moderne in einer (deutschen, oder auch weiter ausgreifenden) Geschichte des 20. Jahrhunderts zu synthetisieren, doch wäre das prinzipiell durchaus vorstellbar – und wahrscheinlich sogar reizvoll, auch weil es die Verfechter dieses häufig eher impliziten Paradigmas zu einer Klärung ihrer Prämissen zwingen würde. Dazu gehört auch die Frage, was es mit der oft proklamierten Dialektik der Moderne auf sich hat, und welchen Stellenwert Emanzipation und Zivilisation in einer überwiegend dunkel getönten Meistererzählung tatsächlich haben. Sind sie nur ein Abfallprodukt der Disziplinierung, oder gar ein besonders hinterlistiger Teil ihrer Ideologie und Praxis?

Diese Frage drängt sich um so mehr auf, wenn man, *fünftens*, an eine konkurrierende Perspektive auf die Modernität des 20. Jahrhunderts denkt, die sich gleichfalls in den letzten zwei Jahrzehnten historiographisch formiert hat. Wiederum spielt dabei die Verschiebung von einer primär sozialökonomischen zu einer primär soziokulturellen Geschichte eine Rolle, und wiederum gewinnt die Umbruchzeit der vorletzten Jahrhundertwende eine herausgehobene Bedeutung. In dieser Zeit liegen nämlich die Ursprünge einer »alltäglichen«, massenkulturellen Moderne, die im Laufe der nächsten Jahrzehnte, von den großen Metropolen ausgehend, zur flächendeckenden, ja globalen Kultur der Moderne geworden ist. Urbanisierung und technologischer Wandel, Wohlstandsentwicklung und Kommerzialisierung, Mobilität und kulturelle Dynamik entwickelten sich um 1900 sprunghaft weiter und »zündeten« gemeinsam zu jenem Konglomerat der Massenkultur, das auch hundert Jahre später noch das Leben in den westlichen Gesellschaften grundlegend prägt und seinen Siegeszug in anderen Teilen der Welt fortsetzt.

Gegenüber einer Gesellschaft, die durch Telefon und Kühlschrank, U-Bahnen und Warenhäuser, Werbung und Mode geprägt ist, aber auch: durch das eigentümliche Spannungsverhältnis von demokratisierender und konformisierender Massenkultur zu der permanenten Produktion von kultureller Avantgarde, erscheint die Modernisierung des 19. Jahrhunderts inzwischen als geradezu rückständig: mit ihren ersten Fabriken, mit ihren Bürgern, die

---

68 Zu technologischen Großutopien vgl. Dirk van Laak, Weiße Elefanten. Anspruch und Scheitern technischer Großprojekte im 20. Jahrhundert, Stuttgart 1999; zur Körpergeschichte z. B. Philipp Sarasin, Reizbare Maschinen. Eine Geschichte des Körpers 1765–1914, Frankfurt/Main 2001; zu wissenschaftlicher Planung und Ordnung Lutz Raphael, Radikales Ordnungsdenken und die Organisation totalitärer Herrschaft. Weltanschauungseliten und Humanwissenschaftler im NS-Regime, in: GG 27. 2001, S. 5–40; zur Planungsgeschichte der Bundesrepublik zuletzt Gabriele Metzler, Konzeptionen politischen Handelns von Adenauer bis Brandt. Politische Planung in der pluralistischen Gesellschaft, Paderborn 2005.

gerade aus der Kutsche in die Eisenbahn umstiegen, mit ihren patriarchalisch-traditionellen Kultur- und Verhaltensformen. Der Übergang ins 20. Jahrhundert markiert insofern einen »Aufbruch in die Moderne«,[69] der auf die spezifischen Lebensformen der Gegenwart verweist, was man offensichtlich von der »Sattelzeit« um die Wende zum 19. Jahrhundert immer weniger zu sagen bereit ist. Für diesen Entwurf einer massenkulturellen Moderne kann man sich, was die Theorien und »Meisterdenker« betrifft, vielleicht eher auf Georg Simmel als auf Max Weber berufen.[70] In der (west-) deutschen Geschichtswissenschaft hat erneut Detlev Peukert mit seiner Analyse der Massenkultur der Weimarer Republik sehr anregend gewirkt, aber man kann auch dem sozial- und kulturgeschichtlichen Band Thomas Nipperdeys über das Kaiserreich eine Vielzahl von Hinweisen auf den Umbruch zu einer modernen Massenkultur entnehmen, aus denen man geradezu eine ungeschriebene Geschichte dieser Moderne des 20. Jahrhunderts rekonstruieren könnte: von der Herausbildung eines modernen Lebensstils im Alltag bis zur kulturellen Avantgarde.[71]

Amerikanische Historikerinnen und Historiker der Weimarer Republik haben besonders wichtige Beiträge zur massenkulturellen Modernität Deutschlands im frühen 20. Jahrhundert geleistet – erwähnt seien nur Peter Jelavich, Mary Nolan und Peter Fritzsche.[72] Möglicherweise hing das auch damit zusammen, dass die Vereinigten Staaten ein Pionier – wenn nicht *der* Pionier im globalen Maßstab – dieser Moderne waren und die dortige Kulturgeschichte gleichfalls ein schnell wachsendes Interesse an der *modernity* des frühen 20. Jahrhunderts entwickelte.[73] Das Spektrum der Themen, die zugleich als Indikatoren der Modernität verstanden werden können, ist dabei weit; im Vergleich zu Deutschland wird der ästhetisch-expressiven Kultur wohl größere Aufmerksamkeit geschenkt, vor allem in dem Spannungsfeld

---

69 Vgl. August Nitschke u.a. (Hg.), Jahrhundertwende. Der Aufbruch in die Moderne 1880–1930, 2 Bde., Reinbek 1990. Vgl. dazu auch: Paul Nolte, 1900. Das Ende des 19. und der Beginn des 20. Jahrhunderts in sozialgeschichtlicher Perspektive, in: GWU 47. 1996, S. 281–300.

70 Vgl. Paul Nolte, Georg Simmels Historische Anthropologie der Moderne. Rekonstruktion eines Forschungsprogramms, in: GG 24. 1998, S. 225–247.

71 Peukert, Weimarer Republik; Nipperdey, Arbeitswelt und Bürgergeist.

72 Vgl. z.B. Peter Jelavich, Munich and Theatrical Modernism: Politics, Playwriting, and Performance, 1890–1914, Cambridge, MA 1985; ders., Berlin Cabaret, Cambridge, MA 1993; Mary Nolan, Visions of Modernity: American Business and the Modernization of Germany, New York 1994; Peter Fritzsche, Reading Berlin 1900, Cambridge, MA 1996.

73 Als besonders einflussreich könnte man Arbeiten von Lawrence W. Levine hervorheben, z.B.: The Unpredictable Past: Explorations in American Cultural History, New York 1993. Wichtig auch: Lynn Dumenil, The Modern Temper: American Culture and Society in the 1920s, New York 1995; Christine Stansell, American Moderns: Bohemian New York and the Creation of a New Century, New York 2000. Zu Transferaspekten dieser Modernität siehe z.B. Alexander Schmidt, Reisen in die Moderne. Der Amerika-Diskurs des deutschen Bürgertums vor dem Ersten Weltkrieg im europäischen Vergleich, Berlin 1997.

von *highbrow* und *lowbrow*,[74] von Avantgardekultur und Populärkultur, unter den Zugkräften der Kommerzialisierung. Die moderne Gesellschaft ist hier weniger die »industrielle Gesellschaft« der Produktion, sondern die kommerzielle Gesellschaft der marktförmig organisierten Aneignung von Dingen und Deutungen – mit einem Wort, ist die »Konsumgesellschaft«.[75] Sie ist inzwischen nicht nur in der Geschichtswissenschaft der USA zu einem Paradigma der neuen Moderne des 20. Jahrhunderts geworden. Sie setzt Strukturen voraus, die sich vor dem späten 19. Jahrhundert nicht ausbildeten, in Deutschland eher noch später: vom relativen Massenwohlstand bis zu Technologien des Verkehrs und der Energie (v. a. Elektrizität), von national integrierten Märkten bis zur Kommodifizierung von Kultur und Alltag in einem ganz weiten Sinne. Dabei ist diese Konsummoderne, trotz der kontinuierlichen Präsenz einer zeitgenössischen Konsumkritik linker wie rechter, elitärer wie populärer Provenienz eher das Metier der »kulturellen Optimisten« geblieben,[76] also einer Sichtweise, welche die Freiheiten und Chancen der Moderne mehr betont als ihren Zwangscharakter.

IV. Auf diese Weise stehen sich, so müsste man bilanzierend festhalten, sogar zwei neue Geschichten einer überwiegend im 20. Jahrhundert verankerten Moderne und Modernisierung gegenüber: eine »optimistische« Geschichte der massenkulturellen Moderne, die von Wohlstand und differenzierten Lebensstilen, von historisch beispielloser Individualität, von kulturell verankerten Freiheiten erzählt – und eine »pessimistische« Geschichte der disziplinierenden und segmentierenden Moderne, deren »Projekt« Exklusion statt Inklusion ist, die Lebenschancen beschneidet bis zum Extrempunkt der physischen Vernichtung, die Freiheiten in Zwänge transformiert. Diese beiden neuen *master narratives* der Moderne stehen in einem noch keineswegs vollständig geklärten Verhältnis zueinander. In Detlev Peukerts Skizze der Weimarer Moderne war die gemeinsame Wurzel erkennbar, seitdem haben sie sich eher weiter auseinander entwickelt. Doch die »alte« Geschichte der Modernisierung mit ihrer Wendezeit im industrialisierenden 19. Jahrhundert oder im »Zeitalter der Revolutionen« haben sie beide hinter sich gelassen.

74 Vgl. Lawrence W. Levine, Highbrow / Lowbrow: The Emergence of Cultural Hierarchy in America, Cambridge, MA 1988.
75 Die Literatur ist inzwischen uferlos. Siehe z. B. Richard W. Fox u. T. J. Jackson Lears, The Power of Culture: Critical Essays in American History, Chicago 1993; demnächst: Heinz-Gerhard Haupt u. Paul Nolte, Märkte und Konsumgesellschaft, in: Christof Mauch u. Kiran Klaus Patel (Hg.), Wettlauf um die Moderne, [in Vorbereitung].
76 Vgl. dazu John Clarke, Pessimism versus Populism: The Problematic Politics of Popular Culture, in: Richard Butsch (Hg.), For Fun and Profit: The Transformation of Leisure into Consumption, Philadelphia, PA 1990, S. 28–44.

Das bedeutet jedoch keineswegs, das an die Stelle einer inzwischen als ideologisch und teleologisch »entlarvten« Meistererzählung der klassischen Sozialgeschichte, an die Stelle eines normativen *bias* inzwischen eine größere Neutralität getreten wäre, oder die postmoderne Fragmentierung als Verzicht auf jegliche Normativität, oder sogar Linearität (und damit Kausalität) der modernen Geschichte. An die Stelle der einen Meistererzählung sind vielmehr andere getreten, auch wenn sie teilweise eher implizit, weniger theorieförmig daherkommen. Bei genauerem Hinsehen hat sich aber oft eher der Stil des Theoriegebrauchs und der Narrativierung geändert, als dass ein Verzicht auf Theorie eingetreten wäre. Das könnte man vermutlich an der Foucault-Rezeption, oder auch an der Rezeption »postkolonialer« Theorien, in der Geschichtswissenschaft (zumal der deutschen) sehr gut zeigen. Auf eine Kritik an der Sozial- und Gesellschaftsgeschichte, überhaupt eine normativ konnotierte Meistererzählung entwickelt zu haben, und eine »hegemoniale« noch dazu, kann man deshalb gelassen reagieren und auch zu nüchterner Selbstkritik raten. Auch der Illusion, die Frage der Normativität ausklammern zu können, sollte man sich gar nicht erst hingeben. Modernisierung und Modernität bleiben offensichtlich eine Herausforderung der Gegenwart, ein auch politisch höchst umstrittenes Terrain. Das Auf- und Umschreiben ihrer Geschichte wird sich auch in Zukunft nicht in einem normativ sterilen Raum bewegen.

Was aus den hier diagnostizierten Verschiebungen folgt, kann nur noch in der Form von Fragen ganz knapp angerissen werden. Die in den sechziger und siebziger Jahren entwickelte bzw. in der Sozialgeschichte rezipierte Vorstellung von Modernisierung und von der »modernen« Geschichte ist in den letzten zwei Jahrzehnten von Grund auf erschüttert worden. Das gilt nicht nur für ihren chronologischen »Ankerplatz« im frühen und mittleren 19. Jahrhundert, sondern auch für theoretische Kategorien, Themenschwerpunkte und normative Absichten. Die neue »paradigmatische Moderne« ist erstens im 20. Jahrhundert verankert, zielt zweitens eher auf das Struktursyndrom von Modernität als auf den Prozess der Modernisierung. Sie ist drittens im weiten Sinne kulturell geprägt, nicht durch Ökonomie oder soziale Ungleichheit, und sie hat viertens, jedenfalls in vielen und typischen Richtungen, die positive Normativität der Moderne nicht nur aufgelöst, sondern tendenziell umgekehrt, also in eine Modernekritik gewendet.

Das 19. Jahrhundert hat seinen ehemals zentralen Platz in der Historiographie eingebüßt, mit Wirkungen bis weit in die universitäre Lehre und das öffentliche Geschichtsbewusstsein hinein. Unter welchen Fragestellungen kann die Geschichte des Vormärz oder der Reichsgründungszeit, oder der frühen Industrialisierung, in Zukunft noch betrieben werden? Man könnte die Krise der relativen Bedeutungslosigkeit als eine Chance begreifen, die Geschichte des 19. Jahrhunderts von der Überfrachtung durch die Modernisierungsgeschichte und ihre theoretisch-konzeptionelle Erklärungslast ein Stück weit zu befreien. Sie rückt in weitere Ferne und wird dadurch der Geschichte der Frühen Neuzeit ähnlicher. Auf ähnliche Weise wie diese könnte sie deshalb von der Aufwertung strukturgeschichtlicher, systematischer, anthropologischer Betrachtungsweisen profitieren. Die Geschichte des 19. Jahrhunderts würde weniger unter der Prämisse einer totalen Revolutionierung aller Lebensverhältnisse, weniger als Geschichte der radikalen Diskontinuität geschrieben; die Langsamkeit und Begrenztheit vieler Veränderungsprozesse käme ebenso in den Blick wie die vielfältigen Muster der Kontinuität und Konstanz: von Formen der Lebens- und Kontingenzbewältigung bis hin zur verblüffenden Stabilität von Schichtungs- und Ungleichheitsstrukturen in der industriellen und urbanen Modernisierung.[77]

Diese Tendenz sollte man freilich, so wichtig und intellektuell reizvoll sie ist, nicht überdehnen – manches spricht sogar dafür, dass das Pendel zurückschwingt und die Geschichte des »langen 19. Jahrhunderts« als eine fundamentale Umbruchperiode rehabilitiert wird. Anstöße dafür kommen zur Zeit aus einer neuen globalen Geschichte; die viel diskutierte weltgeschichtliche Gesamtdarstellung C. A. Baylys trägt nicht zufällig den Titel »The Birth of the Modern World«.[78] Die Geburts- und Entwicklungsmetaphorik bestätigt übrigens die These, dass die Erosion der Meistererzählungen in der historiographischen Praxis längst nicht so weit geht wie in der Theorie teilweise behauptet oder gefordert. Und ohne eine, wie auch immer definierte, Vorstellung von Moderne, Modernität und Modernisierung scheint die Geschichtsschreibung in aller absehbaren Zeit nicht auskommen zu können. Wenn man sich nicht auf eine binnenwestliche Geschichte beschränkt, gilt das erst recht, weil das Aufeinandertreffen von Gesellschaften und Kulturen, das Verhältnis von »Metropole« und »Provinz«, die weltweite Diffusion des Westens an Kriterien gemessen werden muss; ob es sich dabei um die Leitdifferenz von »traditional« und »modern« oder um den Vergleich verschiedener »Modernitäten« handelt.[79] Gerade in den postkolonialen Studien ist das Konzept der Moderne deshalb nicht als ein imperialistisch-normatives getilgt worden, sondern spielt im Gegenteil eine besonders wichtige Rolle.[80] Seine normative Codierung geht in einer prinzipiellen Kritik an der westlichen Moderne

---

77 Darauf hat Klaus Tenfelde öfters hingewiesen; z.B.: Soziale Schichtung, Klassenbildung und Konfliktlagen im Ruhrgebiet, in: Das Ruhrgebiet im Industriezeitalter. Geschichte und Entwicklung, Bd. 2, Düsseldorf 1990, S. 122–217, hier bes. 124 f.

78 C. A. Bayly, The Birth of the Modern World, 1780–1914: Global Connections and Comparisons, Oxford 2004.

79 Vgl. S. N. Eisenstadt, Multiple Modernities, in: Daedalus 129. 2000, S. 1–29; ders., Die Vielfalt der Moderne, Weilerswist 2000.

80 Vgl. z.B. Dipesh Chakrabarty, Habitations of Modernity: Essays in the Wake of Subaltern Studies, Chicago 2002; auch Homi K. Bhabha, The Location of Culture, London 1994.

keineswegs auf und ist insofern differenzierter als manche radikal-foucaul-
tianische Perspektive auf das »Gefängnis Moderne« im Westen selber.

Noch zwei weitere Vorzüge und Anregungen kann man einer solchen Globalgeschichte der Moderne entnehmen: Sie lenkt den Blick zurück von einer
manchmal seltsam statisch anmutenden »Modernität« auf den Prozesscha-
rakter der Modernisierung und verweigert sich dabei einer vollständigen Kulturalisierung. Die Geschichte globaler Modernisierung ist die Geschichte von
Kapitalismus, von Märkten, von sozialer Ungleichheit. Sie muss also immer
auch als eine sozialökonomische Geschichte betrieben werden.[81] Das heißt im
Umkehrschluss nicht, dass alle Geschichte in Zukunft Globalgeschichte sein
müsste. Eine Gesellschaftsgeschichte der Moderne bleibt in verschiedenen
territorial-politisch-kulturellen *frames* möglich; als eine Mikro- oder Regio-
nalgeschichte ebenso wie im nationalen oder im europäischen Rahmen. Ob
als deutsche oder globale Gesellschaftsgeschichte – sie wird auf der Suche
bleiben nach einem Entwurf der Moderne, in dem sich, eingestanden oder
nicht, Umbruch- und Krisenerfahrungen der eigenen Gegenwart spiegeln.

---

81 Auch das zeigt das Buch von Bayly; im deutschen Sprachraum die Arbeiten von Jürgen Osterhammel, z. B.: China und die Weltgesellschaft. Vom 18. Jahrhundert bis in unsere Zeit, München
1989; vgl. auch Sven Beckert, Von Tuskegee nach Togo. Das Problem der Freiheit im Reich der
Baumwolle, in: GG 31. 2004, S. 505–545; Cornelius Torp, Die Herausforderung der Globalisierung. Wirtschaft und Politik in Deutschland 1860–1914, Göttingen 2005.

Christoph Conrad

Die Dynamik der Wenden

Von der neuen Sozialgeschichte zum *cultural turn*

Versucht man die »Wenden« der jüngsten Geschichtsschreibung zu beschreiben, gar zu erklären, lösen sich unter der Hand ihre Konturen auf. Diese Erfahrung liegt dem folgenden Versuch zugrunde, die inhaltlichen und methodischen Neuorientierungen der Geschichtsschreibung der letzten vier Jahrzehnte unter anderen Blickwinkeln als bisher zu betrachten.[1] Motiviert ist dieses Vorgehen durch ein Forschungsinteresse, das versucht, den Aufstieg der *new social history* der sechziger und siebziger Jahre einerseits und den *cultural turn* der achtziger und neunziger Jahre andererseits zu historisieren. Es geht mir darum, diese Verschiebungen der intellektuellen Maßstäbe, der Relevanzen und Plausibilitäten, der mit ihnen verbundenen gesellschafts- und geschichtspolitischen Vorstellungen in einigen der beteiligten Länder zum Gegenstand einer gemeinsamen Betrachtung zu machen. Dabei stehen transnationale Verknüpfungen und interdisziplinäre Zirkulationsvorgänge im Vordergrund, ohne die Identifikation und den Vergleich nationaler und fachspezifische Besonderheiten zu vernachlässigen. Die Beispiele stammen aus der modernen oder neuesten Geschichte und können keinen Anspruch erheben, die Gesamtheit der historischen Wissenschaften zu vertreten. Gerade da die angesprochenen Vorgänge zur unmittelbaren, zum Teil miterlebten, zum Teil durch noch quicklebendige Protagonisten geprägten Zeitgeschichte gehören, sind methodische Annäherungen besonders gefragt, die ein gewisses Maß an Objektivierung und damit Distanzierung erlauben.

Die Herausforderung an unsere heuristischen Fähigkeiten ist doppelt: Welche Beschreibungen für solche abrupten Wandlungen, *turns* oder »Paradigmenwechsel« in der Interpretation der Vergangenheit wären denn heute überhaupt akzeptabel? Was für eine Kombination von Bedingungen und Faktoren – intellektueller, biographischer, arbeitsmarktbezogener oder gesellschaftspolitischer Art – würde den erhöhten Anforderungen an eine

1 Einige dieser Überlegungen konnten im Mai 2004 im Forschungsseminar für Neueste Geschichte des Historischen Seminars der Universität Basel vorgetragen und die ersten quantitativen Explorationen im Februar 2004 auf der Tagung »Im Netz des Positivismus?« der Universität Hamburg im Warburg-Haus diskutiert werden. Den Teilnehmerinnen und Teilnehmern dieser beiden Colloquien, insbesondere den Organisatorinnen Sibylle Brändli (Basel), Angelika Schaser und Angelika Epple (Hamburg) danke ich für vielfältige Anregungen.

historische Erklärung nach der »kulturellen Wende« erfüllen? Hinter diesen Fragen steckt die Vermutung, dass sich in den Debatten der letzten drei
Jahrzehnte zwar die herkömmlichen Erklärungsmodelle in Zweifel gezogen
und komplexer gemacht wurden, aber dass sich keine eigenen, breit akzeptierten Alternativen durchsetzen konnten. Den Wandel von Plausibilitäten in
den westeuropäischen und nordamerikanischen Gesellschaften in der zweiten Hälfte des 20. Jahrhunderts zu begründen, wäre also der ultimative Test
darauf, wie erklärungskräftig eine Theorie (hätte man in den siebziger Jahren gesagt), eine Rekonstruktion (hätte man in den achtziger Jahren gesagt)
oder eine Meistererzählung (sagte man in den neunziger Jahren) der intellektuellen Dynamik unserer eigenen Gesellschaft ist oder – viel eher – sein
müsste.

Auch wenn der Anspruch vermessen erscheinen mag, ermöglicht er doch
eine Reihe sehr praktischer Fragen und Erkenntnisse. Einige sollen hier vor-
geführt werden. Zum einen richtet sich der Blick auf die Gegenstände eines
solchen komplexen Erklärungsversuchs, also auf die Frage, was man sich
eigentlich unter den »Wenden« vorstellen soll. Dafür sind Quellen und Indikatoren zu diskutieren, mit denen man sie (er)fassen kann. Zum anderen
richtet sich die Aufmerksamkeit auf die Repräsentationen von Wandel, wie
sie die Akteure zeitgleich entwickelt und retrospektiv angewandt haben, also
auf die Frage der mitlaufenden Beobachtung. Wenn so deutlicher geworden
ist, was eigentlich erklärt werden soll, kann man im dritten Schritt mögliche
Ursachen Revue passieren lassen. Die Frage: »… und wie geht es weiter?«
gibt Anlass zu einigen abschließenden Spekulationen.

I. Wendezeiten. Die Existenz grundlegender Neuorientierungen in der Geschichtswissenschaft des 20. Jahrhunderts steht außer Frage.[2] Dass sie international miteinander korrespondieren, aber dennoch unübersehbare nationale
Besonderheiten und Unterschiede aufweisen, gehört ebenfalls zum Konsens.
Das internationale *benchmarking*, die Beobachtung der als fortgeschritten und
exemplarisch wahrgenommenen Geschichtsschreibungen der USA, Großbri-

2 Dieses Kapitel der Historiographiegeschichte ist v. a. für Westeuropa, Großbritannien und
die USA bereits gut aufgearbeitet; die Übersichten sind oft von teilnehmenden Beobachtern ver-
fasst worden, die den historischen Rückblick zu – mehr oder weniger – abgeklärten bzw. programmatischen Bilanzen nutzen; vgl. insbesondere zur westdeutschen Entwicklung Gerhard A. Ritter,
Die neuere Sozialgeschichte in der Bundesrepublik Deutschland, in: Jürgen Kocka (Hg.), Sozialgeschichte im internationalen Überblick. Ergebnisse und Tendenzen der Forschung, Darmstadt 1989,
S. 19–88; Thomas Welskopp, Die Sozialgeschichte der Väter. Grenzen und Perspektiven der Historischen Sozialwissenschaft, in: GG 24. 1998, S. 169–194; Lutz Raphael, Nationalzentrierte Sozialgeschichte in programmatischer Absicht. Die Zeitschrift »Geschichte und Gesellschaft. Zeitschrift
für Historische Sozialwissenschaft« in den ersten 25 Jahres ihres Bestehens, in: GG 25. 1999,
S. 5–37; Jürgen Kocka, Sozialgeschichte in Deutschland seit 1945. Aufstieg – Krise – Perspektiven, Bonn 2002.

tanniens und – in einem, zumindest im Bereich der modernen Geschichte, eingeschränkteren Maße – Frankreichs und Italiens spielte für die Dynamik und Legitimierung der westdeutschen Gesellschaftsgeschichte eine besondere Rolle. Die »nachholende Modernisierung«[3] sicherzustellen, wirkte als treibende Kraft auch der historiographischen Beobachtung.[4] Auch Kritiker der Bielefelder Gesellschaftsgeschichte haben ihrerseits immer wieder die Verspätung der bundesdeutschen Diskussion – diesmal dann gegenüber den internationalen, postsozialhistorischen Strömungen der Mikrogeschichte, der Genderforschung oder der *cultural studies* – ausgemalt.[5] Es ist nicht ohne Ironie, dass eine Denkfigur der älteren Industrialisierungsforschung – die saubere Unterscheidung zwischen Pionieren und *laggards*, zwischen frühem *take-off* und *backwardness* – hier zur Selbstbeschreibung und Diagnose akademischer Felder durch die Hintertür wieder hereinkommt.

Die genauere Identifikation und Periodisierung zeigt in der Tat erhebliche Differenzierungen zwischen einzelnen Wissenschaftskulturen. Von einer »revolution in historical fashion« spricht die englische Historikerin José Harris; in den frühen achtziger Jahren sieht sie den »gigantischen Wendepunkt« zwischen sozialgeschichtlichen und objektivistischen Ansätzen einerseits und den sprach- und erfahrungsbezogenen und relativistischen Vorgehensweisen andererseits.[6] Andere britische Praktiker der Geschichtsschreibung haben in ähnlicher Form die beiden *turns* eng aufeinander bezogen: Geoff Eley nennt es den »huge tectonic shift from social history to cultural history«. Im trilateralen Dialog zwischen Großbritannien, den USA und der westdeutschen Geschichtsschreibung charakterisiert er den Gegenstand seiner – halb autobiographischen, halb historiographischen – Darstellung als »politics of knowledge« und betont insbesondere den politischen Impetus der

3 Vgl. mit Bezug auf die »Annales« und die US-amerikanische Forschung bei Wolfgang Hardtwig u. Hans-Ulrich Wehler, Einleitung, in: dies. (Hg.), Kulturgeschichte Heute, Göttingen, 1996, S. 7–13, Zitat 12.
4 Kocka, Sozialgeschichte im internationalen Überblick; Georg G. Iggers, Geschichtswissenschaft im 20. Jahrhundert. Ein kritischer Überblick im internationalen Zusammenhang, Göttingen 1993 (überarb. amerik. Ausg. 1997); JSocH, Themenheft: The Futures of Social History 37. 2003, H. 1; Christoph Conrad, Social History, in: International Encyclopedia of the Social and Behavioral Sciences, Bd. 21, Amsterdam 2001, S. 14299–14306; Ute Daniel, Kompendium Kulturgeschichte. Theorien, Praxis, Schlüsselwörter, Frankfurt/Main 2001; Hans-Ulrich Wehler, Historisches Denken am Ende des 20. Jahrhunderts, 1945–2000, Göttingen 2001; Benjamin Ziemann, Sozialgeschichte jenseits des Produktionsparadigmas. Überlegungen zu Geschichte und Perspektiven eines Forschungsfeldes, in: Mitteilungsblatt des Instituts für soziale Bewegungen 28. 2003, S. 5–35; Lutz Raphael, Geschichtswissenschaft im Zeitalter der Extreme. Theorien, Methoden, Tendenzen von 1900 bis zur Gegenwart, München 2003; Peter Burke, Was ist Kulturgeschichte?, Frankfurt/Main 2005.
5 Adelheid von Saldern, »Schwere Geburten«. Neue Forschungsrichtungen in der bundesrepublikanischen Geschichtswissenschaft (1960–2000), in: WerkstattGeschichte 40. 2005, S. 5–30.
6 José Harris, Private Lives, Public Spirit: Britain 1870–1914, London 1993, S. VII.

Gründergeneration der neuen Sozialgeschichte der sechziger und siebziger Jahre.[7]

Ebenso interessant ist der historiographiegeschichtliche Versuch Michael Bentleys, die Moderne der britischen Geschichtsschreibung (von ca. 1890 bis 1970) vom Standpunkt der (durchaus skeptisch beurteilten, aber als Faktum hingenommenen) Postmoderne heraus zu historisieren.[8] Auch Eric Hobsbawm sieht die übergreifende Epoche der Modernisierung der Geschichtsschreibung vor der Jahrhundertwende beginnen, um dann die frühen siebziger Jahre als den Moment zu identifizieren, wo sich »das Blatt« wendete: »Mit ›Struktur‹ ging es bergab, mit ›Kultur‹ ging es bergauf.«[9]

Die Entwicklung der Sozialgeschichte in Frankreich ging von besonderen Voraussetzungen aus, unterlag weniger äußeren Einflüssen als die deutsche und folgte einem anders getakteten Rhythmus als die britische. Insbesondere in Gestalt der Historikergruppe um die »Annales« und der nach 1945 entstandenen Forschungseinrichtungen, die durch sie getragen wurden, entstand in Frankreich ein international überaus einflussreiches Modell für den Erfolg und die Institutionalisierung eines »Paradigmas« breit gefasster Sozialgeschichte. Die Akteure selbst, denen der Begriff der »Schule« nie behagte, und die Historiker, die sie beobachteten, bewunderten und kritisch beurteilten, haben dieses Modell in vielfältiger Weise differenziert und relativiert.[10] Dennoch bleibt eine weltweit wirksame Erfolgsgeschichte, die gerade auch für die deutsche Sozialgeschichte wiederholt als Referenz, wenn auch weniger oft als tatsächlich nachzuahmendes Vorbild gedient hat. Erst 1988/89 rief man seitens der Redaktion der »Annales« offiziell den *tournant critique* aus, mit dem sie auf die postmodernen Debatten reagierte, die aus den USA herüber drangen. Davor folgte die Periodisierung einem Generationenmodell: von den Gründervätern Marc Bloch et Lucien Febvre zu der von Fernand Braudel geprägten Phase zwischen in den fünfziger und sechziger Jahren und der »dritten Generation« seit dem Ende der sechziger und den frühen siebziger Jahren, die einerseits mit einer Betonung der szientistischen, vor allem quantifizierenden Richtung einherging, andererseits bereits eine kulturelle, zum Teil auch politische Neuorientierung ankündigte (François Furet, Emmanuel

7 Geoff Eley, A Crooked Line: From Social History to Cultural History, Ann Arbor, MI 2005, Zitate S. XII f.

8 Michael Bentley, Modernising England's Past: English Historiography in the Age of Modernism, 1870–1970, Cambridge 2005.

9 Eric Hobsbawm, Gefährliche Zeiten. Ein Leben im 20. Jahrhundert, München 2003, S. 334 f.

10 Lutz Raphael, Die Erben von Bloch und Febvre. Annales-Geschichtsschreibung und nouvelle histoire in Frankreich 1945–1980, Stuttgart 1994; François Bédarida (Hg.), L'histoire et le métier d'historien en France 1945–1995, Paris 1995, darin bes. Arlette Farge, L'histoire sociale, S. 281–300; Jean Boutier u. Dominique Julia (Hg.), Passés recomposés, champs et chantiers de l'histoire, Paris 1995; Gérard Noiriel, Sur la »crise« de l'histoire, Paris 1996.

Le Roy Ladurie, Roger Chartier, Jacques Revel, u.a.). Das Markenzeichen *histoire culturelle* ist in Frankreich dagegen von einer Gruppe eher politischer, an politischer Kultur und Medien interessierter Historiker okkupiert und gegen die »Annales«-Ansätze ausgespielt worden. Zunächst handelte es sich weitgehend um eine Geschichte der Kulturpolitik und der öffentlichen Kultur.[11]

Im deutschsprachigen Bereich wird je nach Standort in der Debatte dem Aufkommen der Alltagsgeschichte eine Scharnierrolle zwischen dem Triumph der historischen Sozialwissenschaft in den späten sechziger und den siebziger Jahren einerseits und der weitgehenden Rezeption der neuen Kulturgeschichte aus dem Ausland andererseits zugesprochen. Damit bekommt man in ungefähren Dekadenschritten einen *turn* oder eine »Erweiterung«.[12] Viel weiter holt die Periodisierung von fünf »Grundlagendiskussionen« aus, die Hans-Ulrich Wehler für die deutsche Geschichtswissenschaft entwirft: Die erste wäre die Debatte zwischen Aufklärungshistorie und Historismus, die zweite die zwischen Johann Gustav Droysens Hermeneutik und Henry Thomas Buckles »positivistischer Gesetzeslehre«, die dritte der Lamprechtstreit, und schließlich im 20. Jahrhundert, die Theoriedebatte der sechziger und siebziger Jahre (zwischen Historismus und Historischer Sozialwissenschaft) sowie als fünfter Streit der mit der neuen Kulturgeschichte.[13]

Unterscheiden sich die jeweiligen Wenden in ihrer Chronologie und ihren inhaltlichen Schwerpunkten, so ähneln die nationalen Ausprägungen sich gleichzeitig auf der strukturellen Ebene:

a) Der Triumph der Sozialgeschichte fand in den sechziger und siebziger Jahren in einem einzigartigen Kontext der Expansion sowohl des nordamerikanischen und europäischen Hochschulwesens als auch der Sozialwissenschaften insgesamt, ihrer Publikationen und ihrer Leser- und Stellenmärkte statt.[14] Die Neuorientierungen in Richtung Kulturwissenschaften erfolgten dagegen in einer Zeit, in der die Hochschulen unter finanziellen Druck standen und in der insbesondere die Geistes- und Sozialwissenschaften – trotz ihrer weiterhin hohen Studierendenzahlen – zugunsten anderer Bereiche an Gewicht verloren.

b) In diesem Zusammenhang sind die Trägergruppen der beiden »Wenden« zu sehen. Sehr verkürzt gesagt – und sicher empirisch zu differenzie-

11 Jean-Pierre Rioux u. Jean-François Sirinelli (Hg.), Pour une histoire culturelle, Paris 1997. Nuancierter Überblick bei Philippe Poirrier, Les enjeux de l'histoire culturelle, Paris 2004.
12 So z.B. bei Reinhard Sieder, Die Rückkehr des Subjekts in den Kulturwissenschaften, Wien 2004, S. 8.
13 Hans-Ulrich Wehler, Kommentar, in: Thomas Mergel u. Thomas Welskopp (Hg.), Geschichte zwischen Kultur und Gesellschaft. Beiträge zur Theoriedebatte, München 1997, S. 351–366, hier S. 351.
14 Raphael, Geschichtswissenschaft, S. 216 ff.

ren – fand die sozialgeschichtliche Wende mit neuen Personal, der *cultural turn* dagegen eher mit vorhandenem Personal statt. In späten sechziger und den siebziger Jahren konnten neue Institute, Lehrstühle, Studierende, aber auch Zeitschriften oder Buchreihen zu den bestehenden hinzukommen, ohne den traditionellen Bereichen etwas wegzunehmen. In den achtziger und neunziger Jahren mussten Ansprüche auf »neue« Forschungsfelder oder Stellendefinitionen als Verdrängungswettbewerb aufgefasst werden. Wenngleich in beiden Verschiebungen ein generationelles Element auszumachen ist, so fällt doch beim *cultural turn* auf, wie stark bereits etablierte Wissenschaftlerinnen und Wissenschaftler dadurch auch eine biographische Umorientierung vollzogen haben (man denke an Lynn Hunt oder Joan Scott in den USA, an Michelle Perrot oder Alain Corbin in Frankreich). In Deutschland, wo die akademische Jugend ja nicht selten bis in die Mitte der vierziger Jahre dauert, ist diese Diagnose schwieriger zu stellen. Zwar kamen die ersten Essays, Sammelbände und Überblicksdarstellungen (auch zum *pictorial, spatial* oder *performative turn*) von etablierten Vertretern der Geisteswissenschaften, die materialen, innovativen Studien bereiteten in den neunziger Jahren aber doch überwiegend Vertreterinnen und Vertreter der Nachwuchsgeneration vor. Man kann dabei eine Art postdoktorale Kulturalisierung einer Generation ausmachen. Dagegen hat sich während der sechziger und frühen siebziger Jahren die Erneuerung vor allem am und durch den Beginn von Karrieren vollzogen, die dank der Hochschulexpansion sehr rasch zum Ziel kamen. Jung im Betrieb verankert, konnte eine besonders »lange« Generation ihre Wirksamkeit entfalten.[15] Dabei ist sicherlich in allen beteiligten Ländern die Rolle einer Mentorengeneration zu beachten, deren Studien- und Qualifikationszeit in der Zwischenkriegs- und Kriegszeit stattgefunden hatte. Dennoch bleibt ein entscheidender Unterschied der beiden Wenden.

c) Zu der unterschiedlichen Periodisierung in den einzelnen Ländern tritt die zeitlich oft stark versetzte Rezeption einzelner Werke, Konzepte oder Debatten hinzu. Die internationale Zirkulation ist deshalb in sich gestaffelt und kreiert im Spiel der Importe und Exporte eine große Zahl von Momenten der Innovation, des Nachholens oder der bewussten Absetzung. Der Bezug der deutschen Historiker auf die USA, der Bezug der amerikanischen Historiker auf Frankreich, das Interesse an der italienischen *microstoria* in Frankreich und anderswo – diese bi- und multilateralen Referenzen werden von Protagonisten der Erneuerung als Ressourcen eingesetzt. Hier liegt noch viel Stoff für eine transnationale Ideengeschichte.

---

15 Paul Nolte, Die Historiker der Bundesrepublik. Rückblick auf eine »lange Generation«, in: Merkur 53. 1999, S. 413–432.

II. Kursnotierungen auf dem sozialwissenschaftlichen Weltmarkt. Die Geschichtswissenschaften, zudem die deutschen, bilden eine kleine Nische auf dem internationalen und interdisziplinären Markt der Theorie- und Begriffsangebote. Der erste hier gewählte Zugang ist bibliometrischer Art, und er widmet sich dieser Ebene weit oberhalb einer Einzelwissenschaft und einer nationalen Wissenschaftskultur. Nach all den Distanzierungen von quantitativen, mit hoch aggregierten Datenreihen arbeitenden Analysen in den letzten Jahren kann diese Wahl als eine paradoxe Intervention gelten. Genutzt wird der heutzutage bequeme Zugang zu den großen, weitgehend US-basierten Datenbanken der Zeitschriftenliteratur, um die Entwicklung einiger Kernbegriffe der sozialgeschichtlichen bzw. kulturgeschichtlichen Ansätze über die vergangenen fünfzig Jahre zu verfolgen. Dafür sind insbesondere der 1956 eingerichtete »Social Science Citation Index« (SSCI) sowie der 1975 einsetzende »Arts and Humanities Citation Index« (AHCI) herangezogen worden.[16] Sie erfassen – über die Jahre immer vollständiger und internationaler – die Titel aller Beiträge (Artikel, Rezensionen, Miszellen usw.), die in den ausgewerteten Zeitschriften enthalten sind, übersetzen sie ins Englische (USA) und versehen die Einträge mit Stichworten oder fügen sogar die Abstracts aus den Zeitschriften bei. Der eigentliche Wert des *Citation Index* besteht aber darin, dass gleichzeitig alle Verweise und Belege in den Artikeln miterfasst werden. Es ist also z. B. möglich einen Autor als Zitierenden und Zitierten zu verfolgen, also den von den Fußnoten gebildeten intellektuellen und sozialen Raum ebenso zu rekonstruieren wie die Verbreitung und Rezeption eines Autors, eines einzelnen Werkes oder einer Zeitschrift im Zeitverlauf zu messen. Weiterhin herangezogen wurden die Volltextdatenbanken, die insbesondere für angloamerikanische Zeitschriften zur Verfügung stehen, insbesondere JSTOR.[17]

Die Massivität und die – heute auch von vielen europäischen Universitäten garantierte – Zugänglichkeit dieser Daten regen zu den verschiedensten

16 Sie sind im sog. »Web of Science« von ISI Web of Knowledge (eine Abteilung des Pharmaunternehmens Thomson) enthalten, vgl. http://scientific.thomson.com/products/wos/ (Zugriff am 25. Mai 2006).

17 JSTOR wurde 1995 auf Initiative der Andrew W. Mellon Foundation und einer Reihe großer Bibliotheken als »not-for-profit« Organisation ins Leben gerufen: http://www.jstor.org. Es enthält den Volltext-Inhalt von z. Zt. über 600 englischsprachigen Zeitschriften aus ca. 30 v. a. sozial- und geisteswissenschaftlichen Disziplinen von der Gründung des jeweiligen Journals bis zu einem beweglichen Stichjahr, das meist fünf Jahre zurückliegt. Vgl. mit ähnlicher Zielrichtung Periodicals Archive Online (PAO, früher PCI Full Text): http://pao.chadwyck.co.uk/home.do. Ähnliche Projekte sind auch in Frankreich und Deutschland auf dem Wege; zu nennen ist etwa DigiZeitschriften (Göttingen) mit z. Zt. ca. 70 Zeitschriften, darunter z. B. die »Vierteljahrschrift für Sozial- und Wirtschaftsgeschichte« (1903–2002) oder »Geschichte und Gesellschaft« (1975–2002) (http://www.digizeitschriften.de) (alle Zugriffe 27. Mai 2006). Die Attraktivität solcher Ressourcen für wissenschafts-, begriffs- und rezeptionsgeschichtliche Analysen liegt auf der Hand, ist aber von Historikern noch weitgehend zu entdecken.

Nutzungen an: Man kann Hitlisten für die Evaluation von Wissenschaftlern und Impactanalysen für den Vergleich von Zeitschriften erstellen, man kann seine Eitelkeit im Spiegel internationaler Zitationen befriedigen (oder dauerhaft schädigen), man kann Anhaltspunkte für das Wirken von Zitierkartellen gewinnen. Insbesondere die Auswertung der Indexe zur Evaluation im Rahmen von Berufungen, Rankings von Instituten oder Bewertungen von Publikationen ist inzwischen in vielen Ländern üblich, wobei die Bundesrepublik sich dabei bisher eher noch zurückgehalten hat.[18] Das Für und Wider solcherart begründeter Bewertungen wissenschaftlicher Produktivität kann hier nicht erörtert werden. Einige Probleme mögen sich aber auch bereits durch den hier vorgeführten, eher spielerischen Gebrauch erschließen. Doch auch die Frage nach der relativen Popularität oder Ausstrahlung von Autoren und Werken konnte dank der Existenz solcher und ähnlicher bibliometrischer Indikatoren gestellt und beantwortet werden. Ein frühes Beispiel war etwa der Vergleich von Jacques Derrida mit anderen Vertretern der *French theory* in den USA und in Frankreich, den Michèle Lamont in eine wichtige Studie aufnahm.[19] Bevor die CD-Rom sich verbreitete und der Onlinezugang zur Normalität wurde, mussten jedoch die schweren, eng bedruckten und mit Registern minutiös erschlossenen Bände des SSCI oder AHCI gewälzt werden.

Bei der Interpretation sind einige Warnschilder zu beachten. Erstens ist die Dominanz der englischsprachigen und darin vor allem der nordamerikanischen Literatur in der Struktur dieser Datenbanken angelegt. Hinzu kommt die kulturelle Hegemonie durch die – im Einzelfall mehr oder weniger glückliche – Übersetzung der Titel und Stichworte ins Englische. Zweitens – und das korrigiert teilweise den ersten Punkt – wuchs die Zahl der ausgewerteten Zeitschriften über den gesamten Zeitraum stark an. Besonders in den siebziger Jahren vervielfachte sich die disziplinäre Ausdehnung der Datenbanken. Gleichzeitig nahm auch die internationale, ja, globale Spannbreite der ausgewerteten sozial- und humanwissenschaftlichen Literatur zu. So wurden z. B. in den frühen neunziger Jahren rasch die einschlägigen Periodika der post-sozialistischen Staaten integriert. Im Ergebnis verschob sich für die hier repräsentierten Wissenschaftskulturen Westeuropas die Situation von einer Unterlegenheit gegenüber dem amerikanischen Übergewicht zu einer Marginalisierung im globalen Maßstab. Drittens nimmt schließlich auch die Dichte der Dokumentation über die einzelnen Artikel zu, vor allem seit Beginn der neunziger Jahren werden immer häufiger die

18 Vgl. Peter Weingart, Die Stunde der Wahrheit? Zum Verhältnis der Wissenschaft zu Politik, Wirtschaft und Medien in der Wissensgesellschaft, Weilerswist 2001, S. 312 ff.

19 Michèle Lamont, How to Become a Dominant French Philosopher? The Case of Jacques Derrida, in: AJS 93. 1987, S. 584–622 (sie wertete Fachbibliographien statistisch aus); vgl. François Cusset, French Theory: Foucault, Derrida, Deleuze & Cie et les mutations de la vie intellectuelle aux Etats-Unis, Paris 2003.

beigegebenen Abstracts auch online verfügbar. Damit steigt die Zahl der pro Titel suchbaren Worte; eine Art Inflation (um den Faktor 2 bis 3), die dazu führt, dass eigentlich alle Trends von Begriffsverwendung in den letzten zehn bis fünfzehn Jahren nach oben weisen. Um diesen Effekt zu vermeiden, beruhen die folgenden Auswertungen (Abbildungen 1 und 2) ausschließlich auf der Auswertung der Titel der Artikel und der Gesamtzahl der *records*.[20]

Welche Begriffskonjunkturen zeichnen sich ab, wenn man die vergangenen fünfzig Jahre Revue passieren lässt und dafür die Titel von über acht Millionen Beiträgen (Artikel, Rezensionen, Notizen etc.) auswertet? In einem ersten Zugriff werden die Karrieren der Begriffe »Modernisierung«, »Moderne« und »Postmoderne« verglichen.[21] Im Englischen war die Unterscheidung von *modernity* und *modernism* zu beachten. Da letzterer Begriff stark literarisch und ästhetisch besetzt ist,[22] wurde er hier ausgeschlossen.[23] In der Abbildung 1 wird das Vorkommen dieser Begriffe in Fünf-Jahres-Intervallen als Promille der insgesamt im selben Zeitraum in der Datenbank enthaltenen Artikel dargestellt. Obwohl eine beträchtliche Anzahl von Artikeln (Rezensionen etc.) sich dieser Begrifflichkeiten bedient – über 5.200 Nennungen für Modernisierung, über 7.300 für Moderne (oder Modernität) ebenso wie für Postmoderne – bleiben die relativen Zahlen sehr bescheiden. Auf der Spitze ihres jeweiligen Fieberkurve haben nur 2,1 Promille aller Artikel einen PoMo-Verweis im Titel (1995–1999) und nur ca. 2 Promille nutzen den Begriff »modernity« oder seinen Plural (2005). Und die deutschen Beiträge zu dieser Debatte? Zu diesen insgesamt fast 20.000 Belegen hat »Geschichte und Gesellschaft« exakt 19 beigetragen; weitere deutschsprachige historische Zeitschriften (AfS, HZ, ZfG, ZHF usw.) sind durchaus vertreten.

20 Dies schließt Rezensionen ein, da die Datenbank den Titel des besprochenen Buches erfasst. Wichtige, oft rezensierte Buchtitel gehen dadurch mehrfach in die Zählung ein.

21 Im einzelnen wurde nach den Wortstämmen »moderniz*« oder »modernisa*«, »modernit*« und »postmod*« gesucht; dadurch wurden Pluralformen und Partizipien mit eingeschlossen, dafür das Adjektiv »modern« sowie das Substantiv »modernism« ausgeschlossen.

22 David Lodge, Modernism, Antimodernism and Postmodernism, in: New Review 38. 1977, H. 4, S. 39–44; ein Begriffstrio, das sich bis heute ungebrochener Beliebtheit – z. B. in der Kunstgeschichte – erfreut, vgl. die Rezension von Barry Schwabsky, Art since 1900: Modernism, Antimodernism, Postmodernism, in: The Nation 281. 26.12.2005, H. 22, S. 43–47.

23 Selbstverständlich wirkt es als Verkürzung, wenn ein Titel wie Jeffrey Herf, Reactionary Modernism: Technology, Culture and Politics in Weimar and the Third Reich, Cambridge 1984, nicht in die Auswertung eingegangen ist. Denn in den zeithistorischen Debatten um das NS-Regime spielen semantische Differenzierungen von »Moderne« eine wesentliche Rolle, vgl. als Überblick: Riccardo Bavaj, Modernisierung, Modernität und Moderne. Ein wissenschaftlicher Diskurs und seine Bedeutung für die historische Einordnung des »Dritten Reiches«, in: HJb 125. 2005, S. 413–451.

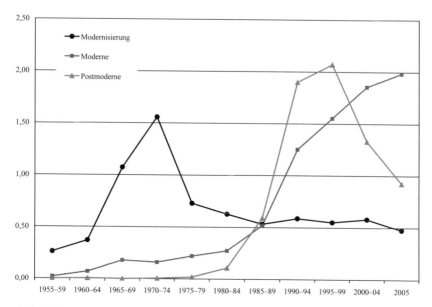

Abb. 1: Begriffe der Moderne, 1955–2005 (in Promille)
Quelle: Web of Science, SSCI und AHCI.

Der Aufstieg der Modernisierungstheorie zeichnet sich ab 1960 rasant ab, mit
einem Allzeithoch in der ersten Hälfte der siebziger Jahre.[24] Der Einbruch
nach 1975 ist auch darauf zurückzuführen, dass in diesem Jahr der »Arts
and Humanities Citation Index« eröffnet wurde und somit sich die Auswer-
tungsbasis fast verdreifachte und um Disziplinen erweiterte, die eher nicht
die Semantik der Modernisierung nutzten. Aber auch wenn man sich auf
die sozialwissenschaftlichen Zeitschriften beschränkt, bleibt die Form der
Kurve erhalten, der Abwärtstrend von 1975 bis zur Gegenwart vollzieht sich
nur auf einem etwas höheren Niveau. Im weiteren Verlauf fällt auf, dass sich
am Ende der achtziger Jahre die drei Kurven kreuzen: die »Modernisierung«
auf einem vorläufigen Tiefpunkt steht und die Aktienkurse für »Moderne«
und »Postmoderne« beim Atemholen vor ihrer Hausse in den neunziger Jahren verweilen. Der Kreuzungspunkt ist kein statistisches Artefakt, er stellt
vielmehr einen ersten Hinweis auf einen Moment radikalen Trendwandels
im sozial- und humanwissenschaftlichen Vokabular dar. Auch die Kurven
für typische Begriffe des *cultural turn* beginnen dann ihren rapiden Aufstieg

---

24 Die Mitte der siebziger Jahre war also aus Akteurssicht ein optimaler Moment, um diese »große Erzählung« der deutschen Geschichtswissenschaft anzuempfehlen; vgl. Hans-Ulrich
Wehler, Modernisierungstheorie und Geschichte, Göttingen 1975; dazu zuletzt Chris Lorenz,
»Won't You Tell Me, Where Have All the Good Times Gone«? On the Advantages and Disadvan-
tages of Modernization Theory for History, in: Rethinking History 10. 2006, S. 171–200.

bis zur Gegenwart. So wenden sich die Karrieren von *gender, experience, identity, generation* oder *space* ab 1990 steil nach oben. Sicher bedeutet Koinzidenz nicht Kausalität, aber der Zusammenfall dieser Konjunkturen mit dem Ende des realen Sozialismus fällt ins Auge. Danach stagniert die Modernisierungssemantik und tendiert im 21. Jahrhundert schließlich nach unten.[25] Und dies, obwohl nicht wenige Sozialwissenschaftler kurz nach dem Fall der Mauer ihre Renaissance vorhergesagt haben.[26] Zwar wird die Nennungshäufigkeit durch Nachholeffekte in den Sozialwissenschaften der postsozialistischen Länder und der Dritten Welt gestützt, aber die Dynamik ist nicht wiedergekehrt.

Auch auf die beiden Gewinner am Neuen Markt der neunziger Jahre trifft zu, dass kritische Diskussionen den Trend unterstützen. Zunächst überwiegt aber der emphatische Gebrauch des neuen Erkennungszeichens »Postmoderne«. Die Konjunktur begann deutlich schon in der zweiten Hälfte der achtziger Jahre, verstärkte sich aber noch im folgenden Jahrzehnt und widerlegte damit alle Mahnungen in der Nachwendezeit, dass nun »Schluss mit lustig« sei. Erst am Ende der neunziger Jahre war die Zeit für »eine Bilanz« gekommen, die fragen (aber nicht beantworten) konnte: »Was kommt nach der Postmoderne?«[27] Glaubt man dem Barometer der Zeitschriftenliteratur drängt sich eine Antwort auf: die Moderne (*modernity*). Ihre Aufwärtsbewegung ist ungebrochen; ihre Nennungen übertreffen im Jahr 2005 diejenigen von Modernisierung und Postmoderne zusammen. Diese Bewegung bestätigt frühe Beobachter, die ein Verständnis der Postmoderne als Periode ablehnten und sie als Radikalisierung der Moderne und der Modernekritik begriffen.[28]

Schaut man sich einige Schlüsselbegriffe der kulturellen Wende näher an, können jenseits der generellen semantischen Euphorie doch auch deutliche Unterschiede im zeitlichen Verlauf und im Ausmaß des Wachstums festgestellt werden. Gegenüber »Gender« und »Identität« spielt »Klasse« hier die Rolle des Kontrollbegriffs. Zwischen 1955 und 1989 weist er eine stetige Prä-

25 Die Methodiker unter den Lesern werden bemerkt haben, dass die Graphiken am Ende zu lang ausgezogen sind, da hier der Jahrgang 2005 den Platz von einem ganzen Jahrfünft in Anspruch nimmt. Diese technisch bedingte Extrapolation kann aber auch als eine Übung in Vorhersage verstanden werden.
26 Wolfgang Zapf, Der Untergang der DDR und die soziologische Theorie der Modernisierung, in: Bernd Giesen u. Claus Leggewie (Hg.), Experiment Vereinigung. Ein sozialer Großversuch, Berlin 1991, S. 38–51.
27 Karl Heinz Bohrer u. Kurt Scheel (Hg.), Postmoderne. Eine Bilanz, Sonderheft Merkur 52. 1998, H. 9/10, S. 756.
28 Wolfgang Welsch, Unsere postmoderne Moderne, Weinheim 1991³. Für eine Kontinuität von der Modernisierung zu neueren Theorien der Moderne plädiert dagegen Thomas Mergel, Geht es weiterhin voran? Die Modernisierungstheorie auf dem Weg zu einer Theorie der Moderne, in: ders. u. Welskopp, Geschichte zwischen Kultur und Gesellschaft, S. 203–232; kritisch gegenüber solchen Rettungsversuchen sind Konrad H. Jarausch u. Michael Geyer, Shattered Past: Reconstructing German Histories, Princeton, NJ 2003, S. 85–108.

senz von etwa 4 bis 5 Promille in den Titeln der Zeitschriftenartikel auf;
ähnlich wie »Modernisierung« kennt er einen deutlichen Anstieg bis zu den
frühen siebziger Jahren, um sich dann auch in der literatur- und geisteswis-
senschaftlich erweiterten Datenbank auf einem niedrigeren Niveau zu stabi-
lisieren. In vergleichbaren Bahnen verläuft auch die stetige Abschwächung
nach 1990.

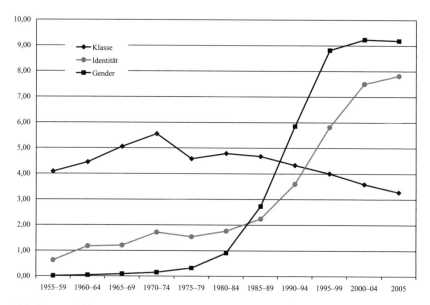

Abb. 2: Begriffskonjunkturen: Klasse, Geschlecht, Identität, 1955–2005 (in Promille)
Quelle: Web of Science, SSCI und AHCI.

Weitere Begriffskonjunkturen sind in dieser Weise verfolgt worden. »Erfahrung«, »Raum« (*space, spatial*) sowie »Generation« weisen ebenfalls erstaunliche Steigerungsraten seit dem Beginn der neunziger Jahre auf. Gemeinsam haben diese Kursverläufe aber auch, dass sie aus sehr unterschiedlichen
Disziplinen gespeist werden und sich ihr Erfolg zunächst nicht in den historischen Disziplinen, sondern in Psychologie, Geographie oder Anthropologie
abzeichnet.[29] Historiker schließen sich nicht nur im deutschsprachigen Raum
einer solchen Welle erst an, wenn sich ihr Gipfel abzeichnet. Umgekehrt haben aber andere Fachbereiche, wie die Politischen Wissenschaften oder die

29 Wer ganz vorne sein will, beschränkt sich nicht auf ein einziges Erkennungszeichen. Ein
Artikel wie der folgende notiert auf allen genannten Kurven: Suzanna Chan, »Kiss My Royal Irish
Ass«: Contesting Identity: Visual Culture, Gender, Whiteness and Diaspora, in: Journal of Gender
Studies 15. 2006, S. 1–17; zusätzlich zu den Titelworten gebraucht das Abstract postcolonial, race,
other, hegemonic usw.

Wirtschaftswissenschaften, dem *cultural turn* weitgehend widerstanden.[30] Der durch die Auswertungsform verstärkte Eindruck von internationalen, fachübergreifenden Megatrends ist also ebenso »real« wie die tiefe Binnendifferenzierung von disziplinären und nationalen Kontexten.

Die Gegenüberstellung von *class* und *gender* soll selbstverständlich den interessanten Bereich der Kombinationen nicht verdecken. Insbesondere in Form der Dreieinigkeit von »race, class and gender« hat der Klassenbegriff vom Aufstieg der Geschlechterforschung sowie kritischer, oft postkolonialer Theorieansätze profitiert. Es mag überraschen, dass dies zahlenmäßig ein sehr begrenztes Phänomen geblieben ist.[31] Wie bereits erwähnt, tragen Kritik und Polemik gegen bestimmte Begriffsverwendungen natürlich zu ihrer Präsenz in diesen Statistiken bei. So gehört ähnlich wie »Postmoderne« das Konzept der »Identität« zu den hoch umstrittenen Markenzeichen der kulturellen Wende.[32]

Auch hier stammt die übergroße Mehrheit der Belege natürlich nicht aus den historischen Disziplinen sondern aus Psychologie, Psychoanalyse, Soziologie, Erziehungswissenschaft usw. In vielen Fällen hat der Aufstieg der Kategorie *gender* nur dazu geführt, dass der Wortgebrauch angepasst wurde und – z. B. in Studien der empirischen Sozialforschung – für die Kategorie *sex* nunmehr *gender* eingesetzt wird. Ähnlich wie Modeeffekte dazu führen, dass in den neunziger Jahren dort »Generation« geschrieben wird, wo früher einfach von der Variable »Alter« die Rede war. Auf der Ebene der Beschreibung von (Sub-)Disziplinen, Forschungsbereichen oder universitären Fachbereichen steckt hinter dem einzigartigen Erfolg des Begriffs *gender* die Ablösung einer ganzen Wortfamilie, die um *women's studies* oder *feminist theory* gruppiert war. Trotz allem: den enormen Zuwachs zwischen 1980–1984 und 2000–2004 kann man nicht klein reden; er übertrifft bei weitem diejenigen von Identität, Generation oder Raum. Nur »Erfahrung« erreicht 2005 einen vergleichbaren Marktanteil wie »Geschlecht«, indem es in 2,5 Prozent aller erfassten Titel und Abstracts vorkommt (*gender* 2,6 Prozent). Für die Zukunft wird man sehen, ob sich der Bezug auf den Gender-Ansatz oder auch der Gebrauch des Stichworts »Identität« als Kennzeichen für akteurs- und

---

30 Dies ergibt am Beispiel USA die exemplarische Bilanzierung von vier Disziplinen zwischen 1945 und 1995: Thomas Bender u. Carl E. Schorske (Hg.), American Academic Culture in Transformation: Fifty Years, Four Disciplines, Princeton, NJ 1997.

31 Im Zeitraum 1970 bis 2006 kommen 487 Artikel vor, die die drei Begriffe in ihrem Titel führen. Erweitert man die Suche auf Abstracts, kommen 1.278 *records* zusammen, also nur 1,6 Prozent der Nennungen von *gender* überhaupt.

32 Einer der systematischsten Versuches des *identity bashing* gehört deshalb zu den oft zitierten Artikeln mit diesem Stichwort: Rogers Brubaker u. Frederick Cooper, Beyond »Identity«, in: Th&S 29. 2000, S. 1–47 (mit 86 Zitationen bis Mai 2006); v.a. im deutschsprachigen Raum wurde das Buch von Lutz Niethammer, Kollektive Identität. Heimliche Quellen einer unheimlichen Konjunktur, Reinbek 2000, beachtet (mit 15 Zitationen bis Mai 2006).

subjektivitätsbezogene Forschungen auf einem Hochplateau einpendelt oder ob der Beginn des 21. Jahrhunderts vielmehr ihr beider Allzeithoch darstellt, das in Zukunft gegen neue Konkurrenten zu verteidigen wäre.[33]

Die Wortwahl für die Titel von Publikationen, so wird man einwenden, ist doch ein bloßes Oberflächenphänomen. Was wirklich zählt für die Positionierung eines Textes innerhalb von Schulen, Ansätzen oder Debatten, ist der Verweis auf andere Wissenschaftler und ihre Veröffentlichungen. In einem weiteren Zugriff soll deshalb die Zitierhäufigkeit bekannter Historiker und ihrer Werke über denselben Zeitraum verfolgt werden. Hierdurch wird die eigentliche Stärke dieser Datenbanken ausgenutzt, ihre minutiöse Erfassung der Fußnoten von Zeitschriftenartikeln (mitsamt den besprochenen Werken in Rezensionen). Drei Sozialhistoriker sind hier ausgewählt worden. In ihrem Sprachgebiet und innerhalb der internationalen Geschichtswissenschaft vertreten alle drei den Anspruch einer Gesellschaftsgeschichte; alle drei haben diesen Ehrgeiz durch große Synthesen zu verwirklichen gesucht. Fernand Braudel (1902–1985), Eric Hobsbawm (geb. 1917) und Hans-Ulrich Wehler (geb. 1931) unterscheidet natürlich auch vieles, zu allererst ihr Geburtsdatum. Krieg und Internierung im Falle Braudels, Emigration und Krieg im Falle Hobsbawms haben aber den Beginn der Universitäts- und Publikationskarriere erst nach 1945 bzw. in den sechziger Jahren beginnen lassen, so dass der Abstand faktisch weniger folgenreich ist. Im Hinblick auf die hier ausgewerteten Datenbanken besteht der entscheidende Unterschied allerdings im Zugang zum angloamerikanischen Buchmarkt. Braudels Hauptwerke waren seit den frühen siebziger Jahren auf englisch verfügbar,[34] weitere Übersetzungen erschienen in den achtziger und neunziger Jahren; sie legten die Basis für eine eindrucksvolle, auch posthum fortgesetzte Rezeptionsgeschichte. Eric Hobsbawms weltweiter Ruhm wird u. a. durch den anhaltenden Erfolg seiner dreiteiligen Gesamtdarstellung des 19. Jahrhunderts (in verschiedenen Sprachen) gestützt und seit 1994 in hohem Maße auch durch den Erfolg des »Zeitalters der Extreme« gefördert, das bis 2002 in 37 Sprachen übersetzt worden ist.[35] Dagegen liegen Wehlers Veröffentlichungen – trotz einer Reihe von frühen

---

33 Joan W. Scott, die mit ihrem Grundsatzartikel über gender die Debatte am Ende der achtziger Jahre wesentlich beflügelt hat (346 mal zitiert!), warnte 2001, also auf dem Höhepunkt der Kurve, vor dem Bedeutungsverlust, den die inflationäre Verwendung als Etikett mit sich bringt; vgl. dies., Gender: A Useful Category of Historical Analysis, in: AHR 91. 1986, S. 1053–1075, auch in: dies., Gender and the Politics of History, New York 1988, S. 28–50 (das Buch wurde 914 mal zitiert); dies., Millenial Fantasies: The Future of »Gender« in the 21st Century, in: Claudia Honegger u. Caroline Arni (Hg.), Gender. Die Tücken einer Kategorie, Zürich 2001, S. 19–37 (deutsche Übers., ebd., S. 39–63).

34 Allerdings brauchte Braudels »Méditerannée« über 20 Jahre, um ins Englische übersetzt zu werden; die italienische und spanische Übersetzungen folgten dagegen bereits 1953 auf das 1949 erschienene Original; die deutsche Übersetzung erschien dann 1990.

35 Hobsbawm, Gefährliche Zeiten, S. 348.

Aufsätzen und späteren Übersetzungen[36] – weitgehend nur auf Deutsch vor, vor allem betrifft dies die »Deutsche Gesellschaftsgeschichte«. Die kontinuierliche Präsenz als Referenz in den Zeitschriften dieser Datenbanken beruht dennoch zu einem guten Teil auf den Lektüren englischer und amerikanischer Autoren (v. a. Historiker, aber auch Politologen und Soziologen), die die erwartbar hohe Zitierdichte der deutschsprachigen Journale ergänzen.

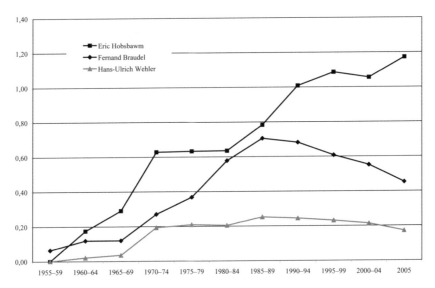

Abb. 3: Zitierhäufigkeit von drei Sozialhistorikern, 1955–2005
Quelle: Web of Science, SSCI und AHCI.

Jenseits individueller Unterschiede illustriert diese Abbildung aber vor allem zwei Punkte, einen banalen, aber gern vergessenen und einen überraschenden. Zum einen sind die Schaffens- und Rezeptionsperioden von historischen Werken länger und eventuell nachhaltiger als die Auf- und Abstiege von »Paradigmen« oder die Konjunkturen von Themen und Begriffen. Zum anderen ergibt sich aus diesen Kurven die erstaunliche Erfolgsgeschichte einer breit gefassten und international offenen Gesellschaftsgeschichte – und dies bis zur unmittelbaren Gegenwart. Zwar zeichnet sich in den späten sechziger und frühen siebziger Jahren der Aufstieg der neuen Sozialgeschichte in allen drei Kursverläufen ab. Trotz der Altersunterschiede war der Aufstieg zur internationalen Prominenz bei den drei Historikern mit dieser oben skizzierten Dynamik verbunden. Aber danach hält ihr relativer Anteil an den Zitationen

36 Hans-Ulrich Wehler, The German Empire 1871–1918, Leamington Spa 1985; oder auf Initiative der Pariser Maison des Sciences de l'Homme: ders., Essais sur l'histoire de la société allemande 1870–1914, Paris 2003.

in den rasant wachsenden Datenbanken ein stabiles Niveau (Wehler), steigt zu einem posthumen Hoch an (Braudel) oder kennt sogar einen weitgehend linearen Aufstieg – und dies alles genau in den Jahrzehnten, als die semantischen und methodologischen Präferenzen sich radikal wandeln. Eine ähnlich nachhaltige Präsenz weist das hier nicht gezeigte Echo auf E. P. Thompson auf. Hinter den kurzfristigen *turns* scheint es also eine längerfristige und gewissermaßen zähere Evolution von Werken und ihrer Rezeption zu geben. Ebenso wie diesen Kontinuitäten sollte man sich der großen Mehrheit der nicht oder kaum von den »Wenden« erfassten Forschungen bewusst bleiben. Vieles geht in den traditionellen Arbeitsgebieten etwa der Geschichtswissenschaft und in den von Moden nicht beunruhigten Institutionen einfach weiter. Auch die Innovationen von gestern vergehen nicht einfach, quantitative Geschichte z. B. wird in einer Reihe europäischer Länder gepflegt. Die internationale Wissenschaftslandschaft stellt ein erstaunliches Reservoir für die Koexistenz von früher oder später erfundenen Traditionen dar.

III. Knoten statt Wenden. Offenbar reichen diese quantitativen Indikatoren nicht über einen Anfangsverdacht hinaus. Er lässt sich erhärten, indem man die Akteure und ihre Werke selbst zu Worte kommen lässt und sich, wenngleich kursorisch, einige inhaltliche Tendenzen anschaut. Gießen wir zunächst etwas zunftbezogenes Wasser in den Wein der Megatrends. Die historischen Zeitschriften und darin die kleine Zahl der erfassten deutschen Periodika nehmen an allen genannten Konjunkturen teil, aber sie stellen bei weitem nicht ihre Motoren dar. Mit Hilfe von zwei empirischen Argumenten, die an anderer Stelle zu entfalten wären, soll ein alternatives Konzept von »Wenden« skizziert werden. Anstatt sauber aufeinander folgender »Paradigmenwechsel« oder *turns*, scheint es weiter zu führen, wenn man die ihnen zugrunde liegenden institutionellen, kollektivbiographischen und inhaltlich-methodischen Stränge getrennt betrachtet und den Ereignischarakter ihrer »Verknotung« als nur einen, sicher spektakulären und wirkungsmächtigen, Aspekt ihrer länger laufenden Entwicklung auffasst.

Das erste Argument unterstreicht die auffallende Gleichzeitigkeit des Triumphs der Sozialgeschichte einerseits und der entscheidenden Anstöße für den kulturgeschichtliche Perspektivwechsel andererseits. Um das Jahr 1975 herum konzentrierte sich in den USA, England und der Bundesrepublik die Gründung einer Reihe neuer, programmatisch ausgerichteter Zeitschriften. Zusammen mit der Modernisierung und Perspektiverweiterung bereits bestehender Periodika zur traditionellen Arbeitergeschichte (»Archiv für Sozialgeschichte«, »Le Mouvement Social«) entstand in diesem Moment ein einzigartiges transnationales, miteinander in Verbindung stehendes Forum für die neuen Ansätze. Es besteht aus den Zeitschriften »Social Science History« (USA, 1975), »Geschichte und Gesellschaft« (D, 1975), »History Workshop

Journal« (GB, 1976) und »Social History« (GB, 1976). Zusammen mit dem älteren, 1967 gegründeten »Journal of Social History«[37] (USA) und dem »Journal of Interdisciplinary History« (USA, 1970) vertraten sie die neue Sozialgeschichte und ergänzten auf breiter Front die Klassiker der »Annales ESC« (F, wiederbegründet 1946) und »Past and Present« (GB, 1952).

Aber genau zur selben Zeit erscheinen in der frühneuzeitlichen Geschichte, der Ethnologie und der Philosophie drei Werke, die als emblematisch für die kulturelle Wende aufgefasst werden: Natalie Z. Davis' einflussreiche Essaysammlung »Society and Culture in Early Modern France« (1975), die bereits durch die Einzelartikel vorbereitete Sammlung von Clifford Geertz »The Interpretation of Cultures« (1973) sowie Michel Foucaults nur vordergründig als Geschichte des Gefängnisses misszuverstehendes Buch »Surveiller et punir« (1975). Bevor man sie zu Ausnahmen erklärt, sollte man sich die inzwischen ausgewachsene Forschungsmaschinerie der Gruppe um die »Annales« zum selben Zeitpunkt anschauen. In dieser Phase großen Glaubens an die Quantifizierung und der Inspiration durch die strukturale Anthropologie Mitte der siebziger Jahre erscheint die dreibändige programmatische Artikelsammlung »Faire de l'histoire«, in der zwar das Wort »Kultur« praktisch nicht vorkommt, in der aber die neuen Interessen für Repräsentationen und Praktiken, für das Unbewusste, Religion und Mythos, für Mentalitäten und Körper, für Sprache, Bücher, Filme oder Feste sich in eigenen Beiträgen prominenter Historiker manifestieren. Nicht weniger als 16 von 32 Beiträgen insgesamt könnte man der neuen Kulturgeschichte oder historischen Anthropologie zuordnen.[38]

Sicher wäre hier näher auf die interdisziplinären und internationalen Transferprozesse einzugehen, z.B. das Nichtankommen von E.P. Thompson in Frankreich (die Übersetzung von 1988 hat praktisch kaum noch Wirkung) oder den Abstand von 18 Jahren, den Hayden Whites »Metahistory« von 1973 für ihre Übersetzung ins Deutsche brauchte, ein Abstand, der ihn in den Augen der Rezipienten vom ursprünglichen Strukturalisten in einem Postmodernen verwandelte.

Das zweite Argument kann ebenfalls nur angedeutet werden. Es findet seine empirische Basis in der inzwischen erstaunlichen Sammlung von *Ego histoires*, Autobiographien, Interviews und wissenschaftlichen Biographien von einflussreichen Historikern, die sich in den letzten Jahren gebildet hat.[39]

---

37 Dessen erste Nummer einen Beitrag von Werner Conze mit dem Titel »Social History« enthielt, S. 7–16.

38 Jacques Le Goff u. Pierre Nora (Hg.), Faire de l'histoire, 3 Bde., Paris 1974.

39 Interessante Beispiele nebst einer umfassenden Einleitung und Bibliographie enthält Luisa Passerini u. Alexander C. T. Geppert (Hg.), European Ego-histoires: Historiography and the Self, 1970–2000, in: Historein: A Review of the Past and Other Stories 3. 2001, S. 1–180; vgl. meine Rezension in: L'Homme 14. 2003, S. 412–415; für die deutschen Sozialhistoriker wichtig: Rüdiger

Mit einer systematischen Auswertung kann man zum Teil Argumente für die Abruptheit der Wenden finden, die individuell zuweilen wie Konversionen geschildert werden. Viel mehr Material findet man aber für die untergründigen Umorientierungen, die in den sich über mehrere Jahrzehnte und zum Teil über die großen Brüche des Zeitalters der Extreme hinweg erstreckenden Historikerleben finden kann. Eine systematische Auswertung dieser Zeugnisse der Selbstthematisierung steht noch aus. Ich vermute, dass sie eher Argumente für gewundene Entwicklungslinien und temporäre Verknotungen als für in sich geschlossene Paradigmenwechsel ergeben.

IV. Mit uns zieht das neue Paradigma. Eine weitere Selbstthematisierung fand auf theoretischer und wissenssoziologischer Ebene statt. Parallel zu den Neuorientierungen haben ihre Träger und Protagonisten über die Mechanismen von wissenschaftlichem und intellektuellem Wandel als solchem nachgedacht. Was in den sechziger und siebziger Jahren, unter ihren Augen und mit ihrer tätigen Mithilfe, geschah, schien mehr oder weniger einem »Paradigmenwechsel« zu entsprechen, wie ihn Thomas S. Kuhn 1962 in seinem enorm einflussreichen Buch »The Structure of Scientific Revolutions« am Beispiel der Physik beschrieben hatte.[40] Obwohl Kuhn selbst nicht mit Vorbehalten gegenüber der Anwendung seines Modells auf die Sozialwissenschaften sparte, wurde Paradigmenwechsel (*paradigm shift*) zu einem Schlachtruf innerhalb der Auseinandersetzungen, um die neue Sozialgeschichte gegenüber der »Ereignisgeschichte«, der Politikgeschichte oder dem (*horribile dictu*) »Historismus« zu etablieren.[41] Die Konsequenzen von Kuhns Ansatz für die Wissenschaftsgeschichte wurde von Sozialhistorikern ebenfalls begrüßt. Denn die Verknüpfung von internalistischen und externalistischen Argumenten, die Einbeziehung gesellschaftlicher Faktoren für die Entwicklung und Anwendung von naturwissenschaftlichen Wissen korrespondierte offensichtlich mit ihren eigenen Ansätzen, die Kontext, Interessen und Sachzwänge betonten. Wenn es für die Physik stimmte, wie sehr musste es dann auf soziale und politische Vorstellungen und Ideologien zutreffen.[42]

Die Behauptung, das neue Paradigma zu vertreten, eignete sich zudem hervorragend als Feldzeichen im Kampf um institutionellen Einfluss und öf-

Hohls u. Konrad H. Jarausch (Hg.), Versäumte Fragen. Deutsche Historiker im Schatten des Nationalsozialismus, Stuttgart 2000.

40 Deutsche Übersetzung: Thomas S. Kuhn, Die Struktur wissenschaftlicher Revolutionen, Frankfurt/Main 1967 (2., revid. Aufl. 1976).

41 Vgl. u.a. Irmline Veit-Brause, Paradigms, Schools, Traditions: Conceptualizing Shifts and Changes in the History of Historiography, in: Storia della storiografia 17. 1990, S. 50–65; interessante Betrachtungen am Bsp. der »Annales« bei Allan Megill, Coherence and Incoherence in Historical Studies: From the »Annales School« to the New Cultural History, in: NLH 35. 2004, S. 207–331.

42 Joyce Appleby u.a., Telling the Truth about History, New York 1994, S. 163 ff.

fentliche Ausstrahlung. Es wirkt viel besser als ein generationell formulierter Anspruch (die Jungen gegen die Alten), weil man als Bannerträger des neuen Paradigmas (und Organisatoren der neuen »Normalwissenschaft«) auch die Gleichaltrigen zum »alten Eisen« expedieren konnte. Die »Bielefelder Schule« hat es in besonderem Maße verstanden, sich in ihrer heroischen Phase selbst als Sieger der Wissenschaftsgeschichte zu stilisieren und sogar eine eigene Historiographiegeschichte zur Unterfütterung des neuen »Paradigmas« zu schaffen.[43]

Im Rückblick auf (wenigstens) zwei Wenden scheint es fruchtbarer zu sein, die Einheitlichkeit dieser Brüche aufzulösen und von weniger abrupten, vielschichtigeren Übergängen auszugehen. So hat sich z. B. eine wesentliche Dimension der neuen Sozialgeschichte, die Entdeckung und Vervielfältigung neuer Themenbereiche mit der einhergehenden Spezialisierung von Subdisziplinen (Historische Demographie, Nationalismusforschung, Familien-, Stadt-, Agrar-, Arbeiter-, Medien-, Konsumgeschichte usw.) auf vielen Ebenen weiterentwickelt, auch neuorientiert, aber auch gewissermaßen einem einzigen »Paradigma« entzogen.

Was kommt nach einer Wende? Zumindest auf einer Gebirgsstraße folgen viele weitere Wenden. Die spiralenförmige Bewegung führt nicht unbedingt weiter, aber immerhin höher (oder auch tiefer). Diese Metaphorik hat also deutliche Grenzen für die Analyse, dennoch bleibt das Phänomen der Vervielfältigung von selbst deklarierten *turns* im letzten Jahrzehnt erstaunlich. Nach, neben und gegenüber den *linguistic, interpretive, cultural turns* hat der *iconic* oder *pictorial turn* erhebliche Aufmerksamkeit auf sich gezogen und haben praxeologische oder performative Wenden eine Wiederaufwertung von Akteuren gesucht. Auch beim *spatial* oder *topographical turn* sind die Protagonisten noch lange nicht aus der Kurve wieder auf die Gerade gesteuert. Doch spricht man inzwischen auch vom *social* oder *realist(ic) turn* (der mit allem wieder aufräumen soll) oder postuliert Bewegungen *beyond* der letzten Wende, die ihre Halbwertzeit dadurch erheblich zu erhöhen vermag. Der Band »Beyond the Cultural Turn« ist dafür ein prominentes Beispiel.[44] Nicht wenig Spott ist über diese Inflation von neuen Ansätzen mit weit reichendem Revisionsanspruch ausgegossen worden.

Diese Selbstmarkierungen in der akademischen und öffentlichen Debatte, auf dem Markt für Aufmerksamkeit, Forschungsfinanzierung und Veröffentlichungen, haben jedoch auch über die direkte Funktionalität hinaus ernstzunehmende Bedeutungen. Zum einen sind sie sicher eine Antwort auf

---

43 Vgl. die Hinweise in Christoph Conrad u. Sebastian Conrad, Wie vergleicht man Historiographien?, in: dies. (Hg.), Die Nation schreiben. Geschichtswissenschaft im internationalen Vergleich, Göttingen 2002, S. 11–45, hier S. 25 f.

44 Victoria E. Bonnell u. Lynn Hunt (Hg.), Beyond the Cultural Turn: New Directions in the Study of Society and Culture, Berkeley, CA 1999.

den Innovationszwang, dem gerade die aus dem 19. Jahrhundert stammenden Geisteswissenschaften heute ausgesetzt sind. Zum zweiten stellen sie eine Art Ersatz für die Theoriefamilien früherer Zeit dar. Auf dem durch die *turns* definierten methodologischen und thematischen Feld kann man interdisziplinäre Brücken bauen, temporäre Allianzen bilden und so auf die Relativierung der klassischen Fächergrenzen reagieren, die sich sowohl in der Organisation der Lehre als auch der Forschungspolitik zunehmend abzeichnet. Drittens soll die Attraktivität eines solchen Fähnchens für die Selbstverortung der Wissenschaftlerinnen und Wissenschaftler im Getümmel nicht unterschätzt werden. Sicherlich ist es immer nur eine kleine Minderheit, die sich offensiv zu einem *spatial* oder *pictorial turn* verhält, aber die Orientierungsfunktion solcher Codeworte reicht wesentlich weiter.

V. Erklärungen. Stellt man die Frage nach den Gründen für diesen Wandel, rührt man nicht nur an innerwissenschaftliche Faktoren – das wäre die schnelle Antwort – sondern auch an veränderte gesellschaftliche Orientierungen und Werte, die schwer zu gewichten sind.[45] Mehr noch: die offenbar horizontale Verbreitung dieser Wende zur Kultur in verschiedenen Wissenschaften und anderen Lebensbereichen provoziert die Frage, welche für Faktoren (generationelle, politische, interessenbezogene, ideengeleitete usw.) überhaupt als zurechenbar anerkannt wären. Denn der Verweis auf den »Zeitgeist« kann ja nur eine Geste der Verlegenheit sein, die das eigentliche Problem erst sichtbar werden lässt: Die Wandlungen der intellektuellen Agenda, der sozialen Wahrnehmungen und politischen Visionen seit den siebziger Jahren zu erklären, bedeutete ja, über ein Instrumentarium soziokultureller Analyse zu verfügen, um die der Streit ja gerade geht. Könnte man eine plausible Story davon schreiben, wie sich weite Bereiche der Sozial- und Geisteswissenschaften sowie der Selbstbeschreibung der Gesellschaft insgesamt kulturalisiert haben, dann hätte man ein gutes Stück auf dem Weg zu einer *new cultural history* der letzten Jahrzehnte geschafft.

Internalistisch betrachtet sind die Symptome der skizzierten Verschiebungen bis zu einem gewissen Grade auch ihre Gründe: a) die innerfachliche Erschöpfung der bisher erfolgreichen Analysemodelle, d. h. in der neueren und neuesten Geschichte besonders des Modells der historischen Sozialwissenschaft; b) die Einflüsse aus dem westlichen Ausland, insbesondere aus Frankreich, Großbritannien und den USA, wo ähnliche Debatten schon länger und mit größerer Wirkung in der Forschungspraxis gelaufen sind; c) die Orientierung an Nachbarwissenschaften, die die »kulturelle Wende« bereits

---

45 Dieser Abschnitt folgt Christoph Conrad, »Kultur« statt »Gesellschaft«? Die aktuelle Diskussion in der Geschichtswissenschaft, in: Siegfried Fröhlich (Hg.), Kultur. Ein interdisziplinäres Kolloquium zur Begrifflichkeit, Halle 2000, S. 117–124; vgl. jetzt Lorenz, Won't You Tell Me.

intensiver durchgemacht haben, wie etwa der Ethnologie oder den angloamerikanischen *cultural studies*. Die Erfahrung, dass die Untersuchungs- und Erklärungsansätze der vorherigen Jahre an Plausibilität verlieren, kommt nicht über Nacht. Letztlich ist ihr eine jahrzehntelange Umschichtung und Ausdifferenzierung an den Grenzbereichen der Sozialgeschichte vorausgegangen: Alltagsgeschichte, Historische Anthropologie, Geschlechtergeschichte usw. sind die Stichworte für eine allmähliche Auffächerung und Profilierung alternativer Sichtweisen und empirischer Arbeitsbereiche.[46] Für Frankreich nennt Arlette Farge einige »Stachel im Fleisch« der Sozialgeschichte, die dort diese Rolle spielten: die anti-szientistischen Thesen zur Geschichtsschreibung von Paul Veyne, das Werk Michel Foucaults, die italienische Mikrogeschichte, die Provokationen des Philosophen Jacques Rancière zur Arbeitergeschichte sowie die Frauengeschichte.[47] Sicher eine subjektive Auswahl, von der sie selbst sagt, dass ihre Tiefenwirkung auf die Normalwissenschaft recht begrenzt erscheint, aber dennoch ein weiterer Hinweis darauf, dass es wenig Sinn macht, die deutschen Debatten allein unter dem Zeichen ihrer vorgeblichen Abweichung oder »Verspätung« zu interpretieren.

Zweifellos sieht im Rückblick manches konsequenter aus als es war, es stand das Zusammenfließen dieser Strömungen zu einer »kulturellen Wende« den einzelnen Richtungen sicher nicht auf die Stirn geschrieben. Hinzu kommt die breite Wiederentdeckung der deutschen kulturkritischen und kulturwissenschaftlichen Tradition, die am Ende des 19. Jahrhunderts und in den ersten Jahrzehnten des 20. Jahrhunderts blühte. Die Bemühungen um den zeitgenössischen Kontext und die heutige Relektüre der Werke von Max Weber, Georg Simmel, Ernst Cassirer oder Aby Warburg (u. a.) haben zweifellos ähnlich anregend gewirkt wie manche Aneignungen französischer Debatten durch amerikanische Verstärkungs- und Vermittlungsprozesse. Nur gilt für solche Vorgänge des Transfers und der Zirkulation von Ideen dasselbe wie etwa für die Untersuchung massenkultureller Prozesse: die Rezeption, Aneignung oder Ablehnung, steht im Mittelpunkt einer solchen Analyse. Wenn sie nicht greift oder wenn sie jahrelang auf enge Spezialistenkreise beschränkt bleibt, gibt es auch die Einflüsse nicht. Unterschwellige Hinweise auf die zeitliche oder nationale Priorität dieser alten Kulturwissenschaft gegenüber der heutigen französischen oder angloamerikanischen Diskursgemeinschaft wirken deshalb eigenartig deplaziert.

---

46 Vgl. als Überblicke Eley, Crooked Line; von Saldern, Schwere Geburten. Die Alltagsgeschichte hat in den letzten Jahren besonders fruchtbar auf die Forschungen zum NS, zu den beiden Weltkriegen sowie auf die DDR-Geschichte gewirkt, vgl. Alf Lüdtke, Alltagsgeschichte. Ein Bericht von unterwegs, in: HA 11. 2003, S. 278–295; ders., Alltagsgeschichte, Mikro-Historie, historische Anthropologie, in: Hans-Jürgen Goertz (Hg.), Geschichte. Ein Grundkurs, Reinbek 1998, S. 557–578.
47 Farge, L'histoire sociale, S. 290–292 u. 288 f.

Hans-Ulrich Wehler hat sich nie gescheut, den wissenssoziologischen Zirkel mit kraftvollen Hypothesen zu durchbrechen. Für ihn sind alle diese Richtungen mit politischen Erfahrungen und sozialen Wahrnehmungen in der gesellschaftlichen Umwelt ihrer Träger verbunden; vor allem nennt er:[48]

- die Enttäuschung über die Abstraktheit und Kühle der Struktur- und Prozessanalyse, über die Grenzen der Großtheorien;
- die Enttäuschung über die Vernachlässigung subjektiver Handlungschancen und Erfahrungshorizonte;
- die Schwächung des Fortschrittsglaubens und die Zweifel am Projekt der westlichen Modernisierung;
- die Attraktivität der Idee, dass Kultur ein eigenständiges, Veränderung und Eingreifen ermöglichendes Handlungsfeld in hochkomplexen Gesellschaften sein kann;
- die Hinwendung zu postmateriellen Werten in den Nachkriegs- und Nachboomgenerationen;
- die Erfahrung kulturell und religiös vielfältiger und konfliktreicher Gesellschaften.

Die Erschöpfung gesellschaftspolitischer Projekte und die Abkehr von breit geteilten Plausibilitäten (z. B. die der Determinationskraft materieller Interessen und der Klassenzugehörigkeit) hat zweifellos die in den sechziger Jahren sozialisierten Generationen am stärksten betroffen.[49] Jeder, der Seminare zur Ideengeschichte und den historiographischen Debatten der jüngsten Vergangenheit veranstaltet hat, weiß, wie schwierig es ist, heutigen Studierenden die Streitpunkte und Frontstellungen in diesen Auseinandersetzungen zu vermitteln, geschweige denn die emotionale Aufheizung nachvollziehbar zu machen.

Deshalb erscheint es nur folgerichtig, dass es sich bei Wehlers Thesen weitgehend darum handelt, Veränderungen von Wahrnehmungen und dominierenden Sichtweisen festzustellen. Ebenso überzeugend ist das Insistieren auf gesellschaftsweiten Tendenzen, die in breiten Kreisen besonders der jüngeren Altersgruppen geteilt werden. Dennoch ist die Präferenz für »weiche« Faktoren erstaunlich. Eine soziokulturelle Analyse der »kulturellen Wende« müsste die genannten Faktoren zweifellos ernst nehmen; sie dürfte sich nicht mit einer wissenssoziologischen oder interessenpolitischen »Ableitung« von intellektuellen Positionen aus sozialen Positionen zufrieden geben, sondern

---

48 Hans-Ulrich Wehler, Rückblick und Ausblick oder: Arbeiten, um überholt zu werden?, Bielefeld 1996.
49 Vgl. zahlreiche Beobachtungen bei Eley, Crooked Line; sehr prägnant auch die Zeugnisse in Passerini u. Geppert (Hg.), European Ego-histoires.

müsste sich auf paradoxe, kontraintuitive Spiele von Vermittlungen einlassen. Denn es war ja nicht zuletzt die Irritation darüber, wie wenig politisches Bewusstsein und »reale Lage« der Arbeiter in den Nachkriegsgesellschaften zusammenpassten, die z. B. in England die Entwicklung eines »kulturellen Marxismus« angestoßen hat.[50]

Wie stände es denn mit der Plausibilität und Akzeptanz von anders gelagerten Kausalitäten, wie, wenn man sich auf einen externalistischen Standpunkt stellte? Würde man z. B. die Parallelisierung von intellektuellen Orientierungen und gesellschaftspolitischem Zeitgeist (sechziger und frühe siebziger Jahre sozioökonomische Modernisierung; ab 1974/75 Zukunfts-, Öl- und Ökoschock, der zu Jutetaschen, Alltagsgeschichte und fatalen ausländischen Einflüssen führte; ab 1990 Globalisierung von Wirtschaft und Gesellschaft und deshalb auch globale Geschichtsschreibung) als angemessen empfinden? Könnte man auch im Seminar am Morgen nach dem Stammtisch noch die These verteidigen, dass die kulturelle Wende eine besonders perfide Strategie des Spätkapitalismus gewesen sei, um die kritischen Geister von einer sauberen Analyse des Neoliberalismus, der neuen Weltordnung und des *Empire* abzulenken? Reicht eine von Bourdieu inspirierte These, die heute nicht selten zum *radical chic* zählt, dass es bei jeder Neuorientierung eigentlich nur um die Erhaschung von »Distinktionsgewinnen« seitens solcher Protagonisten geht, deren symbolisches und soziales Kapital noch relativ übersichtlich erscheint? Würde man auf andere kulturelle Phänomene tatsächlich einen materialistischen Grundverdacht übertragen wollen, der in etwa davon ausgeht, dass bei Stellenwachstum und freien Karrierewegen reformfreudige, progressive Geschichten ganzer Gesellschaften angepackt werden, während in Stagnationszeiten mit struktureller Bedrohung durch Arbeitslosigkeit die Betroffenen dem Klein-Klein, der Dekonstruktion und dem Relativismus verfallen?

Die Form der Karikatur kann nicht darüber hinwegtäuschen, dass zu den innerwissenschaftlichen und politischen Erschöpfungserscheinungen auch der Zweifel an solchen Reduktionismen gehört. Dennoch: jenseits von eindeutigen Ordnungsmodellen ideologischer und politischer Art, von den Wellenbewegungen des Zeitgeistes und den untergründigen Einflüssen globaler Vergesellschaftung bleibt eine Erwartung bestehen, »härtere«, strukturellere und stärker lokalisier- und datierbare Einflussfaktoren zu identifizieren. Zwei Beispiele für mögliche Analysen seien abschließend genannt.

Für die USA hat der *intellectual historian* und Publizist Louis Menand eine ebenso zupackende wie kohärente Analyse des Marktes für Universitätsabschlüsse und Stellen im Bereich der Sozial- und Geisteswissenschaften

---

50 Dennis Dworkin, Cultural Marxism in Postwar Britain: History, the New Left, and the Origins of Cultural Studies, Durham, NC 1997.

seit Kriegsende entworfen.[51] In einer hier nicht im einzelnen zu referierenden Studie hat er sowohl die Großkonjunktur des Wachstums des Universitäts-systems (rasant von 1945 bis 1975, abgeschwächt seitdem) als auch die Zu-sammensetzung der Studierenden nach Fächern (Stagnation und relativer Rückgang der *Humanities* in der zweiten Periode) sowie nach Geschlecht und Ethnizität einbezogen. Zudem etablierte sich während des Kalten Krieges als bewusste Wissenschaftspolitik der Typus des Forschungsprofessors an einer größeren Zahl dafür reservierter Hochschulen – und dies auch in den Geis-tes- und Sozialwissenschaften. Was dann seit Ende des Vietnamkrieges kam, kann man als ein neokonservatives Angstszenario charakterisieren: das Ende des auf Objektivität und kalter Analyse eingeschworenen Szientismus sowie der Aufstieg von Multikulturalismus, *difference* und *diversity*, Interpretation und Relativismus. Aber Menand ist weit entfernt von einem deterministischen Modell, in dem demographische und hochschulpolitische Trends die Inhalte bestimmen, denn er sieht, dass die intellektuellen Wegbereiter (er nennt Na-men wie Hayden White, Clifford Geertz, Richard Rorty u. a.) bereits unter dem ersten Regime ausgebildet worden sind und ihre Karrieren begonnen ha-ben. An dieser Stelle berührt seine Analyse das Modell unterschiedlich lan-ger Entwicklungslinien, die sich nur temporär verknoten: Die Vordenker der Postmoderne »were demonstrating the limits, in the humanities disciplines, of the notion of disinterested inquiry and ›scientific advance‹. The seeds of the undoing of the cold war disciplinary models were already present within the disciplines themselves. The artificiality of those Golden Age disciplinary formations is what made the implosion inevitable.« Der soziale Strukturwan-del des Hochschulstudiums schuf jedoch den Resonanzboden, um innerfach-lichen Neuorientierungen und epistemologischen Brüchen zu ungeahntem öffentlichem Gewicht zu verhelfen.

Im zweiten Beispiel soll die Frage nach der Wissenschaftspolitik auf-genommen und auf die Entwicklungen hierzulande angewandt werden. Denn es sieht so aus, als ob durch die besondere Struktur der bundesdeut-schen Wissenschaftsförderung ein Verstärkungseffekt erzeugt wird, der das Schwungrad der Neuorientierungen nachhaltig antreibt. Die Massivität der seit 1968 aufgelegten Sonderforschungsbereiche der Deutschen Forschungs-gemeinschaft hat für die Geistes- und Sozialwissenschaften bestimmte Ten-denzen soweit verstärken können, dass sie eine ganz eigene institutionelle Bedeutung annahmen. Einige Zahlen mögen dies verdeutlichen: Bereits in der zweiten Hälfte der achtziger Jahre betrug der Anteil der »koordinierten

51 Louis Menand, College: The End of the Golden Age, in: The New York Review of Books 48 (Nr. 16), 18. Oktober 2001 (Onlineversion: http://www.nybooks.com/articles/article-preview?article_id=14628, Zugriff 13.5.2006).

Programme«[52] an der Gesamtförderung in den Geistes- und Sozialwissenschaften im Durchschnitt ca. 36 Prozent. Bis zu den Jahren 2001 bis 2005 ist ihr Gewicht auf 48 Prozent gestiegen. Anders ausgedrückt: während der letzten beiden Jahrzehnte haben sich die Ausgaben für die Einzelförderung verdoppelt, während gleichzeitig die koordinierten Programme eine Verdreifachung ihres Volumens erlebten.[53] So hat etwa der legendäre, von 1979 bis 1990 laufende SFB 3 »Mikroanalytische Grundlagen der Gesellschaftspolitik« (Frankfurt/Main, Mannheim) die Sozialindikatorenbewegung fest in den westdeutschen Sozialwissenschaften verankert – und vielen beteiligten Forschern auf Jahrzehnte hinaus zu einflussreichen Stellungen im universitären und außeruniversitären Bereich verholfen. Der nicht weniger berühmte Bielefelder Sonderforschungsbereich zur »Sozialgeschichte des neuzeitlichen Bürgertums« (SFB 177) von 1986 bis 1997 spielte eine eigene Rolle bei der Öffnung der deutschen Sozialgeschichte hin zum internationalen Vergleichen und zu einer, wenn auch zurückhaltenderen, thematischen Erweiterung.

Die kollektiven Förderinstrumente und weitere »Cluster« in den Sozial- und Humanwissenschaften sind in den letzten Jahren überproportional gewachsen, so dass ein einzelnes Programm vermutlich nicht mehr denselben »Impact« – um den Jargon der Evaluatoren zu verwenden – in seiner Disziplin haben kann. Dennoch scheint es mir ein signifikantes Indiz für den Erfolg der kultur- und medientheoretischen Umorientierung zu sein, dass gegenwärtig nicht weniger als vier parallel laufende kulturwissenschaftliche Sonderforschungsbereiche den Begriff »Kommunikation« im Titel oder im Kernprogramm führen.[54] Acht weitere Programme dieser Größenordnung reklamieren für sich die Konzepte der Repräsentation, des Performativen oder der Kultur(en).[55] Zusammen genommen heißt dies, dass mindestens zwölf

52 Darunter fallen Forschergruppen, Graduiertenkollegs (seit 1999), Schwerpunktprogramme und Sonderforschungsbereiche.
53 Die Angaben beruhen auf Auskünften des Bereichs Informationsmanagement der DFG vom 8.5.2006. Für die Datenbankabfrage sowie die hilfreichen Erläuterungen bin ich Herrn Michael Koch sehr verbunden.
54 Es handelt sich um die folgenden SFB: 427 Medien und kulturelle Kommunikation, Köln; 485 Norm und Symbol. Die kulturelle Dimension sozialer und politischer Integration, Konstanz; 496 Symbolische Kommunikation und gesellschaftliche Wertesysteme vom Mittelalter bis zur französischen Revolution, Münster; 584 Das Politische als Kommunikationsraum in der Geschichte, Bielefeld; nach: http://www.dfg.de/forschungsfoerderung/koordinierte_programme/sonderforschungsbereiche/liste/sfb_gs_nr.html (Zugriff am 5.5.2006).
55 434 Erinnerungskulturen, Gießen; 435 Wissenskultur und gesellschaftlicher Wandel, Frankfurt/Main; 447 Kulturen des Performativen – Performative Turns im Mittelalter, in der Frühen Neuzeit und in der Moderne, Berlin; 482 Ereignis Weimar-Jena. Kultur um 1800, Jena; 537 Institutionalität und Geschichtlichkeit, Dresden; 615 Medienumbrüche. Medienkulturen und Medienästhetik zu Beginn des 20. Jahrhunderts und im Übergang zum 21. Jahrhundert, Gießen; 619 Ritualdynamik: Soziokulturelle Prozesse in historischer und kulturvergleichender Perspektive,

der insgesamt 35 zur Zeit laufenden Sonderforschungsbereiche in den Sozial-
und Geisteswissenschaften sich explizit eines kulturwissenschaftlichen Ansatzes bedienen. Unerwähnt bleiben müssen hier die seit 1990 geförderten,
zahlreicheren Graduiertenkollegs, in denen interessanterweise die Ausrichtung der Themen und Ansätze weniger eindeutig bestimmbar ist.[56] Wie auch
in den neuesten Sonderforschungsbereichen zeigt sich allerdings in den jüngsten Doktorandengruppen und weiteren Netzwerken der Nachwuchsförderung
bereits die große Anziehungskraft des Transnationalen. Nicht zu verkennen
ist jedoch auch, dass dem Schwungrad der Großforschung ein eigenes Träg-
heitsmoment innewohnt. Man wird gerade in intellektuellen Feldern, deren
Zustandekommen in den vergangenen Jahrzehnten viel einzelnen Rebellen,
antihegemonialer Kritik und aktivem Irritationsvermögen zu verdanken hat,
besonders aufmerksam auf Tendenzen des Mainstreaming und das Auftau-
chen neuer Orthodoxien achten.

VI ... und wie geht es weiter? Eigentlich hat es keine »richtigen« Wenden gegeben, aber sie sind schwer zu erklären. Der paradoxe Satz weist auf die doppelte Schwierigkeit hin, die sich herausstellt, wenn man versucht, die Innovationen und Neuorientierungen der internationalen Geschichtsschreibung der
letzten vier Jahrzehnte selbst zu historisieren. Wendet man bibliometrische,
kollektivbiographische und inhaltsanalytische Methoden an, so relativieren
sich die Wenden erheblich, ohne allerdings zu verschwinden. Einerseits haben sie sich in Identifikationsmomente der beteiligten Akteure verwandelt.
Andererseits erscheinen sie dem empirischen Auge eher als temporäre Verknüpfungen, kurz: Knoten, unterschiedlicher und länger laufender Entwick-
lungsstränge. Sie sind durch internationale Zirkulation von Vorbildern, Themen und Begriffen gekennzeichnet, aber ihre jeweils lokale Ausprägung, d. h.
ihre historiographische Aneignung oder Ablehnung im nationalen Rahmen,
unterscheidet sich erheblich nach Zeitpunkt, Intensität und Wirkung. Diese
Stränge trennen sich dann wieder, entwickeln sich selbständig weiter und
üben einen längerfristigen Einfluss aus, dessen Kontinuität überraschend ist.
Die Verknotung von selbständigen Entwicklungen und externen Faktoren
scheint ein realistischeres Objekt für soziokulturelle Erklärungsversuche
abzugeben als sogenannte »Paradigmenwechsel« oder epistemische Brüche,
die – zumindest im Einzugsbereich der Sozial- und Geisteswissenschaften –
eher zu den Sprechakten der Akteure als zu den analytischen Instrumenten
der Beobachter gezählt werden sollten.

Heidelberg; 640 Repräsentationen sozialer Ordnungen im Wandel. Interkulturelle und intertempo-
räre Vergleiche, Berlin.
    56 Vgl.: http://www.dfg.de/forschungsfoerderung/koordinierte_programme/graduiertenkollegs/
liste/gk_gs_nr.html (Zugriff am 5.5.2006).

Sowohl der Aufstieg der Sozialgeschichte als auch die heroischen Phasen anderer Neuorientierungen, wie die der Alltagsgeschichte und *microstoria*, die des Poststrukturalismus oder, zuletzt, der kulturellen Wende(n) waren durch eine explizite Kritik dominanter »Paradigmen« charakterisiert. Zum Selbstbewusstsein der Protagonisten – auch zu ihrem Charme – gehörten die Attribute der Avantgarde, der Traditionskritik ebenso wie die einer »Oppositionswissenschaft«. Stark waren sie beim Unterminieren bisheriger Gewissheiten und beim Gegenentwurf ganzer Forschungsprogramme. »In their respective times, both social history and the new cultural history were insurgent forms of knowledge, and the relevance of historical studies for the future will certainly require renewing an insurgent spirit again.«[57]

Seit der Umstellung von Gesellschaftstheorien auf Beobachtertheorien, wie man den Kern der verschiedenen *turns* seit der Mitte der siebziger Jahre vielleicht charakterisieren könnte, hat der Anteil der Unterminierung und Verunsicherung den der neuen Entwürfe immer stärker überwogen. So konnte man sich während der Hochkonjunktur der Postmoderne-Debatte fragen, ob sich diese Strömungen »nicht in ausweglose Widersprüche verstricken müssten, wenn sie tatsächlich die herrschende Meinung bestimmen würden und eigene Repräsentationen von ›Wirklichkeit‹ vorlegten.«[58] Sicher sind in der heutigen Lage der Geistes- und Sozialwissenschaften hegemoniale Positionen relativ unwahrscheinlich. Nicht selten wird ja die Situation dieser Wissenschaften, die gleichzeitig vom Fehlen eindeutiger Fluchtpunkte wie von außerordentlicher Produktivität (oder sogar Überproduktion) gekennzeichnet sind, auch als »Krise« be- oder besser verzeichnet. Wenn aber die oben skizzierte Beobachtung richtig ist, dass sich die konjunkturellen Verknotungen, die sich als »Wenden« dramatisieren, aus länger laufenden Entwicklungslinien zusammenfügen, die schon während der vorherigen Hochkonjunktur vorhanden und ansatzweise sichtbar waren, dann sollte es möglich sein, auch heute angesichts der breiten Präsenz kulturwissenschaftlicher Ansätze bereits über sie hinaus zu denken.

Man muss kein Prophet mehr sein um die Transnationalisierung, ja Globalisierung der historiographischen und weiteren sozialwissenschaftlichen Orientierungen als einen der Haupttrends zu identifizieren, der sowohl Elemente der sozialgeschichtlichen als auch der kulturgeschichtlichen Ansätze aufnimmt.[59] Allerdings beantwortet die mit viel Elan betriebene Selbstpro-

---

57 Eley, Crooked Line, S. 203. Diesem Schlusssatz geht die Forderung voraus: »That's why we need new ›histories of society‹«.

58 Christoph Conrad u. Martina Kessel, Geschichte ohne Zentrum, in: dies. (Hg.), Geschichte schreiben in der Postmoderne. Beiträge zur aktuellen Diskussion, Stuttgart 1994, S. 29.

59 Vgl. u.a. Sebastian Conrad u. Jürgen Osterhammel (Hg.), Das Kaiserreich transnational. Deutschland in der Welt 1871–1914, Göttingen 2004; Jürgen Kocka, Sozialgeschichte im Zeitalter der Globalisierung, in: Merkur 60. 2006, S. 305–316; Gunilla Budde u.a. (Hg.), Transnationale

jektion verschiedener nationaler Wissenschaftskulturen auf die planetarische Ebene die Fragen nach dem Was?, dem Wie? und dem Wozu? nicht von selbst. Der nächste Knoten könnte z. B. eher thematisch als methodologisch geprägt sein, stärker der Welt als ihrer Vorstellung zugewandt, sicher interdisziplinär mit neuen oder auch alten Partnern arbeiten. Zu hoffen ist, dass auch eine künftige Neuverortung der historisch arbeitenden Disziplinen einiges von der Intelligenz früherer »Wenden« bewahrt: die Unbefangenheit kritischer Theorieaneignung, die Selbstreflexivität und Experimentierfreudigkeit sowie das öffentliche, auch politische Irritationsvermögen radikaler Historisierung. Wie viel von den praktischen Erfahrungen mit den programmatischen Wenden der vergangenen Jahrzehnte darin aufgehoben wird, hängt auch von der Forschungspolitik der unmittelbaren Gegenwart ab. Aber wenn Zeitgeschichte in Futurologie umschlägt, ist ein guter Moment um aufzuhören.

Geschichte. Themen, Tendenzen und Theorien, Göttingen 2006; darin mit skeptischem Tenor: Hans-Ulrich Wehler, Transnationale Geschichte – der neue Königsweg historischer Forschung?, S. 161–174.

Ulrike Freitag

Gibt es eine arabische Gesellschaftsgeschichte?[1]

Die Frage, ob es eine arabische Gesellschaftsgeschichte gibt, lässt sich auf mehreren Ebenen stellen. Am grundlegendsten ist wohl die Frage, ob die heutigen arabischen Staaten, die im 19. Jahrhundert zu erheblichen Teilen dem Osmanischen Reich angehörten, tatsächlich Modernisierungsprozesse durchlaufen haben, welche es gestatten, sie als Gesellschaft(en) im Sinne Max Webers zu bezeichnen. Zweitens wäre zu fragen, inwieweit die Geschichte dieser Vergesellschaftung ein Gegenstand von Forschung war und ist. Damit hängt die dritte Problematik zusammen, nämlich jene, die sich mit den Voraussetzungen, Quellen und auch Schwierigkeiten dieser Forschung beschäftigt. Der folgende Essay kann nicht alle diese Fragen abschließend und bibliographisch auch nur annähernd befriedigend beantworten. Er kann nur versuchen, einige Schneisen in das Dickicht der Literatur zu schlagen. Er kann auch nicht in ähnlich grundlegender Weise, wie dies Jürgen Osterhammel für China unternommen hat, leitende »Parameter« entwickeln, sondern nur auf einige wichtige Aspekte der arabischen Gesellschaftsgeschichte verweisen.[2]

Eine solche Darstellung erscheint vor allem dann sinnvoll, wenn die arabische Gesellschaftsgeschichte in ihrem weiteren Kontext gesehen wird. Zum einen ist sie in ihrem historischen Verlauf ebenso wie in ihrer Darstellung ohne die enge Interaktion mit der europäischen Geschichte undenkbar, sie ist also eine »geteilte« Geschichte sowohl im Sinne der verbindenden wie auch der trennenden Elemente dieses Begriffs.[3] »Geschichte und Gesellschaft« strebte ursprünglich nach der Analyse von Wandel vor allem sozialer, politischer und ökonomischer Formationen »seit den industriellen und politischen Revolutionen des ausgehenden 18. Jahrhunderts«.[4] Diese Geschichte wurde lange im nationalstaatlichen Kontext interpretiert – die Geschichte nichteuropäischer Regionen wie der arabischen mit ihren erst sehr spät etablierten »Nationalstaaten« (bei durchaus zuvor existierender Staatlichkeit) zeigt jedoch, wie problematisch dieses Paradigma sein

---

1 Für kritische Anmerkungen danke ich Bettina Gräf, Sonja Hegasy und Leyla von Mende.
2 Jürgen Osterhammel, Gesellschaftsgeschichtliche Parameter chinesischer Modernität, in: GG 28. 2002, S. 71–108.
3 Sebastian Conrad u. Shalini Randeria, Einleitung, in: dies. (Hg.), Jenseits des Eurozentrismus, Postkoloniale Perspektiven in den Geschichts- und Kulturwissenschaften, Frankfurt/Main 2002, S. 9–48, hier v. a. 17–22.
4 Vorwort der Herausgeber, in: GG 1. 1975, S. 5–7, hier 5.

kann.[5] Es ist natürlich zu berücksichtigen, dass die Verflechtungen nicht immer gleichermaßen alle Gesellschaften beeinflussen.[6] Allerdings können sie
durchaus langfristige Nachwirkungen haben: Man kann die heutigen, Europa
stark prägenden Auseinandersetzungen sowohl um Islam in Europa als auch
um das politische Verhältnis zum Vorderen Orient[7] und um die Ostgrenze
Europas unter anderem als eine Folge jener Modernisierungsprozesse im
Vorderen Orient interpretieren, die im 19. Jahrhundert ihren Ausgangspunkt
hatten. Eine gewisse Vorstellung von den Prozessen sozialen Wandels im
Vorderen Orient ist insofern sogar unerlässlich für das Verständnis bestimmter Phänomene der Gegenwart auch in Europa. Wichtiger erscheint jedoch,
dass die Spezifizität der europäischen Moderne überhaupt erst im Kontext
von und im Vergleich mit außereuropäischen Entwicklungen deutlich wird,
ungeachtet der immensen Schwierigkeiten, die ein solches Unterfangen aufwirft.[8]

In diesem Essay wird von der These ausgegangen, dass es im Vorderen Orient des 19. und 20. Jahrhunderts Vergesellschaftungsprozesse gab, die in derselben Terminologie beschrieben werden können wie jene in Europa. Damit
sollen Differenzen nicht verwischt werden: Zum einen weist die Diskussion
nichtwestlicher Entwicklungen in der Terminologie von Max Weber und seinen Anhängern offensichtliche Probleme auf, da so außereuropäische Gesellschaften fast zwangsläufig als defizitär erscheinen.[9] Auf diese Schwierigkeit
kann hier nur hingewiesen werden, eine wirkliche Lösung für dieses epistemo-
logische Problem scheint nicht in Sicht. Allerdings besteht die Hoffnung, dass
durch die behutsame Weiterung der Begrifflichkeiten, welche notwendig ist,
um zunächst fremdartige Phänomene einschließen zu können, diese Begriffe
so modifiziert werden, dass sie sich auch für eine transnationale Sichtweise
eignen. Ferner ist auf die Bedingungen hinzuweisen, unter denen sich diese
Vergesellschaftung vollzog, nämlich die zunehmende Einflussnahme durch
westliche Gesellschaften und die Abhängigkeit von ihnen. Trotz mancher Versuche der wirtschaftlichen Modernisierung kann für den Nahen Osten vor
dem 20. Jahrhundert weder von einer industriellen Revolution noch von einem
klaren nationalstaatlichen Rahmen ausgegangen werden – Bedingungen, die

---

5 Dieter Langewiesche u. a., Vorwort zum 31. Jahrgang, in: GG 31. 2005, S. 5–7.
    6 Jürgen Osterhammel u. Sebastian Conrad, Einleitung, in: dies. (Hg.), Das Kaiserreich trans-
national. Deutschland in der Welt 1871–1914, Göttingen 2004, S. 7–27, v. a. 14–16.
    7 Unter »Vorderem Orient« werden neben den arabischen Regionen auch die heutige Türkei,
Iran und – je nach historischer Periode – Teile des Balkans verstanden.
    8 Dazu Jürgen Osterhammel, Sozialgeschichte im Zivilisationsvergleich, in: GG 22. 1996,
S. 143–164; Sebastian Conrad, Doppelte Marginalisierung, in: GG 28. 2002, S. 145–169.
    9 Dieses Argument wird besonders nachdrücklich vertreten von Dipesh Chakrabarty, Europa
provinzialisieren. Postkolonialität und die Kritik der Geschichte, in: Conrad u. Randeria, Jenseits
des Eurozentrismus, S. 283–312.

für die europäische Gesellschaftsgeschichte gewissermaßen gesetzt werden.[10] Dennoch erscheint es lohnend, nach nahöstlicher Gesellschaftsgeschichte zu fragen: Dieser Versuch öffnet die Augen für die trotz dieser Unterschiede erheblichen Gemeinsamkeiten, die sich durchaus auch auf strukturelle Ähnlichkeiten sozialer Formationen erstrecken. Damit wird die generelle Fremdartigkeit, welche oft allein durch das Adjektiv »islamisch« bewirkt wird, in Frage gestellt. Festzuhalten wäre, dass die nahöstlichen Gesellschaften des 19. und 20. Jahrhunderts in vielerlei Hinsicht durch den Islam geprägt waren; die ideologische Ausweitung »des Islam« zu einem allumspannenden Phänomen ist jedoch eine Erscheinung des 20. Jahrhunderts.[11]

I. Historiographische Überlegungen. Die Aussage, dass es im 19. und 20. Jahrhundert im Vorderen Orient Vergesellschaftungsprozesse gab, bedeutet noch nicht, dass es auch schon eine »Gesellschaftsgeschichte« gibt, etwa in der Form, wie sie Hans-Ulrich Wehler in seiner »Deutschen Gesellschaftsgeschichte« synthetisiert. Dies hängt mit den beiden Hauptrichtungen der Geschichtsschreibung zusammen. Die klassische orientalistische Tradition fokussierte auf die Religion und Religionsgeschichte. Daneben entstand ein ausgeprägtes Interesse an der politischen Geschichte der Region oder einzelner ihrer Bestandteile, oft im Hinblick auf ihre Beziehungen zu oder Abhängigkeit von der europäischen Geschichte. Diese Sichtweise prägte auch die gewissermaßen programmatischen, imperialismuskritischen Beiträge zum Vorderen Orient im ersten Jahrgang von »Geschichte und Gesellschaft«.[12] Sie entsprach lange Zeit sowohl den Bedürfnissen westlicher Historiker, historische Großnarrative zu verfassen – oft ohne auch nur Rekurs auf einheimische Quellen zu nehmen –, als auch den Erfordernissen der westlichen Politik.[13] Auch die Historiker der im 20. Jahrhundert neu gebildeten Nationalstaaten in der Region

10 Vorwort der Herausgeber, in: GG 1. 1975, S. 5–7, v. a. 5.

11 Guido Steinberg u. Jan-Peter Hartung, Islamistische Gruppen und Bewegungen, in: Werner Ende u. Udo Steinbach (Hg.), Der Islam in der Gegenwart, München 2005⁵, S. 681–695, hier 681 f.

12 Alexander Schölch, Durchdringung und politische Kontrolle durch die europäischen Mächte im Osmanischen Reich (Konstantinopel, Kairo, Tunis), in: GG 1. 1975, S. 404–446; Helmut Mejcher, Die Bagdadbahn als Instrument deutschen wirtschaftlichen Einflusses im Osmanischen Reich, ebd., S. 447–481; Linda Schatkowski-Schilcher, Ein Modellfall indirekter wirtschaftlicher Durchdringung. Das Beispiel Syrien, ebd., S. 482–505; Paul Luft, Strategische Interessen und Anleihenpolitik Russlands in Iran, ebd., S. 506–538.

13 Baber Johansen, Politics and Scholarship: The Development of Islamic Studies in the Federal Republic of Germany, in: Tareq Ismael (Hg.), Middle East Studies: International Perspectives on the State of the Art, New York 1990, S. 77–130, v. a. 79–83 auf der Basis von Ernst Schulin, Die weltgeschichtliche Erfassung des Orients bei Hegel und Ranke, Göttingen 1958. Dabei war der Eurozentrismus im universalgeschichtlichen Mantel im 19. Jh. durchaus seinerseits eine neuere historische Entwicklung, vgl. Jürgen Osterhammel, Die Entzauberung Asiens. Europa und die asiatischen Reiche im 18. Jahrhundert, München 1998; Ernst Schulin, Einleitung, in: ders. (Hg.), Universalgeschichte, Köln 1974, S. 11–65.

sahen sich zunächst vor der Aufgabe, auf Arabisch, Türkisch oder Persisch
Gesamtdarstellungen der je eigenen Geschichte beziehungsweise bestimmter
ihrer Epochen zu verfassen.[14] Hinzu kam im frankophonen Bereich die Hinwendung zur kolonial geprägten Anthropologie gerade Nordafrikas.[15] Erst
nach dem Zweiten Weltkrieg begannen Historiker, sich auch der nahöstlichen
Wirtschafts- und Sozialgeschichte zuzuwenden. Hieraus folgte eine Vielzahl
von im einzelnen außerordentlich wertvollen Untersuchungen, die sich allerdings noch nicht zu einer einheitlichen Gesellschaftsgeschichte zusammenfügen. Immerhin finden sich zunehmend mehr »Bausteine« derselben, die im
folgenden skizzenartig umrissen werden sollen.[16]

Zuvor ist jedoch noch auf ein Problem hinzuweisen, das die Forschung
im Vergleich zu der Situation in Europa erheblich erschwert: Erst im letzten
Vierteljahrhundert ist ein erheblicher Teil der nahöstlichen Quellen, anhand
derer sich die Gesellschaftsgeschichte rekonstruieren lässt, zugänglich geworden und/oder in seinem Quellenwert erkannt worden. So wurden zwischen den sechziger und achtziger Jahren viele Nationalarchive im Nahen
Osten in einer Weise konstituiert, die ihre regelmäßige Benutzung durch
Forscher zuließ.[17] Derartige Archive umfassen häufig neben Staatspapieren,
Gesetzessammlungen und Dekreten, Verwaltungs- und Landregistern auch
die Aufzeichnungen der islamischen Gerichte. Ein bekanntes Beispiel ist das
syrische Archiv in Damaskus, dem es in den späten sechziger Jahren gelang,
diese Gerichtsakten aus den wichtigen syrischen Städten an einem Ort zu
versammeln und zugänglich zu machen.[18]

---

14 Vgl. für Ägypten Anthony Gorman, Historians, State and Politics in Twentieth Century
Egypt: Contesting the Nation, London 2003; für Libanon Axel Havemann, Geschichte und Geschichtsschreibung im Libanon des 19. und 20. Jahrhunderts. Formen und Funktionen des historischen Selbstverständnisses, Würzburg 2002; für Syrien Ulrike Freitag, Geschichtsschreibung in
Syrien, 1920–1990, Hamburg 1991. Für Iran Firuz Kazemzadeh, Iranian Historiography, in: Bernard Lewis u. Peter M. Holt (Hg.), Historians of the Middle East, London 1962, S. 430–434.
  15 Mohammed Arkoun, The Study of Islam in French Scholarship, in: Azim Nanji (Hg.), Mapping
Islamic Studies: Genealogy, Continuity and Change, Berlin 1997, S. 33–44, konkret zum marok-
kanischen Beispiel Edmund Burke III, The Sociology of Islam: The French Tradition, in: Malcolm
Kerr (Hg.), Islamic Studies: A Tradition and Its Problems, Malibu, CA 1980, S. 73–88.
  16 So der Name eines 2001 an der FU-Berlin eingerichteten Interdisziplinären Zentrums, vgl.
http://www.fu-berlin.de/izorient/ (Zugriff am 28.6.2004).
  17 Zur Geschichte der osmanischen Archive vgl. Paul Dumont, Les archives ottomanes de Tur-
quie, in: Jacques Berque u. Dominique Chevallier (Hg.), Les Arabes par leurs archives (XVIᵉ-XXᵉ
siècles), Paris 1976, S. 229–243; Halil Inalcik, The Shaykh's Story Told by Himself, in: Thomas
Naff (Hg.), Paths to the Middle East, New York 1993, S. 105–141, v. a. 128–133; für Tunesien vgl.
http://www.archives.nat.tn/eng/historique.asp (Zugriff am 5.5.2006), für Algerien http://www.
archives-dgan.gov.dz/ (Zugriff am 5.5.2006). Siehe auch die anderen Beiträge in Berque u. Chevallier, Les Arabes par leurs archives.
  18 John Mandaville, The Ottoman Court Records of Syria and Jordan, in: JAOS 29. 1966,
S. 311–319; Abdul-Karim Rafeq, The Law-Court Registers of Damascus, in: Berque u. Chevallier,
Les Arabes par leurs Archives, S. 141–159.

Die besondere Bedeutung dieser Gerichtsakten besteht darin, dass sie zum einen Prozesse dokumentieren, wenn auch häufig in standardisierter Form, zum anderen aber auch Verträge und Nachlassregister enthalten. Jede dieser Kategorien birgt eigene Möglichkeiten, sich Aspekten der Gesellschaftsgeschichte auf der Mikroebene zu nähern: Soziale Beziehungen, nicht zuletzt zwischen den Geschlechtern, werden oft anhand von Konfliktsituationen plastisch, wirtschaftliche Beziehungen konkretisieren sich in Vertragsgestaltungen, Auseinandersetzungen über deren Einhaltung und Interpretation, Nachlässe dokumentieren die materielle Kultur. In ihrer Gesamtheit haben diese Möglichkeiten zu einem bemerkenswerten Aufschwung in der Erforschung sozialhistorischer Fragestellungen geführt: Der türkische Historiker Halil Inalcik beispielsweise, der 1953 die Gerichtsakten von Bursa ab den 1460er Jahren entdeckte, beschreibt, wie er sich aufgrund des in diesen Akten enthaltenen Materials der osmanischen Stadtgeschichte, und hier insbesondere Fragen des Handwerks, Handels, aber auch der Rolle der osmanischen Gerichtsbarkeit zuwandte.[19] Bevor diese Forschungen weiter erläutert werden, ist allerdings noch zu erwähnen, dass viele andere Archivtypen, wie z. B. Firmenarchive, die so zentral für die Entwicklung der europäischen Sozial- und Gesellschaftsgeschichte waren, im Vorderen Orient zwar oft existieren, aber entweder noch unbekannt oder aber nicht zugänglich sind. Für eine frühere Epoche hingegen fand sich mit den in der Kairiner Geniza aufbewahrten Dokumenten eine einmalige Sammlung, auf deren Grundlage Shlomo Goitein seine umfangreichen Studien über die mittelalterliche jüdische Gesellschaft im südlichen Mittelmeerraum erstellte.[20]

II. Dimensionen von Raum und Zeit. Wenn eingangs behauptet wurde, es gebe eine arabische Gesellschaftsgeschichte, so ist dies nun zu präzisieren: Arabische Staaten, dies wurde bereits angedeutet, wurden in moderner Form eigentlich erst im 20. Jahrhundert gegründet. Der Beginn der »modernen Geschichte« der arabischen Welt wird jedoch von westlichen wie von arabischen Historikern zumeist ab dem 19. Jahrhundert angesetzt. Dabei galt lange Zeit aus europäischer Perspektive die Ägyptenexpedition Bonapartes (1798–1801) vor allem deshalb als zentrale Zäsur, weil die exogenen Anstöße zur Transformation des Vorderen Orients als entscheidend beurteilt wurden.[21]

19 Inalcik, The Shaykh's Story, S. 122.
20 Shlomo D. Goitein, A Mediterranean Society: The Jewish Communities of the Arab World as Portrayed by the Documents of the Cairo Geniza, 5 Bde., Berkeley, CA 1967–1988.
21 Für eine kritische Diskussion dieser Perspektive vgl. Roger Owen, The Middle East in the Eighteenth Century: An »Islamic« Society in Decline? in: Review of Middle East Studies 1. 1975, S. 101–112; vgl. auch Rifaat Abou-El-Haj, The Formation of the Modern State: The Ottoman Empire Sixteenth to Eighteenth Centuries, Albany, NY 1991.

Nahöstliche Historiker betrachteten demgegenüber die Herrschaft Muhammad 'Alis in Ägypten (1803–1848), den Reformprozess der osmanischen *Tanzimat* (wörtl.: Neuorganisationen) ab 1839 oder auch das Entstehen eines arabischen Nationalbewusstseins im spätosmanischen Reich als wesentliche Zäsuren.[22] Eher nationalistisch orientierte arabische Autoren, die sich gegen das Osmanische Reich abgrenzten, nahmen häufig auch die neue territoriale Ordnung nach der Aufteilung des Osmanischen Reichs infolge des Ersten Weltkriegs zum Ausgangspunkt, die bis heute die Grundlage für die staatlichen Grenzen legt. Große Teile der Arabischen Halbinsel und des westlichen Maghreb folgen einer eigenen Periodisierung: Zwar fanden auch dort seit dem 19. Jahrhundert teils unter äußerem Druck, teils aufgrund der Kolonialherrschaft (etwa in Algerien und Aden) Veränderungen statt, jedoch folgten sie anderen Logiken und regionalen Dynamiken, so dass ihre Diskussion im folgenden ausgespart bleiben soll. Insofern erscheint es sinnvoll, auch für den nahöstlichen Bereich Osterhammels Vorschlag zu folgen und Periodisierungen je nach spezifischer Fragestellung neu zu überdenken.[23]

Das 18. Jahrhundert ist noch zu wenig erforscht, um historische Zäsuren gerade jenseits eindeutiger politischer und dynastischer Einschnitte deutlich zu konturieren. Hingegen lässt sich das 19. Jahrhundert sowohl im osmanischen wie auch im persischen Kontext als eine Art Übergangszeit im Sinne Reinhart Kosellecks beschreiben, die durch eine Beschleunigung historischen Wandels gekennzeichnet ist.[24] Dieser Wandel ist ohne die zunehmend dichteren und gleichzeitig zunehmend hegemonialen Beziehungen mit Europa, insbesondere Russland, Frankreich und Großbritannien, aber auch Österreich-Ungarn, kaum zu verstehen. Diese erhielten seit dem ausgehenden 18. Jahrhundert – symbolisiert in der osmanischen Niederlage von Küçük Kaynarca (1774), wo erstmals mehrheitlich muslimisch bevölkertes Territorium dauerhaft verloren ging – eine neue Dimension. Die mit der Dampfschiffahrt deutlich verbesserte Infrastruktur stärkte auch die wirtschaftlichen und kulturellen Verbindungen und Einflüsse, die sich in einer zunehmenden westlichen Dominanz des osmanischen Außenhandels sowie in der Einrichtung einer Vielzahl kultureller Institutionen niederschlug. Deutlich ist, dass sich die Modernisierung in Reaktion auf die wirtschaftlichen und politischen Prozesse in Europa vollzog.[25] Dies bedeutet allerdings nicht, dass die lokalen Akteure keine Möglichkeiten hatten, ihre eigenen, sehr unterschiedlichen

22 Zum Beispiel Ahmad Tarabain, Tarikh al-Mashriq al-'arabi al-mu'asir [Die moderne Geschichte des arabischen Ostens], Damaskus 1981–82, zur ägyptischen Geschichtsschreibung Gorman, Historians, State and Politics.

23 Osterhammel, Gesellschaftsgeschichtliche Parameter, S. 86.

24 Reinhart Koselleck, Zeitschichten. Studien zur Historik, Frankfurt/Main 2000, v.a. S. 225–239, 287–297, 317–335.

25 James L. Gelvin, The Modern Middle East: A History, New York 2005, S. 73 f.

und oft auch widersprüchlichen Vorstellungen und Deutungen dieses Prozesses zu entwickeln und dadurch die konkreten Ausformungen des Modernisierungsprozesses mit zu prägen.

Setzt man den Beginn einer nahöstlichen Gesellschaftsgeschichte im 19. Jahrhundert an, so wäre grundsätzlich das Osmanische Reich der, sich im Verlauf dieses Jahrhunderts kontinuierlich verkleinernde, Rahmen. Für bestimmte Fragestellungen erweist es sich jedoch als sinnvoll, einzelne Regionen separat bzw. in kleineren Einheiten zu betrachten. Die relative Autonomie Ägyptens wurde bereits erwähnt. Auch in anderen Fällen wie etwa dem Libanongebirge, das ab 1860 einen distinktiven Status hatte, erscheint dies erforderlich. Ebenso wie die Periodisierungen würden also auch die regionalen Einheiten einer Gesellschaftsgeschichte je nach Zeit und Schwerpunkt der Betrachtung variieren müssen.

III. Herrschaft. Die Geschichte des 19. und 20. Jahrhunderts kann für das Osmanische Reich wie auch für dessen arabische Regionen und Nachfolgestaaten als eine Geschichte des Versuchs geschrieben werden, moderne Staatlichkeit durch tiefgreifende Reformen von Institutionen sowie von rechtlichen Grundlagen des Zusammenlebens zu etablieren. »Modern« war hieran der Anspruch auf klar definierte Grenzen, auf die Durchsetzung eines staatlichen Machtmonopols, aber auch die zunehmende Ausdehnung staatlicher Aufgaben und Funktionen sowie Mittel der Einflussnahme.[26] Dies ist die gewissermaßen klassische Modernisierungsperspektive der politischen Geschichtsschreibung, welche den Staat als zentralen Akteur der Veränderung privilegierte.[27] Die Reformen begannen beim Militär und standen im Zusammenhang komplexer interner und externer Entwicklungen. Das Modell eines Sklavenheeres wurde ebenso wie dasjenige der Janitscharen (hervorgegangen aus einer Art Lehensheer) aufgegeben und von der (theoretisch) allgemeinen Wehrpflicht abgelöst.[28] In unterschiedlichen Rhythmen und mit unterschiedlichem Erfolg wurden neue Verwaltungsorgane sowohl im Zentrum als auch in den Provinzen geschaffen, das Finanz- und Steuerwesen wurde grundlegend überholt. 1876 wurde erstmalig eine Verfassung für das Osmanische Reich erlassen. Diese stellte gewissermaßen die Kulmination der

26 Wolfgang Reinhard, Geschichte der Staatsgewalt, München 2000[2], S. 28.
27 Zusätzlich zu den bereits genannten Werken zur politischen Geschichte wären u. a. zu nennen Bernard Lewis, The Emergence of Modern Turkey, Oxford 1962 (3. Aufl. 2002); Peter Holt, Egypt and the Fertile Crescent 1516–1922, Ithaca, NY 1966; Malcom Yapp, The Making of the Modern Near East 1792–1923, London 1987 und ders., The Near East Since the First World War, London 1991 (erw. Aufl. 1996). Auch Gudrun Krämer, Geschichte des Islam, München 2005, S. 263–303, stellt diese Perspektive ins Zentrum.
28 Khaled Fahmy, All the Pasha's Men: Mehmed Ali, his Army and the Making of Modern Egypt, Cambridge 1997; zu den Sklavenheeren im osmanischen Ägypten Gerhard Hoffmann, Der mamlukisch-osmanische Militärsklave, in: GG 29. 2003, S. 191–209.

rechtlichen Reformen dar und konnte sich auf eine bereits 1860 in Tunesien erlassene Verfassung beziehen. Auch wenn die osmanische Verfassung von 1876 zunächst nur für knapp zwei Jahre in Kraft war, bereitete sie den Boden für die weitere konstitutionelle Entwicklung der Türkei. Gleichzeitig war sie ein Vorbild, das in die islamischen Nachbarregionen ausstrahlte.[29] Das Bildungswesen, zunächst eine notwendige Voraussetzung der technischen Modernisierung, wurde in seinem mobilisierenden Potenzial erkannt. Der Einrichtung höherer, oft spezialisierter Schulen folgte ab 1869 der Versuch, ein Grundschulwesen nach westlichem Vorbild, jedoch unter Anpassung an die lokalen Bedürfnisse zu schaffen.[30]

Eine Reihe der hier skizzierten Maßnahmen, etwa die Wehrpflicht oder die zentrale Steuereintreibung, wirkten durchaus bis in ländliche Regionen hinein. Neue Arbeiten zeigen einen eindrucksvollen Prozess der internen Kolonisation.[31] Sehr viel seltener wird die Gegenseite untersucht, d. h. die Auswirkungen der Expansion des Staates in spezifischen ländlichen Lokalitäten. Nur solche fundierten Lokalstudien zeigen auch die Prozesse der Ausbildung zivilgesellschaftlicher Strukturen, welche sich im Zuge des Modernisierungsprozesses teils komplementär, teils in Opposition zu den staatlichen Veränderungen herausbildeten. Für ein gesellschaftshistorisches Verständnis, das Politik auch als Ausdruck sich wandelnder ökonomischer und gesellschaftlicher Strukturen versteht und die Stadt-Land Dynamik in ausreichendem Maß einbezieht, ist die Verstärkung dieses relativ neuen Trends unerlässlich.[32]

Andere Maßnahmen blieben eher auf die großen Städte beschränkt, deren Wandel sehr viel besser dokumentiert ist.[33] So übernahmen die Mandats- und Protektoratsmächte im und nach dem Ersten Weltkrieg ebenso wie die junge türkische Republik ein Modernisierungsprogramm, das noch in der

---

29 Dazu im Detail Art. Dustur, in: Encyclopaedia of Islam, CD-Rom Ausgabe, Leiden 2004 (mehrere Autoren).

30 Selçuk A. Somel, The Modernization of Public Education in the Ottoman Empire, 1839–1908: Islamization, Autocracy, and Discipline, Leiden 2001 und Benjamin Fortna, Imperial Classroom: Islam, the State and Education in the Late Ottoman Empire, Oxford 2002.

31 Maßgeblich Eugene Rogan, Frontiers of the State in the Late Ottoman Empire: Transjordan, 1850–1921, Cambridge 2002.

32 Für Syrien herausragend 'Abdallah Hanna, Dayr 'Atiyya, al-Tarikh wa-l-'Umran [Dayr 'Atiyya, Geschichte und Zivilisation], Damaskus 2002; vgl. auch Birgit Schäbler, Aufstände im Drusenbergland, Gotha 1996; zur Entwicklung zivilgesellschaftlicher Strukturen vom Ansatz grundlegend Sheila Carapico, Civil Society in Yemen: The Political Economy of Activism in Modern Arabia, Cambridge 1998.

33 Jens Hanssen u. a. (Hg.), The Empire in the City: Arab Provincial Capitals in the Late Ottoman Empire, Würzburg 2002. Hingewiesen sei hier auch auf die bahnbrechenden Arbeiten von André Raymond, Grandes villes arabes à l'époque ottomane, Paris 1985 und Robert Ilbert, Alexandrie 1830–1930, historie d'une communauté citadine, 2. Bde., Kairo 1996; vgl. auch Zeynep Çelik, The Remaking of Istanbul, Portrait of an Ottoman City in the Nineteenth Century, Seattle, WA 1996.

zweiten Hälfte des 20. Jahrhunderts nicht abgeschlossen war. Die Dominanz autoritärer Regime in den arabischen Staaten, sei es in republikanischer, sei es in monarchischer Form, erklärt sich teilweise aus den besonderen Bedingungen, unter denen in der Zwischenkriegszeit demokratische Spielregeln etabliert werden sollten. Die neuen Staaten waren teilweise gegen den Willen der Bevölkerungen gegründet worden, denen vor allem die Grenzziehungen nicht einleuchteten. Sie kämpften nicht nur um ihre Legitimität, sondern auch mit strukturellen Problemen wie dem Aufbau staatlicher Strukturen, eigener Wirtschaften und hohem Analphabetentum. Unter diesen Bedingungen traten Eliten als politische Repräsentanten auf, die ihrerseits wenig Interesse an demokratischen Strukturen hatten und im wesentlichen darum wetteiferten, sich als effektive Mittler zwischen Bevölkerung und Mandatsmächten zu etablieren. Im Zusammenspiel mit und in der Konkurrenz zwischen den Mandatsmächten und diesen Eliten wurde ein patriarchalisches System etabliert, das nur sehr geringe Variationen im zugelassenen politischen Raum duldete und kaum auf friedliche Machtübergabe eingestellt war. Die Konsequenzen überdauerten die Mandatsherrschaft im Nahen Osten.[34]

Vor diesem Hintergrund erklärt sich die Begeisterung für populistisch revolutionäre Parteien und Politiker wie Gamal 'Abd al-Nasir (Nasser). Getragen wurden sie von den aufsteigenden Mittelschichten, die durch Nutzung neuer Bildungschancen und Militärkarrieren ihre bescheidene Herkunft zu überwinden suchten. Sie übernahmen in den fünfziger Jahren die Macht, beriefen sich auf sozialistische Vorbilder und versprachen eine autoritäre Modernisierung. Die konservative Reaktion hierauf, die sich häufig in ein islamisches Gewand kleidete, ist hinlänglich bekannt.[35] Es bleibt freilich die zentrale Frage danach, inwieweit eine derartig islamisch geprägte Politik mit einem anderen, bereits die Iranische Revolution von 1979 prägenden und gerade seit 1990 häufig vorgetragenen Ziel kompatibel ist, nämlich, die korrupten Regime durch demokratischere Formen abzulösen.[36]

IV. Wirtschaft. Ein zentrales Thema der nahöstlichen Wirtschaftsgeschichte ist die Frage des westlichen Einflusses, der seit der Mitte des 18. Jahrhunderts gerade in den unmittelbaren Anrainerregionen des Mittelmeers eine zuneh-

---

34 Zum Beispiel Syrien vgl. Philip S. Khoury, Syria and the French Mandate: The Politics of Arab Nationalism, 1920–1945, London 1987; vergleichend zu Syrien und Irak Peter Sluglett, Les Mandats/The Mandates: Some Reflections on the Nature of the British Presence in Iraq (1914–1932) and the French Presence in Syria (1918–1946), in: Nadine Méouchy u. ders. (Hg.), The British and French Mandates in Comparative Perspectives, Leiden 2004, S. 104–127, hier S. 126; Elizabeth Thompson, Colonial Citizens: Republican Rights, Paternal Privilege, and Gender in French Syria and Lebanon, New York 1999.

35 Zum Beispiel Joachim Müller, Islamischer Weg und islamistische Sackgasse, Münster 1996.

36 Gudrun Krämer, Gottes Staat als Republik, Baden-Baden 1999.

mend größere Rolle spielte. Zu diesem Zeitpunkt begann in der Landwirtschaft ein Trend, der sich mittelfristig auch auf das Gewerbe auswirkte: In
wachsendem Maße wurden Rohstoffe, vor allem landwirtschaftlicher Natur,
für den Export produziert, während die Ausfuhr von Fertiggütern nachließ.
Parallel dazu stieg der Import europäischer Manufaktur- und Industriewaren
an.[37] Nicht alles an dieser Entwicklung war den freien Kräften des Markts ge-
schuldet, vielmehr nahmen die Handelsverträge zwischen dem Osmanischen
Reich und Europa, die ursprünglich als sultanische Privilegien gewährt wurden, zunehmend ungleichen Charakter an – die insgesamt eher irreführende
Übersetzung dieser *imtiyazat* als »Kapitulationen« lässt zumindest für das
19. Jahrhundert dieses Element aufscheinen. Von besonderer Bedeutung war
dabei die Anglo-Ottoman Trade Convention von 1838, welche die osmanischen Importzölle auf drei Prozent drückte, Exporte aber mit zwölf Prozent
des Wertes besteuerte.[38]
      Stellenweise gab es Widerstände gegen diese Entwicklung, sowohl in
Form zumeist wirkungsloser Proteste betroffener sozialer Gruppen als auch
in Form von Muhammad 'Alis staatsmonopolistischer Politik in Ägypten,
mit der er das Land industrialisieren wollte.[39] Insgesamt allerdings schei-
terten diese Ansätze, wobei die Annahme, dass nur die osmanisch-britische
Intervention die ägyptische Industrialisierung verhindert habe, inzwischen
als Mythos entlarvt worden ist. Vielmehr fehlte die technische und ökonomische Grundlage, um die importierten Industrien profitabel betreiben zu
können.[40] Zusätzlich »fehlte die Basis für eine breite Koalition derer, die ein
unmittelbares Interesse an der ökonomischen Verteidigung des Landes hätten haben können«.[41] Dennoch gab es auch spätere Versuche insbesondere
der Osmanen, dem Wirtschaftsliberalismus einen stärkeren Schutz der zunehmend »national« verstandenen Wirtschaft entgegenzusetzen: Importzölle
wurden 1861–1862 auf acht Prozent, 1914 auf fünfzehn Prozent erhöht, die
Exportzölle hingegen auf ein Prozent abgesenkt.[42] Die Effekte dieser »national« ausgerichteten Politik werden angesichts des Einflusses der europäischen Schuldenverwaltung, die 1881 im Osmanischen Reich eingerichtet

---

37 Einen meisterhaften Überblick gibt Donald Quataert, The Age of Reforms, 1812–1914,
in: Suraiya Faroqhi u. a. (Hg.), An Economic and Social History of the Ottoman Empire, Bd. 2:
1600–1914, Cambridge 1994, S. 761–943.
38 Charles Issawi, The Economic History of Turkey, 1800–1914, Chicago 1980, S. 76.
39 Zur ägyptischen Wirtschaftspolitik z. B. Roger Owen, Cotton and the Egyptian Economy: A
Study in Trade and Development 1820–1914, Oxford 1969 und ders., The Middle East in the World
Economy, London 1993³.
40 Ebd., S. 69–76.
41 Alexander Schölch, Ägypten in der ersten und Japan in der zweiten Hälfte des 19. Jahrhunderts, in: GWU 6. 1982, S. 333–346, hier 338.
42 Quataert, The Age of Reforms, S. 826 f.

wurde und den direkten Zugriff auf bestimmte Steuereinnahmen zur Beglei-
chung der osmanischen Staatsschulden hatte, unterschiedlich bewertet.[43]

Dieses Gesamtbild sollte allerdings nicht darüber hinweg täuschen, dass
Handel innerhalb des Osmanischen Reichs den Außenhandel an Volumen und
Wert übertraf. Während der Außenhandel zu erheblichen Teilen in den Händen ausländischer Handelshäuser oder denjenigen von Minderheiten lag, die
oft unter ausländischem Schutz standen, dominierten Muslime den Binnenhandel. Der Ausbau des Transportwesens, in das erhebliches ausländisches
Kapital investiert wurde – zu nennen sind Eisenbahnbau, Dampfschifffahrt
und Straßenbau – begünstigte beide Formen des Handels.

Es ist wesentlich, wenn auch, wie das Beispiel der Seidenindustrie zeigt,
keineswegs ausschließlich dem Binnenhandel zuzuschreiben, dass sich das
osmanische Manufakturwesen weiterentwickeln konnte.[44] Die Industrialisierung blieb weitgehend auf wenige Standorte und, was private Unternehmer
anbelangte, den Textilbereich beschränkt, auch wenn der Staat versuchte,
durch eigene Fabrikgründungen und Steuervorteile die Mechanisierung voranzutreiben. Vor allem aber scheinen sich Manufakturen und Handwerk den
Herausforderungen der westlichen Konkurrenz gut angepasst zu haben. Hier
sind einerseits Luxusprodukte für den Export, wie beispielsweise Teppiche,
Spitzen und Seidengarne zu nennen. Aber auch die Produktion von Textilien,
Schuhen und andere Gegenständen des täglichen Bedarfs nahm gerade in
den letzten Dekaden des Osmanischen Reiches dramatisch zu.[45]

Die Umstrukturierung der Landwirtschaft ging mit einer Privatisierung
des Bodens ab 1858 einher, der sich zuvor zumindest theoretisch ganz überwiegend in Staatsbesitz befunden hatte, jedoch auf dem Wege der Steuer-
pacht *de facto* häufig von Notabelnfamilien kontrolliert wurde. Oft waren es
dieselben Familien, welche von den Möglichkeiten der Landregistrierung Gebrauch machten. Den Boden bewirtschafteten meist ehemalige Kleinbauern,
welche Land pachteten, oder landlose Landarbeiter. Dieser Generalbefund
darf nicht über die Vielfalt ländlicher Besitzverhältnisse gerade in jenen Regionen hinwegtäuschen, welche sich nicht für die Produktion von *cash crops*
eigneten bzw. in welchen der unmittelbare staatliche Zugriff beschränkt war,
wie etwa in bestimmten Teilen des Libanongebirges.

Die Vielzahl der gegenläufigen Entwicklungen in den arabischen Staaten im 20. Jahrhundert kann nur angedeutet werden: Die erste Hälfte des
Jahrhunderts war von einer weiteren Liberalisierung, oft unter ausländischer

---

43 Für eine kritische Einschätzung vgl. Reşat Kasaba, The Ottoman Empire and the World
Economy: The Nineteenth Century, New York 1988, S. 197–112. Schon 1876 hatte Ägypten eine
derartige Schuldenverwaltung erhalten.
44 Roger Owen, The Silk-Reeling Industry of Mount Lebanon, 1840–1914, in: Huri Islamoğlu-
Inan (Hg.), The Ottoman Empire and the World-Economy, Cambridge 1987, S. 271–283.
45 Quataert, The Age of Reforms, S. 888–928.

Kontrolle, geprägt. In dieser Periode lässt sich auch die Entstehung einer eigenen Arbeiterklasse beobachten, deren Voraussetzungen im späten 19. Jahrhundert durch die Landflucht und die Schwächung der Gilden sowie die damit einhergehende Bildung einer Lohnarbeiterschaft zu suchen sind.[46] Die Sozialgeschichte dieser Arbeiterbewegung wird erst in jüngerer Zeit intensiv untersucht.[47]

Die Ansätze der Entwicklung nationaler Bourgeoisien, welche die Industrialisierung vorantreiben wollten, etwa in Ägypten und Syrien, wurden durch die Wendung zum Sozialismus von einer staatlich geplanten Entwicklungspolitik abgelöst.[48] Inwieweit die in den achtziger Jahren begonnene Liberalisierung diesen Bruch kompensieren kann, lässt sich gegenwärtig noch nicht abschätzen, kritisch bewertet wird allerdings mittlerweile die Annahme der Parallelität ökonomischer und politischer Liberalisierung.[49] Unbedingt hinzuweisen ist auf den erheblichen Einfluss der Ölrenten auch auf die Ökonomien der nur wenig oder kein Öl produzierenden Staaten des Nahen Ostens. Neben den erheblichen Migrations- und Überweisungsströmen bewirkten sie allzuoft eine von nichtökonomischen Kriterien gesteuerte Wirtschaftspolitik.

V. Sozialer und religiöser Wandel. Die politisch, sozial, ethnisch und religiös extrem heterogene Struktur des Nahen Ostens erschwert es erheblich, von »der Gesellschaftsstruktur« der Region zu sprechen.[50] Staatlicherseits dominierte bis ins 19. Jahrhundert eine islamisch legitimierte Herrschaftskonzeption, welche Gemeinsamkeiten mit dem Ständewesen aufweist: An der Spitze stand das Herrscherhaus und seine unmittelbare Umgebung, die Untertanen untergliederten sich in 'askar, Militärs, Beamten und Religionsgelehrten, die von der Steuer befreit waren, sowie in Steuerzahler, re'aya.[51] Letztere unterschieden sich durch ihre Mitgliedschaft in Berufsständen, durch ethnische, religiöse und regionale Differenzen, die durch eine Vielzahl rechtlicher, alltagspraktischer und symbolischer Markierungen betont wurden. Trotz sozia-

---

46 Joel Beinin u. Zachary Lockman, Workers on the Nile, Princeton, NJ 1997; Zachary Lockman (Hg.), Workers and Working Clases in the Middle East, New York 1994.

47 Zusätzlich zu den genannten Titeln s. a. Ellis J. Goldberg, The Social History of Labor in the Middle East, Boulder, CO 1996.

48 Einen systematischen Überblick geben Alan Richards u. John Waterbury, A Political Economy of the Middle East: State, Class, and Economic Development, Oxford 1990; zum Beispiel Syriens vgl. Volker Perthes, The Political Economy of Syria under Assad, London 1995.

49 Eberhard Kienle, A Grand Delusion: Democracy and Economic Reform in Egypt, London 2000.

50 Dazu immer noch lesenswert Alexander Schölch, Zum Problem eines außereuropäischen Feudalismus. Bauern, Lokalherren und Händler im Libanon und in Palästina in osmanischer Zeit, in: Peripherie 5/6. 1981, S. 107–121.

51 Halil Inalcik, The Ottoman Empire: The Classical Age 1399–1600, London 2000 (Erstaufl. 1973).

ler Aufstiegsmöglichkeiten durch Bildung, die sich im 19. Jahrhundert erweiterten, blieb bis weit ins 20. Jahrhundert die soziale Mobilität für die große Mehrheit der Bevölkerung sehr beschränkt. Erst seit dem 20. Jahrhundert kann man (regional gestuft) vom allmählichen Entstehen einer Industriearbeiterklasse sprechen.

Dennoch hatten die skizzierten ökonomischen und politischen Veränderungen gravierende Auswirkungen auf die sozialen Strukturen. Die bereits erwähnte Privatisierung des Bodens führte vielerorts zu der Entstehung ländlichen Großgrundbesitzes. Dies verschlechterte die ökonomische Situation der Pächter und Landarbeiter in häufig dramatischer Weise, was eine Serie von Bauernaufständen im 19. Jahrhundert zur Folge hatte.[52] Flucht in die Städte bzw. Emigration nach Übersee waren beispielsweise in der Levante häufige Versuche, der ländlichen Proletarisierung zu entgehen.[53] Umgekehrt stammten die neuen Landbesitzer aus unterschiedlichen sozialen Gruppen, es waren je nach Region Militärs, Händler, Gelehrte, Beduinenscheichs und andere, die sich teilweise bis in die fünfziger Jahre hinein als Landbesitzer etablierten.[54] In dieser Gruppe ist auch der Kern einer nach den Staatsgründungen »national« orientierten Bourgeoisie zu suchen, die sich gerade in der Periode 1930–1950 um Industrialisierung bemühte. Nachdem sie im Zeichen der Sozialisierung durch eine oft eng mit dem oft herrschenden Militär verbundene Staatsklasse abgelöst wurden, gibt es seit dem Beginn der Liberalisierung Anzeichen, dass sich eine neue Allianz zwischen Mitgliedern dieser Staatsklasse und der alten Bourgeoisie als neue, ökonomisch wie politisch dominierende Macht herausbildet. Auch sonst scheint Elitenwandel seit der revolutionären Phase der fünfziger und sechziger Jahre eher auf dem Wege sorgfältig gesteuerter Kooptation denn über demokratischen Wettbewerb stattzufinden.[55]

Der Übergang zur Vorstellung einer einheitlichen Staatsbürgerschaft setzte mit den osmanischen Reformen ab 1839 ein. Sie begannen, die konfessionellen Grenzen aufzuheben, machte allerdings vielerorts an den Grenzen des Familienrechts Halt. Dies hatte erhebliche Auswirkungen nicht zuletzt für die nichtmuslimischen Anhänger monotheistischer Religionen (*dhimmi*), d. h. vor allem Juden sowie die Angehörigen der zahlreichen christlichen Denominationen. Diese Minderheiten waren als Gemeinschaften oder *millets*

---

52 Joel Beinin, Workers and Peasants in the Modern Middle East, Cambridge 2001, S. 59–62; Donald Quataert, Rural Unrest in the Ottoman Empire, 1830–1914, in: Ferhat Kazemi u. John Waterbury (Hg.), Peasants and Politics in the Modern Middle East, Miami, FL 1991, S. 38–49.
53 Hanna, Dayr 'Atiyya, S. 107–194, 255–294.
54 Linda Schatkowski-Schilcher, Families in Politics, Stuttgart 1985; zu den Entwicklungen im 20. Jahrhundert 'Abdallah Hanna, al-Fallahun wa-mullak al-ard fi Suriyya al-qarn al-'ishrin [Die Bauern und die Landbesitzer in Syrien im 20. Jahrhundert], Beirut 2003.
55 Volker Perthes (Hg.), Arab Elites: Negotiating the Politics of Change, London 2004.

organisiert, die ihre internen (v. a. familienrechtlichen) Angelegenheiten weitgehend autonom regelten.[56] Ihre Integration in die muslimische Mehrheitsge-
sellschaft variierte stark, es gab sowohl gemischte als auch getrennte Gilden,
aber auch Lebensräume. Mit zunehmendem europäischen Einfluss gerade
in den Handelsstädten erregte die enge Assoziation von Europäern und einheimischen christlichen Händlern, die sich oft unter europäischen Schutz
stellten, häufig Missmut. Hinzu kam der Anspruch europäischer Mächte, als
Schutzherren für verschiedene religiöse Minderheiten zu wirken. Eine Reihe
gewaltsamer Angriffe auf christliche Bevölkerungsgruppen vor allem in den
1850er und 1860er Jahren muss vor allem als eine Reaktion auf die sozioökonomischen Verwerfungen jener Zeit gesehen werden.[57] Sie reflektierten aber
auch wachsende Spannungen, die aus der Lösung europäischer Landesteile,
allen voran Griechenland (ab 1822 Unabhängigkeitskrieg) erwuchsen. Im
20. Jahrhundert löste die Staatsgründung Israels eine teils freiwillige, teils
erzwungene Emigration der orientalischen Juden aus den arabischen Staaten aus. Im Gegensatz zur Türkei, wo Christen häufig als Fremde betrachtet
und im Prozess der Staatsgründung gewaltsam vertrieben wurden (vor allem
Griechen), galten die arabischen Christen theoretisch meist als gleichberech-
tigte Staatsbürger. Als Unternehmer und Händler waren sie jedoch häufiger
als Muslime von Sozialisierungsmaßnahmen betroffen, dies zusammen mit
besseren Emigrationschancen und islamistischen Anfeindungen hauptsächlich in den letzten Jahrzehnten hat ihre Zahl jedoch dramatisch reduziert.[58]
Die Nationalstaatsgründungen haben damit wesentlich zu einer religiösen
Homogenisierung des Nahen Ostens beigetragen.

Im Osmanischen Reich dominierte die sunnitische Richtung des Islam.
Dies setzte sich, von Sonderentwicklungen wie im Libanon und in Israel
abgesehen, zunächst auch in den neugegründeten arabischen Staaten fort.
Sowohl die irakische Mehrheit der Schiiten als auch viele der islamischen
Sondergruppen wurden politisch marginalisiert. In Syrien war es das Militär,
das als »Schule der Nation« diese Minderheiten integrierte und ihnen nach
dem Militärputsch von 1963 die Teilhabe an der Macht erlaubte. Im Libanon
ist der Aufstieg der Schiiten eng mit der Geschichte des Bürgerkriegs ver-

---

56 Michael O. H. Ursinus, Art. »Millet«, in: Encyclopaedia of Islam.
57 Vgl. die Beiträge in Benjamin Braude u. Bernard Lewis (Hg.), Christians and Jews in the
Ottoman Empire: The Functioning of a Plural Society, 2 Bde., New York, 1982; François Georgeon
u. Paul Dumont (Hg.), Vivre dans l'Empire Ottoman: sociabilités et relations intercommunautaires
(XVIIIᵉ–XXᵉ siècles), Paris 1997; Abdel-Karim Rafeq, New Light on the 1860 Riots in Ottoman
Damascus, in: WI 28. 1988, S. 412–430 und ders., The Social and Economic Structure of Bâb
al-Musallâ (al-Mîdân), Damascus, 1825–1875, in: Geroge N. Atiyeh u. Ibrahim M. Oweiss (Hg.),
Arab Civilization: Challenges and Responses. Studies in Honor of Constantine K. Zurayk, Albany,
NY 1988, S. 272–311.
58 Johanna Pink, Der Islam und die nichtislamischen Minderheiten, in: Ende u. Steinbach, Der
Islam in der Gegenwart, S. 733–742.

bunden, im Irak mit den jüngsten Veränderungen. Neben dem Militär war es das nach dem Zweiten Weltkrieg dramatisch ausgeweitete Schulwesen, das in den meisten arabischen Staaten eine Integration der unterschiedlichen religiösen, ethnischen und sozialen Gruppierungen erreichen und zur Schaffung eines Nationalbewusstseins beitragen sollte.

Ethnische Bande, Clanbeziehungen sowie religiöse Zusammenschlüsse – zu nennen wären Kirchengemeinden, mystische Bruderschaften, islamistische Vereinigungen und vielfältige andere Gruppierungen – durchbrechen an vielen Stellen die horizontalen Schichtungen. Damit stellen sie ein wichtiges Bindeglied der Gesellschaft dar, das im übrigen nach wie vor eine zentrale Rolle bei der Abfederung sozialer und ökonomischer Schwierigkeiten spielt. Dennoch können diese Strukturen nicht über den dramatischen Wandel seit dem 19. Jahrhundert hinwegtäuschen. Vergesellschaftungsprozesse begannen häufig in den osmanischen Städten, wo neue öffentliche Räume entstanden, sowohl physischer Natur (Schulen, Vereinigungen, Bibliotheken, Theater) wie auch kommunikativer Art (v. a. Zeitungen, Zeitschriften). Hier lässt sich für bestimmte Perioden und Orte des 19. Jahrhunderts durchaus von einer Protozivilgesellschaft sprechen, deren Fortentwicklung bis in die Gegenwart durch die Dominanz autoritärer Herrschaftsformen allerdings immer wieder dramatisch eingeschränkt wird.[59]

Die letzte grundlegende Veränderung, die hier erwähnt werden soll, betrifft den Bereich der Geschlechterbeziehungen und Familien. Polemiken sowohl innerhalb des Nahen Ostens als auch im Wechselspiel mit Europa illustrieren die nach wie vor zentrale symbolische Bedeutung dieses Bereichs, tragen aber wenig zur Erhellung bei. Zwei grundlegende und im Ansatz widersprüchliche Entwicklungen sind zu erwähnen: Die Ausdehnung städtischer Vorbilder und die damit einhergehende tendenziell restriktive und auf Geschlechtertrennung orientierte Normierung von Geschlechterbeziehungen einerseits und die rechtliche, ökonomische und politische Aufwertung, teilweise sogar Gleichstellung der Frau andererseits. Diese Entwicklungen sind nicht abgeschlossen, wie die anhaltende Zunahme des Modells der Kleinfamilie zeigt.[60] Gerade in Zeiten der Verbreitung des politischen Islam werden einzelne Positionen, insbesondere die säkulare Weiterung oder gar Ersetzung des islamischen Familienrechts, immer wieder in Frage gestellt. Gleichzeitig zeigt jedoch das Beispiel Iran, dass grundlegende Errungenschaften im Bereich von Bildung, Arbeit und Gesundheit selbst durch eine islamische

---

59 Vgl. Dagmar Glaß, Der Muqtataf und seine Öffentlichkeit, 2 Bde., Würzburg 2004; Abdallah Hanna, al-Mujtama'an al-ahli wa-l-madani fi 'l-daula al-'arabiyya al-haditha 1850–2000 [Die einheimisch-initiative und die zivile Gesellschaft im modernen arabischen Staat 1850–2000], Damaskus 2001.

60 Nicholas S. Hopkins (Hg.), The New Arab Family, in: Cairo Papers in Social Science 24. 2001, H. 1 u. 2.

Revolution kaum dauerhaft rückgängig gemacht werden können.[61] Während die Entstehung einer bürgerlichen Frauenbewegung in den letzten Jahren im Kontext des Interesses an Frauen- und Geschlechtergeschichte zunehmendes Interesse gefunden hat, fehlt bislang eine gründliche Aufarbeitung der durchaus verbreiteten Frauenarbeit, die auch jenseits der häuslichen Produktion vor allem seit den 1860er Jahren ihren Ort hatte.[62]

VI. Die Reflexion über den sozialgeschichtlichen Wandel. Die sozialgeschichtlichen Veränderungen der letzten zweihundert Jahre wurden und werden im Nahen Osten intensiv reflektiert und diskutiert. Lässt man sich auf eine genauere Betrachtung dieser vielfach untersuchten Diskussionen ein, wird rasch deutlich, dass das Verdikt trügt, demzufolge Muslime nur die technischen Errungenschaften, nicht aber deren geistig-kulturell Grundlagen hätten übernehmen wollen.[63] Vielmehr finden aufmerksame Leser ein intensives Ringen um Begriffe, Ordnungen und Zielvorstellungen vor allem in intellektuellen Kreisen aller Konfessionen. Während konservative Geister schon in der Mechanisierung die Gefahr der Überschätzung des Menschen zu Lasten des Glaubens an den allmächtigen Gott witterten, reflektieren die meisten Diskussionen eher eine Auseinandersetzung um Fragen der erstrebenswerten gesellschaftlichen, wirtschaftlichen und politischen Ordnung.[64]

Es besteht kein Zweifel, dass dies der Diskurs der gebildeten Elite war, der viele, aber keineswegs, wie Dan Diner dies nahe legt, fast ausschließlich Nichtmuslime angehörten.[65] Auch ist festzuhalten, dass nicht alle Veränderungen uneingeschränkt begrüßt wurden. Neben der inhaltlichen Differenzierung lässt sich vor allem eine zeitliche beobachten: Ab etwa 1880 wurde die Haltung gegenüber europäischen Vorbildern deutlich reservierter, es zeigte sich der Wunsch, eine eigene, kulturell gewissermaßen authentische »Moderne« zu befördern und neue Vorbilder zu finden. Ähnliches lässt sich im 20. Jahrhundert beobachten: Nach einer Periode des Aufbruchs in der Folge des Zweiten Weltkriegs und der nationalen Unabhängigkeiten, in der kapitalistische wie kommunistische Vorbilder dominierten, macht sich seit

61 Haleh Afshar, Islam and Feminisms, London 1998.
62 Beispiele für die Geschichte der Frauenbewegung sind Cynthia Nelson, Doria Shafiq, Egyptian Feminist: A Woman Apart, Gainesville, FL 1996; Margot Badran, Feminists, Islam, and Nation: Gender and the Making of Modern Egypt, Princeton, NJ 1995; zur Frauenarbeit vgl. A.F. Khater, »House« to »Mistress of the House«: Gender, Class and Silk in 19th Century Mt. Lebanon, in: IJMES 29. 1996, S. 325–348 und Donald Quataert, Manufacturing in the Ottoman Empire and Turkey, 1500–1950, Albany, NY 1994.
63 Bassam Tibi, Islamischer Fundamentalismus, moderne Wissenschaft und Technologie, Frankfurt/Main 1992.
64 Glaß, Der Muqtataf.
65 Dan Diner, Versiegelte Zeit. Über den Stillstand in der islamischen Welt, Berlin 2005, S. 14.

den achtziger Jahren eine deutliche Islamisierung des Diskurses bemerkbar. Diese geht mit einer dezidierten Abwendung von westlichen Vorbildern einher, die sich seit einigen Jahren konfrontativ zuzuspitzen droht.[66] Die verbreitete Islamisierung des politischen Diskurses, der im Islam ein umfassendes politisches System zur Lösung aller Probleme sieht, stellt in sich selbst ein modernes Phänomen der Ideologisierung der Religion dar.[67] Diese hier grob vereinfacht dargestellten Wandlungen zeigen bereits, dass es deutlich zu kurz greift, die heutigen Probleme des Nahen Ostens primär auf dessen fehlende Säkularisierung und die damit einhergehende sakrale »Versiegelung der Zeit« zu reduzieren.[68]

Es ist vollkommen unbestritten, dass es schwerwiegende Probleme im Nahen Osten gibt; auch und gerade die Defizite im Bildungssektor und die schwierige Frage nach einer stärker historisch-kritischen Beschäftigung mit den Grundlagen der Religion gehören sicher dazu. Aber lassen sich die Schwierigkeiten hierauf reduzieren, wie es im Rahmen der Kulturalisierung globaler Konflikte gerade wieder in Mode zu kommen scheint? Der Beitrag der Gesellschaftsgeschichte könnte sein, immer wieder darauf hinzuweisen, dass Kultur zwar durchaus Eigendynamiken hat, jedoch in engem Zusammenhang mit Wirtschaft und Politik zu denken ist. So lassen sich Bildungsprobleme beispielsweise besser erklären, wenn man die Entwicklung staatlicher Bildungspolitik, ihre finanzielle Ausstattung und Vorbilder (vom Osmanischen Reich über die koloniale Phase der Zwischenkriegszeit hin zu sozialistischen und westlichen Modellen) sowie die jeweiligen politischen Systeme als den relevanten Kontext einbezieht. Koranschulen und islamische Bildungstraditionen sind dann sicherlich ein, aber eben nicht das einzige Element der heutigen Bildungsmisere im Nahen Osten.

Ebenso sind die transnationalen Verbindungen aus der Geschichte der letzten zweihundert Jahre nicht wegzudenken. Hierzu gehört etwa der Einfluss globaler Strukturanpassungsprogramme auf die Bereitstellung staatlicher Dienstleistungen wie Bildung, oder die Unterstützung nach innen autoritärer, außen- oder wirtschaftspolitisch jedoch dem Westen zugeneigter Regime, welche dessen Diskurse über *good governance* immer wieder desavouiert haben. Insofern ist Jürgen Osterhammels Plädoyer für die transnationale Weiterung der Gesellschaftsgeschichte unbedingt zu unterstützen, möchte man diese als ein erfolgreiches Modell der Geschichtsschreibung für außereuropäische Gesellschaften nutzen.[69]

---

66 Dazu demnächst ausführlich Ulrike Freitag, Arabische Visionen der Moderne, in: Hartmut Kaelble (Hg.), Das Eigene und das Fremde [in Vorbereitung].
67 Aziz Al-Azmeh, Die Islamisierung des Islam. Imaginäre Welten einer politischen Theologie, Frankfurt/Main 1996, S. 82–108.
68 Diner, Versiegelte Zeit, S. 21.
69 Osterhammel, Parameter, S. 108.

Hans-Jürgen Puhle

Das atlantische Syndrom

Europa, Amerika und der »Westen«

Die Entwicklungswege einzelner Länder und Gesellschaften in die Moderne sind unterschiedlich verlaufen. Es gibt aber bei einer ganzen Reihe von Ländern mit ähnlichen Entwicklungskonstellationen durchaus auch Gemeinsamkeiten, gleichgerichtete Trends und Tendenzen zu mehr Konvergenz, die sich seit Beginn des 20. Jahrhunderts zunehmend verstärkt haben. Auch die jüngsten Schübe von »Globalisierungs«prozessen, die zunächst vor allem in ihren technologischen und ökonomischen Dimensionen wahrgenommen wurden und von denen die Historiker wissen, dass sie eine lange Vorgeschichte haben und nicht die ersten sind,[1] zeigen ein ähnliches Muster. Sie sind überall, wie schon frühere Modernisierungsstufen seit dem späten 18. Jahrhundert, einerseits gekennzeichnet durch zunehmende Uniformität, andererseits aber auch durch unterschiedliche regionale Ausprägungen und Adaptationen sowie durch gegen sie mobilisierte lokalistische oder regionale Reaktionen, die oft besonders die kulturellen Differenzen der Länder und Gesellschaften betonen. Die gängige Erscheinungsform von Globalisierung ist ohnehin Regionalisierung. Dabei kann das, was als »Region« begriffen wird, durchaus variieren.

I. »The West and the rest« als Problem der Gesellschaftsgeschichte. Die uniformisierenden Elemente dieses Prozesses haben auch damit zu tun, dass sich »Modernisierung« bisher auch in Japan, China, Indien, Afrika oder im arabisch-islamischen Raum überwiegend in der Durchsetzung von Technologien (und deren wissenschaftlichen und organisatorischen Voraussetzungen), Wirtschaftsweisen, Interaktionsformen und Institutionen manifestiert hat, die ihren Ursprung in der »westlichen« Welt hatten, also in den entwickelten und seit dem 19. Jahrhundert zunehmend demokratisch gewordenen Industrieländern rund um den Nordatlantik. Dieser »Westen« mit seinem Kern in Europa und dem überwiegend europäisch geprägten Nordamerika, der noch

---

1 Vgl. z.B. Jürgen Osterhammel u. Niels P. Petersson, Geschichte der Globalisierung. Dimensionen, Prozesse, Epochen, München 2006³; Knut Borchardt, Globalisierung in historischer Perspektive, Sitzungsberichte d. Bayer. Akademie der Wissenschaften, Phil.-Hist. Klasse 2001, H. 2, München 2001.

heute, zusammen mit Australien, Neuseeland und Japan, den größten Teil der entwickelten OECD-Welt ausmacht, hat über zwei Jahrhunderte lang die wirksamsten und erfolgreichsten Vehikel und Instrumente für Entwicklung und Modernisierung auch im Rest der Welt bereitgestellt. Allen kulturalistischen Relativierungsversuchen zum Trotz sind zentrale Errungenschaften der europäischen Moderne und des nordatlantischen Raums attraktive Modelle für den Rest der Welt geblieben und geradezu zu Exportschlagern geworden: Das gilt für den modernen Staat, verstanden als Nationalstaat, mit seinen Entwicklungslinien hin zur rechtsstaatlichen Demokratie einerseits und zum Sozialstaat andererseits, ebenso wie für den modernen Industriekapitalismus und die Massenkonsumgesellschaft (einschließlich zahlreicher oft auch problematischer ideologischer und politischer Implikationen wie z. B. Nationalismus, Imperialismus, Sozialismus, etc.).

Die westlichen Entwicklungsmodelle waren deshalb attraktiv für andere, weil sie zwischen dem späten 18. und dem späten 20. Jahrhundert bei der Modernisierung, Entwicklung und Beherrschung der Welt aufgrund von Konstellationen, die sich beschreiben lassen, die Nase vorn hatten. Damit haben sie, mangels Konkurrenz, den Erscheinungsformen der Modernisierung auch anderswo den westlichen Stempel aufgedrückt.[2] Unter dem Druck der Mechanismen des internationalen Wettbewerbs hat die Proliferation von moderner nationalstaatlicher Organisation mit ihren disziplinierenden, aber auch schützenden und leistungsfähigen Komponenten, von Industrialisierung und Demokratisierung durchaus (auch normativ konnotierte) universelle Züge angenommen, zumal die Gegenmodelle, dort wo sie versucht wurden, allesamt bislang erfolglos geblieben sind. Leistungsfähige Staatlichkeit mit Gewaltmonopol und stabilen Institutionen, Rechts- und Sozialstaat, demokratische Selbstbestimmung und Teilhabe am technisch-industriellen Fortschritt sind Ziele, die so gut wie überall in der Welt für erstrebenswert gehalten werden. Entsprechend ist von einer Ausnahmestellung und einer besonderen Pionierrolle westlicher Entwicklungsmodelle gesprochen worden, von einem europäischen »Sonderweg« (Mitterauer), vom *American exceptionalism*, usw. Sich entwickeln und »modern« werden hieß für viele Gesellschaften in der Welt lange Zeit: »von Europa lernen« (Senghaas), später auch von Nordamerika.[3]

---

2 Dies ist zunächst die Ausgangskonstellation. Ob sie zu mehr oder weniger automatischer »Verwestlichung« (und in welchen Sektoren?) führen muss oder nicht, ist eine andere Frage. Vgl. dazu auch die differenzierteren Varianten des Konzepts der *multiple modernities*, z. B. in: S. N. Eisenstadt, Multiple Modernities, in: Daedalus 129. 2000, S. 1–29; Dominic Sachsenmaier, Multiple Modernities: The Concept and Its Potential, in: ders. u. a. (Hg.), Reflections on Multiple Modernities: European, Chinese and Other Interpretations, Leiden 2002, S. 42–67.

3 Vgl. Michael Mitterauer, Warum Europa? Mittelalterliche Grundlagen eines Sonderwegs, München 2004; Louis Hartz, The Liberal Tradition in America, New York 1955; Seymour Martin Lipset, The First New Nation, Garden City, NY 1967; Dieter Senghaas, Von Europa lernen. Entwicklungsgeschichtliche Betrachtungen, Frankfurt/Main 1982.

Und selbst noch die gegenwärtig überall diskutierte Notwendigkeit einer säkularen »Kehre«, der Umsteuerung der Politik und der gesellschaftlichen Systeme weg vom Prinzip zunehmend vermehrter (bürokratischer) Organisation, das das letzte Jahrhundert bestimmt hat, hin zum Prinzip von weniger und loserer Organisation und zu kleineren Einheiten (Dezentralisierung, Deregulierung, Privatisierung, *welfare state retrenchment*, etc.) reflektiert wesentlich vor allem die europäischen und atlantischen Zustände und Probleme. Dieser Prozess zeigt allerdings auch ein Potential neuer strategischer Vorteile für die *latecomers*, die aufgrund ihres Rückstands in Sachen organisatorischer Verdichtung womöglich bestimmte Stufen und Stadien der klassischen Modernisierungsmuster einfach überspringen und sich damit zeitraubende Wege ersparen können (das *leapfrogging*-Syndrom).[4] In manchen Sektoren (z. B. bei der Umsteuerung der sozialen Sicherungssysteme) haben sich dabei – ganz gegenläufig zu dem bekannten Diktum von Karl Marx – gelegentlich sogar zeitweise neue Muster- und Modellfunktionen der weniger entwickelten für die entwickelteren Gesellschaften ergeben (z. B. »von Chile lernen?«).

Angesichts der großen Attraktion und Bedeutung der von Europa ausgehenden westlichen Entwicklungsmuster für den Rest der Welt lohnt es sich, einmal mehr zu versuchen, systematisch darüber nachzudenken, was denn eigentlich diese westlichen Muster ausmacht, worin womöglich das Besondere, Dynamik und Einfluss generierende am westlichen Entwicklungsmodell bestanden hat, und ob es überhaupt ein einheitliches »westliches« Modell gegeben hat, oder vielmehr deren mehrere. Im folgenden wird argumentiert werden, dass es zwar wichtige und in die Welt ausstrahlende Gemeinsamkeiten des westlichen Modernisierungsmusters gibt, sich aber die Entwicklungen der einzelnen Gesellschaften und Staaten des Westens teilweise erheblich durch ihre jeweiligen Faktorenkonstellationen und -kombinationen voneinander unterscheiden und es folglich darauf ankommt, die Eigenarten und Mischungsverhältnisse der entsprechenden nationalen oder regionalen Entwicklungswege *(trajectories)* zu ermitteln, die dann ihrerseits auch unterschiedliche Ansatzpunkte und mögliche Prioritäten für die weiteren strategischen Diskussionen in anderen Teilen der Welt bieten können. *Trajectories matter!*

Die vergleichende Analyse der Entwicklungswege verschiedener Gesellschaften in die Moderne ist eine wichtige Aufgabe nicht nur einer historisch gesättigten Soziologie, Politikwissenschaft oder Ökonomie, sondern vor allem auch der Gesellschaftsgeschichte. Sie kann anschließen an die konstella-

---

4 Zu den Mechanismen des *leapfrogging* vgl. Introduction und Conclusion, in: Richard Gunther u. a. (Hg.), The Politics of Democratic Consolidation: Southern Europe in Comparative Perspective, Baltimore, MD 1995, S. 1–32 u. 389–413.

tionsanalytischen Bemühungen von Marx und Weber ebenso wie hinreichend sektoralisierter Modernisierungstheorien, an die Arbeiten von Otto Hintze, Gerhard Oestreich, Alexander Gerschenkron und Barrington Moore, Charles Tilly, Dietrich Rueschemeyer, Stein Rokkan, Ruth und David Collier und anderen. Und sie kann produktiv konkurrieren mit und sich anregen lassen von jenen Ansätzen, deren Erkenntnisinteresse mehr auf die Herausarbeitung von übergreifenden allgemeinen Entwicklungslinien oder Interaktionsmustern gerichtet ist, wie den Weltsystem-, Imperialismus-, Dependenz- und Globalisierungstheorien,[5] oder neueren umfassenden Studien wie denen von Michael Mann und Manuel Castells. Der anspruchsvolle, typologisch disziplinierte und hinreichend empirisch unterfütterte Vergleich zwischen den unterschiedlichen Entwicklungswegen von Gesellschaften kann gleichzeitig ein ebenso anregender und notwendiger Beitrag zu einer ausgeweiteten Sozialgeschichte im Zeitalter der Globalisierung sein wie, auf der anderen Seite, die Analysen der transkontinentalen Beziehungen, Interaktionen, Netzwerke und Verflechtungen. Vor allem erlaubt er es auch, die besonderen Eigenarten der Akteure einer *entangled history* im Kontrast klarer herauszuarbeiten.[6]

Wichtig ist dabei, dass die typologischen Konstrukte der »Entwicklungswege« nicht zu »großtypologisch« (und damit tendenziell leer) angelegt werden, und dass man sie als heuristische Instrumente der Analyse versteht, und nicht als naturgesetzliche Analogien, teleologische Ziele oder als normatives Prokrustesbett für Entwicklungsstrategien. Es wäre auch falsch, ein bestimmtes *trajectory*, wie es vielfach noch geschieht, mit einer unflexibel verstandenen *path dependency* zu verwechseln, aus deren Gräben eine Gesellschaft angeblich nicht mehr herauskann. Die Konstellationen bestimmter Entwicklungswege legen zwar *ceteris paribus* in der Regel immer auch grössere Wahrscheinlichkeiten bestimmter Prioritäten, Entwicklungen und Lösungen nahe, aber sie bleiben offen, nicht nur für Ausnahmen, sondern auch für substantielles Umsteuern und für durch (mehr oder weniger strategische) Entscheidungen herbeigeführte Brüche mit den bisherigen *trajectories* (*agency matters*). Wäre dies nicht so, wären politische Regimewechsel, z. B. von autoritärer Herrschaft zur Demokratie, ebenso unwahrscheinlich wie grundlegende Neujustierungen und Reformen der Systeme sozialer Siche-

---

5   Vgl. zuletzt u. a. C. A. Bayly, The Birth of the Modern World 1780–1914: Global Connections and Comparisons, Oxford 2004.

6   Dazu neuerdings Jürgen Kocka, Sozialgeschichte im Zeitalter der Globalisierung, in: Merkur 60. 2006, S. 305–316. Zum Vergleich u. a. Hartmut Kaelble, Die interdisziplinären Debatten über Vergleich und Transfer, in: ders. u. Jürgen Schriewer (Hg.), Vergleich und Transfer, Frankfurt/Main 2003, S. 469–493; ders., Der historische Vergleich. Eine Einführung zum 19. und 20. Jahrhundert, Frankfurt/Main 1999, und bereits Hans-Jürgen Puhle, Theorien in der Praxis des vergleichenden Historikers, in: Jürgen Kocka u. Thomas Nipperdey (Hg.), Theorie der Geschichte, Bd. 3: Theorie und Erzählung in der Geschichte, München 1979, S. 119–136.

rung oder andere profunde Politikwechsel, wie sie nachweislich gelegentlich stattfinden.

II. Das Atlantische Syndrom. Um die Dynamik und auch die gelegentlichen Akzent- und Gewichtsverschiebungen in der Entwicklung des Westens besser zu verstehen, ist es sinnvoll, den Blick nicht nur auf Europa oder Nordamerika zu richten, sondern auch auf den atlantischen Raum als einen Interaktionsraum zwischen Europa, Nord- und Südamerika sowie Afrika, ein komplexes Syndrom (um das anspruchsvolle Wort »System« zu vermeiden) von Beziehungen, Austausch, wechselseitigen Lernprozessen, Transfers und Interdependenzen.[7] Die Grenzen dieses Raumes waren dabei nicht immer klar definiert, da er von Anfang an, seit dem Ausgreifen der iberischen Kolonialmächte in die Welt, auch Teil des sich herausbildenden *Modern World System* war und einige der hier relevanten Akteure gleichzeitig auch in anderen Großräumen, rund um das Mittelmeer, um den Indischen Ozean und später auch den Pazifik aktiv waren. Eine Besonderheit der atlantischen Beziehungsarena besteht jedoch darin, dass sich hier bestimmte Modernisierungsmuster herausgebildet haben, die zwar durchaus verschieden waren, aber auch wichtige Ähnlichkeiten und Gemeinsamkeiten aufwiesen, die alle damit zu tun hatten, dass »Diversität« nicht auszurotten war und folglich in der Regel (und meistens sehr produktiv) institutionell akzeptiert und kanalisiert werden musste. Dieser Prozess hat die Dynamik von ökonomischem und politischem Wettbewerb gefördert und zur Herausbildung des modernen Kapitalismus ebenso beigetragen wie zu den Mechanismen von Pluralismus, politischer Repräsentation und grundlegenden Freiheitsrechten. Der Prozess ging aus von Europa, das unter den atlantischen Kontinenten lange Zeit dominierend blieb und die Prozesse des Institutionenbaus und der Entwicklung in Nordamerika, Lateinamerika und später in Afrika entscheidend bestimmt hat.

III. Unterschiedliche europäische Entwicklungswege. Die Dominanz Europas bedeutete jedoch auch, dass durchaus unterschiedliche Entwicklungsmuster auf die außereuropäische Welt einwirkten, weil es den einheitlichen europäischen Entwicklungsweg nicht gibt. Die europäischen Gesellschaften haben sich vielmehr auf durchaus unterschiedlichen Wegen in die Moderne bewegt, die allerdings auch bestimmte (»europäische«) Gemeinsamkeiten aufweisen. Es kommt darauf an, beide Komponenten, die Unterschiede wie

---

7 Vgl. dazu neuerdings: Bernard Bailyn, Atlantic History: Concept and Contours, Cambridge, MA 2005, sowie die Beiträge in: Horst Pietschmann (Hg.), Atlantic History: History of the Atlantic System 1580–1830, Göttingen 2002; zu sektoralen Lernprozessen z. B. Daniel T. Rodgers, Atlantic Crossings: Social Politics in a Progressive Age, Cambridge, MA 1998.

die Gemeinsamkeiten und deren Konstellationen zu bestimmten Zeitpunkten im einzelnen zu würdigen. Dabei ist zunächst hinzuweisen auf die gemeinsamen Hintergründe im gemischten kulturellen Erbe und in den ökonomischen sozialen und institutionellen Konstellationen der Vormoderne bis ins 17. Jahrhundert.

Zweitens wird zu reden sein über die unterschiedlichen Modernisierungs- und Entwicklungswege der europäischen Gesellschaften seit dem Beginn des modernen *state building*, die durch komplexe Entwicklungen gekennzeichnet sind, deren einzelne Faktoren sich mit einiger typologischer Vereinfachung allesamt den übergreifenden Prozessen von Bürokratisierung (und *state building*), Industrialisierung und Demokratisierung (und Parlamentarisierung) zuordnen lassen. Eine gewisse Einheitlichkeit europäischer Modernisierungsprozesse liegt darin, dass in den Entwicklungen einzelner Gesellschaften Faktoren aus allen drei Bündeln der Bürokratisierung, der Industrialisierung und der Demokratisierung vertreten sind und zunehmend ineinander wirken. Die Differenzen der nationalen (und manchmal auch der regionalen) Entwicklungswege werden im wesentlichen durch die unterschiedlichen Mischungsverhältnisse der Faktoren aus den drei genannten Bündeln markiert. Da diese Unterschiede von Anfang an konstitutiv gewesen sind, empfiehlt es sich, nicht von »Sonderwegen« zu sprechen, da es ja den »Normalweg« nicht gibt (auch wenn Marx und zahlreiche frühe Modernisierungstheoretiker den englischen Weg zu einem solchen zu stilisieren versucht haben), sondern auszugehen von typologisch und analytisch eher gleichberechtigten unterschiedlichen Entwicklungswegen.

Drittens wird zu reden sein von den insbesondere im 20. Jahrhundert zunehmenden Konvergenztendenzen zwischen den europäischen Entwicklungen, die die charakteristischen Unterschiede der ursprünglichen Entwicklungswege etwas eingeebnet und die europäischen Gesellschaften einander ähnlicher gemacht haben.[8]

1. Europa ist ein Produkt der Geschichte und gleichzeitig ein Konstrukt. Ich verstehe es mehr als historisches und kulturelles Syndrom denn als geographische Einheit. Seine östliche Grenze war seit dem frühen Mittelalter die Grenze zwischen dem orthodoxen Osten und dem katholischen Westen. »Europa« war der Westen, wo, im Gegensatz zu Cäsaropapismus und Autokratie der orthodoxen Welt, schon früh institutionelle Differenzierung, interne Konkurrenz und institutionalisierte *checks and balances* durchgesetzt wurden, mit pluricephaler, bipolarer und tendenziell pluralistischer Organisation, z.B. im Verhältnis von Kaiser und König auf der einen, dem Papst auf der anderen Seite, von König und Ständen oder Parlamenten bzw. garan-

---

8 Dazu ausführlicher Hans-Jürgen Puhle, Staaten, Nationen und Regionen in Europa, Wien 1995.

tierten Rechten der Kommunen, oder später Katholizismus und Protestantismus. Dieses Europa war von Anfang an vielfältig. Zu seinen konstitutiven Elementen gehörte das Erbe der griechisch-hellenistischen und römischen Antike, die christlichen und jüdischen Traditionen, das Erbe germanischer, (auch nordischer, keltischer, normannischer und anderer regionaler) Traditionen und Institutionen, und schliesslich die Integration der westslawischen Gesellschaften, insbesondere der Polen und Tschechen, sowie der Balten und Ungarn in den »okzidentalen« europäischen Einflussbereich, dessen sichtbarste Form der römische Katholizismus und die lateinische Schrift waren. Dieses Europa expandierte in der Folge, vor allem nach Süden und Osten, und integrierte arabisches, byzantinisches, orthodoxes und türkisches Erbe in Süditalien, auf der iberischen Halbinsel und auf dem Balkan. Seit Peter dem Großen geriet auch Russland vermehrt in den Einzugsbereich Europas.

In seiner vormodernen Phase war Europa überwiegend charakterisiert durch den Dualismus zwischen »weltlicher« und »geistlicher« Herrschaft und Verwaltung, durch regional unterschiedliche Feudalsysteme des »europäischen« Typs (Hintze)[9] sowie durch die sich herausbildenden europäischen *opportunity structures* in der Interaktion zwischen »Zentren« und »Peripherien« (Rokkan),[10] die auch Wichtiges beigetragen haben zu den komparativen Vorteilen der europäischen *state building*-Prozesse, unabhängig vom Typus.[11] Am Ende der vormodernen Periode hatten sich in der Interaktion der genannten Faktoren und aufgrund des typisch europäischen Dualismus eine ganze Reihe von Konstellationen herausgebildet, die für den späteren umfassenden Modernisierungsprozess wichtig werden sollten. Zu ihnen gehören vor allem die folgenden Entwicklungen: die Entstehung des modernen Handelskapitalismus, die Schaffung europäischer Kolonialreiche, Renaissance und Humanismus und die Herausbildung der modernen europäischen Wissenschaften, vor allem der Naturwissenschaften, Reformation und Gegenreformation, die Entstehung der modernen politischen und ökonomischen Theorie (vor allem in Großbritannien), die Aufklärung und der fortschreitende Prozess der Säkularisierung, dessen vergleichsweise langer Vorlauf im Rückblick besonders ins Gewicht zu fallen scheint.[12]

9 Vgl. Otto Hintze, Wesen und Verbreitung des Feudalismus (1929), in: ders., Staat und Verfassung, hg. v. Gerhard Oestreich, Göttingen 1962, S. 84–119.
10 Vgl. Stein Rokkan, Staat, Nation und Demokratie in Europa, hg. v. Peter Flora, Frankfurt/Main 2000.
11 Zu unterschiedlichen Typen vgl. Thomas Ertman, Birth of the Leviathan: Building States and Regimes in Medieval and Early Modern Europe, Cambridge 1997.
12 Die zentrale Bedeutung der Säkularisierung (i. S. von Entstaatlichung, Pluralisierung und Liberalisierung von Religion) für gesellschaftliche Modernisierung wird z. B. auch im Vergleich mit dem arabisch-islamischen Raum deutlich, der heute nach allen gängigen Modernisierungsindikatoren im weltweiten Vergleich zurückliegt. Es spricht auch vieles dafür, dass Huntingtons These falsch ist, nach der bestimmte Religionen als solche mehr oder weniger demokratiekompatibel

2. Die Einheit der europäischen Modernisierung seit dem späten 18. Jahrhundert besteht darin, dass in jedem Fall Faktoren aus allen drei genannten Bündeln, der Bürokratisierung, der Industrialisierung und der Demokratisierung, präsent sind, die gemeinsam die Herausbildung der modernen Staaten, ihrer Institutionen und Rechtssysteme, ihrer Ökonomien sowie eines funktionalen Minimums nationaler Integration geprägt haben, ebenso wie sie später mitgewirkt haben an der Entstehung des modernen Nationalismus und Imperialismus, von Sozialismus, organisiertem Kapitalismus oder Korporatismus. Die unterschiedlichen nationalen (oder in einigen Fällen, wie z. B. Katalonien, auch regionalen) Entwicklungswege sind dagegen charakterisiert durch die jeweiligen zu einer bestimmten Zeit quantitativ und qualitativ verschiedenen Mischungsverhältnisse der Faktoren aus den drei Bündeln. Das Bündel der Bürokratisierung schließt dabei die diversen Weisen und Stufen von *state building* ein, das der Demokratisierung bezieht sich in einem breiteren Sinn auch auf die Repräsentationsformen auf verschiedenen Ebenen, auf parlamentarische Kontrolle, *accountability*, organisierten Pluralismus und die Geltung rechtsstaatlicher Regeln.

Die wichtigsten Differenzen können schematisch vereinfacht wie folgt charakterisiert werden: In *Großbritannien* dominierte unter dem Einfluss eines starken und autonomen Wirtschaftsbürgertums von den drei genannten Faktorenbündeln eindeutig die kapitalistische Industrialisierung, die ihrerseits Prozesse der Demokratisierung und Herrschaftskontrolle anstieß, wohingegen Prozesse der Bürokratisierung erst später, in der zweiten Hälfte des 19. Jahrhunderts, einsetzten, wesentlich um die sozialen Folgen der Industrialisierung zu bewältigen. Auf dem Kontinent, wo die Bourgeoisien wesentlich schwächer geblieben waren, verlief die Entwicklung genau anders herum, mit dem Bündel der Bürokratisierung als zunächst dominantem Faktor, im Zeichen von bürokratischem Absolutismus, Autoritarismus, Militarismus und Merkantilismus. Im weiteren Verlauf machte hier allerdings die Französische Revolution einen großen Unterschied, vor allem in der Herausbildung der Beziehungen zwischen den Faktoren der Bürokratisierung und denen der Demokratisierung. So wurde in *Frankreich* zunächst eine Mischung aus Bürokratisierung und Demokratisierung zum hegemonialen Entwicklungsmuster, während die Industrialisierung später einsetzte und die politischen Institutionen und deren Interaktionen lange Zeit nicht wesentlich prägen konnte. In *Preußen* und anderen *deutschen Staaten* gab es keine erfolgreiche Revolution, und der bürokratische Staat war, auch dem Entwicklungsstand entsprechend, vielfach noch interventionistischer und autoritärer. Hier wurde

sind, und dass es vielmehr auf den jeweiligen Grad ihrer Fundamentalisierung bzw. Säkularisierung ankommt. Vgl. Samuel P. Huntington, The Clash of Civilizations and the Remaking of World Order, New York 1996.

folglich eine Mischung aus Bürokratisierung und Industrialisierung zum dominanten Entwicklungsfaktor, und die Prozesse der Herrschaftskontrolle und Demokratisierung blieben schwächer und defizienter bis nach dem Zweiten Weltkrieg.

Der *spanische* Entwicklungsweg ist *grosso modo* dem französischen sehr ähnlich gewesen, aber hier blieben das revolutionäre Erbe und die Traditionen und Netzwerke der Zivilgesellschaft (vor allem im Zentrum) wesentlich schwächer als in Frankreich, so dass die Demokratisierung begrenzt blieb und autoritäre Tendenzen relativ lange überleben konnten. Außerdem ist der spanische Fall noch gekennzeichnet durch die starken *cleavages* und Antagonismen zwischen dem sozioökonomisch unterentwickelten Zentrum und der im Verhältnis »überentwickelten« Peripherie, die die bürokratischen Eliten des Zentrums zwangen, entweder Allianzen mit den kapitalistischen Bourgeoisien der Peripherie einzugehen oder Pakte mit den unterschiedlichen Gruppen der retrograden ländlichen Oligarchie des Zentrums zu schließen, bzw. beide Strategien kompromisslerisch zu kombinieren. – Je wichtiger jeweils die Faktoren der Demokratisierung waren, umso mehr konnten institutionelle partizipatorische und Konsensmechanismen (wie etwa das Konzept von *citizenship*) in den Prozessen von *nation building* genutzt werden, die allerdings in Europa überwiegend entlang exklusionärer Linien verlaufen sind.[13]

3. Schließlich muss betont werden, dass die hier genannten unterschiedlichen typologischen Mischungen insbesondere die Anfänge der jeweiligen Entwicklungen charakterisieren. Später gab es mehr Konvergenzen, vor allem im 20. Jahrhundert. Die Systeme wurden ähnlicher. Zum einen ist dies ein Nachholphänomen: Die zunächst noch schwächer gebliebene Komponente aus der Trias der Modernisierungsbündel wurde allmählich stärker gemacht, weil es entsprechende Pressionen und Zwänge gab. In Deutschland wurde die parlamentarische Demokratie ausgebaut, im zweiten Anlauf sogar erfolgreich; in Großbritannien der *Civil Service* und die Gemeindebürokratien, in Frankreich die Koordinationsinstrumente zwischen Staat und Wirtschaft, und Spanien wurde am Ende nicht nur industrialisiert, sondern auch demokratisiert. Zum anderen lassen sich auch eine Reihe weiterer gesamteuropäischer Entwicklungstrends feststellen, auch wenn im Einzelfall die besonderen Konstellationen des Beginns und die unterschiedlichen nationalen Mischungen und Entwicklungswege noch sichtbar sind. Wir finden diese Trends z. B. im Bereich der Wirtschaft, der sozialen Organisation, der Bildung, der Urbanisierung, in europäischen Familienstrukturen, in Ten

---

13 Die hier nur kurz und vereinfacht skizzierten Tendenzen und Mischungen sind im ganzen natürlich weniger statisch und deutlich gewesen als sie hier erscheinen mögen, und sie bedürften weitergehender Modifikation und Nuancierung.

Hans-Jürgen Puhle

denzen zur Verrechtlichung und weiter zunehmenden Bürokratisierung, zur Verstaatlichung vormals autonom geregelter Probleme und zur Regulierung einzelner Politikbereiche. Ein gutes Beispiel für letztere ist die bis ins letzte Jahrzehnt des 20. Jahrhunderts kontinuierliche Ausweitung sozialstaatlicher Mechanismen, ebenfalls in typologisch erfassbaren unterschiedlichen Mischungen, aber doch zunehmend zu einem »Europäischen Sozialmodell« (ESM) verdichtet. Deutlich sind dabei insgesamt auch zwei komplementäre Linien zur Universalisierung von Partizipation einerseits und von Disziplinierung andererseits.[14]

IV. Transatlantische Interaktionen. Europa und die Amerikas. Seit dem 16. Jahrhundert und verstärkt seit dem 19. Jahrhundert sind europäische Entwicklungsmuster und -modelle in die außereuropäische Welt exportiert worden, vor allem die starken und attraktiven Exportartikel: der moderne Kapitalismus, die Industrialisierung, der Nationalstaat, schließlich auch die Demokratie, und zuletzt der Sozialstaat. Diese »Europäisierung« der Welt scheint auch noch nicht ganz an ihr Ende gekommen zu sein, auch wenn sie sich seit der Mitte des 20. Jahrhunderts zunehmend in eine Art »Euro-Amerikanisierung« transformiert hat. Sogar die gegenwärtigen Trends zu vermehrter »Globalisierung« haben, wie schon die vergangenen, immer noch einen »westlichen«, nordatlantischen *bias.* Im atlantischen Raum ist dieser Prozess allerdings auch zunehmend beeinflusst und modifiziert worden durch die Rückwirkungen, die die transatlantischen Interaktionen auf die Europäer hatten. Die Entwicklungen sind hier nie verlaufen wie in Einbahnstraßen; sie haben immer auch, an einigen »critical junctures«[15] mehr als an anderen, Prozesse transkontinentalen Lernens impliziert, wenn auch meist nicht zwischen Gleichen: An einigen Punkten hatten die einen mehr zu lernen als andere, und eine lange Zeit hindurch konnten es sich einige auch leisten, weniger zu lernen.

Von den vier Kontinenten und Subkontinenten rund um den Atlantik ist am Ende (neben dem präkolumbischen indianischen Amerika) vor allem Afrika der schwächste Spieler geblieben, auch wenn die afrikanischen Eliten den Nachschub für den Sklavenhandel kontrollierten, die Debatten über Sklaverei und Abolition (einschließlich deren afrikanischer Seite) in anderen Teilen

---

14 Letzteres wird z. B. sichtbar in der etwa gleichzeitigen Durchsetzung des Frauenwahlrechts und der progressiven Einkommensteuer zwischen 1910 und 1920 in einer Reihe von Ländern (incl. Deutschland). Zum Gesamtprozess vgl. u. a. Hartmut Kaelble, Auf dem Weg zu einer europäischen Gesellschaft, München 1987; die Beiträge zur Identität und Funktionalität Europas in: Gunnar Folke Schuppert u. a. (Hg.), Europawissenschaft, Baden-Baden 2005; zum ESM: Anthony Giddens, Die Zukunft des Europäischen Sozialmodells, Working Paper Internationale Politikanalyse, Friedrich Ebert-Stiftung u. Policy Network, Berlin 2006.
15 Zum Begriff der *critical junctures* vgl. Ruth Berins Collier u. David Collier, Shaping the Political Arena: Critical Junctures, the Labor Movement, and Regime Dynamics in Latin America, Princeton, NJ 1991.

der Welt als bedeutende *eye openers* gewirkt haben und afrikanische Probleme viele intellektuelle und politische Debatten in Europa und Nordamerika kontinuierlich beeinflussten.[16] Die beiden Amerikas in Nord und Süd haben dagegen bereits früh die nötige Dynamik entwickelt, im transatlantischen Spiel einflussreicher mitzuwirken.

Aber gerade auch in den beiden Teilen Amerikas finden wir deutlich ausgeprägte unterschiedliche Entwicklungsmuster, die nicht nur die verschiedenen Konstellationen und Muster der europäischen Einwirkungen reflektieren, sondern auch die der Bedingungen und Faktoren der anfänglichen Entwicklungskonstellationen und der aus ihnen resultierenden Interaktionen. Mit großer Vereinfachung und unter Absehung von den zahlreichen regionalen und sektoralen Unterschieden und den bekannten Veränderungen über die Zeit kann man zwischen einem nordamerikanischen und einem lateinamerikanischen Großtyp unterscheiden. *Prima vista* mögen die Entwicklungswege in den beiden Amerikas noch etwas komplizierter erscheinen als die europäischen, vor allem aufgrund einer Reihe von zusätzlichen Charakteristika, die sie zum Teil gemeinsam haben, wie die Dynamik der durchweg gewaltsamen »Begegnung« (*encuentro*) zwischen Einheimischen und Eroberern, die Überlagerungen von autochthonen und importierten Faktoren, die massiven Einwanderungswellen, die Verspätung des *state building* (nicht zu reden vom *nation building*), sowie Dependenz und Unterentwicklung und die Mechanismen der *conquista* im Süden gegenüber denen der *frontier* und ihres hohen Entwicklungspotentials im Norden. Am Ende stellen sich allerdings die amerikanischen Entwicklungswege im wesentlichen doch als Varianten desselben Syndroms und derselben Faktorenmischungen heraus, die auch die unterschiedlichen Modernisierungswege in Europa charakterisiert haben. Wir sollten deshalb vielleicht eher nicht von Mustern »europäischer«, sondern besser von solchen »atlantischer« oder »westlicher« Modernisierung sprechen.

V. Nordamerikanische Entwicklungsmuster. Die ersten, die ausbrachen aus der Abhängigkeit von und der Fremdbestimmung durch Europa und die einen dynamischen Prozess autonomer Modernisierung mit handfesten Rückwirkungen in Gang setzten, waren die Nordamerikaner, und zwar zunächst in den Vereinigten Staaten. Auf deren dominanten Fall wird sich das Argument hier in der Folge beschränken, auch um die Sache zunächst typologisch einfacher zu machen. Die Behandlung Kanadas würde eine Reihe von Ergänzungen und Modifikationen erfordern. Kanada teilt zwar die meisten der grundlegenden ökonomischen und sozialen Charakteristika und Konstellationen der USA, einschließlich der Rolle der *frontier*, der Bedeutung von Einwanderung

---

16 Da ich kein Afrikaexperte bin, werde ich diesen Bereich hier weitgehend ausklammern.

und der inneren Entwicklung in aufeinander folgenden Schüben, es ist jedoch in vielerlei Hinsicht, bis hin zu den jüngeren Konflikten um den Status von Québec oder die Reform des Sozialstaats, ein etwas europäischeres Amerika geblieben als die USA.

Die Vereinigten Staaten sind mehr oder weniger einem ähnlichen Modernisierungsmuster gefolgt wie Großbritannien, also einem Muster ohne nennenswerten absolutistischen Vorlauf, in dem (in den Termini unserer vereinfachten Typologie) die Faktoren der Bürokratisierung zuletzt zu denen der Demokratisierung und der Industrialisierung hinzugekommen sind. Dabei ist allerdings nicht, wie in Großbritannien, der Prozess von Staatsreform und Demokratisierung angestoßen worden durch die Folgen der Industrialisierung, sondern er ist von Anfang an präsent gewesen und hat schon lange vor der Industrialisierung eine stärkere Dynamik entfaltet. Weitere modifizierende Faktoren waren der Föderalismus (als eine Weise, *bigness* zu bewältigen) und die Eigenarten und Bedürfnisse der *new nation*, insbesondere Einwanderung, Westwanderung, allmähliche Inkorporation der Territorien, ethnische Mischung und Mobilität, aber auch die Größe des Marktes und der Primat der privaten Organisation.

Die Entwicklung Nordamerikas ist von Anfang an geprägt gewesen durch bestimmte charakteristische Bedingungen und Konstellationen, die auch in einem deutlichen Kontrast zu den lateinamerikanischen Fällen stehen: Hier kamen die ersten Kolonisten, um zu bleiben und zu siedeln, und nicht nur zwecks Eroberung und Rohstoffausbeutung, und die meisten von ihnen waren protestantische *dissenters* und Angehörige von Minoritäten, die oft auch in ihrer religiösen Gemeinde schon relativ demokratisch organisiert waren. Außerdem kamen sie aus einem Land, in dem politische Repräsentation, Verfassungsgarantien und Rechtsstaatlichkeit wesentlich weiter entwickelt waren als im Bereich der iberischen Kolonialmächte. Die entstehende nordamerikanische Gesellschaft war gemeindezentriert und nicht, wie in Lateinamerika, staatszentriert, und sie wurde auch, weil man die autochthone Indianerbevölkerung ausgrenzte und ausrottete, wesentlich mehr zu einer neuen Gesellschaft mit europäischer (zunächst überwiegend angelsächsisch-protestantischer) Prägung. In Lateinamerika entstand demgegenüber eine komplexe Überlagerungs- und Mischgesellschaft unter absolutistischer und etatistischer Administration mit vormodernen, ständisch-korporativen Charakteristika, auch weil man die Indianer (die wesentlich zahlreicher waren und in hochorganisierten Kulturen lebten) als Arbeitskräfte nutzte und ihnen einen entsprechenden Platz in der hierarchisch und bürokratisch geordneten Gesellschaftsorganisation zuwies. Entsprechend konnten auch die später kommenden Einwanderer in den USA entscheidend am Bau der neuen Einwanderergesellschaft mitwirken, während die Einwanderer in den lateinamerikanischen Ländern des Südens (die außerdem weniger waren) sich in die jeweiligen staatlichen oder regionalen Gesellschaften, die sie schon vorfanden, einordnen mussten.[17]

In Nordamerika gab es keine feudalen oder neofeudalen Relikte und nur sehr schwache bürokratische und autoritäre Residuen. Besonders die *frontier*-Regionen blieben längere Zeit unterinstitutionalisiert und tendenziell anarchisch, während weiter südlich die spanischen und kreolischen militärischen, zivilen und kirchlichen Bürokraten und die Richter auch noch die Peripherie zu kontrollieren trachteten. In den USA dominierten von Anfang an die Prinzipien der kapitalistischen Wirtschaft und der Allokation von Gütern und Status durch den Markt, und nicht, wie in vielen Sektoren der lateinamerikanischen Wirtschaften und Gesellschaften, durch politische oder bürokratische Entscheidungen. Die Industrialisierung setzte relativ früh ein, war autonom, umfassend und hatte europäische Dimensionen. Begleitet wurde sie von einem dynamischen Prozess der Modernisierung der kapitalistischen Agrarwirtschaft, und der sich entwickelnde US-Imperialismus wurde getragen von den Interessen beider, der Agrarexporteure und der Industrie. In Lateinamerika fand die Industrialisierung dagegen spät und im wesentlichen in begrenzten Enklaven statt, und durchweg in Abhängigkeit von den beherrschenden Mächten des europäischen und später des nordamerikanischen Imperialismus.

Entsprechend war auch der soziale und politische Konsens der entstehenden nordamerikanischen Republik ein kapitalistischer und im wesentlichen »liberaler« Konsens in der britischen Tradition besitzindividualistischer Ideologie (die zur frühkapitalistischen Wirtschaftsform gehört), der insbesondere auch die zentrale Bedeutung von *property* und *property rights* für die Zumessung politischer Partizipationsrechte betonte, in einer bodenständigen repräsentativen Demokratie, in der die Staatsmacht im ganzen der sich frei entfaltenden Wirtschaftsgesellschaft nachgeordnet sein sollte. Der Konsens war ein Eigentümer-Konsens, der allenfalls Interessendifferenzierungen nach Größe erlaubte: So kann man die periodischen Rebellionen der mehr partizipatorischen und interventionistischen »linkeren« Bewegungen gegen das liberale, repräsentative und *Federalist establishment*, den zweiten Strang politischer Kontinuität in den USA, u. a. die *Jeffersonians, Jacksonians, Populists* und *Progressives*, als Aufbegehren der kleineren und schlechter organisierten Eigentümer gegen die großen und besser organisierten interpretieren, denen es wesentlich um *material opportunities* und um den »gerechten« politischen Ausgleich ihrer Nachteile im Markt ging. Ihr »progressiver« *consensus* ist im 20. Jahrhundert zur beherrschenden amerikanischen Ideologie geworden

17 Vgl. dazu und zum folgenden ausführlicher Hans-Jürgen Puhle, Unabhängigkeit, Staatenbildung und gesellschaftliche Entwicklung in Nord- und Südamerika, in: Detlef Junker u. a. (Hg.), Lateinamerika am Ende des 20. Jahrhunderts, München 1994, S. 27–48.

und hat insbesondere die Reformen des *New Deal* und die *Great Society*-Programme der sechziger Jahre inspiriert.

Der umfassende liberale Konsens hat eine ganz überragende Bedeutung gehabt für die Prozesse von Integration und *nation building*, die im ganzen in den USA stärker inklusionär verlaufen sind als in Europa oder in Lateinamerika. Das *nation building* geschah im wesentlich auf drei Ebenen: erstens durch Institutionen wie die gleichen Staatsbürgerrechte (*citizenship*), wirksame Repräsentation und Partizipationsrechte, zweitens durch die Integration in den Arbeitsprozess, in einem großen und expandierenden Arbeitsmarkt, der »liefern« konnte, und drittens durch Ideologien, die um die Institutionen kreisten oder um den Grundkonsens, der, wie die Normen der *civil religion*, auch für die Neuankömmlinge verbindlich wurde, wie individuelle Verantwortung, *family values* oder der *American way of life*. Zu diesen ideologischen Mechanismen gehören auch die bekannten Mythen und Träume von der Chancengleichheit, die individuelle Aufstiegs- und Mobilitätsverheißung des *American dream* und der Topos vom *melting pot*. Alle drei Mechanismen haben viel dazu beigetragen, die Neuankömmlinge mit unterschiedlichem kulturellen Hintergrund zu integrieren, die größten Nachteile sozialer und ethnischer Fragmentierung einzudämmen (indem man die Probleme von ethnischen und Klassenidentitäten auf eine subkulturelle Ebene transferierte) und die Lern- und Reformfähigkeit des sozialen und politischen Systems zu erhalten. Auf der Kostenseite finden wir für eine relativ lange Zeit zum einen den kategorischen Ausschluss bestimmter Gruppen (wie Indianer und Schwarze) und die Nichtanerkennung von Gruppenrechten, Probleme, die sich akkumulierten und erst in den letzten Jahrzehnten wieder mehr Aufmerksamkeit erfahren haben in den Debatten darüber, wie man die klassische Einwanderergesellschaft mit den Tröstungen der *ethnicity* (auf der subkulturellen Ebene) weiter entwickeln könne zu einer wirklich »multikulturellen« Gesellschaft.[18]

VI. Lateinamerikanische Konstellationen. Die lateinamerikanischen Entwicklungswege sind anders verlaufen, obwohl wir auch hier eine Reihe »amerikanischer« Gemeinsamkeiten finden können: Sie liegen z. B. darin, dass wir es auf beiden Subkontinenten mit Gesellschaften zu tun haben, die erstens von Europa aus kolonisiert worden sind, also ähnliche Erfahrungen der Offenheit und Gewaltsamkeit teilen, die zweitens einen erfolgreichen antikolonialen Befreiungskampf hinter sich haben (außer Kanada und Brasilien), die drit-

---

18 Vgl. Hans-Jürgen Puhle, Vom Bürgerrecht zum Gruppenrecht? Multikulturelle Politik in den USA, in: Klaus J. Bade (Hg.), Die multikulturelle Herausforderung; München 1996, S. 147–166; ders., Multiculturalism, Nationalism and the Political Consensus in the United States and in Germany, in: Klaus J. Milich u. Jeffrey M. Peck (Hg.), Multiculturalism in Transit: A German-American Exchange, New York 1998, S. 255–68.

tens wesentlich Einwanderergesellschaften sind, und in denen viertens die Staaten jeweils vor den (neueren) Nationen da waren. Beide Amerikas teilen auch einige Charakteristika, die typisch für koloniale und nachkoloniale Gesellschaften sind (im Unterschied zu älteren Gesellschaften), z. B. eine gewisse Fluidität institutioneller und gesetzlicher Normen, sogar der Kriterien für soziale Statusallokation, etwas höhere soziale und geographische Mobilität und ein größerer Stellenwert von Erziehung und individuellem Erfolg im Markt als Kriterien für sozialen Status, alles Faktoren, die zusammen und *ceteris paribus* etwas höhere Freiheitsgrade bzw. erweiterte Freiheitsräume andeuten können.

Am Ende überwiegen jedoch die Differenzen. Sie resultieren vor allem aus den unterschiedlichen Formen der Kolonisierung und Kolonialherrschaft durch sehr verschiedene Kolonialmächte zu verschiedenen Zeiten, aus dem unterschiedlichen Grad der Stärke, Intensität und Autonomie der Unabhängigkeitsbewegungen und -prozesse, aus den ganz verschiedenen traditionellen Land- und Arbeitsverfassungen und aus den sich aus diesen Faktoren ergebenden Divergenzen in den Ausgangskonstellationen der Entwicklung in die »moderne Welt« im 19. und 20. Jahrhundert. Die unterschiedlichen Konstellationen haben dazu geführt, dass es die USA am Ende zum Spitzenreiter der westlichen Welt in Bezug auf Reichtum, Entwicklung und individuellen Freiheiten gebracht haben, dagegen die meisten lateinamerikanischen Länder Teile der unterentwickelten und abhängigen »Dritten Welt« geblieben sind, auch wenn sie im einzelnen sehr verschiedene Grade von Autonomie und Stärke autochthoner Traditionen aufweisen.

Die lateinamerikanischen Modernisierungswege sind im ganzen mehr dem kontinentaleuropäischen, weniger dem angelsächsischen Muster gefolgt; am Anfang standen überall Prozesse aus dem Faktorenbündel der Bürokratisierung. Sie waren auch dem spanischen Fall ähnlicher als dem französischen, aufgrund der geringeren Nachhaltigkeit liberaler Revolutionen und des begrenzten und langsamen Fortschritts der Demokratisierung seit der Unabhängigkeit. Am Ende haben die lateinamerikanischen Entwicklungswege insgesamt jedoch nur relativ wenig gemein mit den europäischen, vor allem aufgrund der Tatsache, dass sie, trotz einiger Enklaven früher Entwicklung seit dem späten 19. Jahrhundert, im Industrialisierungsprozess deutlich zurückgeblieben sind. Wie schon die Modernisierung im 19. Jahrhundert, blieb auch die Industrialisierung in den bekannten Schüben der Importsubstitution in den 1920er und dreißiger sowie seit den fünfziger Jahren im ganzen einseitig, partiell und selektiv; die Multiplikatoreffekte blieben begrenzt. Die Anreize und die potentielle Dynamik kapitalistischer Wirtschaft waren schon seit der Kolonialzeit eingehegt geblieben, deren ökonomisches Leitprinzip eine Mischung von Marktmechanismen einerseits und bürokratischer und politischer Allokation andererseits gewesen war. Auch gelegentliche mono-

kulturelle Booms konnten nicht darüber hinwegtäuschen, dass auch nach der
Unabhängigkeit die lateinamerikanischen Länder und Wirtschaften überwiegend außengerichtet, abhängig und hochgradig fragmentiert blieben. Die
Institutionen waren schwach, und auch die Mechanismen und Praktiken des
Klientelismus und *caudillismo* konnten sie nicht hinreichend ersetzen. Dasselbe gilt für die progressiven Eliten, die als potenzielle Träger für autonome
Modernisierungsprozesse in Frage kamen: Die lokalen Bourgeoisien blieben
durchweg abhängig, von der traditionellen Oligarchie, vom Ausland, und
später vor allem vom Staat. Da sie diesen als Vehikel entwicklungsorien-
tierter Modernisierung von oben und sozusagen als Krücke zur Sicherung
ihrer eigenen ökonomischen und politischen Errungenschaften einzusetzen
trachteten, mussten sie überwiegend auch mit dessen weniger progressiven
bürokratischen und militärischen Eliten paktieren.[19]

Damit haben die seit der Kolonialzeit ohnehin dominanten Faktoren der
Bürokratisierung im 19. und 20. Jahrhundert in Lateinamerika noch ein zu-
sätzliches Übergewicht bekommen, das oft genug auch gegen die Intentionen
von mehr Demokratisierung ausgespielt werden konnte. Immerhin haben die
typische Ideologie der lokalen Bourgeoisien, ein neuer, progressiv getönter
entwicklungsgerichteter antiimperialistischer und populistischer Nationalismus, und die entsprechenden Bewegungen und Regierungen im 20. Jahrhundert in zahlreichen Ländern dazu beigetragen, nicht nur die Infrastruktur zu
verbessern, Bildung und Partizipation auszuweiten, sondern auch nationale
Integration und *nation building* voranzutreiben, die allerdings überwiegend
defensiv, begrenzt und im Prinzip eher exklusionär als inklusionär blieben.
Auch die Marginalitätsraten blieben hoch, und es entstand nie ein andauern-
der hegemonialer progressiver Konsens von ähnlicher Kraft und Dynamik
wie in den USA.[20]

VII. Atlantische Modernisierungen als Modell? Rund um den Atlantik haben
wir es also, wenn wir unserer vereinfachten Makrotypologie folgen und Afrika einmal beiseite lassen (das nicht nur atlantisch war, und überdies hochgradig fragmentiert und südlich der Sahara lange Zeit im Rückstand mit seinem
state building), mit drei unterschiedlichen Typen mehr oder weniger moder-
nisierter Gesellschaften zu tun: Erstens mit den entwickelten Gesellschaften
Europas, dessen Länder zwar unterschiedliche Entwicklungs- und Moder-

---

19 Vgl. Marcello Carmagnani, El otro Occidente. America Latina desde la invasión europea
hasta la globalización, Mexico 2004; Puhle, Unabhängigkeit.
20 Vgl. Hans-Jürgen Puhle, Zwischen Diktatur und Demokratie. Stufen der politischen Entwicklung in Lateinamerika im 20. Jahrhundert, in: Martina Kaller-Dietrich u. a. (Hg.), Lateinamerika. Geschichte und Gesellschaft im 19. und 20. Jahrhundert, Wien 2004, S. 27–43, sowie ders.,
Zwischen Protest und Politikstil. Populismus, Neo-Populismus und Demokratie, in: Nikolaus Werz
(Hg.), Populismus. Populisten in Übersee und Europa, Opladen 2003, S. 15–43.

nisierungswege beschritten haben, die aber alle die gemeinsame Erfahrung einer aus besonderen Konstellationen resultierenden kontinuierlichen und nachhaltigen Entwicklung in der Verschränkung von Prozessen der Bürokratisierung, der Industrialisierung und der Demokratisierung teilen. Zweitens haben wir Europas nordamerikanische Erweiterung, die sehr schnell autonom wurde und eine besondere Eigendynamik entwickelt hat, die zurückgeht auf eine Reihe besonderer Faktoren, die über jene des europäischen (hier: des britischen) Modells hinausgehen: insbesondere den prinzipiell von Anfang an demokratischen und föderalen Charakter der Gesellschaftsorganisation, Offenheit und Masseneinwanderung, und vor allem die unvergleichlich frühe Etablierung eines großen und expandierenden Markts. Und drittens finden wir Europas abhängigere, weniger entwickelte und oft auch weniger demokratische lateinamerikanische Erweiterung, im Grundsatz entlang der Linien iberischer Entwicklungskonstellationen, aber auch durchzogen von »neuen« amerikanischen Zügen, und vor allem charakterisiert durch die Konstellationen und Folgen einer verspäteten und nur langsam vorankommenden Industrialisierung.

Obwohl die hier behandelten drei Teile der Welt rund um den Atlantik in mancher Hinsicht als drei verschiedene Welten erscheinen, sind sie doch, wenn auch in unterschiedlichen Konstellationen und mit unterschiedlichen Ergebnissen, denselben Modernisierungsprinzipien gefolgt, die weiter oben als europäische Gemeinsamkeiten ausgewiesen worden sind. Dass diese atlantischen Gesellschaften trotz ihrer zahlreichen und großen Unterschiede doch auch ähnlich »ticken«, hat mit langen und kontinuierlichen Prozessen transatlantischen Austauschs, transatlantischer Kommunikation und Interaktion zu tun. Jahrhundertelang hat rund um den Atlantik Modernisierung im wesentlichen Europäisierung bedeutet, und vom 16. bis ins 19. Jahrhundert ist die Erweiterung und Proliferation europäischer Entwicklungswege und -muster in die Amerikas hinein die dominante Tendenz dieses Austauschs gewesen. Während des 20. Jahrhunderts, und besonders in dessen zweiter Hälfte, ist an deren Stelle eine zunehmende Verbreitung nordamerikanischer Entwicklungsmuster nach Europa und Lateinamerika getreten. Und es könnte sein, dass im 21. Jahrhundert, im Zeichen von als »postmodern« etikettierter Ökonomie und Politik, von Deregulierung und Deinstitutionalisierung, von *muddling through* und »lose verkoppelter Anarchie«, aber auch von handfesten Migrationsprozessen, bereits auch zunehmend Tendenzen einer gewissen Lateinamerikanisierung von Nordamerika und Europa sichtbar werden.

Bevor wir uns abschließend der Frage zuwenden, was sich denn aus diesen atlantischen Erfahrungen eventuell für den Rest der Welt lernen läßt, ist es angebracht, noch auf zwei Probleme und Prozesse hinzuweisen, die hier nicht mehr vertieft behandelt werden können, aber doch wichtig und spannend sind und die Problematik weiter komplizieren: Erstens ist unsere relativ grobe Typenbildung ausgerichtet an nationalstaatlichen Entwicklungswegen (*trajectories*). Dies ist sinnvoll, weil den Staaten in diesen Fällen eine Schlüsselrolle für Initiative und Intervention zukommt und Institutionen und politische Prozesse in der Regel staatsweite Geltung haben. Dabei dürfen jedoch die regionalen Varianten und die teilweise dramatischen Unterschiede, die dabei auftreten können, nicht vergessen werden. Es geht hier nicht nur um ökonomisches Entwicklungsgefälle, sondern unter Umständen auch um unterschiedliche Kulturen, Institutionen und Prioritäten. Stein Rokkan hat anhand der lange währenden Gesellschafts- und Staatsbildungsprozesse in Europa gezeigt, wie fruchtbar es sein kann, von den *cleavages* zwischen Zentrum und Peripherie auszugehen und sukzessiv die Entwicklung rund um unterschiedliche »Achsen« immer wieder neu zu analysieren. Auch in den beiden Amerikas und in Afrika hat es seit ihrer Kolonisierung einen zentralen *cleavage* gegeben, nämlich den zwischen den dichter besiedelten, entwickelteren und sozial und politisch früher institutionalisierten atlantischen Küstenregionen und dem jeweiligen Hinterland, der *frontier,* oder, in Lateinamerika, dem *interior*. In den heterogeneren europäischen Staaten einer gewissen Größe (nicht so sehr in Portugal) sind es die näher am Atlantik gelegenen Regionen gewesen, die, mit nur wenigen Ausnahmen, im 18. und 19. Jahrhundert größeren Widerstand gegenüber dem Staats- und Nationsbildung »von oben« an den Tag gelegt haben, die im wesentlichen von weniger atlantischen und mehr kontinentalen »Zentren« vorangetrieben wurde.

Demgegenüber sind in beiden Amerikas, Nord wie Süd, die Zentren der gesellschaftlichen Organisation und der kolonialen und postkolonialen Staatsbildung (auch »von unten«) in der Regel die entwickelteren atlantischen Provinzen gewesen, die meist das *interior* kolonisiert haben und sich später oft gegen dessen aufstrebenden konservativeren Interessen wehren mussten. Trotz der Unterschiede, vor allem an Macht und Einfluss, scheint in beiden Fällen, in Europa und den Amerikas, die Orientierung zum Atlantik hin liberalere, individualistischere, kapitalistischere Muster, Werthaltungen und Organisationsprinzipien befördert zu haben als die Orientierung hin zum Hinterland oder ins *interior*. Auch für die afrikanischen Fälle könnte man fragen, ob und wie sehr die sich entwickelnden Sozialstrukturen und Machtbeziehungen geprägt worden sind von den Fraktionierungen zwischen den Eliten der Küste und des Hinterlands, die unter anderem auch ein Produkt des Sklavenhandels waren.[21] In einer hinreichend breiten vergleichenden empirischen Analyse ließe sich auch systematischer der Frage nachgehen, ob und inwieweit es, über das hier postulierte »atlantische Syndrom« hinaus, vom späten 17. Jahrhundert an wenigstens zeitweise so etwas wie ein »atlantisches System« gegeben hat, mit einer eigenen Logik und einem eigenen Bezie-

---

21 Vgl. Herbert S. Klein, The Atlantic Slave Trade, Cambridge 1999.

hungsgeflecht, abgekoppelt von den europäischen Zentren.[22] Ähnliche Fragen ließen sich auch für die Beziehungs- und Kommunikationsräume des Indischen Ozeans und des Pazifik stellen. Für das kleinere Mittelmeer gibt es bekanntlich schon seit langem substanziellere Antworten.

Zweitens wäre es ratsam, sorgfältiger zu differenzieren zwischen den Errungenschaften und den Kosten des (meistens ungleichen) Austauschs im atlantischen Raum. Auf der einen Seite hat der transatlantische Austausch viel beigetragen zur Entwicklung des modernen Industriekapitalismus, seiner Voraussetzungen und Technologien, zur Entstehung von Nationalstaaten und parlamentarischer Demokratie, zur Anerkennung bürgerlicher Freiheiten und Bürgerrechten, zur Erkenntnis des Werts von Toleranz, kulturellem Pluralismus und Kulturmischung *(mestizaje)*, sowie auch zu tieferen philosophischen und literarischen Einsichten in die *condition humaine*. Zum anderen hat es hohe Transaktionskosten gegeben, die insbesondere aus der Gewaltsamkeit der »Begegnung«, der Kanalisierung ihrer Folgen und der strukturellen Ungleichheit und Ungleichgewichtigkeit des Austauschs resultierten, aber auch aus den vielen Fiktionen, Stereotypen und Vorurteilen, die sich die im atlantischen Raum aufeinander treffenden Menschengruppen voneinander machten und die die Kommunikation und Interaktion oft genug mehr beeinflusst haben als die sogenannten »Fakten«.

Wir können aber auch noch etwas aus den Interaktionen im atlantischen Raum lernen, das, mit entsprechenden Modifikationen, auch für die Analyse anderer Teile der Welt anregend sein kann: Ein zentrales Element der Öffnung des atlantischen Raums nach Westen vor rund einem halben Jahrtausend war das Element der Mobilität. Der Raum konnte erweitert werden, zur *frontier* hin oder ins *interior*, die Welt war offen und imstande, die überschießenden europäischen Energien zu absorbieren. Bekanntlich konnten noch im 20. Jahrhundert hyperaktive junge Männer aus den »Zentren« in die Kolonien geschickt werden. Mobilität, Offenheit und die Situation einer institutionellen *tabula rasa* (jedenfalls nach der Vertreibung, Ausrottung oder Unterwerfung der autochthonen Bevölkerung) sowie die Lage an der Peripherie implizierten, dass die Regeln und Normen nicht dieselben waren wie zu Hause, dass es ein größeres Potential für Freiheit und Gestaltung gab, für mehr Flexibilität und Improvisation, dass die institutionellen Grenzziehungen fluider waren und zumindest auch eine größere Chance bestand für Innovation und institutionelle Phantasie.

Das Interessante ist jedoch, dass dieses vorhandene Potential im ganzen nur innerhalb bestimmter Beschränkungen und Grenzen genutzt wurde. Es wurde einerseits genutzt im Rahmen der lokalen und regionalen *opportunity structures* (die auch von den Europäern, d.h. jeweils konkreten Europäern,

---

22 Vgl. die Debatten in Bailyn, Atlantic History und Pietschmann, Atlantic History.

198   Hans-Jürgen Puhle

mit definiert wurden), in diesem Falle in Nordamerika »besser« als in Lateinamerika. Zum anderen wurden die Grenzlinien und »confining conditions«[23]
auch bestimmt durch die Faktorenkombinationen und Beschränkungen der
unterschiedlichen nationalen Entwicklungswege der Europäer, obwohl diese
alle Varianten desselben Syndroms der westlichen Modernisierung waren.

In ähnlicher Weise wie für die Amerikas gelten diese Mechanismen auch
für andere Regionen der Welt, vor allem jene, deren Entwicklungskonstellationen und institutionelle Strukturen die Europäer überwiegend oktroyieren
konnten, z. B. Australien und Neuseeland sowie große Bereiche Afrikas südlich der Sahara. Sie gelten weitgehend auch für die Prozesse der Eroberung
und Kolonisierung Sibiriens durch das zumindest in zwei von drei Dimensionen (Bürokratisierung und Industrialisierung) »europäischer« gewordene
Russland, später die Sowjetunion. In anderen Teilen der Welt ist die Wirkung der atlantischen Modelle des Westens noch vermittelter gewesen. Dies
betrifft vor allem jene Regionen, in denen keine institutionelle *tabula rasa*
bestand oder hergestellt werden konnte und einzelne Gesellschaften auf bedeutende eigenständige Traditionen wissenschaftlich-technischer und ökonomischer Leistungsfähigkeit, kultureller Kreativität sowie gesellschaftlicher
und politischer Organisation (bis hin zu Großimperien) zurückblicken konnten, also besonders Ost- und Südasien und den arabischen und osmanisch
beherrschten Raum.[24]

Auch diese Gesellschaften mussten sich unter dem Druck der technolo-
gisch, ökonomisch und militärisch übermächtigen imperialistischen Mächte
rund um den Nordatlantik spätestens seit dem 19. Jahrhundert für europäische Modernisierungsmuster öffnen. Ihre Eliten konnten aber im ganzen
den Prozess der Adaptation westlicher Modelle stärker selbst mitbestimmen.
Dies bezieht sich auf das Tempo und auf sektorale Prioritäten ebenso wie auf
die Möglichkeiten eklektischer Auswahl und vielfältiger Mischungen. Dabei
scheint der Grad der Selektivität und der Orientierung an den eigenen Bedürfnissen mit der Zeit noch kontinuierlich zugenommen zu haben, wie sich
etwa an den gegenwärtigen Prozessen und politischen Entscheidungen zur
Reform sozialer Sicherungssysteme überall in der Welt unschwer zeigen ließe: Die westlichen Modelle werden dabei zu Materialsteinbrüchen, aus denen
man sich nach Bedarf bedienen kann; gleichzeitig entstehen durch Experi-
mente und weitere Mischungen neue Muster und Modelle, die ihrerseits auch
in den Ländern des »Westens« diskutiert werden.[25]

---

23 Zu *confining conditions* als Analysekategorie vgl. Otto Kirchheimer, Confining Conditions
and Revolutionary Breakthroughs, in: APSR 59. 1965, S. 964–974.
24 Die Wirtschaften Ostasiens waren z. B. noch bis ins 18. Jahrhundert hinein nicht weniger leistungsfähig als die Europas, eine Konstellation, die im 21. Jahrhundert wiederzukehren scheint.
25 Dazu ausführlicher Hans-Jürgen Puhle, Welfare State Proliferation: Models, Mixes, and
Transcontinental Learning Processes, Paper presented at the 20th International Congress of His-

Die gesellschaftlichen und politischen Akteure der nichtwestlichen Welt konnten, wenn sie mit dem Westen mithalten oder »aufholen« wollten, im Prinzip schon immer auf verschiedene Varianten westlicher, atlantischer Modernisierungsmuster zugreifen, deren Faktoren neu ordnen und mit eigenen Elementen mischen. Unter den Bedingungen einer globalisierten Informationsgesellschaft, die simultane Kommunikation, Organisation und Entscheidungen in weltweiten Elitennetzwerken erlaubt,[26] können sie es noch viel mehr, auf breiterer Basis, und sozusagen im Alltag. Dabei scheint sich einerseits der Einfluss des atlantischen Syndroms und der europäisch inspirierten »westlichen« Entwicklungsmuster, die rund zwei Jahrhunderte hindurch dominant gewesen sind, stärker zu relativieren. Auf der anderen Seite haben Europa und der »Westen« (einschließlich Australiens, Neuseelands und Japans), bei allen Problemen, die sie in dieser Hinsicht selbst auch haben, insgesamt immer noch einen deutlichen Vorsprung vor dem Rest der Welt in den Bereichen Menschen- und Bürgerrechte, Demokratie, Rechts- und Sozialstaat, kulturelle Toleranz und Minderheitenschutz, also bei jenen Faktoren, die ein selbstbestimmtes und gewaltarmes menschliches Zusammenleben erst möglich machen (und die in unserer Typologie überwiegend dem Bündel der »Demokratisierung« zugerechnet wurden). Auch dies scheint mir, von weiteren ökonomischen und ökologischen Entwicklungsdifferentialen einmal ganz abgesehen, ein gewichtiges Argument für die Annahme zu sein, dass es womöglich doch noch sehr verfrüht wäre, von einer definitiven »Provinzialisierung Europas« auszugehen.[27]

torical Sciences, Sydney 3–9 July 2005, CD Proceedings, www.cishsydney2005.org (Zugriff am 5.5.2006).
26 John Keanes »Global Civil Society« ist im Kern nichts anderes als ein transnationales Elitennetzwerk. Vgl. John Keane, Global Civil Society?, Cambridge 2003.
27 Dipesh Chakrabarty, Provincializing Europe: Postcolonial Thought and Historical Difference, Princeton, NJ 2000. Zum Kontext vgl. u. a. auch die Ergebnisse des Bertelsmann Transformation Index: Bertelsmann Stiftung (Hg.), Bertelsmann Transformation Index 2006. Auf dem Weg zur marktwirtschaftlichen Demokratie, Gütersloh 2005.

Werner Abelshauser

Von der Industriellen Revolution zur Neuen Wirtschaft

Der Paradigmenwechsel im wirtschaftlichen Weltbild der Gegenwart

I. Ein neues Spiel? Seit mehr als einem Jahrzehnt ist offenkundig, dass der Hauptstrom der Wirtschaftsgeschichtsschreibung an innovativer Dynamik verliert. Mitte der neunziger Jahre formulierten zahlreiche ihrer Fachvertreter ihr Unbehagen über die Entwicklung der Disziplin in Deutschland und begannen, nach den Ursachen zu fragen.[1] Die meisten vermuteten den Kern der Malaise in fachpolitischen Konstellationen oder beklagten die angebliche Politik- und Theoriefeindlichkeit der Disziplin. Immerhin geriet auch die »abnehmende Relevanz wirtschaftshistorischer Analyse zur Erklärung gesellschaftlicher Entwicklungen« ins Blickfeld,[2] ohne dass freilich deren Gründe einsichtig gemacht worden wären. Die in diesem Zusammenhang von Jürgen Kocka konstatierte »Ent-Ökonomisierung der Geschichtsbetrachtung«[3] lässt sich zwar leicht nachweisen, erscheint aber paradox vor dem Hintergrund einer wachsenden Ökonomisierung von Politik und Gesellschaft, die der sich zuspitzende Kulturkampf divergenter Handlungs- und Denkweisen in der Weltwirtschaft ausgelöst hat.[4] An der Relevanz des Ökonomischen für die Gesellschaft kann es folglich nicht liegen, dass das Angebot der wirtschaftshistorischen Zunft an Interesse verliert. Eher an ihrer Unfähigkeit, selbst in ihrer eigenen Domäne, der Wirtschaft, aus der historischen Dimension innovative Erklärungsansätze für neue Probleme anzubieten. Wäre es nicht gerade die vornehmste Aufgabe der wirtschaftsgeschichtlichen Disziplin, ihr Forschungsprogramm zur Lösung der Rätsel einzusetzen, die die neuere wirtschaftliche Entwicklung vor dem Hintergrund von »Globalisierung« und *new economy* so zahlreich aufwirft? Und sollte nicht gerade die Wirtschafts-

1 Siehe dazu die Beiträge von Wolfgang Köllmann, Christoph Buchheim, Edith Ennen, Markus Denzel, Hans-Jürgen Gerhard, Lothar Baar, Wolfram Fischer, Toni Pierenkemper, Francesca Schinzinger, John Komlos, Felix Butschek, Hubert Kiesewetter, Ulrich Kluge, Harm G. Schröter (alle in: VSWG 82. 1995, H. 3), Rolf Walter, Jürgen Kocka und Eckehard J. Häberle (VSWG 82. 1995 H. 4), sowie Dieter Ziegler, Die Zukunft der Wirtschaftsgeschichte. Versäumnisse und Chancen, in: GG 23. 1997, S. 405–422.
2 Ebd., S. 408.
3 Jürgen Kocka, Bodenverluste und Chancen der Wirtschaftsgeschichte, in: VSWG 82. 1995, S. 501–503, Zitat S. 503.
4 Werner Abelshauser, Kulturkampf. Der deutsche Weg in die Neue Wirtschaft und die amerikanische Herausforderung, Berlin 2003.

und Sozialgeschichtsschreibung über ein Forschungsparadigma verfügen, das sie in die Lage versetzt, jeden noch so kleinen Schritt auf dem Weg der »Modernisierung« von Wirtschaft und Gesellschaft in die langfristige historische Perspektive einzuordnen, zu interpretieren und mit Sinn zu füllen?

Die Wirtschaftsgeschichte besaß tatsächlich – anders als viele ihrer Nachbardisziplinen – ein umfassendes Paradigma, das ihr Forschungsprogramm bestimmte, sie befähigte, theoretische Leitfragen zu entwickeln und ihre Kräfte zu bündeln, wenn es darum ging, neue Phänomene in Wirtschaft und Gesellschaft zu entschlüsseln. Es hatte seinen »harten Kern« in der Denkfigur der Industriellen Revolution des späten 18. Jahrhunderts und der von ihr in Gang gesetzten Industrialisierung, deren Gültigkeit als Grundlage und Ausgangspunkt der modernen Wirtschaft von der Gemeinschaft der Forschenden nicht angezweifelt wurde.[5] Der revolutionäre Einschnitt und seine gedanklichen Folgen auf beiden Zeitachsen, der »Vormoderne« wie der »Moderne«, standen – im angelsächsischen Sprachraum mehr als in den Erblanden der Historischen Schule der Nationalökonomie – im Mittelpunkt der disziplinären Matrix der Wirtschaftsgeschichtsschreibung. Sie lieferten den konzeptionellen und theoretischen Rahmen, durch den Wirtschaftshistoriker (und nicht nur sie) die Welt betrachteten. Explizit formulierte »Gesetze« und grundlegende theoretische Annahmen öffneten, meist im Rückgriff auf die neoklassische Wirtschaftstheorie, standardisierte Wege ihrer Anwendung auf eine Vielzahl unterschiedlicher Fragestellungen. Daneben gehörten zum Paradigma aber auch die instrumentellen Techniken, die der Geschichtswissenschaft und ihren Nachbardisziplinen entliehen wurden, um der Anwendung der Theorie der Industrialisierung zumindest eine mittlere Reichweite zu erlauben. Wie jedes Forschungsprogramm bestand es aus einem Verbund von Erklärungsansätzen, der sowohl auf positive wie negative Weise einen Leitfaden für künftige Forschung anbot. Während das Paradigma in seiner positiven Heuristik Richtlinien zum Ausbau des Programms entwickelte, formulierte es *ex negativo* die unabänderlichen Grundannahmen, mit denen es in den Augen der Forscher stehen und fallen musste. So sehr das Forschungsprogramm dadurch in seinem harten Kern gegen vorschnelle Falsifikation geschützt war, es musste sich doch der allgemeinen methodologischen Vorschrift unterwerfen, die in der fortschreitenden Anpassung des Programms an die Realität ein notwendiges Desiderat wissenschaftlicher Forschung sieht. Scheiterte dieser Anpassungsprozess über einen längeren Zeitabschnitt,

---

5 Damit ist ein Forschungsprogramm beschrieben, wie es Imre Lakatos (Falsifikation und die Methodologie wissenschaftlicher Forschungsprogramme, in: ders. u. Alan Musgrave [Hg.], Kritik und Erkenntnisfortschritt, Braunschweig 1974, S. 89–189) als Leitfaden der Forschung und organisierte Struktur von Theorie dem Falsifikationismus Karl Poppers entgegensetzt.

musste auch dem Konzept der Industriellen Revolution ein ernsthaftes Problem erwachsen.

Heute steht die wirtschaftsgeschichtliche Forschung vor den Trümmern dieses lange etablierten Forschungsprogramms, das weit über die eigene Disziplin hinaus die Bewegungsgesetze der wirtschaftlichen und gesellschaftlichen Entwicklung aus den in der »Industriellen Revolution« des späten 18. Jahrhunderts entstandenen Tatsachen ableiten wollte. Es brach zusammen, weil innerhalb der von ihm konstituierten »Normalwissenschaft« die Anomalien allmählich überhand nahmen und immer mehr Forscher begannen, auch den harten Kern des Paradigmas in Zweifel zu ziehen. Auf die Verunsicherung folgten die Krise und schließlich die »Revolution« des umfassenden Weltverständnisses, das die Zunft bis dahin teilte.[6] Noch ist diese Umwälzung der »Normalwissenschaft« innerhalb der wirtschaftshistorischen Disziplin nicht vollends abgeschlossen. Der Zyklus wissenschaftlicher Arbeit von der »Vorwissenschaft« über die »Normale Wissenschaft« in die »Krise des Paradigmas«, schließlich über den »revolutionären« Paradigmenwechsel in eine neue »Normalwissenschaft« ist vielmehr zunächst in »eine Periode ausgesprochener fachwissenschaftlicher Unsicherheit«[7] getreten, die eine Besinnung auf die zu Tage getretenen Grenzen, aber auch auf die neuen Möglichkeiten des disziplinären Systems dringend erforderlich macht.

Die folgende Skizze unternimmt den Versuch, eine Zwischenbilanz dieser dramatischen Veränderungen in der disziplinären Matrix der Wirtschaftsgeschichte zu ziehen. Sie will zeigen, dass wir in Wirklichkeit Zeugen und Protagonisten eines doppelten Paradigmenwechsel sind, der die Figuren im Spiel um das wirtschaftliche Weltbild von Vergangenem und Gegenwärtigem neu aufstellt. Wie in einer inversen Schachpartie folgt auf das Matt des Königs, das dem Paradigma der Industriellen Revolution ein Ende macht, eine lange Rochade der wirtschaftlichen Epochengrenzen. Diesem ersten Paradigmenwechsel, von der »Industriellen Revolution« zum »Langen Weg in die Moderne«,[8] folgt (fast) zwangsläufig der zweite: Die postindustrielle Eröffnung in eine neue Forschungspartie, deren strategisches Kalkül nicht länger den »Gesetzen« der materiellen Produktion folgt, sondern sich an den Bedingungen der umwälzend neuen, immateriellen Produktionsweise orientiert,

---

6 Ich folge dabei der Begrifflichkeit und dem wissenschaftssoziologischen Ansatz, den Thomas S. Kuhn (Die Struktur wissenschaftlicher Revolutionen, Frankfurt/Main 1972²) entwickelt hat. Noch besser – aber weniger einflussreich – bringt es Ludwik Fleck (Entstehung und Entwicklung einer wissenschaftlichen Tatsache. Einführung in die Lehre vom Denkstil und Denkkollektiv, Basel 1935) auf den Punkt, wenn er von zentralen Begriffen der Denkstile von Denkkollektiven spricht.

7 Kuhn, Struktur, S. 80.

8 Pioniere dieses ersten Paradigmenwechsels waren Douglass C. North und Robert P. Thomas (The Rise of the Western World: A New Economic History, Cambridge 1973).

die die Wirtschaft der langen Gegenwart in wachsendem Maße prägt. Die
»Industrielle Revolution« – wenn schon nicht länger Ausgangspunkt einer
neuen, von ihr begründeten Epoche – wird zum Ziel und Abschluss eines
langen Weges in die Moderne, der auf seinen zahlreichen Stationen durch
Europa jene Institutionen akkumuliert hat, die schließlich unumkehrbar an
die Stelle der Agrarwirtschaft und ihrer gesellschaftlichen Verfassung getreten sind. Dies ist Historikern nichts Neues, doch zwingt es sie in theoretischer Perspektive ebenfalls zum Umdenken. Wenn wir dabei bleiben wollen, diesen Transformationsprozess als Modernisierung und seine Ergebnisse
als Moderne zu bezeichnen, dann führt dieser Paradigmenwechsel zur Historisierung des Modernisierungskonzeptes und des Zustandes von Wirtschaft
und Gesellschaft, den wir Moderne nennen.

Anders als der erste ist der zweite Paradigmenwechsel – von der materiellen
zur immateriellen Produktion – noch nicht vollzogen. Es zeichnet sich jedoch
unübersehbar die Herausbildung eines neuen Forschungsprogramms ab, das
die Grundzüge und Bewegungsgesetze unserer Epoche – oder bescheidener
des 20. Jahrhunderts – besser abbildet, als es das alte Konzept der Industriellen Revolution samt seiner langfristigen Perspektive der Modernisierung
vermochte. Mit der Degenerierung dieses Programms verliert die Zunft ihre
Selbstsicherheit und routinierte Zielorientierung,[9] gewinnt aber gleichzeitig
die Chance, über ein neues Paradigma wieder eine funktionierende »Normalwissenschaft« herauszubilden, die sich in der Enträtselung eines Kerns
erfolgversprechender Hypothesen zusammenfindet. Dieser harte Kern des
neuen Paradigmas muss sich daran messen lassen, ob er gegenwärtige Fragestellungen mit den Mitteln der wirtschaftshistorischen Analyse beantworten
kann und damit den sich wandelnden Bedürfnissen der Konsumenten von
Forschungsergebnissen gerecht wird.

II. Schach dem König. Kennzeichen der »Industriellen Revolution« (und damit des harten Kerns des alten Paradigmas) ist die ausgeprägte Diskontinuität
im Denken und Verhalten der Akteure, namentlich der Investoren. Die Spielregeln des wirtschaftlichen Handelns, die daraus resultierten, korrelierten eng
mit einem spezifischen Muster des Wirtschaftswachstums und der sprung-
haften Dynamik des technischen Fortschritts. Hier lag das neue innovato-
rische Potential des Industriezeitalters. Mit den Arbeiten Arnold Toynbees

---

9 Kuhn kennzeichnet diese Phase im Zyklus der Theoriebildung aus seiner Sicht des gelernten
Physikers damit, dass Normalwissenschaftler beginnen, sich auf (zweifelhafte) philosophische und
metaphysische Debatten einzulassen, um zu retten, was zu retten ist. Manche Fluchtbewegung aus der
wirtschaftshistorischen Normalwissenschaft in esoterische Randgebiete erinnert ebenfalls daran.

(1884),[10] der Webbs (1911)[11] und der Hammonds (1925)[12] entstand daraus ein weithin akzeptiertes Forschungsprogramm, das weit über die ihm zugrunde liegenden wirtschaftlichen Ereignisse und Zusammenhänge hinaus Erklärungswert für gesellschaftliche und globale Entwicklungen beanspruchte. An seinen Rändern erwies sich das Forschungsparadigma flexibel genug, um (fast) jede Mode akademischer, gesellschaftlicher und politischer Interessen zu integrieren. Dies gilt insbesondere für die Frage nach den Auswirkungen der »Industriellen Revolution« auf den Lebensstandard der breiten Schichten der Bevölkerung, deren Antwort sich relativ eng an den jeweiligen zeitgenössischen Bedürfnissen und an neuen, scheinbar langfristigen, in Wirklichkeit aber zyklischen Perspektiven orientierte.[13] Im Kern blieb es aber bis in die achtziger Jahre hinein unerschüttert und diente einer weit ausgreifenden Modernisierungsdebatte als Anker.

Dieser harte Kern des Programms ist in den vergangenen zwanzig Jahren in der Hitze damit unvereinbarer Forschungsergebnisse weitgehend geschmolzen. Zu den Forschern, die schon früh ihre Skepsis und ihr Unbehagen gegenüber dem herrschenden Paradigma nicht verhehlten, zählen Rondo Cameron,[14] C. Knick Harley,[15] Jeffrey G. Williamson,[16] und vor allem Nicholas F. R. Crafts.[17] Ihre Arbeiten und zahlreiche weitere, die ihnen folgten,[18] belegen, dass die Zunahme der wirtschaftlichen Wachstumsraten in der zweiten Hälfte des 18. Jahrhunderts nicht so dramatisch war, wie es die Hauptrichtung der Forschung bis dahin annahm.[19] Auch neuere Arbeiten über die Bedeutung des technologischen Wandels zeigen, dass dieser zwar eine notwendige, keineswegs aber eine hinreichende Bedingung für den wirtschaftlichen Auf-

---

10 Arnold Toynbee, Lectures on the Industrial Revolution in England: Popular Addresses, Notes and Other Fragments, London 1884.

11 Sydney u. Beatrice Webb, The History of Trade Unionism, London 1911.

12 John L. u. Barbara Hammond, The Rise of Modern Industry, London 1925.

13 David Cannadine, The Present and the Past in the English Industrial Revolution 1880–1980, in: P&P 103. 1984, S. 131–172.

14 Rondo Cameron, The Industrial Revolution: A Misnomer, in: The History Teacher 15. 1982, S. 377–384; ders., A New View of European Industrialization, in: EcHR 38. 1985, S. 1–23.

15 C. Knick Harley, British Industrialization before 1841: Evidence of Slower Growth during the Industrial Revolution, in: JEH 42. 1982, S. 267–289.

16 Jeffrey G. Williamson, Why was British Growth so Slow during the Industrial Revolution?, in: JEH 44. 1984, S. 687–712.

17 Nicholas F. R. Crafts, British Economic Growth during the Industrial Revolution, Oxford 1985, sowie die Präzisierung des Arguments in ders. u. C. Knick Harley, Output Growth and the British Industrial Revolution: A Restatement of the Crafts-Harley View, in: EcHR 45. 1992, S. 703–730.

18 Vor allem Joel Mokyr (Hg.), The British Industrial Revolution: An Economic Perspective, Boulder, CO 1999², mit einem guten Überblick über die einschlägige Literatur, der in der »Industriellen Revolution« nur noch eine »useful abstraction« (S. 1) sieht.

19 So vor allem Phyllis Deane u. William A. Cole, British Economic Growth 1688–1959: Trends and Structure, Cambridge 1962.

schwung in der zweiten Hälfte des 18. Jahrhunderts war. Die drei berühmten technischen Neuerungen der »Industriellen Revolution« – James Hargreaves handbetriebenes Spinnrad »Spinning Jenny«, Richard Arkwrights wasserbetriebene Version »Water-Frame« und James Watts Dampfmaschine – waren lediglich graduelle Erweiterungen schon vorhandener Technologien. Von ihnen ging kein eigenständiger technischer Aufbruch zu neuen Ufern des Maschinenzeitalters aus.[20] Gleiches gilt für die Bedeutung von Änderungen der gewerblichen Organisation.[21]

Vor diesem Hintergrund neuerer Forschungsergebnisse ist es beinahe zu einer »Temperamentfrage« (Ulrich Wengenroth) geworden, ob wir die »Industrielle Revolution« über die Kontinuität der Entwicklung hinaus dennoch als tiefen Bruch wahrnehmen, der aus dem Zusammentreffen zahlreicher Elemente des gesellschaftlichen Wandels resultierte. Dieser speiste sich jedoch weniger aus den Folgen einer spürbaren Beschleunigung des wirtschaftlichen Wachstums, sondern aus der Tatsache, dass es erstmals gelang, den Weg der Moderne fortzusetzen, ohne in die systembedingten Sackgassen, Umwege oder Blockaden der bis dahin dominanten Agrarverfassung zu laufen. Der Inhalt der »Industriellen Revolution« lässt sich aus dieser Sicht als Paradoxon formulieren. Das Revolutionäre an der englischen Entwicklung des 18. Jahrhunderts liegt vor allem darin, dass zugunsten der Kontinuität »moderner« Institutionen der »Abbruch« des Modernisierungsanlaufs vermieden wurde. Dieser war bis dahin immer wieder in die Malthusianische Falle des agrarisch-demographischen Systems gelaufen und weit zurückgeworfen worden, um aus dieser Rückfallposition heraus – oft an anderem Ort – einen neuen Anlauf zu ihrer Durchsetzung zu nehmen. Die »Industrielle Revolution« kann daher als Kulminationspunkt in einer Reihe demographisch-ökonomischer Zyklen betrachtet werden, die den Weg der Moderne durch Europa seit dem frühen Mittelalter begleiteten. Sie ist aber weder die Wiege des Kapitalismus, die vielmehr auf dem Kontinent stand, noch die Mutter einer neuen Qualität von Wirtschaftswachstum, wie sie in den Niederlanden erzielt wurde, noch hat sie den technischem Fortschritt, die Fabrik oder die Organisationsform des Unternehmens hervorgebracht – alles Innovationen der Moderne, die beispielsweise in den Industrierevieren Oberdeutschlands schon im späten Mittelalter bekannt waren. Der institutionelle Rahmen der Industriegesellschaft entstand schon lange vor deren Durchbruch zum alles beherrschenden Gesellschaftsmodell. Die Industrielle Revolution muss deshalb viel mehr als

20 Zur »stillen Revolution« davor: George Hammersley, The Effect of Technical Change in the British Copper Industry between the 16th and the 18th Centuries, in: JEEH 20. 1991, S. 155–173; Roger Burt, The Transformation of Non-ferrous Metals Industries in the 17th and 18th Centuries, in: EcHR 48. 1995 S. 23–45.
21 Maxine Berg u. a. (Hg.), Manufacture in Town and Country before the Factory, Cambridge 1983.

der erfolgreiche Abschluss eines evolutionären Prozesses betrachtet werden
denn als Auftakt zu grundlegend Neuem.[22]

III. Lange Rochade. Die Rochade des Paradigmas »Industrielle Revolution«
ist inzwischen weitgehend vollzogen. Wenn es eine Renaissance des Moder-
nisierungskonzepts gibt, so hat sie ihre Ursache vor allem in seiner Verlagerung auf die frühe Neuzeit und das Mittelalter. Was die Epoche der Moderne
jenseits der »Industriellen Revolution« an Boden verliert, gewinnt sie in ihrem langen Vorfeld dazu. Überraschenderweise verliert das Konzept als For-
schungsfragestellung durch seine Historisierung aber keineswegs an Aktua-
lität. Dieser Umstand könnte sogar dazu beitragen, ein ebenso zentrales wie
noch immer ungelöstes Problem der wirtschaftswissenschaftlichen Analyse
aus der historischen Dimension heraus zu lösen. Die Suche nach einer brauch-
baren Angebotsfunktion für institutionelle Innovationen gehört nach wie vor
zu den Desiderata der Neuen Institutionenökonomik[23] und damit auch zu den
besonders lohnenden Zielen wirtschaftshistorischer Forschung. Über Fragen der Modernisierung zu arbeiten, muss daher vor allem bedeuten, die typischen Bestandteile einer Angebotsfunktion für institutionelle Neuerungen
offenzulegen. Besonders dankbare Objekte sollten dabei die Institutionen
sein, deren Akkumulation auf dem langen Weg in die europäische Moderne – von der Hanse über Oberitalien, Oberdeutschland, nach den Niederlanden und schließlich nach England – den Modernisierungsprozess bestimmt
haben. Moderne Institutionen wie neue Formen von Verfügungsrechten
über Eigentum, politische Autonomie, wirtschaftliche und gesellschaftliche
Selbstverwaltung, rationale, d. h. berechenbare und verläßliche Spielregeln
auf Märkten oder kommerzielle Denkweisen in der Wirtschaft suchten und
fanden die Organisationsformen, die ihren Charakter und ihre Funktionswei-
se am besten zur Geltung brachten. Belohnt wurden diese selbst auferlegten
Einschränkungen persönlicher Handlungsfreiheit durch Stabilität der Wirtschaftsbeziehungen und niedrige Transaktionskosten. Die »moderne« Stadt
als frühes Gehäuse materieller wie immaterieller Produktion gehört ebenso
dazu wie die Innovation der Zunft als genossenschaftliche Verfassung der
gewerblichen Produktion und die rationale Unternehmung, die ihre Rentabi-

---

22 Ester Boserup, Population and Technological Change: A Study of Long Term Trends, Chicago 1981; Cameron, A New View; Douglass C. North, Structure and Change in Economic History,
New York 1981, North u. Thomas, Rise. Gute Zusammenfassungen der neuen Sicht auf die Industrielle Revolution bieten: John Komlos, Ein Überblick über die Konzeptionen der Industriellen
Revolution, in: VSWG 84. 1997, S. 461–511 sowie Ulrich Wengenroth, Igel und Füchse. Zu neueren
Verständigungsproblemen über die Industrielle Revolution, in: Volker Benad-Wagenhoff (Hg.), Industrialisierung. Begriffe und Prozesse. Festschrift Akos Paulinyi zum 65. Geburtstag, Stuttgart
1994, S. 9–21.
23 Douglass C. North, Theorie des institutionellen Wandels. Eine neue Sicht der Wirtschaftsgeschichte, Tübingen 1988, S. 70.

lität durch Buchführung und Bilanzierung rechnerisch kontrolliert. Gemeinsam ist diesen und vielen anderen institutionellen und organisatorischen Innovationen der »Vormoderne«, dass sie notwendige Voraussetzungen für die
Funktionsfähigkeit des Marktes schufen. Dieser lässt sich ohne eine institutionelle Verfassung kaum denken, besteht seine Attraktivität doch vor allem
aus der Gewährleistung von Sicherheit, Verläßlichkeit und Wohlfeilheit der
in seinem Rahmen vollzogenen Transaktionen.

Den Ausgangspunkt des Weges in die Moderne zu definieren, fällt schwerer
als den zeitlichen Zielpunkt seiner Ankunft zu bestimmen. In letzter Konsequenz führt er zurück in die Erste Wirtschaftliche Revolution, deren wesentlicher Inhalt zwar der neolithische Prozess der bäuerlichen Sesshaftwerdung
von Jägern und Sammlern war, in deren Kontext aber bald auch schon »moderne« Institutionen außerhalb der Landwirtschaft entstanden sind.[24] Seine
spezifische Grundlegung hat dieser Weg freilich erst im europäischen Mittelalter gefunden – mit gebührendem Abstand zu den umwälzenden institutionellen und organisatorischen Neuerungen, die in der frühmittelalterlichen
Agrarwirtschaft die Grundlagen für einen europäischen Sonderweg gelegt
haben.[25] Vor dem Hintergrund der traditionalen Agrarverfassung, die seinen
Handlungsspielraum ebenso bestimmte wie seine Grenzen, erhob sich der
moderne Sektor der Wirtschaft in jeder der säkularen Aufschwungsphasen,
die ihre Dynamik seit dem 12. Jahrhundert mit wechselnden Richtungen und
Knotenpunkten auf den großen wirtschaftlichen Entwicklungsachsen quer
durch Europa entfalteten, zu jeweils neuer Qualität. Aus diesem agrarisch-
demographisch determinierten Zyklus der Modernisierung heraus formte
sich die Vielzahl der Institutionen und Organisationen, die in der »Industriellen Revolution« schließlich zum Durchbruch kamen und der Industriegesellschaft zu globaler Ausbreitung verhalfen.

Es ist hier nicht der Ort, den Weg der Moderne durch Europa im Einzelnen abzuschreiten. Er führt kreuz und quer durch den Kontinent, und es gibt
wenige Regionen, die nicht zu irgendeinem Zeitpunkt an diesem Wege lagen.
Das Itinerar einer solchen Forschungsreise müßte spätestens auf der West-
Ost-Transferstraße der Hansezeit beginnen, die den flandrischen Tuchstapel
im Westen mit den Rohstoffmärkten von Nowgorod am Ilmensee verband
und deren Einzugsbereich von Skandinavien und England bis nach Westfalen
reichte. Sie setzt sich fort auf jener quer durch Europa ziehenden Entwick-
lungsachse von Antwerpen nach Venedig und von Brügge nach Genua, auf
der zunächst die Messen der Champagne, dann die oberdeutschen »Indus-
triereviere« um Augsburg und Nürnberg zu Knotenpunkten institutioneller

---

24 Ebd.
25 Michael Mitterauer, Warum Europa? Mittelalterliche Grundlagen eines Sonderwegs, München 2004.

Innovationen der Moderne wurden. In der Hansezeit waren es vor allem die Ausbreitung der autonomen Stadtwirtschaft als exportfähiges Muster moderner Wirtschaftsverfassung, der Zunft als genossenschaftliche Organisationsform gewerblicher Institutionen und die Bündelung einer Vielzahl moderner Institutionen und (vor dem Hintergrund der traditionalen Verfassung) privilegierter Rechtsnormen zu Spielregeln, die den vieldeutigen, aber doch auf lange Zeit höchst effizienten Inhalt des hansischen Herrschaftsrahmens, der *Hanseatic Governance*,[26] ausmachten. Danach rückten immer mehr die institutionellen Innovationen auf dem Gebiet des Kreditwesens, der gewerblichen Großorganisation, der renditeorientierten Unternehmung und der rationalen Wirtschaftsgesinnung – also die Grundlagen des Kapitalismus – in den Vordergrund. Wolfgang von Stromer hat die gewerblichen Unternehmen der oberdeutschen Handelshäuser mit Recht als »schwerindustrielle Betriebe« mit dem Charakter von »Fabrik-Kombinaten« bezeichnet und im Hinblick auf ihre Entstehung von einer »industriellen Revolution des Spätmittelalters« gesprochen.[27] Es fällt in der Tat schwer, die gewerblichen Innovationen dieser vom Erzbergbau, der Metallverarbeitung und der Textilindustrie geprägten Produktionslandschaft in institutioneller, organisatorischer und technischer Hinsicht gedanklich von den Errungenschaften der »Industriellen Revolution« in England abzusetzen, auch wenn viele ihrer sichtbaren Resultate spätestens in den Wirren des Dreißigjährigen Krieges in dieser Region wieder untergegangen waren. Es mag dabei offen bleiben, ob der gewerbliche Zyklus Oberdeutschlands in der Malthusianischen Falle versank, oder ob er an der Unfähigkeit der städtischen Akteure scheiterte, die Macht seines weitgezogenen wirtschaftlichen Integrationsraumes mit den realen Machtverhältnissen politischer Integration und Staatsbildung zur Deckung zu bringen.[28] Beides hat dazu beigetragen, diesem frühen Anlauf moderner wirtschaftlicher Entwicklung ein Ende zu setzen.

Die Blüte der Weltwirtschaft, die sich mit der Stadtwirtschaft des Mittelalters verband, beruhte auf den Regeln der *Hanseatic Governance*, die alle Akteure akzeptierten – das städtische Patriziat ebenso wie seine machtpoli-

26 Dies zur Unterscheidung zur ebenfalls »modernen« *Westphalian Governance* (1648–ca.1850), die, die Regeln der mittelalterlichen Weltwirtschaft ablösend, das Zeitalter der Internationalität in der Außenwirtschaft(spolitik) begründete.

27 Wolfgang von Stromer, Gewerbereviere und Protoindustrien in Spätmittelalter und Frühneuzeit, in: Hans Pohl (Hg.), Gewerbe- und Industrielandschaften vom Spätmittelalter bis ins 20. Jahrhundert, Stuttgart 1986, S. 39–111, Zitate 87 u. 91; siehe auch ders., Eine »Industrielle Revolution« des Spätmittelalters, in: Ulrich Troitzsch u. Gabriele Wohlauf (Hg.), Technik-Geschichte. Historische Beiträge und neue Ansätze, Frankfurt/Main 1980, S. 105–137.

28 Charles Tilly, Coercion, Capital, and European States, AD 990–1990, Cambridge, MA 1990; vgl. dagegen in der Tradition alter Stufentheorien des Staates (wenngleich mit gruselig neuer Perspektive) Philip Bobbitt, The Shield of Achilles: War, Peace and the Course of History, New York 2002.

tischen Gegenspieler in den absolutistischen Territorien und emergenten Nationalstaaten –, um in den Genuss der komparativen Vorteile eines reziproken Fernhandels zu kommen.[29] Der Zustand des mittelalterlichen Weltverkehrs war deshalb keineswegs rechtlos, sondern im Gegenteil eingebettet in geordnete institutionelle Beziehungen informeller und rechtlicher Art: Handelsverträge mit Reziprozitätsklauseln, Bestimmungen über gegenseitigen freien Handelsverkehr, gegenseitige Sicherung des Rechtsschutzes im fremden Land, aber auch Handelsprivilegien, deren Kern zunächst in der Anerkennung innovatorischer Leistungen lag. Wie in den anderen »modernen« Sektoren der Wirtschaft auch, entwickelten sich die Institutionen der Weltwirtschaft aber nicht diachron-linear, sondern zyklisch. Die Determinanten des Zyklus lagen in diesem Fall weniger im agrarisch-demographischen System der mittelalterlichen Wirtschaft begründet, sondern resultierten in erster Linie aus Verschiebungen der politischen Macht zu ungunsten der Städte. Mittelalterliche Weltwirtschaft wurde von robusteren Formen des Handels abgelöst, die den neuen weltwirtschaftlichen Bedingungen – der Umschiffung Afrikas und der Entdeckung der Neuen Welt auf der Suche nach Indien – offenbar besser entsprachen und die in protektionistischen Asymmetrien der Außenwirtschaftspolitik nunmehr den wirksameren Hebel für die Durchsetzung nationaler Interessen auf dem »Weltmarkt« sahen. Welcher Art die neuen Regeln moderner Außenwirtschaft waren, zeigt allein die Tatsache, dass die Städterepublik der Niederlande, die lange an den Grundsätzen der Hanseatic Governance festhielt, sich gezwungen sah, in der Zeit von 1567 bis 1783, als ihre Macht im vierten Krieg gegen England gebrochen wurde, nicht weniger als 33 (meist mehrjährige) Kriege zu führen. 159 »Kriegsjahren« standen nur 57 »Friedensjahre« gegenüber.[30]

Den Niederlanden gebührt zweifellos als nächste Station auf dem langen Weg der Moderne durch Europa die größte Aufmerksamkeit, auch wenn Spanien und Frankreich ebenfalls in diese Tour mit einzubeziehen wären – ersteres als Sackgasse, letzteres als Alternative zum Hauptstrom der gewerblichen Entwicklung.[31] Die dichte Städtelandschaft Flanderns und Hollands – Brügge und Antwerpen allen voran – fungierte ja schon auf der hansischen West-Ost-Achse und auf der durch Oberdeutschland führenden Entwicklungsdiagonalen als nordwestlicher Dreh- und Angelpunkt. Im 16. Jahrhundert, als die Expansionskraft der oberdeutschen Städte ebenso schwand wie der Einfluss von Venedig und Genua auf einem gewachsenen Weltmarkt, stiegen die Generalstaaten

---

29 Fritz Rörig, Wirtschaftskräfte im Mittelalter. Abhandlungen zur Stadt- und Hansegeschichte, Wien 1971[2], insbes. S. 378 f.

30 Charles Tilly, Europäische Revolutionen, München 1993, S. 110 f.

31 Siehe dazu die schon »klassische« Einschätzung bei North u. Thomas, Rise, S, 120–131 u. Patrick O'Brien u. Çaglar Keyder, Economic Growth in Britain and France: Two Paths to the Twentieth Century 1780–1914, London 1978.

endgültig zum Zentrum der modernen Welt auf, bildeten den Mittelpunkt ihres Geldverkehrs und wurden zum Frachtführer Europas. Sie schenken der modernen Wirtschaft so wichtige institutionelle und organisatorische Innovationen wie die Aktie, den Akzeptkredit, die Börse, das Diskontgeschäft, den Scheck oder den Wechselhandel (Indossament). Mit der Verenigde Oostindische Compagnie (VOC) und der Westindische Compagnie (WIC) entwickelten sie den Typus der kapitalistischen Unternehmung zur Perfektion. Vor allem aber verfügten die Niederlande über Märkte, die – wie in Amsterdam – mit ihrer außerordentlich dichten Institutionenlandschaft für beste Information, höchstes Vertrauen und niedrigste Transaktionskosten in Europa sorgten.

Wenn dennoch auch der niederländische Weg in die Moderne unvollendet blieb, hat dies vor allem zwei Gründe. Zum einen schuf der Erfolg im Handel und im Geldgewerbe nur wenig Anreize zum Aufbau einer eigenen materiellen Produktionsbasis. Es gleichen sich die Bilder, die uns aus der Geschichte des Niedergangs der Hanse und der oberdeutschen Stadtwirtschaft schon einmal begegnet sind. Zum anderen gelang es den Vereinigten Provinzen nicht, ihrem *merchant empire* ein zentrales staatliches Fundament zu legen, das im Rahmen der *Westphalian Governance* auf dem Weltmarkt und im zwischenstaatlichen Verkehr zur Durchsetzung von Interessen immer wichtiger wurde. Zwar genossen die Niederlande spätestens seit dem Westfälischen Frieden uneingeschränkte Anerkennung als souveräne Nation und waren ein allseits respektierter Akteur in den »internationalen« Beziehungen der europäischen Mächte, doch glich die Verfassung der Republik nach wie vor einem locker geknüpften Netz aus partikularen Interessen autonomer Städte und Gebietskörperschaften, das die Handlungsfähigkeit des Staates nach Außen nur sehr bedingt sicherstellen konnte. Unter den geopolitischen Bedingungen der Niederlande – eingezwängt zwischen mächtigen Konkurrenten und konkurrierenden Mächten – machte sich diese Schwäche der Ressource Politik bald schmerzhaft bemerkbar. Die Binnenstruktur der Republik blieb weit hinter den Anforderungen zurück, welche die merkantilistische Epoche an ihre erfolgreichen Protagonisten stellte.

Die Rochade des Paradigmas der »Industriellen Revolution« schafft keine neuen Fakten. Sie ändert jedoch unsere Sichtweise der europäischen Moderne in der Zeit zwischen 1200 und 1900, lässt neue Fragen aufkommen und hilft, bessere Antworten auf alte, seit langem offene Fragen zu finden. In dem Maße, wie sie die Aufmerksamkeit der Forschung auf die Entstehung und den Wandel neuer Institutionen richtet, trägt sie auch zur Lösung gegenwärtiger »Rätsel« bei. Die europäische Geschichte muss dazu nicht neu erfunden werden, es genügt, sie mit neuen Augen zu sehen. Jeder, der diesen Versuch unternehmen will, kann auf den reichen Fundus wirtschaftshistorischer Forschung zurückgreifen, der von der Historischen Schule der Nationalökonomie bis zur Historischen Sozialwissenschaft unserer Tage reicht.

IV. Eröffnung. In der Weltwirtschaftskrise der frühen dreißiger Jahre schien dem Projekt der Moderne eine düstere Zukunft beschieden. Die Angst vor Niedergang und Stagnation, bis dahin eine Domäne europäischer Kapitalismuskritik, hatte Amerika eingeholt und auch dort die Illusion immerwährender Prosperität zerstört. Vor diesem Hintergrund und mit der Renaissance der industriewirtschaftlichen Dynamik und der Herausforderung durch den Aufstieg einer neuen, konkurrierenden Weltanschauung im Ost-West-Konflikt wurde es nach 1945 zu einem Desiderat der Forschung, die Weltsicht der Moderne »zukunftsfähig« zu machen, sie zu strukturieren und ihre langfristigen Perspektiven zu ergründen. Dieser Aufgabe nahm sich vor allem die (historische) Sozialwissenschaft an. Nachdem dort das Konzept der »Modernisierung« in den sechziger Jahren auf breiter Front Einzug gehalten hatte, erwies es sich als flexibel genug, um das Denkmuster der »Industriellen Revolution« auf immer wieder neue, tatsächliche oder vermeintliche Entwicklungssprünge der Wirtschaft anzuwenden und »eine Alternative zur marxistischen Entwicklungstheorie« zu formulieren.[32] Der Ansatz einer grundsätzlich neuen Industrialisierungsphase wurde dabei vorzugsweise am Ende des 19. Jahrhunderts im Aufkommen der »neuen Industrien« (Chemie, Elektrotechnik, Maschinen- und Fahrzeugbau) gesehen, das ein »Stadium der Reife« (Walt W. Rostow) einzuleiten schien. Es war dann nur konsequent, auf diese »zweite industrielle Revolution« die »dritte« folgen zu lassen – zumeist als Ausdruck für die neue Dynamik der Industrie nach dem Ende der Weltwirtschaftskrise der dreißiger Jahre, die David S. Landes mit der Erschließung der Atomkraft als neuer Energiebasis in Verbindung gebracht hat.[33] Andere Beobachter glaubten, in der »Wissensgesellschaft« die »Konturen einer dritten Phase der industriellen Revolution« auszumachen, »deren wissenschaftlich-technologische Grundlagen teilweise bereits im Zweiten Weltkrieg gelegt wurden, [und] deren unklare Vorahnung schon in den fünfziger und sechziger Jahren formuliert wurde«.[34] Wieder andere sahen im Einzug der Konsumgesellschaft ein neues Stadium der Entwicklung der Moderne.[35] Sogar die *new economy* unserer Tage fand schon früh ihre Propheten, die sie

---

32 So der programmatische Untertitel des wissenschaftlichen Bestsellers von Walt W. Rostow, The Stages of Economic Growth: A Non-communist Manifesto, Cambridge 1960. Zu diesem Zeitpunkt wurde dieses Konzept zwar in der wissenschaftlichen Debatte bereits herausgefordert (u. a. von Immanuel Wallerstein u. Gustavo Lagos) doch unterscheiden sich die Herausforderer im Hinblick auf die Rolle der »Industriellen Revolution« kaum vom Hauptstrom der wirtschaftswissenschaftlichen Interpretation.

33 David S. Landes, The Unbound Prometheus: Technological Change and Industrial Development in Western Europe from 1750 to the Present, Cambridge 2003², S. 4.

34 Lothar u. Irmgard Hack, Die Wirklichkeit, die Wissen schafft. Zum wechselseitigen Begründungsverhältnis von »Verwissenschaftlichung der Industrie« und »Industrialisierung der Wissenschaft«, Frankfurt/Main 1985, S. 623.

35 Rostow, Stages, Kap. 6.

in die Reihe der Entwicklungsschritte stellten, welche angeblich aus der »Industriellen Revolution« folgten. Immerhin glaubte Helmut Schelsky schon 1953, den Beginn einer weiteren »industriellen Revolution« im Siegeslauf »der aus der Entwicklung der Schwachstromtechnik und der Vakuumtechnik entstandenen Elektronen-Rechenmaschinen und sonstigen automatischen Steuerungsanlagen« zu erkennen, mit der sich »ein breiter unbekannter Einsatz der menschlichen Sinnesleistung als Kontroll- und Orientierungsfunktion und der automatisierbaren Intelligenzleistungen in den Produktions- und Verwaltungsweisen unserer Arbeitswelt anzubahnen« schien.[36] Allen diesen tastenden Versuchen, den »Modernisierungsprozess« analytisch zu strukturieren, ist eines gemein: Sie haben ihre Grundlage in der Anerkennung der »Industriellen Revolution« als dem entscheidenden Bruch im Lauf der Wirtschaftsgeschichte und als Ausgangspunkt für heutige Wirtschaftsverhältnisse.

Diese Grundüberzeugung wurde seit den achtziger Jahren von zwei Seiten nachhaltig erschüttert. Nicht nur hat die wirtschaftshistorische Forschung die Vorstellung eines *take-off* in das Industriezeitalter endgültig zurückgewiesen. Auch die wirtschaftliche Entwicklung der jüngsten Zeit ließ sich immer weniger mit den vertrauten Regeln der Industriegesellschaft in Einklang bringen, geschweige denn erklären. Die *new economy* der Jahrhundertwende folgte offensichtlich ganz anderen, neuartigen Gesetzen. Diesen Umbruch zu verstehen, seine Determinanten zu analysieren und seine zeitliche Dimension zu bestimmen, muss Gegenstand des neuen Forschungsprogramms sein, das in der Wirtschaftsgeschichtsschreibung das Paradigma der »Industriellen Revolution« ablöst.

Damit stellt sich die Frage nach den möglichen Eröffnungszügen einer neuen Forschungspartie. Wendepunkte der wirtschaftlichen Entwicklung erschließen sich den Zeitgenossen selten unmittelbar. Auch die Auswirkungen der »Industriellen Revolution« des späten 18. Jahrhunderts sind ja erst hundert Jahre später zum wissenschaftlichen Paradigma der Wirtschaftswissenschaften erhoben worden.[37] Andere Ereignisse wurden fälschlicherweise für Umbrüche oder Weichenstellungen gehalten, obwohl sie sich Historikern *ex post* leicht als zyklische oder kontingente Phänomene zu erkennen gaben. Die Wirtschaftsgeschichte des 20. Jahrhundert mit ihren globalen Krisen und Konflikten ist voll davon. Andererseits werden wir aber mit wirtschaftlichen und gesellschaftlichen Innovationen konfrontiert, die die Kraft haben,

36 Helmut Schelsky, Zukunftsaspekte der industriellen Gesellschaft, in: ders., Auf der Suche nach Wirklichkeit. Gesammelte Aufsätze, Düsseldorf 1965, S. 88.
37 Toynbee (Lectures 1884) hatte sich der »Industriellen Revolution« ausdrücklich deshalb zugewandt, »because it was in this period that modern Political Economy took its rise« (S. 28). Der Begriff als solcher hat freilich schon früher in unterschiedlichster Bedeutung Verwendung gefunden (Otto Brunner u. a. [Hg.], Geschichtliche Grundbegriffe, Bd. 3, Stuttgart 1982, S. 286–304).

ihre eigenen, bis dahin nicht wahrgenommenen Vorläufer zu schaffen. Sie
entfalten eine Logik rückwirkender Umprägung des Vergangenen, indem
sie dem Fluss der Wirtschaftsgeschichte neue Gliederungsebenen einfügen.
Die wahre Qualität einer innovativen wirtschaftlichen Entwicklung zeigt
sich daran, dass sie, erst einmal zur dominanten Produktionsweise geworden, nicht nur das Feld künftiger Möglichkeiten erschließt, sondern auch die
Vergangenheit schöpferisch umgestaltet. Sie macht aus bis dahin scheinbar
zufälligen Spuren Vorzeichen und Grundlagen des Gegenwärtigen. Um diese
Spuren zeitnah zu deuten, fehlt es am Abstand, der nötig ist, um weit ausgrei-
fende Zusammenhänge sichtbar zu machen. Erst mit der empirischen Untersuchung und Deutung innovativer Entwicklungen, die sich uns irgendwann
ganz selbstverständlich als Teil einer neuen Epoche erschließen, rückt auch
ihr Ausgangspunkt ins Blickfeld. Dann wird der reale historische Kern sichtbar, dem emergente Leitformationen der neuen Zeit ihr Rohmaterial und ihr
Bauprinzip verdanken. Vieles deutet darauf hin, dass die Neue Wirtschaft,
die seit den neunziger Jahren mit voller Wucht ins öffentliche Bewusstsein
trat, eine neue Sichtweise »vergangener« Entwicklungen zwingend erforderlich macht, um ihren Aufstieg und ihre Tragweite zu verstehen.

Es ist noch nicht lange her, dass die historische Sozialwissenschaft begann, sich mit diesen empirischen Tatsachen auseinanderzusetzen und ein
neues wirtschaftliches Weltbild ins Auge zu fassen. Insbesondere die neoin-
stitutionalistische Schule um Douglass C. North, Nobelpreisträger für Ökonomie des Jahres 1993, plädiert vor dem Hintergrund der langfristig sinkenden
Bedeutung der materiellen Produktion für eine neue Epochenzäsur am Ende
des 19. Jahrhunderts, in der sich im Schatten der Moderne die wirtschaftlichen Grundlagen unseres nachindustriellen Zeitalters entscheidend geformt
haben.[38] Sein Paradigma der »Zweiten Wirtschaftlichen Revolution« spiegelt
grundsätzliche Veränderungen im Produktionspotential der Gesellschaft
wider, die sich aus zwei Quellen speisen. Zum einen aus wesentlichen Innovationen in der Organisation ihrer Wissensproduktion, die erstmalig eine
elastische Angebotskurve für neues Wissen schufen. Zum anderen vermittelt
sich die Zweite Wirtschaftliche Revolution aber auch über die Fähigkeit einer Gesellschaft, den ihrer wirtschaftlichen Sozialisation gemäßen institutionellen Rahmen zu etablieren, um diese neuen Dimensionen der Produktivität
zu realisieren. In diesem Zusammenhang stellen sich alte Fragen nach den
Voraussetzungen des wirtschaftlichen Produktivitätsfortschritts ganz neu.
Wie müssen die Verfügungsrechte über Eigentum organisiert sein, damit sich
die privaten Ertragsraten unter diesen neuen Bedingungen den gesellschaftlichen Ertragsraten annähern? Welcher Antworten bedarf es, um einer neu-
en Qualität des *Principal-agency*-Problems gerecht zu werden? Sind nicht

---

38 Douglass C. North, Structure and Change in Economic History, New York 1981.

ganz neue Anstrengungen nötig, um unter den Bedingungen der Wissensgesellschaft die Nutzenfunktion des »Agenten« derjenigen des »Prinzipals«
möglichst anzunähern? Und werden nicht angesichts steigender Transaktionskosten, wie sie die neue Produktionsweise mit sich bringt, Institutionen
immer wichtiger, die Vertrauen unter den Marktteilnehmern schaffen und
damit die Voraussetzung für eine Senkung des Transaktionskostenniveaus?
Die revolutionäre Qualität der wirtschaftlichen Entwicklung liegt demnach
seit dem späten 19. Jahrhundert nicht allein in der oft diskutierten engen Verbindung von Wirtschaft, (Natur-)Wissenschaft und Technik. Sie verlangt vor
allem auch die Gestaltung des institutionellen Rahmens zu neuen organisatorischen Voraussetzungen für die Lösung dieser Probleme und damit für die
Mobilisierung bis dahin ungeahnter Produktivitätsreserven auf den Märkten,
in den Unternehmen und in der Gesamtwirtschaft.

Wie diese Problemlösungen im Detail aussehen könnten, lässt sich nicht
verallgemeinern. Die Zweite Wirtschaftliche Revolution schafft keinen einheitlichen institutionellen Rahmen, sondern orientiert sich am jeweiligen Er-
fahrungshorizont historisch gewachsener, wirksamer Denkansätze und Handlungsmuster – auch wenn sie den bestehenden institutionellen Rahmen zunächst
einmal zertrümmert. Wirtschaftliche und gesellschaftliche Innovationspro-
zesse lassen sich gegen historisch tief verwurzelte wirtschaftliche Sozialisa-
tionsmuster nicht erfolgreich gestalten. Selbst wenn sie eigene Entwicklungs-
pfade begründen, die langfristig neue institutionelle Abhängigkeiten schaffen,
setzt ihre Akzeptanz und Beherrschung die Anlehnung an vertraute Denk- und
Handlungsmuster voraus, damit die neuen Spielregeln nicht mit grundlegenden
älteren Vorstellungen inkompatibel sind und abgestoßen werden. Zu den Faktoren, die ebenfalls zur Differenzierung nachindustrieller Produktionsregime
beitragen, gehören vor allem die Märkte, an denen sich die kollektiven Akteure
in den jeweiligen Volkswirtschaften vorzugsweise orientieren. So schuf der
große Binnenmarkt für die US-Wirtschaft andere Voraussetzungen, die neu-
en Produktivitätsreserven zu mobilisieren, als dies – bei aller vor 1914 herrschenden Exportorientierung und Freizügigkeit – in Europa möglich war. Diese und andere grundlegend verschiedenen Ausgangsbedingungen, zu denen
auch die Struktur des Arbeitsmarktes zählt, waren für die Entstehung und Verstärkung komparativer institutioneller Kostenvorteile verantwortlich. Anreize,
die davon ausgingen, formten schließlich auch sehr unterschiedliche Produktionsregime. Zwischen dem »fordistischen« System der Produktion in den USA
(Standardisierte Massenproduktion) und der nachindustriellen Maßschneiderei
(Diversifizierte Qualitätsproduktion), die seit dem Ende des 19. Jahrhunderts
in wachsendem Maße das deutsche Produktionsregime bestimmte, gibt es dennoch nur bei oberflächlicher Betrachtung einen Widerspruch scheinbar unvereinbarer Prinzipien. Tatsächlich setzen beide Produktionsweisen ein ähnlich
hohes Maß an immaterieller Wertschöpfungsfähigkeit voraus.

Hier liegt der innovative Kern der neuen Wirtschaftsweise, wie sie am
Ende des 19. Jahrhunderts in den Neuen Industrien entstanden und hundert
Jahre später dominant geworden ist. Immaterielle Wertschöpfung resultiert
aus neuartigen symbiotischen Beziehungen zwischen Wirtschaft und Wissenschaft, deren charakteristische Konsequenz in der »Verwissenschaftlichung«
der Produktion liegt. Darunter lässt sich ein Produktionsprozess verstehen,
der auf einem Input basiert, der zur Herstellung von Waren dient, ohne jedoch selbst unmittelbar aus Gütern oder Dienstleistungen im herkömmlichen
Sinne zu bestehen. Wertschöpfung entsteht nur noch am Rande aus der Stoff-
umwandlung, wie es in der klassischen Industrie der Fall ist. Im Mittelpunkt
des nachindustriellen Produktionsprozesses steht vielmehr integriertes Wissen über Bedürfnisse des Marktes, über Problemlösungen durch Forschung
und Entwicklung, sowie über Herstellungsverfahren, Anwendungs- und Ver-
arbeitungsmöglichkeiten. Dazu kommt der integrierte Einsatz von Dienstleistungen, die zur termingerechten Produktbereitstellung, Finanzierung und
zur Sicherung anderer qualitativer Eigenschaften beitragen. Die institutionellen Voraussetzungen für diese Art der immateriellen Produktion waren
vor dem Ersten Weltkrieg nur in wenigen europäischen Volkswirtschaften
und in den USA gegeben. In den Vereinigten Staaten schuf die Fähigkeit
zu diversifizierter Qualitätsarbeit die Grundlage für die Herausbildung der
»fordistischen« Produktionsweise, die schon im 19. Jahrhundert, endgültig
aber in der ersten Hälfte des 20. Jahrhunderts weltweit neue Maßstäbe im
industriellen Fertigungsdesign zur Nutzung von *economies of scale*, in der
Produktionstechnik und – am anderen Ende der Wertschöpfungskette – im
Konsumverhalten setzte. Das amerikanische Produktionsregime nutzte seine
Fähigkeit zur immateriellen Produktion aber auch weit über den klassischen
industriellen Sektor hinaus, der – anders als in Deutschland – an der Wende
zum 20. Jahrhundert gegenüber dem Tertiären Sektor schon stark an Boden
verloren hatte. Die nachindustrielle Maßschneiderei beruhte in den USA auch
nicht auf allgemein akzeptierten, gesellschaftlich eingebetteten Spielregeln
oder »harten« Institutionen wie Verbänden oder formalen Rechtsnormen,
sondern blieb die Errungenschaft von Großunternehmen, die ihrerseits auf
Cluster gleichgerichteter kleiner und mittleren Unternehmen zurückgreifen
konnten, die wie Inseln in einem Meer herkömmlicher und recht einfacher
Produktionsmuster lagen.[39]

Neben den USA zählte auch Deutschland zu den Pionieren dieser Neu-
en Wirtschaft. Innerhalb einer überschaubaren Periode, die sich in etwa mit

39 Philip Scranton, Endless Novelty: Speciality Production and American Industrialization,
1865–1925, Princeton, NJ 1997; vgl. dagegen Wolfgang Streeck, On the Institutional Conditions
of Diversified Quality Production, in: ders. u. Egon Matzner (Hg.), Beyond Keynesianism: The
Socio-Economics of Full Employment, Brookfield, VT 1991, S. 31.

der Dauer des Zweiten Reiches deckt, übernahm Deutschland Vorreiterfunktionen auf drei, für die Charakterisierung der neuen, nachindustriellen Wirtschaft wesentlichen, Gebieten. Hier vollzog sich, erstens, exemplarisch die enge Symbiose von Wirtschaft und Wissenschaft, die theoretisches Wissen und die Ergebnisse systematischer Forschung zu neuen, ungeheuer dynamischen Produktionsfaktoren verschmolz. Nur in den USA kam es auf diesem Gebiet zu vergleichbaren Fortschritten. Dagegen tat sich Großbritannien, »the first industrial nation«, schwer, dieser Entwicklung in die Verwissenschaftlichung der Produktion zu folgen.[40] Zweitens gehörte die deutsche Wirtschaft des Kaiserreiches, mehr noch als die stärker binnenmarktorientierten USA, zu den wichtigsten Akteuren auf dem Weltmarkt, der sich bis 1914 zu einer globalen Dynamik aufschwang, die seitdem ebenfalls zu einem Kennzeichen der Neuen Wirtschaft geworden ist. Drittens – und nicht zuletzt – wirkten sowohl das deutsche Kaiserreich als auch die USA der Progressive Era als Treibhäuser für neue Institutionen, die seitdem das Wirtschaftsleben in ihrem jeweiligen sozialen System der Produktion bestimmen.[41]

Deutschland eröffnete die neue Wirtschaftsweise freilich deutlich weniger strategische Optionen als den Vereinigten Staaten. Es fehlte insbesondere der große Binnenmarkt, um eine erfolgversprechende Strategie der economies of scale zu verfolgen. Die Orientierung am Weltmarkt öffnete jedoch andere, bescheidenere, aber doch auch lukrative Möglichkeiten. Die deutsche Wirtschaft stieg zum führenden Lieferanten nachindustrieller Maßarbeit auf, indem sie sich auf anspruchsvolle Einzelfertigungen, Kleinserien, Anlagenbau und – vor allem in der Chemie[42] – auf anwendungstechnisch veredelte Massenproduktion konzentrierte, die in spezifischer Weise den Kundenwünschen entgegenkamen. Das soziale System der korporativen Marktwirtschaft unterstützte diese Fähigkeit zur diversifizierten Qualitätsproduktion auf breiter Front, indem es der unternehmerischen Entscheidung langfristige Horizonte öffnete, für einen hohen Stand der Qualität und der Einsatzbereitschaft des Arbeitskräftepotentials sorgte und auch sonst den kollektiven Input bereitstellte, den dieses Produktionsmuster beispielsweise aus der Grundlagenforschung erfordert. Die hohe Verdichtung und Vernetzung des institutionellen Rahmens, aber auch die Fähigkeit zur innerwirtschaftlichen Soziabilität, auf deren Grundlage sich Vertrauen akkumuliert, sind in langen Zeiträumen gewachsene Ressourcen, die ihre Entstehung den Besonderheiten der deutschen gewerblichen Entwicklung verdanken. Dies gilt auch für jene, für den ameri-

---

40 Sidney Pollard, The Development of the British Economy 1914–1967, London 1970, S. 93 f.

41 Werner Abelshauser, Die Wirtschaft des deutschen Kaiserreichs. Ein Treibhaus nachindustrieller Institutionen, in: Paul Windolf (Hg.), Finanzmarkt-Kapitalismus. Analysen zum Wandel von Produktionsregimen, Wiesbaden 2005, S. 172–195.

42 Werner Abelshauser, Die BASF seit der Neugründung von 1952, in: ders. (Hg.), Die BASF. Eine Unternehmensgeschichte, München 2003², S. 429–436.

kanischen Fall schon erwähnten, Agglomerationen regionaler Verbundwirt-
schaft, deren vielfältige, enge und verläßliche Lieferverflechtungen zu den
wirtschaftlichen Synergien gehören, die viele der in Deutschland historisch
gewachsenen »industrial districts« (Alfred Marshall) auszeichnet. Sie befähigen die deutsche Exportwirtschaft zu sachlich wie zeitlich flexiblen und
zudem preiswerten Angeboten für den Weltmarkt.

Heute stehen sich beide Wirtschaftskulturen in geradezu idealtypischer
Divergenz gegenüber.[43] Dennoch unterscheiden sich die Ausgangspunkte
der amerikanischen und der deutschen Wirtschaft im Wettlauf in das postindustrielle Zeitalter kaum. Beide Volkswirtschaften gehörten im 18. und frühen 19. Jahrhundert zu den Nachzüglern der Industrialisierung, erlebten fast
gleichzeitig den Durchbruch der Moderne zur herrschenden Verfassung von
Wirtschaft und Gesellschaft, um dann am Ende des 19. Jahrhunderts auf unterschiedlichen Wegen zu neuen Ufern aufzubrechen. Zu den Protagonisten
der neuen Epoche gehörten hüben wie drüben Neue Industrien, die sich vor
allem auf den Produktionsfaktor »Wissenschaft« stützten, sich am Weltmarkt
orientierten und dem Wirtschaftsleben umwälzend neue Regeln auferlegten.
Die Prinzipien, auf denen der Erfolg der Neuen Industrien beruhte, haben
inzwischen in beiden Ländern – und nicht nur dort – nahezu die gesamte
Wirtschaft durchdrungen und geprägt, so dass sie mit unterschiedlicher Ak-
zentuierung zur *new economy* oder zur Neuen Wirtschaft geworden sind.
Wie groß der Kreis der Produktionsregime eigener Art und Kultur ist, die
innerhalb der Weltwirtschaft im Wettbewerb stehen, worin die komparativen
institutionellen Vorteile dieser *global player* bestehen und auf welchen Märkten sie jeweils Wettbewerbsvorteile geltend machen können, gehört zu den
naheliegenden Fragen, die die Zweite Wirtschaftliche Revolution aufgeworfen hat.

Das neue Forschungsprogramm der Wirtschaftsgeschichte steht erst im
Stadium der Eröffnung. Wie im königlichen Spiel kommt es in dieser Phase
darauf an, die wichtigsten Figuren und Instrumente der analytischen Hand-
lung gut ins Spiel zu bringen und das Zentrum der Auseinandersetzung für
möglichst viele und innovative Varianten von Problemlösungen offen zu halten. Noch lassen sich nicht hinreichend viele Züge antizipieren, um schon jetzt
den harten Kern des neuen Paradigmas zu konfigurieren. Der lange Weg der
postmodernen Wirtschaft hat, nachdem eine Strecke von einem Jahrhundert
zurückgelegt ist, gerade erst begonnen. Einen Vorteil hat die wirtschaftshistorische Forschung freilich vor ihren systematischen Nachbardisziplinen.
Nur sie ist in der Lage, das Rohmaterial und das Bauprinzip der neuen Zeit
mehr als hundert Jahre zurückzuverfolgen und in einfachen analytischen Zusammenhängen zu entschlüsseln. Sie sollte diesen Vorteil nutzen.

---

43 Abelshauser, Kulturkampf, S. 96–100.

Richard H. Tilly

Gab es und gibt es ein »deutsches Modell« der Wirtschaftsentwicklung?

In den letzten Jahren hat es eine rege Diskussion über Wachstumsschwächen der deutschen Wirtschaft und die mögliche Rolle der Wirtschaftsordnung gegeben. An dieser Diskussion haben sich nicht nur Wirtschaftspolitiker und Journalisten beteiligt – mit Beiträgen von Werner Abelshauser und Toni Pierenkemper fand der Gegenstand auch Eingang in die wirtschaftshistorische Betrachtung.[1] Begriffe wie »Soziale Marktwirtschaft«, »Deutschland AG« oder »Modell Deutschland« scheinen ihren früheren Glanz verloren zu haben, obwohl sie noch ihre Verteidiger haben und Alternativen – wie z. B. die nordamerikanischen oder britischen Varianten des Kapitalismus – umstritten sind. In diesem Beitrag wird versucht, die Tauglichkeit der Vorstellung eines »deutschen Modells« der Wirtschaftsentwicklung anhand eines kurzen Überblicks über die deutsche Wirtschaftsgeschichte seit Beginn der Industrialisierung kritisch zu würdigen.

Um die im Titel gestellte Frage schon an dieser Stelle kurz vorwegzunehmen: Es hat natürlich seit mindestens einem Jahrhundert Versuche gegeben, die Entwicklung der deutschen Wirtschaft auf wenige, vermeintlich prägende Eigenschaften zu reduzieren und somit idealtypisch oder modellhaft darzustellen. Hier kommt es jedoch darauf an, ob es wirtschaftshistorisch zutrifft, von *einem* »deutschen Modell« zu sprechen, und ggf. zu erwägen, für welchen Zeitraum und welche Teile der Wirtschaft dies gilt. Als Kriterium dient dabei der Beitrag der Wirtschaftsordnung zum wirtschaftlichen Erfolg, der üblicherweise anhand des Wachstums der Produktion bzw. des Einkommens gemessen wird. Zum Verständnis der hier befolgten Vorgehensweise muss betont werden, dass der gesamtwirtschaftliche Erfolg die entscheidende Bezugsgröße darstellen soll.

I. Zu den Binsenwahrheiten der deutschen Wirtschafts- und Sozialgeschichte gehört die Erkenntnis, dass der ökonomische Modernisierungspfad Deutsch-

---

1 Die schillerndste Stellungnahme zur Wirtschaftspolitik eines Ökonomen ist die von Hans-Werner Sinn, Ist Deutschland noch zu retten? München 2003; vgl. auch Werner Abelshauser, Kulturkampf. Der deutsche Weg in die Neue Wirtschaft und die amerikanische Herausforderung, Berlin 2003; Toni Pierenkemper, Bonn war nicht Weimar! – Aber: vielleicht wird Berlin Weimar und Pankow zugleich? In: JfNuS 225. 2005, S. 245–256.

lands anders verlaufen ist als der Industrialisierungsweg vermeintlicher »Vorbildländer« wie Großbritannien oder Frankreich. Diese Vorstellung war für Historiker immer selbstverständlich, harmoniert aber auch mit der neueren Sicht jener Ökonomen, die Wachstumsprozesse als »pfadbedingt« ansehen. Schon in den fünfziger Jahren hat Alexander Gerschenkron diese Einsicht mit dem Begriff der ökonomischen Rückständigkeit verbunden und auf dieser Basis eine Typologie der europäischen Industrialisierung entwickelt. Spätestens seit dieser Zeit wurde die deutsche Industrialisierung im 19. Jahrhundert als Fallbeispiel für »Vorteile ökonomischer Rückständigkeit« interpretiert. Daraus ließ sich ein »Modell« herleiten, in dem bestimmte Strukturmerkmale der deutschen Industrieentwicklung (z. B. der Import neuester Technologien, die Herausbildung eines Schwerpunktes bei den Produktionsgütern, die Dominanz von Großunternehmen und Kartellen, Industriefinanzierung durch Großbanken, u. a. m.), die sie von der britischen Industrialisierung unterschieden, als besonders wachstumsträchtig galten.[2] Aus heutiger Sicht liegt die ordnungspolitische Botschaft dieses »Modells« darin, dass es Zweifel an der Fähigkeit liberaler Marktwirtschaften (wie die des damaligen Großbritannien) aufwarf, aus einer Position der Rückständigkeit aufzuholen, mit Konkurrenten Schritt zu halten und ein adäquates Wirtschaftswachstum zu sichern. Das heißt zugleich, dass der britische Erfolg als Pionier einer weitgehend marktkonformen Industrialisierung als einzigartig und nicht wiederholbar eingeschätzt wird.

Die positive Rezeption von Gerschenkrons Typologie in der deutschen Wirtschafts- und Sozialgeschichte in den 1960er Jahren reflektierte das damalige Interesse deutscher Historiker an zwei Paradigmen: Dazu gehörte zum einen das »Wachstumsparadigma« der Ökonomie, das in diesen Jahren zum Leitthema in der europäischen Wirtschaftshistoriographie avancierte. Denn in diesem Kontext konnte die deutsche Industrialisierung als ein Erfolgsbeispiel für die Überwindung der Unterentwicklung gelten, das somit nun globale Relevanz besaß. Zum anderen entfaltete die Idee eines deutschen »Sonderwegs« paradigmatische Qualität für die historische Forschung. Dieser Erklärungsansatz interpretierte die neuere deutsche Geschichte als Sonderfall einer erfolgreichen ökonomischen Modernisierung, die mit einer politischen Unterentwicklung gekoppelt war. Hier wirkte vermutlich als Norm die positive Korrelation zwischen Industrialisierung und Demokratisierung – Hobsbawms »Doppelrevolution« passt hierzu –, die in anderen west-

---

2 Zum »Rückständigkeitssyndrom« zählte nach Gerschenkron auch Entwicklung einer virulenten Ideologie. Er wies in diesem Zusammenhang auf die Rolle des Publizisten Friedrich List und seine nationalistischen Plädoyers für Schutzzölle (eigentlich »Erziehungszölle«) hin. Alexander Gerschenkron, Economic Backwardness in Historical Perspective, Cambridge, MA 1962, S. 25; auch Richard Sylla u. Gianni Toniolo (Hg.), Patterns of European Industrialization, London 1991, S. 1 ff.; und Abelshauser, Kulturkampf, S. 12 f.

lichen Ländern wie den Vereinigten Staaten, Großbritannien oder Frankreich beobachtet wurde.[3] Es ist sicherlich kein Zufall, dass Gerschenkrons Überlegungen auch die Anfang der siebziger Jahre unter deutschen Historikern lebhaft geführte Diskussion um Wesensmerkmale des »organisierten Kapitalismus« merklich beeinflussten.[4]

In vielerlei Hinsicht scheint die deutsche Industrialisierungsforschung Gerschenkrons Einschätzung bestätigt zu haben.[5] Als Träger des ersten Industrialisierungsschubs (1840er bis 1870er Jahre) wurde die rasche Entfaltung eines neuartigen »Führungssektorenkomplexes« identifiziert, der von Eisenbahnbau, Eisen und Stahl, Kohlenbergbau und Maschinenbau getragen und von den Anfängen der Entwicklung eines modernen Universalbankensystems begleitet worden war. Diese *take-off* Phase war durch wachsende soziale Ungleichheit und eine zunehmend schiefe Einkommensverteilung zugunsten des Kapitalbesitzes gekennzeichnet. Als Antriebskraft wirkte hier deshalb weniger der Konsum als die Investition.[6] Die ökonomischen Errungenschaften dieser Entwicklungsphase sind größtenteils als Ergebnisse von Marktprozessen einzuschätzen, die unter liberalen wirtschaftspolitischen Bedingungen abliefen.[7]

Anders die darauf folgende Phase der »Hochindustrialisierung«, die etwa bis 1914 andauerte. Zwar scheint die Schwerindustrie nach wie vor eine führende Rolle gespielt zu haben, aber ihre Entwicklung wurde immer stärker durch Konzentration, zunehmend vertikal integrierte Großunternehmen und Kartellbildung geprägt. Ferner traten zu diesem Führungssektorenkomplex seit den 1870er Jahren die neuen wissenschaftsintensiven Industrien wie Chemie und Elektrotechnik hinzu.[8] Vor allem kam es in dieser Zeit zu einer

3 Eric J. Hobsbawm, The Age of Revolution, New York 1962; von Hans-Ulrich Wehler zur Einordnung der deutschen Entwicklung (1815–1849) aufgegriffen, in: Deutsche Gesellschaftsgeschichte, Bd. 2: Von der Reformära bis zur industriellen und politischen »Deutschen Doppelrevolution« 1815–1848/49, München 1987, S. 3–6 und 585 ff.

4 Siehe die Beiträge von Hans-Ulrich Wehler und Jürgen Kocka in Heinrich August Winkler (Hg.), Organisierter Kapitalismus. Voraussetzungen und Anfänge, Göttingen 1974.

5 Zu Beginn der »Industrialisierungsforschung« in den sechziger Jahren spielten auch andere Ökonomen und Wirtschaftshistoriker wie Walt W. Rostow oder Simon Kuznets eine wichtige Rolle. Rostows »Stadien« haben jedoch bei deutschen Historikern weniger Resonanz gefunden, möglicherweise wegen Rostows politischer Bindungen.

6 Das zeigte auch Sprees quantitative Studie dieser Periode: Reinhard Spree, Die Wachstumszyklen der deutschen Wirtschaft von 1840 bis 1880, Berlin 1977.

7 Natürlich spielte »der Staat« in dieser Zeit eine große Rolle, jedoch (a) gab es eine Vielzahl von Kleinstaaten, (b) meistens verhielt sich der Staat zoll- und finanzpolitisch ziemlich »marktkonform« und (c) schließlich wirkte er teilweise auch als Entwicklungsbremse. Deshalb wäre es verkehrt, »dem Staat« die ökonomischen Fortschritte der Periode zuzuordnen. Vgl. Hans Jaeger, Geschichte der deutschen Wirtschaftsordnung, Frankfurt/Main 1988, S. 44 ff.; auch Toni Pierenkemper, Umstrittene Revolutionen, Frankfurt/Main 1996, S. 123 ff.

8 Hierzu Jürgen Kocka, Unternehmer in der deutschen Industrialisierung, Göttingen 1975, S. 88 ff.; auch Hans-Ulrich Wehler, Deutsche Gesellschaftsgeschichte, Bd. 3: Von der »Deutschen

bedeutenden ordnungspolitischen Wende, der deutsche Wirtschaftshistoriker seit langem großes Gewicht beimessen: Es waren unter anderem Ergebnisse der »Gründerkrise« der 1870er Jahre, die nicht unwesentlich zur »Diskreditierung des Liberalismus« (Hans Rosenberg) beigetragen und Protektionismus, Staatsinterventionen und »Korporativismus« gefördert haben. Bekanntlich folgten auf die Krise in sukzessiven Schüben Schutzzölle, Reformen der Aktien- und Handelsgesetzgebung, Aufbau einer vom Staat überwachten Sozialversicherung, Ansätze zur Entwicklung einer betrieblichen Arbeitnehmervertretung und der Ausbau eines an Industriebedürfnissen ausgerichteten Bildungssystems. Ein dichtes Netz von Institutionen wie Kammern und Beiräten entstand, in denen Vertreter der Privatwirtschaft und des Staates zusammenarbeiteten.[9] Wichtig hierbei war, dass diese Veränderungen von den Unternehmern und ihren Verbänden gefordert und gefördert wurden. Diese setzten auf Kooperation – untereinander, mit staatlichen Behörden, in bescheidenem Umfange sogar mit Arbeitnehmern – und weniger auf Konfrontation und offene Konkurrenz auf dem Markt. Deshalb haben Wirtschafts- und Sozialhistoriker in diesem Zusammenhang von der Entwicklung des »organisierten Kapitalismus« oder einer korporativ organisierten Wirtschaft gesprochen.[10]

Für diesen Zeitabschnitt der deutschen Wirtschaftsgeschichte sind – mit Blick auf die eingangs gestellte Frage – folgende Überlegungen zu berücksichtigen:

Erstens schnitt die deutsche Industriewirtschaft in dieser Periode im internationalen Vergleich relativ gut ab. Die Industrieproduktion wuchs um ca. 3 Prozent pro Jahr – eine Leistung, die Deutschland bis 1913 zum größten Industrieland Europas werden ließ und die deutsche Industrieproduktivität auf dasselbe Niveau wie Großbritannien brachte.[11] Insofern lässt sich behaupten, dass seine industrielle Ordnung bzw. sein spezifisches »Produktionsregime«

Doppelrevolution« bis zum Beginn des Ersten Weltkrieges 1849–1914, München 1995, S. 662 ff.; Jaeger, Geschichte der Witschaftsordnung, S. 108 ff. und Abelshauser, Kulturkampf.

9 Allerdings wäre es falsch, die deutsche Wirtschaftsordnung vor 1873 als »liberale Marktwirtschaft« wie in Großbritannien einzuordnen. Das Gegenteil zeigt doch die Eisenbahn- oder Bankenpolitik der Periode. Vgl. James Brophy, Capitalism, Politics and Railroads in Prussia 1830–1870, Columbus, OH 1998; und Dieter Ziegler, Eisenbahnen und Staat im Zeitalter der Industrialisierung, Stuttgart 1996.

10 Wehler, Gesellschaftsgeschichte, Bd. 3, S. 662 ff.; auch Abelshauser, Kulturkampf, S. 23. Er spricht allerdings von der »korporativen Marktwirtschaft«, um die Autonomie der Unternehmer und ihr eigenes Interesse an Kooperation zu unterstreichen.

11 Roderick Floud, Britain: A Survey, in: ders. u. Deirdre N. McCloskey (Hg.), The Economic History of Britain since 1700, Bd. 2: 1860–1939, Cambridge 1994, S. 1–28.; Stephen N. Broadberry, The Productivity Race: British Manufacturing in International Perspective, Cambridge 1997; Carsten Burhop u. Guntram B. Wolff, A Compromise Estimate of German Net National Product, 1851–1913, and its Implications for Growth and Business Cycles, in: JEH 65. 2005, S. 613–657.

Deutschland geholfen haben kann, zwischen ca. 1870 und 1913 zu den Spitzenreitern der Industrieländer aufzusteigen.

Zweitens ist es schwer, über diese vage Vermutung zur Rolle der Institutionen beim Industriewachstum hinauszugehen, weil eine eindeutige Zuordnung der einzelnen Institutionen zum Industriewachstum kaum durchführbar ist. Gleichwohl wären hier zwei Zusammenhänge zu erwähnen, welche die o. a. Vermutung stützen. Zum einen handelt es sich um die Rolle der großen Aktienkreditbanken, die bekanntlich im Betrachtungszeitraum in engen Beziehungen zur Großindustrie standen. Ältere Forschungen haben diese positive Rolle der Banken im Kapital- und Kreditmarkt bereits hervorgehoben; und eine neuere Studie hat nun auch mit ökonometrischen Methoden eine positive Beziehung zwischen dem Wachstum dieser Banken und dem Industriewachstum für die Periode des Kaiserreiches nachgewiesen.[12] Als interessantes Ergebnis dieser Untersuchung ist hervorzuheben, dass die positive Beziehung nicht für das gesamtwirtschaftliche Wachstum gilt – ein Befund, der durchaus zu den Geschäftspraktiken der damaligen Großbanken passt.[13]

Zum anderen entwickelte sich ein protektionistisches Verbundsystem mit Kartellen, das die Großunternehmen der Schwerindustrie (insbesondere Produzenten von Roheisen und Halbfertigwalzstahl) begünstigt und sehr wahrscheinlich das Produktivitätswachstum in diesem Subsektor angehoben hat. Dass die deutsche Stahlindustrie im Hinblick auf das Wachstum der Produktivität und des Outputs ihre britische Konkurrenz seit der Jahrhundertwende überflügelte, kann unter anderem auf die Wirkung dieses Systems zurückgeführt werden. Die Größe und die dynamische Entwicklung dieses Subsektors dürften die Kosten der Kartelle und Zölle (und somit entgangene Wachstumschancen) für die metallverarbeitende Branche mehr als ausgeglichen haben.[14]

Drittens aber leidet dieses – auf Gerschenkrons Typologie aufbauende – »deutsche Modell« unter derselben Schwäche wie jene Typologie: Sie

---

12 Siehe Carsten Burhop, Did Banks Cause Industrialisation? In: EEH 43. 2006, S. 39–63; für die ältere Literatur und Ansätze siehe auch Richard Tilly, Geld und Kredit in der Wirtschaftsgeschichte, Stuttgart 2003, S. 83 ff.; und ders., German Banking, 1850–1914: Development Assistance for the Strong, in JEEH 15. 1986, S. 113–152.

13 Weil sich die Großbanken bekanntlich auf Vertreter des Großkapitals und Großunternehmen ausgerichtet haben. Vgl. Burhop, Industrialisation.

14 Gegen Ende des 19. Jahrhunderts waren Schutzzölle überflüssig, erlaubten aber (zusammen mit Kartellen) die Ausfuhr zu »Dumping-Preisen« und stabilisierten somit den Absatz und die Investitionsplanung. Hierzu Steven B. Webb, Tariff Protection for the Iron Industry, Cotton Textiles and Agriculture in Germany, 1879–1914, in: JfNuS 192. 1977, S. 336–357; auch Wilfried Feldenkirchen, Die Eisen- und Stahlindustrie des Ruhrgebiets: 1879–1914. Wachstum, Finanzierung und Struktur ihrer Großunternehmen, Wiesbaden 1982, S. 37 f. u. 221 ff.; Ulrich Wengenroth, Unternehmensstrategien und technischer Fortschritt. Die deutsche und die britische Stahlindustrie, 1865–1895, Göttingen 1986; sowie Toni Pierenkemper u. Richard Tilly, The German Economy during the Nineteenth Century, New York 2004, S. 152.

blendet bedeutende regionale Differenzen der deutschen Industrialisierung
völlig aus. Regionale Differenzen sind gleichwohl zu bedenken, weil ihre
Berücksichtigung möglicherweise die Gültigkeit *eines* »deutschen Modells«
der Industrialisierung in Frage stellen könnte.[15] Folgt man dem Argument
von Gary Herrigel, so wird man von zwei Typen von Regionen sprechen
müssen, die zwei unterschiedlichen industriewirtschaftlichen Ordnungen
entsprachen (und noch entsprechen).[16] Der eine Typ, der als »autarkic form of
industrial order« (»autarke Industrieordnung«) bezeichnet wird, entstand zu
Anfang der Industrialisierung in Regionen ohne nennenswerte Infrastruktur
wie z. B. im Ruhrgebiet, im nordöstlichen Westfalen oder in den späteren
preußischen Provinzen Brandenburg und Sachsen. Weil Unternehmen hier
nach Herrigel kaum Marktinstitutionen und Infrastruktur vorfanden, mussten sie diese durch eigene Investitionen selbst schaffen und entwickelten sich
bald zu großen kapitalintensiven und integrierten Firmen.[17] So bildeten sie
Eigenschaften aus, die weitgehend dem Modell eines »organisierten Kapitalismus« entsprachen, aber ihre Entstehung den schon vor Beginn der Industrialisierung geltenden regionalen Strukturen verdankten. Der zweite Typ
wird als »dezentralisierte« Industrieordnung bezeichnet. Schon vor der Industrialisierung gab es in einigen Regionen wie z. B. Baden, Württemberg, im
Bergischen Land sowie weiten Teilen des Königreichs Sachsen überwiegend
kleinbäuerliche Besitzverhältnisse und verbreitete kleingewerbliche Aktivitäten – entweder als Handwerk oder als Teile des Verlagssystems – und diese
dienten als Grundlage für die Entwicklung eines dichten Netzwerkes von
kleinen Industriefirmen, die eng miteinander verzahnt und aufeinander angewiesen waren. Da sich der industrielle Produktionsprozess in Stufen vollzog,
die mehrere unabhängige Unternehmen vernetzten, hing er somit sehr stark
von der Kooperationsbereitschaft und Kooperationsfähigkeit dieser Firmen
ab. Dabei gewann der industrielle Mittelstand – später anerkanntes Rück-
grat der deutschen Industriewirtschaft – als ökonomischer Akteur erheblich
an Kontur. Zudem entwickelten sich hier Institutionen und Interessen, die
anders geartet waren als die der »autarken« Industrieordnung, zum Beispiel
Sparkassen und Kreditgenossenschaften als Finanzstützen für die mittel-
ständische Industrie. Dank der föderalistischen Struktur des Reichs konnten
beide Ordnungsformen relativ problemlos nebeneinander bestehen, obwohl

---

15 N. B.: Es soll *hier* nicht um das sog. »Borchardtsche Gesetz« gehen – demzufolge jede Ver-
allgemeinerung über die deutsche Wirtschaftsgeschichte mit dem Einwand eines Lokalhistorikers
beantwortet werden kann gemäß dem Hinweis: »Hier war es nicht so«.

16 Gary Herrigel, Industrial Constructions: The Sources of German Industrial Power, Cambridge 1996.

17 Hier soll Herrigels Klassifikation von Typen und Regionen nicht diskutiert werden. Bemerkenswert ist allerdings, dass der Hinweis auf das bekannte »Ost-West-Gefälle« fehlt.

es Konfliktpunkte gab.[18] Deshalb muss eine Interpretation der deutschen Industrialisierungsgeschichte, die diese unterschiedlichen Erscheinungsformen ausblendet, unvollkommen bleiben. Dies gilt nicht aus dem Grunde, dass ein alternatives Entwicklungsmuster weggelassen wird, sondern auch, weil die Herausbildung von politischen Entscheidungen und nationalen Institutionen, welche die Industrialisierung begleiteten und mitformten, ohne Berücksichtigung beider Ordnungen sehr leicht falsch interpretiert werden kann.

Eine ähnliche Kritik ist gleichwohl – und das wäre der vierte Punkt – auch für den Erklärungsansatz von Herrigel nicht von der Hand zu weisen. Denn sein Vergleich der regionalbedingten Typenunterschiede verweist bei näherem Hinsehen zwangsläufig auf ein Defizit, das sowohl das Modell des »organisierten Kapitalismus« als auch sein eigenes »Doppelmodell« kennzeichnet: die Vernachlässigung der Agrarwirtschaft. Herrigel schreibt zwar der Sozialstruktur der Agrarwirtschaft große Bedeutung als ursprünglicher Determinante der regionalen Verteilung der zwei industriellen Ordnungen zu, geht aber kaum mehr auf Interdependenzen zwischen Agrar- und Industriesektor ein. Dasselbe gilt für das Erklärungsmodell des »organisierten Kapitalismus«, obwohl hier zumindest die Rolle der Großagrarier als effektiv organisierte Interessengruppe im Kaiserreich hervorgehoben wird. Die Agrarwirtschaft war wichtig, weil sie das Industriewachstum mitbestimmte. Von der Produktivitätsentwicklung im Agrarsektor – nach einer Schätzung wuchs sie zwischen 1850 und 1913 um mehr als 1,6 Prozent pro Jahr – wird das Angebot von Arbeitskräften in den Industrieorten, aber auch das Ausmaß des Wachstums des Binnenmarktes in Deutschland in dieser Zeit abgehangen haben. Das bereits erwähnte System des Protektionismus hat jedoch den Beitrag des Agrarsektors zur Industrialisierung und zum Wirtschaftswachstum des Kaiserreichs deutlich gebremst. Zum einen mussten deshalb deutsche Konsumenten auf einen der wichtigsten Vorteile der damaligen Globalisierung – billiger werdende Nahrungsmittelimporte – verzichten. Zum anderen band ein relativ unproduktiver Teil der Wirtschaft Produktionsfaktoren (Arbeit und Kapital) länger und in größerem Umfang, als es bei einem weniger protektionistischen System der Fall gewesen wäre. Für die letzten Friedensjahre des Kaiserreichs schätzt man eine durch dieses System bewirkte Umverteilung des Einkommens (zuungunsten von Konsumenten) auf ca. 3 Prozent des Sozialprodukts pro Jahr![19] Das kann man als »Preis« verstehen, den das Kaiserreich zahlen musste, um die entstehende Wirtschaftsordnung zu

18 Zum Beispiel bei der Zollpolitik des Reichs, exemplifiziert in den unterschiedlichen Positionen der Industrieverbände CVDI und BDI. Siehe Hans-Peter Ullmann, Der Bund der Industriellen. Organisation, Einfluß und Politik klein- und mittelbetrieblicher Industrieller im Deutschen Kaiserreich, 1895–1918, Göttingen 1976.
19 Pierenkemper und Tilly, German Economy, S. 86; und Steven B. Webb, Agricultural Protection in Wilhelminian Germany: Forging an Empire with Pork and Rye, in: JEH 42. 1982, S. 309–326.

befestigen, den man aber nicht durch die Betrachtung der Industriewirtschaft und ihrer Institutionen allein erkennen kann.

Aus der bisherigen Diskussion darf man schlussfolgern, dass die deutsche Wirtschaftsentwicklung bis 1914 nicht durch ein auf wenige Strukturmerkmale und Institutionen der Industriewirtschaft reduziertes »Modell« der Wirtschaftsordnung adäquat erklärt werden kann. Dass sich Deutschland zu diesem Zeitpunkt zum drittgrößten Industrieland und zu einem der zehn reichsten Länder der Welt entwickelt hatte, lässt das »deutsche Modell« im Rückblick glänzen. Aber die Zuordnung dieses Erfolges zur deutschen Wirtschaftsordnung – bzw. dem deutschen »Produktionsregime« – ist noch nicht überzeugend gezeigt worden.

II. Mit dem Ausbruch des Ersten Weltkriegs begann eine lange Phase, in der die deutsche Wirtschaftsordnung offensichtlich ihren Modellcharakter als mögliche Quelle des wirtschaftlichen Erfolgs verlor. Der Korporatismus hielt stand, erhielt sogar – sowohl im Krieg als auch danach – einige zukunftsweisende Ergänzungen (z. B. in industriellen Arbeitsmarktfragen). Nachhaltige Erfolge blieben jedoch aus, hauptsächlich weil die weltwirtschaftlichen und innen- und außenpolitischen Rahmenbedingungen äußerst ungünstig waren. Zum Teil deshalb ist die Weimarer Republik in die Wirtschaftshistoriographie als eine Periode des Scheiterns eingegangen, geplagt von Verteilungskonflikten (insbesondere zwischen Arbeit und Kapital), Investitionsschwäche und struktureller Arbeitslosigkeit. Für diese Periode schreiben Wirtschaftshistoriker von »der Krise vor der Krise« der dreißiger Jahre und der »Überforderung einer geschwächten Wirtschaft«.[20]

Das auf den Untergang der Weimarer Republik folgende »Dritte Reich« brachte auch keinen nachhaltigen Wirtschaftserfolg zustande. Schon aus diesem Grunde kann hier die Diskussion der nationalsozialistischen Wirtschaftsordnung ausgeklammert bleiben. Erwähnenswert sind allerdings zwei Aspekte, die für die Nachkriegszeit und die Geschichte der Bundesrepublik eine Rolle spielten. Der eine betrifft Albrecht Ritschls Wiederentdeckung einer Reihe von staatlichen Regulierungsmaßnahmen, die im Dritten Reich eingeführt wurden, aber auch danach weiterlebten, so z. B. das Kreditwesengesetz von 1934, die Personen- und Güterbeförderungsgesetze von 1933 und 1935, ein Energiewirtschaftsgesetz, eine Handwerksordnung von 1933 etc.[21] Teilweise 1945 von den Alliierten außer Kraft gesetzt, wurden diese Regelungen

20 Knut Borchardt, Zwangslagen und Handlungsspielräume in der großen Wirtschaftskrise der frühen dreißiger Jahre. Zur Revision eines überlieferten Geschichtsbildes, in: Bayerische Akademie der Wissenschaften, Jahrbuch 1979, München, S. 87–132; Pierenkemper, Bonn, S. 245–256.
21 Albrecht Ritschl, Der späte Fluch des Dritten Reichs. Pfadabhängigkeiten in der Entstehung der bundesdeutschen Wirtschaftsordnung, in: PWP 6. 2005, S. 151–170. Eine von Johannes Bähr und Ralf Banken verfasste Forschungsarbeit »Wirtschaftsordnung durch Recht im Nationalsozia-

in den fünfziger Jahren wieder aktiviert und haben das Wirtschaftswunder begleitet, vielleicht sogar mitangetrieben, auf jeden Fall jedoch mitgeformt. Der zweite Aspekt steht im Zusammenhang mit Industrieinvestitionen in der NS-Zeit, die einer Erneuerung des industriellen Kapitalstocks der Wirtschaft gleichkamen. Entgegen früheren Schätzungen war dieses Kapital nur zum Teil durch den Bombenkrieg und die Demontage vermindert worden und kann daher auch als wichtiger Input für das Wirtschaftswunder gedient haben.[22]

III. Die Wirtschaftsentwicklung der Bundesrepublik ist bis in die siebziger Jahre eine klare Erfolgsgeschichte gewesen. Auch danach blieb die deutsche Wirtschaft im internationalen Vergleich leistungsfähig genug, um bis zum Ende des Jahrhunderts Anhängern des »deutschen Modells« Argumente zu liefern. In den ersten Jahren der Bundesrepublik sprach allerdings niemand vom »deutschen Modell«, aber viele von der »Sozialen Marktwirtschaft« – ein Begriff, der seitdem in der Wirtschaftswissenschaft wie in der Öffentlichkeit als Synonym für die westdeutsche Wirtschaftsordnung gilt. Diese Überlebenskraft geht zweifellos darauf zurück, dass der Begriff kurz vor Beginn des »Wirtschaftswunders« der fünfziger Jahre in Umlauf kam und im Nachhinein als Grundlage dieses Erfolges gesehen worden ist. Die breite Akzeptanz des Begriffs in der Öffentlichkeit entspricht ironischerweise der Breite des Spektrums der darunter von Ökonomen subsumierten Maßnahmen – »das von der Verabschiedung des Grundgesetzes bis zur Förderung des öffentlichen Nahverkehrs reicht.«[23] Das heißt zugleich, dass die Überlebens- und Bindekraft des Begriffs nicht zuletzt mit der Heterogenität seiner konkreten inhaltlichen Bestimmung zu tun hat. Gleichwohl wird hier der Begriff als Frühvariante des seit dem Ende des vorigen Jahrhunderts vieldiskutierten »deutschen Modells« angesehen, gleichzeitig nach seinem Nutzen als Instrument zur Deutung der neuesten deutschen Wirtschaftsgeschichte gefragt.

Ungeachtet der begrifflichen Polyvalenz ist sich die Literatur zum Thema »Soziale Marktwirtschaft« in einem Punkte einig: dass es sich um eine Ordnung handelt, in der sich ein starker Staat und robuste Wettbewerbsmärkte ergänzten, oder – anders ausgedrückt – um einen »Kompromiss zwischen

lismus«, Frankfurt/Main 2006, sieht diese Gesetze als Fortsetzung früher begonnenen institutionellen Tendenzen an.

22 Werner Abelshauser, Kriegswirtschaft und Wirtschaftswunder. Deutschlands wirtschaftliche Mobilisierung für den Zweiten Weltkrieg und die Folgen für die Nachkriegszeit, in: VfZ 47. 1999, S. 503–538.

23 Zitat aus einem unveröffentlichten Papier von Thomas Bittner, »Die Soziale Marktwirtschaft auf dem Prüfstand der Empirie«, Diskussionsbeitrag Nr. 326, Wirtschaftswissenschaftliche Fakultät, Univ. Münster, August 2001.

den Prinzipien des ökonomischen Laissez-Faire und einer staatlich geplanten und gesteuerten Entwicklung der Wirtschaft.« Dies spiegelte das Tauziehen zwischen dem doppelten Misstrauen der politischen Elite in Deutschland nach 1945 gegenüber dem Kapitalismus und dem Staatsdirigismus einerseits und den Zielen der U.S.-Besatzungsmacht andererseits wider.[24]

Interessanterweise bezeichnet Abelshauser die »Soziale Marktwirtschaft« als »produktive Ordnungspolitik« und setzt an die Stelle der Gegensätze Staat und Markt den »Korporatismus«, der gewissermaßen als Symbiose dieser Pole dient und im Mittelpunkt seiner Interpretation der westdeutschen Wirtschaftspolitik der Nachkriegszeit steht.[25] Viel spricht für diese Interpretation, auch für Abelshausers Versuch, sie mit dem Transaktionskostenbegriff und anderen Argumenten der »Neuen Institutionenökonomik« (NIÖ) zu verbinden. Problematisch ist jedoch die Konzentration auf korporative Elemente wie die Rolle der Verbände, der Mitbestimmung oder der Universalbanken, weil dies die beträchtliche Bedeutung liberaler marktkonformer Elemente der »Sozialen Marktwirtschaft« unterschlägt.

Das ist beileibe kein Zufall. Denn Abelshauser zählt seit langem zu den entschiedensten Gegnern der These, die »Soziale Marktwirtschaft« habe mit liberalen Maßnahmen einen ordnungspolitischen Neubeginn in Deutschland nach 1945 dargestellt und das hohe Wirtschaftswachstum der fünfziger und sechziger Jahre ermöglicht. An Stelle dieser Variante der »Strukturbruchthese« setzen Kritiker wie Abelshauser die sogenannte »Rekonstruktionsthese«, nach der das hohe Wachstum der westdeutschen Wirtschaft nach 1945 als erwartbare Erholung vom Tiefpunkt des Kriegsendes sowie eine durch Rückgriff auf altbewährte Institutionen beschleunigte Ausschöpfung des Wachstumspotentials der Wirtschaft zu interpretieren wäre.[26] Diese starke Relativierung der Bedeutung liberaler Maßnahmen hat zur Konsequenz, dass Anhänger der »Rekonstruktionsthese« die Verlangsamung des Wirtschaftswachstums in Deutschland in den siebziger Jahren nicht als Folge der »Abkehr vom Leitbild der ›Sozialen Marktwirtschaft‹« ansehen,

24 In diesem Zusammenhang werden häufig das sog. »Ahlener Programm« der CDU von 1947 oder die ähnlich klingenden Sozialisierungsprogramme der SPD in derselben Zeit thematisiert. Hierzu Jaeger, Geschichte der Wirtschaftsordnung, S. 216 ff. (Zitat 223).

25 Abelshauser, Kulturkampf, S. 153 ff. Hier betont er u. a. die Bedeutung der Weltwirtschaftskrise der dreißiger Jahre als Quelle der deutschen Skepsis gegenüber »freien Märkten«.

26 Die »Rekonstruktionsthese« geht auf eine Arbeit von Franz Jánossy (Das Ende des Wirtschaftswunders, Frankfurt/Main 1969) zurück, deren Rezeption in der Wirtschaftsgeschichte durch Werner Abelshauser (Wirtschaft in Westdeutschland 1945–1948, Stuttgart 1975) und Abelshauser und Petzina angeregt wurde, letztere in: Krise und Rekonstruktion. Zur Interpretation der gesamtwirtschaftlichen Entwicklung Deutschlands im 20. Jahrhundert, in: dies. (Hg.), Deutsche Geschichte im Industriezeitalter, Königstein 1981, S. 47–93. Für eine Diskussion, die diese These wirtschaftshistoriographisch und wirtschaftstheoretisch einordnet, siehe Thomas Bittner, Das westeuropäische Wirtschaftswachstum nach dem Zweiten Weltkrieg, Münster 1999, bes. 25 ff.

sondern als Folge des Abschlusses der »Rekonstruktion«.[27] Sicherlich zum Teil deshalb haben deutsche Ökonomen die »Rekonstruktionsthese« scharf kritisiert.[28]

Aus dieser Diskussion der »Sozialen Marktwirtschaft« lassen sich für die Bundesrepublik zwei ordnungspolitische »Modelle« herleiten: der »Korporatismus«, der mit dem Wachstumsmechanismus der »Rekonstruktionsthese« verknüpft werden kann; und eine ordoliberal inspirierte Ordnung, die sich am ehesten mit der »Strukturbruchthese« verbinden lässt.[29]

Folgende Übersicht soll die Orientierung für die weitere Darstellung erleichtern.

Tabelle 1. Indikatoren der Wirtschaftsentwicklung der BRD (jährliche Wachstumsraten in %)

Periode	Reales Einkommen pro Kopf		Inflation		Export (Volumen)	
	OECD	BRD	OECD	BRD	OECD	BRD
1948–1952	4,7	12,17	6,85	1,2	13,98	54,89
1953–1957	3,91	7,1	2,3	1,1	8,79	16,01
1958–1962	4,29	5,16	2,83	2	9,05	9,15
1963–1967	3,52	2,77	3,97	2,6	7,89	11,04
1968–1972	3,78	4	5,3	3,8	8,83	8,17
1973–1980	2,06	2,25	7	1,89	4,45	4,32
1980–1989	1,97	1,79	7	1,89	4,45	4,26

Quelle: Bittner, Unveröffentlichter Diskussionsbeitrag (Siehe Anm. 22).

Liberalismus. Als »Kernelement« des »liberalen Modells« kann die Währungsreform von 1948 gelten, die meist im Zusammenhang mit dem Namen Ludwig Erhard diskutiert wird, weil er fast zeitgleich mit der Währungs-

27 Dieser Punkt wird erreicht – so die These – wenn eine Volkswirtschaft zum langfristigen Wachstumstrend zurückgekehrt (und das »Wachstumspotential« abgeschöpft) ist. Bittner, Das westeuropäische Wirtschaftswachstum, S. 26. Siehe auch Knut Borchardt, Trend, Zyklus, Strukturbrüche, Zufälle. Was bestimmt die deutsche Wirtschaftsgeschichte des 20. Jahrhunderts? in: ders., Wachstum, Krisen, Handlungsspielräume der Wirtschaftspolitik, Göttingen 1982, S. 100–124.

28 Hierzu die Arbeit von Rainer Klump, Wirtschaftsgeschichte der Bundesrepublik Deutschland, Wiesbaden 1985; auch Herbert Giersch u. a., The Fading Miracle: Four Decades of Market Economy in Germany, Cambridge 1992; und Bittner, Das westeuropäische Wirtschaftswachstum.

29 Die Bezeichnung »ordo-liberal« wird hier verwendet, um den deutschen Wirtschaftsliberalismus gegenüber dem klassischen Liberalismus zu differenzieren, dabei die Bedeutung des Staates zu unterstreichen.

reform eine Reihe von Bewirtschaftungsvorschriften aufgehoben und eine Preisreform eingeleitet hat.

Trotz einer lang andauernden Kontroverse über die Auswirkungen dieser Reformen scheint inzwischen ein Grundkonsens zu bestehen, dass sie die Transaktionskosten des Gütertausches erheblich reduzierten und dass sie den Produzenten insbesondere der Konsumgüterindustrien Anreize gaben, ihre Produkte auf den nunmehr liberalisierten Märkte anzubieten und Konsumenten als Nachfrager auf diesen Märkten anzuziehen.[30] Gestützt wurden die Reformen durch die Gründung einer Zentralnotenbank, zunächst in Gestalt der »Bank deutscher Länder« (BdL), seit 1957 als »Deutsche Bundesbank«. Als Sicherung gegen Missbrauch durch Staatsverschuldung war und blieb sie unabhängig von der westdeutschen Regierung.[31] Im Bretton Woods-System fester Wechselkurse – das für die Bundesrepublik seit 1955 de facto Gültigkeit besaß – hatte sie allerdings kaum Handlungsspielraum.[32]

Von großer programmatischer Bedeutung für die Ausgestaltung der Wirtschaftsordnung war nach ordo-liberaler Sicht, wie sie Franz Böhm oder Walter Eucken vertraten, die Forderung eines starken Staates als Wettbewerbshüter. Von der US-Besatzungsbehörde unterstützt, kam nach langen Verhandlungen in 1957 das »Gesetz gegen Wettbewerbsbeschränkungen« zustande. Dank der Zulassung wichtiger Ausnahmeregelungen (Verkehrswirtschaft, Landwirtschaft, etc.) hat die Literatur das Gesetz eher negativ beurteilt oder bestenfalls als ambivalent in seiner Wirkung eingestuft.[33] Ein wesentlicher Einfluss auf das Wirtschaftswachstum dürfte von ihm nicht ausgegangen sein.

Demgegenüber dürfte die ordnungspolitisch wichtige Liberalisierung des Außenhandels bedeutender als Triebkraft des westdeutschen Wirtschaftswunders gewirkt haben. Zunächst trieb der Marshall-Plan über die neuge-

30 Hierzu Werner Abelshauser, Westdeutschland; ders., Wirtschaftsgeschichte der Bundesrepublik Deutschland 1945–1980, Frankfurt/Main 1983, S. 46 ff.; ders., Deutsche Wirtschaftsgeschichte seit 1945, München 2004, S. 120 ff.; Albrecht Ritschl, Die Währungsreform von 1948 und der Wiederaufstieg der westdeutschen Industrie, in: VfZ 33. 1985, S.136–165; Christoph Buchheim, Die Währungsreform 1948 in Westdeutschland, in: VfZ 36. 1988, S. 189–231; Klump, Wirtschaftsgeschichte, S. 49 ff.

31 Ihre dezentralisierte Struktur – in gewisser Weise nach dem Vorbild der U.S. Federal Reserve System – sollte die Einführung der neuen Währung erleichtern, stellte aber zugleich Weichen für die Unabhängigkeit der erst später konstituierten Bundesregierung. Abelshauser, Deutsche Wirtschaftsgeschichte nach 1945; Giersch u. a., The Fading Miracle, S. 37.

32 Björn Alecke, Deutsche Geldpolitik in der Ära Bretton Woods, Münster 1998; Carl-Ludwig Holtfrerich, Geldpolitik bei festen Wechselkursen (1948–1970), in: Deutsche Bundesbank (Hg.), Fünfzig Jahre Deutsche Mark. Notenbank und Währung in Deutschland seit 1948, München 1998, S. 347–438. Siehe aber Helge Berger, Konjunkturpolitik im Wirtschaftswunder. Handlungsspielräume und Verhaltensmuster von Bundesbank und Regierung in den 1950er Jahren, Tübingen 1997, S. 256.

33 Giersch u. a., The Fading Miracle, S. 84 f.; Klump, Wirtschaftsgeschichte der Bundesrepublik, S. 82 f.

gründete OEEC den Abbau von quantitativen Importhemmnissen voran, ergänzt seit 1950 von einer Multilateralisierung des Außenhandels durch die Europäische Zahlungs-Union (EZU), die einer Liberalisierung fast gleichkam. Dann nahm die Bundesrepublik selbst – nach Überwindung der »Korea-Krise« im Jahre 1951 – eine Reihe einseitiger Schritte zum Abbau ihrer Importrestriktionen vor, die aus einer Angst vor importierter Inflation entstanden sind, aber sicherlich zum Exporterfolg beitrugen.[34] Und schließlich stellte der Beitritt zur Montanunion 1952 und zur EWG 1957 einen bedeutenden Schritt zur regionalen Liberalisierung der Handelsbeziehungen dar. Theoretische und empirische Studien lassen vermuten, dass Liberalisierung, Expansion des Außenhandels und das Wirtschaftswachstum der Bundesrepublik zusammenhingen – ja, dass die bundesrepublikanische Erfahrung sogar als Paradebeispiel für ein »exportgeführtes Wirtschaftswachstum« gelten kann.[35] Jedoch muss schon an dieser Stelle angemerkt werden, dass das Ergebnis schwerlich der westdeutschen Ordnungspolitik »gutgeschrieben werden« kann, weil es eigentlich ein kollektives Ergebnis der internationalen Interaktion und Kooperation unter mehreren Ländern darstellte.[36]

Zum liberalen »Modell« der Bundesrepublik gehörte auch die staatliche Finanzpolitik, die über Subventionen und steuerpolitische Anreize zur Förderung privatwirtschaftlicher Investition sowie durch Zurückhaltung beim öffentlichen Konsum zunächst eine wichtige Rolle spielte. Die Gewährung von großzügigen Abschreibungsmöglichkeiten und Vergünstigungen für bestimmte Investitionen, z. B. im Wohnungsbau, auch die steuerlichen Erleichterungen für nichtentnommene Gewinne trugen zweifellos zu der hohen Investitionsbereitschaft westdeutscher Unternehmen in den fünfziger und sechziger Jahren bei.[37] Hinzu kamen beträchtliche Überschüsse der öffentlichen Haushalte, die in dieser Zeit jahrelang fast 4 % des Bruttosozialproduktes betrugen und somit Ersparnisse darstellten, die Finanzierungsspielraum für die privaten Investitionen schufen.[38]

34 Giersch u. a., The Fading Miracle, S. 95–114.

35 Ludger Lindlar, Das missverstandene Wirtschaftswunder. Westdeutschland und die westeuropäische Nachkriegsprosperität, Tübingen 1997; ders. u. Carl-Ludwig Holtfrerich, Germany's Export Boom at Fifty – An Enduring Success Story? In: John Brady u. a. (Hg.), The Postwar Transformation of Germany, Ann Arbor, MI 1999, S. 163–201.

36 Für den Zusammenhang für 16 westliche Industrieländer 1950–1973 siehe Angus Maddison, Phases of Capitalist Development, Oxford 1982, S. 59–63 und 127 ff. Für den Beitritt zur Montanunion und EWG siehe Alan Milward, The European Rescue of the Nation-State, London 1992, S. 119 ff.

37 In den fünfziger Jahren wurden über 5 Millionen Wohnungen gebaut, 55 % der Finanzierung kam aus öffentlichen Mitteln. Giersch u. a., The Fading Miracle, S. 84; Karl W. Roskamp, Capital Formation in West Germany, Detroit, MI 1965, S. 178, 185.

38 Hein-Peter Spahn, Bundesbank und Wirtschaftskrise. Geldpolitik, gesamtwirtschaftliche Finanzierung und Vermögensakkumulation der Unternehmen 1970–1987, Regensburg 1988.

Korporatismus. Die westdeutsche Wirtschaftsordnung war auch durch »korporatistische« Elemente geprägt. Nach Abelshauser setzte sich der »Korporatismus« erst zu Beginn der fünfziger Jahre durch.[39] Im Zuge der Reaktion auf die »Korea-Krise« von 1950–1951 wurde auf altbewährte ordnungspolitische Muster zurückgegriffen. Zu nennen wären die Aufwertung der Industrieverbände und der Gewerkschaften als wirtschaftspolitische Berater und Gestalter, die Wiederauferstehung der Großbanken, die Wiederbelebung des dualen Systems der Berufsausbildung, die Förderung von quasi-staatlichen Unternehmen im Bereich der Energiewirtschaft und der Kreditwirtschaft sowie sozialpolitisch motivierte Maßnahmen (z. B. der soziale Wohnungsbau). In dieser »korporativen Marktwirtschaft« sollte die Steuerung des Allokationsprozesses mittels Konkurrenz in Märkten ergänzt und z. T. ersetzt werden durch die Kooperation zwischen sozioökonomischen Großgruppen, wobei der Staat eine starke koordinierende Rolle spielen musste. Schlüsselereignisse hierbei waren u. a. die Einführung der Montanmitbestimmung im Jahr 1951, die im selben Jahr erfolgte Übernahme der Rohstofflenkung durch den Bundesverband der Deutschen Industrie (BDI), das Betriebsverfassungsgesetz und das Investitionshilfe-Gesetz von 1952.

Das Ausmaß dieses »Marktumgehens« war bedeutend. Die Einführung der Montanmitbestimmung betraf eine der größten und vor allem zu dieser Zeit wichtigsten Branchen der westdeutschen Industrie – Kohlenbergbau und Eisen- und Stahl – während das Betriebsverfassungsgesetz von 1952 die Verbreitung von Arbeitnehmervertretungen in Kapitalgesellschaften und Großunternehmen in anderen Branchen sicherte. Mit dem Investitionshilfe-Gesetz wurden die Industrieverbände mit quasi-öffentlichen Befugnissen ausgestattet, damit sie Steuern auf Unternehmen der Konsumgüterindustrie erheben und die Mittel – in Höhe von ca. 1,2 Milliarden DM – an Unternehmen der Investitionsgüterindustrie nach einem mit dem Bundeswirtschaftsministerium (BWM) vereinbarten Schlüssel verteilen konnten. Verstärkt wurde dieser Transfer durch Gewährung von Sonderabschreibungen in Höhe von weit über drei Milliarden DM.[40] Um die Rohstoffknappheit in der »Korea-Krise« von 1950–1951 – ohne direkte staatliche Lenkung – zu bewältigen, wurde am BWM auf Vorschlag des BDI eine Stelle eingerichtet, deren Lenkungsarbeit Vertreter des BDI und der Gewerkschaften somit »korporatistisch« steuerten.[41]

Weil die westdeutsche Wirtschaft nach Überwindung der »Korea-Krise« eine Periode des relativ stabilen Wachstums erlebte, die in besonderem Maße

---

39 Laut Abelshauser aufgrund des »Versagens« von Erhards liberaler Reformpolitik. Abelshauser, Deutsche Wirtschaftsgeschichte seit 1945, S. 154 ff.
40 Roskamp, Formation, S. 167; Giersch u. a., The Fading Miracle, S. 82 f.
41 Abelshauser, Deutsche Wirtschaftsgeschichte seit 1945, S. 170 ff.

von dem Wachstum und Exporterfolg der Produktionsgüterindustrie getragen wurde, kann man vielleicht wie Abelshauser dazu neigen, dies als Resultat des ordnungspolitischen Sieges des Korporatismus zu sehen. Auch ein Argument aus der NIÖ stützt diese Interpretation. Wenn sich die Institution »Mitbestimmung« vertrauenstiftend im Produktionsprozess auswirkte, wie zuweilen behauptet wird, dann könnte der westdeutsche Wachstumserfolg auf folgendem Verbundsystem beruht haben: Kooperative Arbeitsbeziehungen förderten eine hohe Investitionsbereitschaft der Unternehmer in Sach- und Humankapital, mit dem Ergebnis eines starken Wachstums der Produktivität und der Exporte.[42]

Ein befriedigendes »Modell« des »Wirtschaftswunders« müsste eigentlich dessen Ende vorhersagen bzw. erklären können. In dieser Hinsicht scheint der Hinweis der »Rekonstruktionsthese« auf die Rückkehr zum langfristigen Trend vielversprechend zu sein. Bei näherem Hinsehen zeigt sich jedoch, dass die unzweideutige Feststellung eines stabilen »langfristigen Trends« so gut wie unmöglich ist.[43] Deshalb ist man auf »Strukturbrüche« angewiesen, die sozusagen »Trendwenden« herbeiführen. Diejenigen Autoren, die das *Golden Age* von 1948 bis zum Ende der sechziger Jahre als Ergebnis einer marktkonformen Ordnungspolitik sehen, haben häufig auf zwei ordnungspolitische »Sünden« hingewiesen, die gegen Ende der Periode begangen worden sind und deren Ende eingeleitet haben:

1. Die Ausdehnung des »Wohlfahrtsstaates« zur Finanzierung des Konsums – auf Kosten der Investition. Als Beispiel wird die Erhöhung der »Sozialleistungsquote« in den siebziger Jahren von ca. 25 auf 32 Prozent mit dem Rückgang der Nettoinvestitionsquote von ca. 15 auf 10 Prozent des Bruttosozialprodukts kontrastiert und auf die begleitende Steigerung der Abgabenlast verwiesen.[44]
2. Die Erweiterung von Subventionen zur Erhaltung strukturschwacher Unternehmen, z.B. im Bergbau oder Schiffbau, die in den siebziger Jahren deutlich stiegen.[45]

Diese zwei Veränderungen bewirkte den Übergang der staatlichen Fiskalpolitik von Überschüssen zu Defiziten.

Die aus neoliberaler Sicht hochgeschätzte Bundesbank, die im Bretton-Woods-System fester Wechselkurse in ihrem Handlungsspielraum be-

42 Ebd., S. 352 ff.; für die Qualität deutscher Exporte siehe Lindlar u. Holtfrerich, Export Boom, bes. S. 181 ff.

43 Rainer Metz, Trend, Zyklus und Zufall, Stuttgart 2002, bes. S. 1–12; Klump, Wirtschaftsgeschichte, S. 37 ff.; Bittner, Das westeuropäische Wirtschaftswachstum, S. 54 ff.

44 Giersch u.a., The Fading Miracle, S. 208 f.; Klump, Wirtschaftsgeschichte, S. 88 f.

45 Klump, Wirtschaftsgeschichte, S. 91 f.

schränkt war, scheint während des Zusammenbruchs dieses Systems Anfang der siebziger Jahre eine ambivalente Rolle gespielt zu haben. Denn sie nutzte den gewonnenen Spielraum, um die Geldpolitik auf einen restriktiven Kurs zu führen, der die Inflation bremste und die DM zur härtesten Währung der Welt und zum »Anker« des Europäischen Währungssystems in den achtziger Jahren machte. Dies begünstigte Geldvermögensbesitzer, dürfte sich aber kaum als wachstumsfördernd ausgewirkt haben.[46]

Auch der Korporatismus scheint von einer Art »Strukturbruch« am Ende der sechziger Jahre geprägt zu sein. Ein Wendepunkt manifestierte sich in etwa zeitgleich mit dem Ende von Bretton Woods, als sich seit 1969 eine »Lohnkostenexplosion« vollzog, die allerdings nicht allein die Bundesrepublik betraf. Sie reflektierte einen Wandel in den industriellen Arbeitsbeziehungen, eine Abschwächung der Kooperationsbereitschaft, die zunächst mit Inflationserwartungen zusammenhing, die aber dann lange anhielt und sich mit einem veränderten Verhaltensmuster bei den Gewerkschaften verband. Es ist wahrscheinlich, dass dieser Wandel als Investitionsbremse, auf jeden Fall als Beschäftigungsbremse, gewirkt hat.[47]

Vor dem Hintergrund dieser Überlegungen können nun einige Schlussfolgerungen zu diesem Zeitabschnitt der deutschen Wirtschaftsgeschichte gezogen werden.

Erstens kann weder das Liberalismus-Modell noch das Korporatismus-Modell die Wirtschaftsordnung der Bundesrepublik adäquat charakterisieren, geschweige denn eine Erklärung der Erfolge der Wirtschaftswunderzeit oder der Misserfolge danach liefern. Beide Modelle erfassen die relevanten Strukturen und Erfahrungen partiell – d. h. sind geeignet, um konstitutive Teile zu verdeutlichen, können jedoch nicht *pars pro toto* die Wirtschaftsordnung in ihrer Gesamtheit repräsentieren. Für diesen Zeitraum gibt es somit kein »deutsches Modell« der Wirtschaftsentwicklung.[48]

Zweitens war die Wirtschaftsentwicklung der Nachkriegszeit von Veränderungen geprägt, die nicht als ordnungspolitisch abhängig zu interpretieren sind. Ein wichtiges Beispiel ist die massenhafte Zuwanderung von gut ausgebildeten Arbeitskräften aus der SBZ bzw. DDR bis August 1961, die vermutlich einen dämpfenden Einfluss auf das westdeutsche Lohnniveau be-

---

46 Unter anderem weil bei flexiblen Wechselkursen der Wert der DM in anderen Währungen stieg. Holtfrerich, Geldpolitik, bezeichnet die Haltung der Bundesbank als »merkantilistisch«, weil die BRD hohe Devisenreserven anhäufte.

47 Carl-Ludwig Holtfrerich, Wechselkurssysteme und Phillips Kurve, in: Kredit und Kapital, 15. 1982, S. 65–89; Barry Eichengreen, Institutions and Economic Growth: Europe after World War II, in: Nicholas F. R. Crafts u. Gianni Toniolo (Hg.), Economic Growth in Europe since 1945, Cambridge 1996, S. 38–72;.

48 Oder es gibt mehrere »Modelle«. D. h. kein Modell kann das Wirtschaftswunder für sich allein beanspruchen.

saß und sich positiv auf die Investitionsbereitschaft ausgewirkt hatte.[49] Ein weiteres Beispiel stellt die Übernahme von Innovationen aus dem damaligen Führungsland USA dar, weil sie die Investitionsneigung ebenfalls positiv beeinflusst haben dürfte, wenn auch nicht kostenlos.[50] Darüber hinaus haben sie auch deutliche Spuren in der westdeutschen Produktionsstruktur hinterlassen, die mit dem Ausbau der Massenproduktion in den sechziger Jahren zusammenhingen.[51]

Drittens hing die Übernahme solcher Innovationen mit einkommensabhängigen Verschiebungen in der Nachfrage der Deutschen und anderer Westeuropäer zugunsten langlebiger Konsumgüter zusammen, die ohne Verbesserung und Verbilligung der Nahrungsmittelversorgung in Westeuropa – das heißt, ohne agrarwirtschaftliche Veränderungen – schwer vorstellbar wären.[52]

Viertens fehlt bei den zwei »Modellen« eine Betrachtung regionaler Differenzen, die auch in der Nachkriegszeit große Bedeutung für die wirtschaftliche Entwicklung hatten.[53] Fast gleich am Anfang der Periode wurde dem westdeutschen Staat eine föderalistische politische Struktur gegeben, die regionale Differenzen hinsichtlich der Organisation der Produktion begünstigte und in gewisser Weise verstärkte. Folgt man Herrigels Interpretation, war sie förderlich für die Entfaltung der dezentralisierten »Industriellen Ordnung«, kollidierte aber spätestens seit den achtziger Jahren mit zentralisierenden Tendenzen in der Regelung der Arbeitsbeziehungen und der Erhaltung strukturschwacher Wirtschaftsbranchen und Regionen.

Fünftens war die wirtschaftliche Entwicklung der Bundesrepublik, sowohl in den fünfziger und sechziger Jahren als auch danach, zutiefst von ihren internationalen Wirtschaftsbeziehungen geprägt. Die Wirtschaftshistoriographie macht seit langem geltend, dass die Zeit von ca. 1948 bis in die

---

49 Hierzu: Charles Kindleberger, Europe's Postwar Growth: The Role of Labor Supply, Cambridge, MA 1967; und Abelshauser, Deutsche Wirtschaftsgeschichte seit 1945, S. 285 f.

50 Zahlreiche Studien, die sich mit der »Aufholthese« auseinandersetzen, weisen den positiven Zusammenhang zwischen dem Rückstand den USA gegenüber und dem darauffolgenden Wachstum, 1948–1973, nach – allerdings nicht nur für die BRD, Crafts und Toniolo, Economic Growth; Thomas Bittner, Das westeuropäische Wirtschaftswachstum, S. 15 ff.

51 Hierzu: Herrigel, Industrial Constructions, S. 143ff; und Abelshauser, Deutsche Wirtschaftsgeschichte, S. 374 ff.

52 Zur Veränderung des Agrarsektors Knut Borchardt, Die Bundesrepublik in den säkularen Trends der wirtschaftlichen Entwicklung, in: Werner Conze u. M. Rainer Lepsius (Hg.), Sozialgeschichte der Bundesrepublik Deutschland, Stuttgart 1983, S. 20–45 (bes. S. 21 und 35 f.). Zum Beginn der Bundesrepublik war das Gewicht der Landwirtschaft noch relativ groß (30 % der Beschäftigten) und private Haushalte haben noch fast die Hälfte ihrer Ausgaben für die Kategorie »Nahrungs- und Genussmittel« ausgegeben, aber bis 1975 ist dieser Anteil auf weniger als 30 % gefallen.

53 Wie schon für das 19. Jahrhundert festgestellt wurde. Hierzu Herrigel, Industrial Constructions, bes. S. 255 ff.

siebziger Jahre ein wirtschaftliches *Golden Age* gewesen ist, das gleichzeitig vielen westeuropäischen Volkswirtschaften ein historisch einmalig hohes Wirtschaftswachstum beschert hat.[54] »Rekonstruktion«, »Aufholwachstum« durch Import von US-Innovationen und raschen Strukturwandel erlebten sie alle. In den siebziger Jahren durchliefen sodann fast alle diese Volkswirtschaften eine lang anhaltende Phase der relativen Stagnation. Es mag ein Gemeinplatz sein anzumerken, dass auch die Bundesrepublik davon betroffen sein musste; aber – wie viele Gemeinplätze – wird er oft vergessen.

IV. Seit der Wiedervereinigung hat sich das Leistungsbild der deutschen Wirtschaft hier und in der Weltöffentlichkeit erheblich verschlechtert. Fast täglich werden die Krankheitssymptome aufgezählt: das niedrige Wirtschaftswachstum (mit 1,7 Prozent pro Jahr, 1990–2005, lag die BRD auf dem vorletzten Platz in der EU der 15), die hohe Arbeitslosigkeit (im Jahre 2005 über 4 Millionen oder 9,5 Prozent), die hohen Defizite in den öffentlichen Haushalten, die den Bürgern mehr Belastungen versprechen, etc. Als Krisenherde werden häufig die Globalisierung und der Siegeszug von *shareholder value* über *stakeholder interests* bei deutschen Großunternehmen betrachtet.[55] Toni Pierenkemper dagegen hat die Lage als Ausdruck einer »Überforderung der Leistungsfähigkeit der Wirtschaft durch die Konsumbedürfnisse der Bevölkerung« charakterisiert und gewagt, sie mit der Weimarer Republik und der Endphase der DDR-Geschichte zu vergleichen.[56] Zu Recht deutet er sie als Ausdruck eines »Staatsversagens«. Auf diese und andere Interpretationen der aktuellen Lage kann an dieser Stelle nicht eingegangen werden. Hier geht es allein um ihre Bedeutung für das Leitthema dieses Beitrages: Was hat diese Problemlage mit dem »Modell Deutschland« zu tun?

Nach der hier vertretenen Auffassung bewährt sich nur dasjenige ordnungspolitische Modell, das langfristig ein befriedigendes Wachstum der Wirtschaft ermöglicht bzw. begleitet. Das gilt sicherlich nicht für die Wirtschaftsordnung der Bundesrepublik seit 1990. Denn »befriedigend« kann nicht ein Wachstum sein, das im internationalen Vergleich weiter hinter den Durchschnitt der Industrieländer zurückfällt und von zunehmender Massenarbeitslosigkeit begleitet wird. Ein solches Urteil widerspricht nicht der Position von Wissenschaftlern wie Abelshauser, dass sich einzelne ökonomische

---

54 Stephen Marglin u. Juliet Schor, The Golden Age of Capitalism, Oxford 1990; Crafts and Toniolo, Economic Growth; Bittner, Das westeuropäische Wirtschaftswachstum.

55 Weil *shareholder value* als Hauptkriterium der Unternehmensbewertung in den USA gilt, liegt in der Gegenüberstellung zum *stakeholder interest* das Kernelement des von Abelshauser konstatierten »Kulturkampfes«. Abelshauser, Kulturkampf, S. 182 f.; auch Wolfgang Streeck u. Martin Höpner, Alle Macht dem Markt? Fallstudien zur Abwicklung der Deutschland AG, Frankfurt/Main 2003.

56 Toni Pierenkemper, Bonn, S. 251.

Institutionen der deutschen Wirtschaft wie die Mitbestimmung oder die In-
dustrieforschung – als Teile des »sozialen Produktionssystems« – insofern
bewährt haben, als für die von ihnen geprägten Industrien im internationalen
Vergleich »gute« Ergebnisse aufgezeigt werden können.[57] Es kommt aber darauf an, dass die »guten Ergebnisse« einzelner Teile des Wirtschaftssystems
eine positive gesamtwirtschaftliche Entwicklung bewirken können.

V. Die deutsche Wirtschaftsgeschichte seit Beginn der Industrialisierung stützt
nicht die Vorstellung, es habe ein »deutsches Modell« der Wirtschaftsentwicklung gegeben. Das hat zwei Gründe: Zum einen hat sich die deutsche Wirtschaftsordnung »pfadbedingt« entwickelt und bestand zu jeder Zeit – dank
der kumulativen Wirkung historischer Erfahrungen – aus verschiedenartigen
Elementen, in der Terminologie gängiger Typologien: aus einer Mischung
staatlicher, korporatistischer und marktwirtschaftlicher Einflüsse. Zum anderen sind weder die Strukturen ökonomischer Entwicklungsprozesse noch
deren Ursachen leicht zu identifizieren. Ein Beispiel aus dem 19. Jahrhundert
mag das gemeinte Problem illustrieren: Die von Gerschenkron und anderen
betonte Entwicklung von Großunternehmen und Investitionsgüterproduktion
war nicht nur eine Reaktion auf den industriellen Vorsprung Großbritanniens, sondern hat auf der vorhergehenden Entwicklung dezentralisierter Kon-
sumgüterproduktion in Deutschland aufgebaut. »Erfolg« hier, indiziert durch
das hohe damalige Wirtschaftswachstum, reflektierte somit eine Mischung
verschiedener Produktionsstrukturen und vermutlich auch verschiedener
Spielregeln. Generell wirft die befriedigende Zuordnung ökonomischer Erfolge zu bestimmten institutionellen Spielregeln eben große Schwierigkeiten
auf. Das gilt natürlich nicht nur für den deutschen »Fall«, aber es gilt für ihn.
Deshalb kann man schlussfolgern: Es gibt viele Modelle der deutschen Wirtschaftsentwicklung, aber kein »deutsches Modell.«

57 Abelshauser, Kulturkampf, bes. S. 182 ff., wo es um die »Neuen Industrien« (wissenschafts-
intensive Industrien) geht.

Manfred G. Schmidt

Die Politik des mittleren Weges

Die Wirtschafts- und Sozialpolitik der Bundesrepublik Deutschland im internationalen Vergleich

I. Die Politik des mittleren Weges. Wodurch unterscheidet sich die Wirtschafts- und Sozialpolitik der Bundesrepublik Deutschland von anderen wohlhabenden Demokratien? Durch die »Politik des mittleren Weges«,[1] so lautete die Antwort mit Blick auf die »alte Bundesrepublik«[2] in den achtziger Jahren. Damit war ein Mittelweg gemeint, der zwischen den Extremen des schwedischen Wohlfahrtskapitalismus und des liberalen Kapitalismus der angloamerikanischen Demokratien, insbesondere der Vereinigten Staaten von Amerika, hindurchführt und auf einer eigentümlichen Kombination von vier grundlegenden Weichenstellungen in der Wirtschafts- und Sozialpolitik gründet:

1. Priorität für »Preisstabilitätspolitik«[3] (gegebenenfalls unter Inkaufnahme von Arbeitslosigkeit) – anstelle des Vorrangs für Vollbeschäftigung unter Inkaufnahme höherer Inflationsraten, wie beispielsweise im Falle Schwedens bis in die neunziger Jahre;

2. zugleich aber – untypisch für Länder mit ausgeprägter Preisstabilitätspolitik – Streben nach wirtschaftlicher Effizienz und ehrgeiziger Sozialpolitik, also nach »sozialverträglicher« Bewältigung des *equality-efficiency*-Zielkonflikts[4] – anstelle unbedingter Priorität für Wirtschaftspolitik (wie in der heutigen Volksrepublik China) oder prioritärer Sozialpolitik (wie im Kuba der Castro-Ära und in der DDR der siebziger und achtziger Jahre);

1 Erstmals entwickelt wurde das Konzept der »Politik des mittleren Weges« in Manfred G. Schmidt, West Germany: The Policy of the Middle Way, in: JoPP 7. 1987, S. 139–177 und ders., Learning from Catastrophes: West Germany's Public Policy, in: Francis G. Castles (Hg.), The Comparative History of Public Policy, Cambridge 1989, S. 56–99. Eine aktualisierte Version der »Politik des mittleren Wege« ist ders., Immer noch auf dem »mittleren Weg«? Deutschlands Politische Ökonomie am Ende des 20. Jahrhunderts, in: Roland Czada u. Hellmut Wollmann (Hg.), Von der Bonner zur Berliner Republik, Wiesbaden 2000, S. 491–513. Der vorliegende Beitrag spürt dem mittleren Weg bis 2006 nach und erörtert ausführlicher als frühere Fassungen die Kosten des Mittelweges.
2 Bernhard Blanke u. Hellmut Wollmann (Hg.), Die alte Bundesrepublik. Kontinuität und Wandel, Opladen 1991.
3 Andreas Busch, Preisstabilitätspolitik. Politik und Inflationsraten im internationalen Vergleich, Opladen 1995.
4 Arthur M. Okun, Equality and Efficiency: The Big Tradeoff, Washington, DC 1975.

3. Weichenstellung zugunsten eines hauptsächlich aus Steuern und Sozial-abgaben gespeisten großen Interventions- und Daseinsvorsorgestaates, der eine transferintensive Sozialpolitik finanziert und ein Staatsdienerheer un-terhält, das im internationalen Vergleich nur moderate Größe hat[5] – anstelle eines steuerfinanzierten, beschäftigungsintensiven Wohlfahrtsstaates;

4. sowie Delegation vieler gemeinschaftlicher Aufgaben an gesellschaft-liche Verbände, einschließlich der Delegation der Lohnpolitik und eines be-trächtlichen Teils der Sozial- und Arbeitsmarktpolitik – anstelle eines Staats-monopols in der Daseinsvorsorge.

Auch die parteipolitischen Grundlagen unterscheiden den Mittelweg der Bundesrepublik von seinen Alternativen zur Linken wie zur Rechten. Den nordeuropäischen Wohlfahrtskapitalismus prägen eine politisch dominante Sozialdemokratie und eine Gewerkschaft mit hohem Organisationsgrad. Der liberale Kapitalismus hingegen gründet parteipolitisch auf der Hegemonie marktfreundlicher Gruppierungen: der demokratischen Rechten (in Gestalt der amerikanischen Republikaner), der Mitte (in Form der Demokratischen Partei der USA) und der mitte-rechts-orientierten säkular-konservativen Parteien in Großbritannien, Australien und Neuseeland. Der mittlere Weg der Bundesrepublik Deutschland aber hat sein politisches Gravitationszent-rum in einem Parteiensystem, in dem zwei »umfassende Organisationen« (im Olson'schen Sinne)[6] konkurrieren und dank der Kooperationszwänge im Bundesstaat wohl oder übel kooperieren: die mitte-links-orientierte SPD und die Union aus CDU und CSU, die einer »Allerweltspartei«[7] näherkommt als alle anderen Parteien in Deutschland.

II. Historische Wurzeln. Die Politik des mittleren Weges ist ein Produkt der Bundesrepublik Deutschland, doch reichen ihre Wurzeln bis ins Deutsche Reich von 1871 zurück.[8]

Eine Wurzel führt zur Tradition einer stabilisierungspolitisch ausgerich-teten Daseinsvorsorge von oben. Auch in dieser Tradition – und im Zeichen

---

5 Im Unterschied zu Nordeuropa, wo der Auf- und Ausbau einer großen Staatsdienerheers die ehrgeizige Wohlfahrtsstaatspolitik beschäftigungspolitisch flankierte.

6 Mancur Olson, The Rise and Decline of Nations: Economic Growth, Stagflation, and Social Rigidities, New Haven, CT 1982, S. 47–53, 90–93. Umfassende Organisationen neigen – bei ratio-naler Wahlhandlung – eher als kleine zu nicht-parochialer Politik, weil sie nur in diesem Fall auf Erfolge bei der Aufteilung des zu verteilenden Kuchens zählen können.

7 Otto Kirchheimer, Der Wandel des westeuropäischen Parteiensystems, in: PVS 6. 1965, S. 20–41, vgl. Manfred G. Schmidt, »Allerweltsparteien« und »Verfall der Opposition«. Ein Bei-trag zu Kirchheimers Analysen westeuropäischer Parteiensysteme, in: Wolfgang Luthardt u. Al-fons Söllner (Hg.), Verfassungsstaat, Souveränität, Pluralismus. Otto Kirchheimer zum Gedächt-nis, Opladen 1989, S. 173–182.

8 Für eine ausführlichere Darstellung: Schmidt, Learning und ders., Immer noch auf dem »mittleren Weg«?

von »Daseinsvorsorge und Gefahrenabwehr«, so Hans-Ulrich Wehlers tref-
fende Formel[9] – stand Deutschlands Sozialgesetzgebung. Sie wurde schon in
den 1880er Jahren eingeführt – früher und auf niedrigerem Stand wirtschaftlicher Entwicklung als in den USA, Großbritannien oder den Niederlanden.[10]
Das war eine Weichenstellung, die in der Weimarer Republik und vor allem
in der Bundesrepublik Deutschland in einem umfassenden Wohlfahrtsstaat
weitergeführt werden sollte.

Eine zweite Wurzel des mittleren Weges ist im Auf- und Ausbau des kor-
poratistischen Interventionsstaates im Deutschen Reich von 1871 zu suchen.[11]
An ihm war die Sozialpolitik maßgeblich beteiligt. Mit ihr inkorporierte der
Staat gesellschaftliche Interessen und deren Assoziationen, zunächst die der
Arbeiter und ihrer Arbeitgeber, später auch die der Angestellten, und zwar
in Form von Körperschaften des öffentlichen Rechts mit Selbstverwaltungs-
befugnis, denen – im Rahmen gesetzlicher Vorgaben und staatlicher Auf-
sicht – Aufgaben der Staatsverwaltung übertragen wurden.

Zur Politik des mittleren Weges gehören – drittens – die kooperative Steuerung der Arbeitsbeziehungen durch die Tarifparteien und die Regelung der
Rahmenbedingungen der Arbeitsverfassung durch den Gesetzgeber. Beides
kam insbesondere in der Weimarer Republik zum Zuge – in Weiterführung
von Weichenstellungen der »militärischen Sozialpolitik«[12] der Jahre von 1916
bis 1918 – und beide Grundmuster gelangten in der Bundesrepublik Deutschland zu voller Blüte.

Zu den Wurzeln des mittleren Weges gehört viertens das Lernen aus
schwersten wirtschaftspolitischen Krisen – insbesondere aus der Hyperinfla-
tion von 1923, der Depression der frühen dreißiger Jahre und der Zerrüttung
der Staatsfinanzen durch die NS-Diktatur – und aus politischen Katastrophen,
insbesondere der totalitären Struktur und Praxis des NS-Staates. Diese Lern-
effekte gingen in das Design und den Neubau der politischen Institutionen
der Bundesrepublik Deutschland ein. Ihr Kennzeichen ist eine antitotalitäre,
auf systematische Machtzügelung und Machtaufteilung angelegte Staatsver-
fassung, die die Wiederkehr eines führerstaatlichen Regimes ebenso wie eine
enthemmte Staatstätigkeit einschließlich einer Wirtschafts- und Finanzpolitik
mit unkalkulierbaren Risiken an der Inflationsfront verhindern soll.

Zu den tief verwurzelten Determinanten des mittleren Weges zählen ferner eine staatsnahe Regierungsphilosophie und ein staatszentriertes Sicher-
heitsstreben des Großteils der Wähler. Dem klassischen Wirtschaftslibera-

9 Hans-Ulrich Wehler, Deutsche Gesellschaftsgeschichte. Bd. 3: Von der »Deutschen Doppelrevolution« bis zum Beginn des Ersten Weltkrieges: 1849–1914, München 1995, S. 1255.
10 Angus Maddison, The World Economy: Historical Statistics, Paris 2003, Tab. 1c, 2c.
11 Vgl. Wehler, Gesellschaftsgeschichte. Bd. 3, S. 662 ff.
12 Werner Abelshauser, Einleitung, in: ders. (Hg.), Die Weimarer Republik als Wohlfahrtsstaat,
Wiesbaden 1987, S. 9–32, Zitat 15.

242 Manfred G. Schmidt

lismus ließen diese Eigenheiten wenig Raum – in der Gesellschaft ebenso wie in der Politik. Entsprechend gering blieb in Deutschland der Spielraum für eine marktliberale Politik. Vorrang erhielt demgegenüber die Kombination von Wirtschafts- und ehrgeiziger Sozialpolitik – in der Hoffnung, beide würden sich gegenseitig befruchten. Diese Vorfahrtsregel konnte ebenso auf den Beifall der Wählermehrheit zählen wie die Sicherheit, die die »Preisstabilitätspolitik«[13] schuf. Denn Preisstabilitätspolitik war, so der ehemalige Bundesarbeitsminister Blüm, »Sozialpolitik auf leisen Sohlen.«[14]

III. Steuerungsleistungen und Reproduktionsmechanismen des mittleren Weges. Die Politik des mittleren Weges gründet auf einem Spielregelwerk, dem eine eigentümliche Selektivität eigen ist. Das Spielregelwerk begünstigt den Auf- und Ausbau einer ehrgeizigen Sozialstaatspolitik und einer ebenso ambitionierten Preisstabilitätspolitik. Die Beschäftigungspolitik aber blieb unterinstitutionalisiert. Im Unterschied dazu war die Sozialpolitik bestens positioniert. Sie war primär eine Angelegenheit des Bundes und konnte in wesentlichen Teilen gesetzgebungstechnisch durch die Mehrheit im Bundestag gesteuert werden. Zudem genoss sie nicht nur die Unterstützung der Wählerschaft und der Gewerkschaften, sondern auch die von Regierung und Opposition. Nicht weniger komfortabel war die Lage der Preisstabilitätspolitik. Sie hatte mit der unabhängigen Zentralbank – zunächst die Bank Deutscher Länder, ab 1957 die Deutsche Bundesbank und seit 1999 die Europäische Zentralbank – eine einheitliche, rasch handlungsfähige und schlagkräftige zentralisierte Organisation auf ihrer Seite. Obendrein konnte die Zentralbank im Streben nach Preisstabilität – auch bei Konflikten mit der Bundesregierung – auf die Zustimmung eines Großteils der Wähler zählen, denn diese werteten die Preisstabilität als ein besonders hohes Gut.

Die Finanz- und die Beschäftigungspolitik aber hatten aus institutionellen Gründen der Geldpolitik nichts Gleichwertiges entgegenzusetzen. Beide Politikfelder sind hochgradig fragmentiert. Ihre Aufteilung auf viele verschiedene Haushalte mit jeweils unterschiedlichen Interessen und unterschiedlichen Zeithorizonten – Bund, Länder, Gemeinden, Sozialversicherungen und Bundesanstalt für Arbeit bzw. Bundesagentur für Arbeit – durchkreuzen regelmäßig die Bestrebungen, die auf eine einheitliche, reaktionsschnelle und nachhaltige Finanz- und Beschäftigungspolitik zielen.[15]

Somit hatte die Politik des mittleren Weges von Anfang an eine potentielle Schieflage zugunsten der Sozial- und der Preisstabilitätspolitik und zulas-

13 Busch, Preisstabilitätspolitik.
14 Bundesarbeitsminister Norbert Blüm in der Regierungserklärung am 24.4.1986, Stenographische Protokolle Deutscher Bundestag, 10. Wahlperiode, 213. Sitzung, Bd. 137, S. 16322D.
15 Vgl. Gert Bruche u. Bernd Reissert, Die Finanzierung der Arbeitsmarktpolitik, Frankfurt/Main 1985.

ten der Beschäftigung. Die Hochlohnpolitik der Tarifparteien verschärfte die Schieflage noch weiter – vor allem seit der Trendwende im Zuge des ersten Ölpreisschocks von 1973: Die Lohnpolitik wirkte eher beschäftigungsabträglich als beschäftigungsförderlich. Das geschah mit gutem Gewissen der Tarifparteien, konnten sie doch die beschäftigungspolitischen Kosten ihrer Lohnpolitik auf die sozialen Sicherungssysteme abwälzen, insbesondere auf die Arbeitslosenversicherung und mit Hilfe von Frühverrentungsmaßnahmen auf die Alterssicherung.

Wie die Analyse der politischen Mechanismen der Bundesrepublik Deutschland vor 1990 zeigt, wurden die Weichenstellungen zugunsten des mittleren Weges politisch zuverlässig reproduziert. Viele Faktoren spielten dabei mit. Allen voran zu nennen sind das Tun und Lassen der Parteien und die Präferenzen der Wähler. Hinzu kommt das Wirken der Verbände. Nicht zu vergessen ist das Mit- und Gegeneinander von Bund und Ländern sowie von Regierung und Opposition, die im bundesrepublikanischen »Staat der Großen Koalition«[16] in der Regel zur Kooperation gezwungen sind, wenn sie größere Gesetze beschließen wollen.

IV. Performanz der Politik des mittleren Weges bis 1990. Bis 1990 waren der Politik des mittleren Weges beträchtliche Erfolge beschieden. Bei der Inflationsbekämpfung übertraf Deutschland – gemessen an den langfristigen jahresdurchschnittlichen Inflationsraten – alle anderen Staaten. Auch das Streben nach wirtschaftlicher Leistungskraft und ehrgeiziger Sozialpolitik blieb bis in die frühen siebziger Jahre im Gleichgewicht. Zudem sorgten die hohen Wachstumsraten der Wirtschaft noch für einen hohen Beschäftigungsstand. Ferner erbrachten die Einrichtungen des delegierenden Staates die erhofften Erträge. Die Geldpolitik der Zentralbank trug entscheidend zur Gewährleistung relativer Geldwertstabilität bei. Und die Tarifautonomie sowie die Beteiligung der großen Wirtschaftsverbände an den neokorporatistischen Arrangements erfüllten im Wesentlichen die Erwartungen: Beide fungierten als »Schock-Absorbierer«, förderten die Integration der Gewerkschaften und der Arbeiterschaft und wirkten an der Entschärfung des Konfliktes zwischen Arbeit und Kapital mit. Überdies spornten beide mit ihrer Hochlohnpolitik die Wirtschaft zu arbeitssparendem technischen Fortschritt an, also zu willkommener Modernisierung.

Gewiss: Mit dem Ende der langen Prosperitätsphase Mitte der siebziger Jahre und der nachfolgenden Periode des »reduzierten Wachstums«[17] mehrten sich die Zeichen einer instabilen Entwicklung, wie beispielsweise niedrige

16 Manfred G. Schmidt, Germany: The Grand Coalition State, in: Josep M. Colomer (Hg.) Political Institutions in Europe, London 2002², S. 55–93.
17 Peter Grottian (Hg.), Folgen reduzierten Wachstums für Politikfelder, Opladen 1980.

und im Trend abnehmende Wirtschaftswachstumsraten, höhere Arbeitslosigkeit und Anstieg der Staatsverschuldung. Aber noch schien der mittlere Weg weiter mit überschaubaren Kosten und einer im internationalen Vergleich vorzeigbaren Bilanz begehbar. Daran änderte auch der Regierungswechsel von 1982 nichts Grundlegendes, obwohl er eine Koalition aus Unionsparteien und FDP an die Regierung brachte, die die »Wende« zu einer marktfreundlicheren Arbeitsteilung zwischen Staat und Wirtschaft anstrebte. Doch auch in den achtziger Jahren blieb Deutschlands Wirtschafts- und Sozialpolitik dem »mittleren Weg« im Grundsatz treu – in ausdrücklicher Abgrenzung vom Thatcherismus in Großbritannien und den *Reagonomics* in den USA.[18]

V. Der mittlere Weg seit 1990. Wie aber entwickelte sich die Wirtschafts- und Sozialpolitik der Bundesrepublik Deutschland seit 1990? Was geschah mit ihr im Gefolge der Zeitenwende von 1990, die mit der Öffnung der Berliner Mauer, der Herstellung der staatsrechtlichen Einheit Deutschlands und dem Übergang der mittel- und osteuropäischen Länder zur Marktwirtschaft und zur Demokratie zustande kam? Und wie erging es dem »mittleren Weg« im Kontext der Vertiefung und Erweiterung der Europäischen Integration, der Einführung einer gemeinsamen europäischen Währung und der zunehmenden Internationalisierung der Märkte?

Die vorliegenden Befunde zur Entwicklung der Wirtschafts- und Sozialpolitik Deutschlands nach 1990 zeigen Kontinuität und Diskontinuität an.[19] Sie lassen sich zu fünf Hauptaussagen bündeln:

18 »Maggie Thatcher ist kein Modell für Strukturwandel. Unsere Sozialtradition ist Kooperation und Rücksicht.« Mit diesen Worten begründete der Bundesarbeitsminister der Jahre von 1982 bis 1998, Norbert Blüm, die Distanz zu Thatcher und Reagan und sprach damit vielen in der Union aus dem Herzen – auch seinem Kanzler. Vgl. »Ich mag kein Korsett«. Arbeitsminister Norbert Blüm über Menschenrechte, Steuern und den Kurs der Union, in: Der Spiegel 41. 1987, H. 29 (13.7.1987), S. 28–32. Zum Kontext vgl. Bundesministerium für Gesundheit und Soziale Sicherung u. Bundesarchiv (Hg.), Geschichte der Sozialpolitik in Deutschland seit 1945. Bd. 7: Bundesrepublik Deutschland 1982–1989. Finanzielle Konsolidierung und institutionelle Reform, hg. v. Manfred G. Schmidt, Baden-Baden 2005.

19 Das Folgende basiert unter anderem auf Auswertungen der OECD Economic Surveys, (Paris, jährlich ein Berichtsband über jeden Mitgliedstaat), des OECD Economic Outlook (Paris, halbjährlich) und des OECD Employment Outlook (Paris, halbjährlich), der Jahresgutachten des Sachverständigenrates zur Begutachtung der gesamtwirtschaftlichen Entwicklung sowie auf zahlreichen Abhandlungen in der Fachliteratur, unter anderem Simon Green u. William E. Paterson (Hg.), Governance in Contemporary Germany, Cambridge 2005; Herbert Kitschelt u. Wolfgang Streeck (Hg.), Germany: Beyond the Stable State, London 2003; Wolfgang Merkel u. a. (Hg.), Die Reformfähigkeit der Sozialdemokratie. Herausforderung und Bilanz der Regierungspolitik in Westeuropa, Wiesbaden 2005; Fritz W. Scharpf u. Vivien Schmidt (Hg.), Welfare and Work in the Open Economy, 2 Bde., Oxford 2000; Manfred G. Schmidt, Sozialpolitik in Deutschland. Historische Entwicklung und internationaler Vergleich, Wiesbaden 2005³; Nico A. Siegel, Baustelle Sozialstaat. Konsolidierung und Rückbau im internationalen Vergleich, Frankfurt/Main 2002; ders. u. Sven Jochem, Sozialstaat als Beschäftigungsbremse?, in: Czada u. Wollmann, Berliner Republik,

1. fragilere Delegation;
2. Kontinuität des steuer- und sozialabgabenfinanzierten »starken Staates« einerseits und abnehmende Beschäftigung im öffentlichen Sektor andererseits;
3. Ungleichgewicht zwischen Sozial- und Wirtschaftspolitik;
4. das Ende der Führungsposition bei der Preisstabilität; sowie
5. höhere Kosten und reduzierter Nutzen des mittleren Weges.

1. *Fragilere Delegation öffentlicher Aufgaben.* Neben der Kontinuität bei der Delegation öffentlicher Aufgaben auf Experteninstitutionen und auf Verbände gibt es berichtenswerte Diskontinuität. Ein erheblicher Teil dieser Organisationen steht mittlerweile »unter Stress«[20] und ist in geringerem Maß als zuvor zur Absorption von Schocks fähig. Die Rolle des Hüters der Währung wurde von der Bundesbank auf die Europäische Zentralbank übertragen – allerdings ohne hinreichende Koordination mit der Finanz- und der Lohnpolitik, um die weiterhin vorwiegend auf nationalstaatlicher Ebene gerungen wird. Die Bundesagentur für Arbeit wirkt sowohl vor als auch nach 1990 als Maschinerie der Arbeitslosigkeitsverwaltung, doch tut sie dies mit höherem Finanzaufwand als vor 1990 und mit wenig eindrucksvollen Ergebnissen – gemessen an der Arbeitsvermittlung oder nachhaltiger Beschäftigung.

Zudem hat sich die Arbeitsteilung zwischen dem Staat und den Interessenorganisationen seit 1990 erheblich gewandelt.[21] Davon zeugt insbesondere die seit den neunziger Jahre abnehmende Steuerungskapazität der Tarifparteien in den Arbeitsbeziehungen. Das trifft sowohl für die Arbeitgeber als auch für die Arbeitnehmerseite zu: die Verbände beider Seiten laborieren an abnehmender Organisationskraft und reduzierter Verpflichtungsfähigkeit gegenüber den Mitgliedern. Deutschlands Sozialpartner sind nunmehr in geringerem Maße umfassende Organisationen im Olson'schen Sinne[22] als zuvor und tendieren deshalb in höherem Maße zu parochialer Sonderinteressenpolitik. Davon zeugt die Neigung der Tarifparteien, die Sozialpolitik übermäßig

S. 539–566; ders. u. Sven Jochem, Staat und Markt im internationalen Vergleich – Empirische Mosaiksteine einer facettenreichen Arbeitsverschränkung, in: Roland Czada u. Reinhard Zintl (Hg.), Politik und Markt, Wiesbaden 2003, S. 351–388; Reimut Zohlnhöfer, Die Wirtschaftspolitik der Ära Kohl. Eine Analyse der Schlüsselentscheidungen in den Politikfeldern Finanzen, Arbeit und Entstaatlichung, 1982–1998, Opladen 2001.

20 Andreas Busch, Shock-Absorbers under Stress: Parapublic Institutions and the Double Challenges of German Unification and European Integration, in: Green u. Paterson, Governance, S. 94–114.

21 Vgl. z. B. Wolfgang Streeck, Industrial Relations: From State Weakness as Strength to State Weakness as Weakness: Welfare Corporatism and the Private Use of the Public Interest, in: Green u. Paterson, Governance, S. 138–164; ders. u. Anke Hassel, The Crumbling Pillars of Social Partnership, in: Kitschelt u. Streeck, Germany, S. 101–124; ders. u. Christine Trampusch, Economic Reform and the Political Economy of the German Welfare State, in: GP 14. 2005, S. 174–195.

22 Streeck, Industrial Relations, S. 149.

zur Kostenabwälzung zu nutzen. Gewerkschaften und Arbeitgeberverbände haben gelernt, den Wohlfahrtsstaat als ein funktionales Äquivalent zum Keynesianismus zu betrachten, das die beschäftigungsabträglichen Wirkungen freier Lohnverhandlungen kompensiert, und zwar durch Frühverrentung von Arbeitskräften und andere Formen der Arbeitsmarkträumung, nicht aber durch Stärkung der gesamtwirtschaftlichen Nachfrage.[23]

Abzulesen ist die verminderte Steuerungskapazität auch an der mittlerweile geringen Fähigkeit der Arbeitgeber- und Arbeitnehmerverbände, wirtschafts- und beschäftigungspolitische Pakte auf Branchenebene oder gesamtwirtschaftlicher Ebene zu vereinbaren. Der Fehlschlag des »Bündnisses für Arbeit, Ausbildung und Wettbewerbsfähigkeit« 1998–2002 ist ein Beispiel.[24] Auf abnehmende Steuerungsfähigkeit weisen ferner die zurückgehende Zahl mitbestimmter Unternehmen und die schrumpfende Reichweite der Mitbestimmung hin. Besonders dramatisch ist die Situation in Ostdeutschland. Dort zahlt weniger als die Hälfte aller Unternehmen Löhne und Gehälter, die den branchenweiten Normen der Entlohnung entsprechen.

2. *Kontinuität des starken Staates – mit kleinerem Staatsdienerheer und Nebenfolgen.* Auch hinsichtlich des »starken Staates« ist nach 1990 viel Stetigkeit zu berichten. Beispielsweise liegt die Staatsquote, der Anteil der öffentlichen Ausgaben am Bruttoinlandsprodukt, in Deutschland auch 2005 knapp unter 50 Prozent und damit im OECD-Ländervergleich im Mittelfeld. Nach wie vor sind der Steuerstaat und der Sozialabgabenstaat die wichtigsten Pfeiler der Staatsfinanzen, wenngleich die Finanzierung durch Staatsverschuldung und Gebühren zugenommen hat. Erheblich gewandelt hat sich die Beschäftigung im öffentlichen Sektor. Sie ist mittlerweile geringer als vor 1990, im Wesentlichen aufgrund von Privatisierungsvorgängen, wie bei Bahn, Post, Telekommunikation und anderen Betrieben in staatlicher Hand.

Nach wie vor spielt die Sozialpolitik eine zentrale Rolle in Deutschlands Politischer Ökonomie. Gemessen an der Sozialleistungsquote ist sie mit 32,6 Prozent im Jahre 2003 sogar größer als je zuvor.[25] 60 Prozent des Sozialbudgets werden aus Sozialbeiträgen finanziert[26] – ein Anzeiger der starken Sozialversicherungskomponente in Deutschlands Sozialpolitik. Auch weiterhin haben die Transferzahlungen ein besonderes Gewicht in der sozialen Sicherung hierzulande – wenngleich das Inkrafttreten der Pflegeversicherung 1995 die Dienstleistungen aufgewertet hat. Alles in allem ist aber ein »starker Staat«

---

23 Streeck u. Hassel, Pillars; Streeck, Industrial Relations, S. 143.

24 Nico Fickinger, Der verschenkte Konsens. Das Bündnis für Arbeit, Ausbildung und Wettbewerbsfähigkeit 1998–2002, Wiesbaden 2005.

25 So die derzeit aktuellsten Zahlen des Sozialbudgets, vgl. Bundesministerium für Gesundheit und Soziale Sicherung (Hg.), Übersicht über das Sozialrecht, Ausgabe 2005, Nürnberg 2005, S. 934.

26 Ebd. S. 939 (Stand: 2003).

mit transferintensivem Wohlfahrtsstaat auch nach 1990 beibehalten worden. Der Beschäftigungsgehalt des Staatssektors in Deutschland aber wurde im Vergleich zur Zeit vor 1990 schwächer. Das kontrastiert auffällig mit den nordischen Ländern, in denen der Staat nach wie vor eine erheblich größere Rolle als Arbeitgeber spielt.[27] Dass er dies nur auf der Basis einer höheren Abgabenquote als in Deutschland tun kann, steht auf einem anderen Blatt.

Vom moderaten Beschäftigungsgehalt des öffentlichen Sektors gehen allerdings Nebenwirkungen aus: Er intensiviert das »Trilemma zwischen freien Tarifverhandlungen, Geldwertstabilität und Beschäftigung«,[28] das in Deutschland derzeit nur um den Preis der Arbeitslosigkeit gelöst werden kann, weil die Tarifautonomie sakrosankt und die Geldwertstabilität eine unangreifbare Domäne der Europäischen Zentralbank ist, so die von Wolfgang Streeck stammende Diagnose. Viererlei trägt zu diesem Trilemma bei, so ist diese Diagnose zu ergänzen:

1. Dem Trilemma liegt die hohe Popularität zugrunde, die der Sozialstaat bei der großen Mehrheit der Wählerschaft genießt und die ihn – zusammen mit den Mechanismen des Parteienwettbewerbs um Wählerstimmen – gegen radikale Um- und Rückbaumaßnahmen schützt. Das allerdings eröffnet die Option der Kostenexternalisierung zu Lasten der Sozialfinanzen.

2. Das führt zu dem zweiten Faktor, nämlich zur Option der Tarifparteien, beschäftigungsabträgliche Folgen von Tarifverträgen, beispielsweise der Hochlohnpolitik, auf die Einrichtungen der Sozialpolitik abzuwälzen. Dafür kommen insbesondere die Arbeitslosenversicherung und Frühverrentungsprogramme in Betracht.

3. Diese Option steht auch den Akteuren der Geldpolitik offen. Auch sie können beschäftigungsabträgliche Kosten der Geldpolitik, beispielsweise einen stabilisierungspolitisch induzierten Anstieg der Arbeitslosenquote, auf den Sozialstaat abwälzen und somit zugleich deren politische Sprengkraft entschärfen.

4. Am Trilemma zwischen freien Tarifverhandlungen, monetärer Stabilität und Beschäftigung wirkt schließlich auch die Obergrenze für die Höhe der Steuer- und Sozialabgaben in der Bundesrepublik Deutschland mit. Im Unterschied zur »sozialdemokratischen Welt der Besteuerung« basiert der Interventions- und Daseinsvorsorgestaat in Deutschland, einem Mitglied der kontinentalen »christdemokratischen Familie der Besteuerung«, auf einer

---

27 Allerdings finanzieren die Geldleistungen der Krankenversicherung eine große Zahl von Arbeitsplätzen im überwiegend privatwirtschaftlich oder freiberuflich organisierten Gesundheitswesen und seinen Zulieferern. Dieser mittelbare Beschäftigungsgehalt des deutschen Sozialstaates ist seinem unmittelbaren Beschäftigungsgehalt hinzuzufügen, wenn die Sozialpolitik unter beschäftigungspolitischen Perspektiven evaluiert werden soll.

28 Streeck, Industrial Relations, S. 140 (Übersetzung des Verfassers).

niedrigeren Abgabenquote.[29] Abgabenerhöhungen, vor allem Steuererhöhungen, sind nicht grundsätzlich ausgeschlossen, aber politisch riskant. Sie
kollidieren mit der weit verbreiteten Überzeugung, dass die Abgabenlast und
im Besonderen der »Steuerkeil« in Deutschland schon längst viel zu groß
seien. Obendrein sind für Steuererhöhungen hohe Entscheidungskosten zu
entrichten, weil sie in der Regel die Zustimmung der Mehrheiten im Bundestag und im Bundesrat erfordern.

Das Zusammenwirken dieser Faktoren versperrt in Deutschland einen
Weg, den vor allem die Beschäftigungspolitik der skandinavischen Länder
beschritten hat: den steuerfinanzierten Ausbau der Beschäftigung im öffentlichen Sektor. Auch aus diesem Grund wird das Trilemma zwischen freien
Lohnverhandlungen, monetärer Stabilität und Beschäftigung unter den in
Deutschland derzeit gegebenen Bedingungen zu Lasten der Beschäftigung
gelöst. Die denkbare Alternative – Lösung des Trilemmas durch radikale
Kürzungen bei den Sozialleistungen und den Arbeitnehmerschutzrechten –
ist aus Gründen fehlender politischer Machbarkeit graue Theorie.

3. *Ungleichgewicht zwischen Wirtschafts- und Sozialpolitik.* Das Trilemma
freier Lohnverhandlungen, monetärer Stabilität und Beschäftigung verweist
auf eine dritte Veränderung: Die erhoffte Einheit von Wirtschafts- und Sozialpolitik ist in weite Ferne geraten. Gewiss: Auch in der Wirtschafts- und der
Sozialpolitik gibt es gleichmäßigen Fortgang über die Zeitenwende von 1990
hinweg. Eine gesunde makroökonomische Entwicklung beispielsweise blieb
vor und nach 1990 ein wichtiges Politikziel, gleichviel, ob CDU- oder SPD-
geführte Koalitionen regierten. Wer aber nach 1990 Sozialschutz und wirtschaftliche Effizienz balancieren wollte, stieß auf größere Schwierigkeiten als
zuvor. Zu den üblichen innenpolitischen Restriktionen dieses Balanceaktes
gesellten sich die Kosten der deutschen Einheit sowie außenpolitische und
außenwirtschaftliche Veränderungen. Zu Letzteren gehört der Steuerungs-
verlust, den die Internationalisierung der Kapitalmärkte und der Transfer
der Souveränität in der Geldpolitik an die Europäische Union verursachten.
Überdies wächst Deutschlands Wirtschaft seit den frühen neunziger Jahren
insgesamt erheblich langsamer als vor 1990 und zudem langsamer als die
Wirtschaft der meisten OECD-Länder. Überdies ist die Wirtschaftskraft des
vereinten Deutschlands im Vergleich zu anderen wohlhabenden Ländern nur
noch von mittlerer Größe. Die Sozialpolitik aber hat sich an den wirtschaftlichen Abstieg Deutschlands in der Rangreihe der OECD-Länder bislang nur
zögerlich und nur in Teilen angepasst.

---

29 Uwe Wagschal, Steuerpolitik und Steuerreformen im internationalen Vergleich. Eine Analyse der Ursachen und Blockaden, Münster 2005.

Vom Ungleichgewicht zwischen Wirtschafts- und Sozialpolitik legen viele Indikatoren Zeugnis ab, unter ihnen ein schwaches Wirtschaftswachstum, die anhaltend hohe Arbeitslosenquote und die abnehmende Zahl sozialversicherungspflichtiger Vollzeitarbeitsplätze. Viele Ursachen sind dafür verantwortlich – unter ihnen die Arbeitskosten, die in Deutschland besonders hoch sind, weil sie auch die Sozialversicherungsbeiträge der Arbeitnehmer und ihrer Arbeitgeber enthalten. Obendrein sind die Sozialbeiträge höher als vor 1990: im Jahre 1989 beliefen sie sich noch auf 36 Prozent des Bruttoeinkommens der Arbeitnehmer, 2005 aber auf 41,8 Prozent.[30] Die Finanzierung der deutschen Sozialpolitik wirkte mithin, soweit sie auf Sozialbeiträgen gründet, wie eine beschäftigungsfeindliche Zusatzsteuer auf den Faktor Arbeit. Diese Zusatzsteuer vermindert die Nachfrage nach Arbeitskräften, verstärkt den Anreiz, in anderen Ländern oder in der Schattenwirtschaft zu wirtschaften, und führt die Gewerkschaften weiter in Versuchung, nach Hochlohnpolitik zu streben. Auch die Finanzierungsweise der Sozialpolitik insbesondere seit 1990 trägt folglich ihr Scherflein zur Schrumpfung des Beschäftigungsgehalts des mittleren Weges bei.

4. *Nicht länger der Spitzenreiter der Preisstabilitätspolitik.* Allein der härtere Zielkonflikt zwischen Sozialschutz und Beschäftigung zeigt an, dass der Preis, der für den mittleren Weg zu entrichten ist, beträchtlich über dem liegt, der vor 1990 zu bezahlen war. In die gleiche Richtung weist der vierte Befund: Deutschland ist nicht länger der Spitzenreiter bei der Preisstabilitätspolitik. Sicherlich ist die Inflationsrate ist nach wie vor gering, und wie zuvor zielt die Geldpolitik auf Geldwertstabilität. Verändert hat sich aber Deutschlands Wettbewerbsposition bei der Inflationsbekämpfung. In dieser Disziplin ist Deutschland nicht länger die Nummer eins, sondern nur noch ein erfolgreiches Land unter mehreren erfolgreichen Staaten insbesondere aus dem Kreis der EU-Mitglieder. Mehr noch: Einige EU-Mitgliedsstaaten haben mittlerweile oder hatten zwischenzeitlich geringere Inflationsraten erzielt als Deutschland, beispielsweise Belgien, Dänemark, Finnland, Frankreich und die Niederlande in den Jahren von 1990–2000.[31] Mit dem Verlust der Spitzenposition bei der Inflationsbekämpfung gingen weitere komparative Vorteile der Preisstabilitätspolitik verloren, beispielsweise der Vorsprung an Stabilität und langfristiger Kalkulierbarkeit. Überdies hat Deutschlands Wirtschaft mittlerweile mit einem höheren Realzinssatz zu tun, weil die deutsche Inflationsrate deutlich unter der durchschnittlichen Inflationsrate des Euro-

---

30 Schmidt, Sozialpolitik, S. 157–158. Der Anteil am BIP blieb allerdings fast konstant (19,0 versus 19,2%), berechnet nach Sachverständigenrat zur Begutachtung der gesamtwirtschaftlichen Entwicklung, Erfolge im Ausland – Herausforderungen im Inland. Jahresgutachten 2004/5, Wiesbaden 2004, S. 654 und 724 sowie Jahresgutachten 2005/6, Wiesbaden 2005, S. 576 und 625.
31 Quellen: OECD, Economic Outlook (verschiedene Ausgaben, 1990–2005).

Raumes liegt und der Nominalzinssatz der Europäischen Zentralbank über dem Niveau verharrt, das für Deutschlands Wirtschaft erforderlich ist. Die Ironie der Geschichte liegt darin, dass der Verlust der Spitzenposition bei der Inflationsbekämpfung ein Produkt der internationalen Diffusion der deutschen Preisstabilitätspolitik ist: Sie wurde in vielen OECD-Mitgliedstaaten imitiert und ist unter tatkräftiger Mitwirkung deutscher Politiker zur Basis der Geldpolitik der Europäischen Union gemacht worden.

5. *Höhere Kosten und verminderter Nutzen des Mittelweges.* Insgesamt erweist sich die Politik des mittleren Weges nach 1990 als aufwendiger als zuvor. Mehr noch: die Verhärtung des Konfliktes zwischen Lohnpolitik, monetärer Stabilität, Sozialschutz und Beschäftigung erfordert größere Politikänderungen, ja: Sanierungsreformen. Aus wirtschafts-, finanz- und beschäftigungspolitischem Blickwinkel ist die Eindämmung dreier Ungleichgewichte dringlich: des Ungleichgewichts zwischen aufwendiger Sozialpolitik und nur noch mittlerer Wirtschaftskraft, der fehlenden Balance zwischen ehrgeizigem Sozialstaat und schwächelnder Beschäftigung und des Verdrängungseffektes der Sozialstaatsfinanzierung auf andere finanziell kostspielige, fast ausschließlich steuerfinanzierte Politikfelder.

Größere Sanierungsreformen des Sozialstaats und Deregulierungsreformen des Arbeitsmarktes sind politisch höchst riskante Unterfangen: Sie rufen höchstwahrscheinlich massive Opposition der Gewerkschaften und der Sozialstaatsanhänger aller politischer Farben hervor. Unter diesen Umständen riskiert eine Regierung, die für tatkräftige Sanierungsreformen sorgt, die Bestrafung durch die Wählerschaft – es sei denn, sie vermag die politischen Verluste gleichmäßig auf die Schultern der beiden Sozialstaatsparteien zu verteilen, was im Rahmen einer formellen Großen Koalition wie seit November 2005 zumindest der Theorie nach leichter zu verwirklichen ist als in anderen Konstellationen.

VI. Warum immer noch auf dem mittleren Weg? Der Befund, dass die Politik des mittleren Weges in ökonomischer und politischer Hinsicht heutzutage erheblich teurer als vor 1990 ist, wirft eine weitere Frage auf. Warum marschiert Deutschlands Politik unter diesen Bedingungen auf dem mittleren Weg weiter voran? Ein Teil der Antwort ist in der Lehre von der Pfadabhängigkeit zu suchen.[32] Ein anderer, hier besonders interessierender Teil basiert

32 Der Hauptgrund, warum die Politik überlieferte »Pfade« der Problemlösens nicht verlässt, liegt dem Theorem der Pfadabhängigkeit zufolge darin, dass der Pfadwechsel für rational kalkulierende Entscheidungsträger riskant, letztlich zu ungewiss und zu teuer ist. Nicht nur müsste man auf mehr oder minder bewährte, mindestens aber in ihren Wirkungen und Nebenwirkungen hinlänglich bekannte Instrumente zugunsten neuer Verfahren und Wege mit unbekanntem Wirkungsgrad verzichten. Pfadwechsel würden auch erhebliche Umstellungskosten wirtschaftlicher

auf der Kontinuität der politischen Reproduktionsmechanismen des mittleren Weges. Diese Mechanismen sollen hier, weil sie an anderer Stelle ausführlicher erörtert wurden, nur stichwortartig benannt werden.[33]

Zur Aufrechterhaltung des mittleren Weges trägt wesentlich die Struktur des »Staates der Großen Koalition« bei, der Kurswechsel nachhaltig erschwert. Deutschland ist der Staat einer formellen oder informellen Großen Koalition, weil die meisten wichtigen Gesetzgebungen sowohl die Zustimmung der Bundestagsmehrheit als auch die Stimmen der Mehrheit des Bundesrates verlangen. Kontrolliert die Oppositionspartei die Majorität im Bundesrat, erfordern zustimmungspflichtige Gesetzgebungen sogar ein Bündnis zwischen den Regierungsparteien und der größten Oppositionspartei. Noch höher sind die Zustimmungshürden im Fall einer verfassungsändernden Gesetzgebung, denn die setzt jeweils Zweidrittelmehrheit im Bundestag und im Bundesrat voraus.

Neben dem Staat der Großen Koalition wirkt auch die – auch im internationalen Vergleich – sehr hohe Vetospieler- und Mitregentendichte in der Bundesrepublik Deutschland als Reproduktionsmechanismus für den mittleren Weg. Die hohe Vetospieler- und Mitregentendichte basiert nicht nur auf den Vetopositionen des Bundesrates und der Koalitionsstruktur der Bundesregierungen, sondern auch auf dem Mitwirken anderer mächtiger Organisationen: unter ihnen das Bundesverfassungsgericht nach Anrufung, in der Geldpolitik die Zentralbank und in vielen Angelegenheiten der Sozial- und Wirtschaftspolitik die Verbände, unter ihnen die Arbeitgeberverbände, die Gewerkschaften und die Interessenorganisationen im Gesundheitswesen. Weil jeder dieser Akteure ein unmittelbares Interesse an einem wichtigen Bestandteil des mittleren Weges hat, trägt auch ihr Wirken wesentlich zur Reproduktion des Mittelweges bei.

Bestärkt wird dieser Mechanismus durch demokratische Wahlen und die Struktur des Wählerstimmenmarktes. Aufgrund des weit ausgebauten Wohlfahrtsstaates und der fortgeschrittenen Alterung der Gesellschaft ist in Deutschland mittlerweile die Wohlfahrtsstaatsklientel die auf dem Wählerstimmenmarkt größte Gruppe.[34] Dass diese Gruppe ein elementares Interesse

und politischer Art verursachen, beispielsweise fehlende Vertrautheit der Verwaltung mit den neuen Regelungen oder Enttäuschung bei jenen, die vom alten Pfad profitierten und auf dem neuen keinen Nutzen mehr erzielen. Hinzu kämen Doppellasten finanzieller Art als Hinderungsgrund für Pfadwechsel, weil Leistungen nach dem alten Pfad wie auch solche nach neuem Weg zu bezahlen wären, so im Falle der Umstellung einer beitragsfinanzierten Alterssicherung auf eine steuerfinanzierte Rente. Vgl. Paul Pierson, Increasing Returns, Path Dependence, and the Study of Politics, in: APSR 94. 2000, S. 251–268.

33 Schmidt, Learning; ders., Immer noch auf dem »mittleren Weg«?

34 Gemessen an der Gesamtheit der Wahlberechtigten, die ihren Lebensunterhalt überwiegend oder vollständig aus Sozialleistungen oder aus Einkommen für Arbeit im Wohlfahrtsstaat finanzieren.

an starker Sozialpolitik hat und eher an Reproduktion oder weiterem Ausbau der Sozialpolitik interessiert ist als an ihrem Abbau, ist nachvollziehbar. Im Parteienwettbewerb wirkt dieses Interesse zugunsten der Aufrechterhaltung des sozialpolitischen Pfeilers des mittleren Weges. Mitverantwortlich für diese Responsivität ist eine weltweit seltene Parteienkonstellation: Hierzulande streiten und kooperieren zwei große Sozialstaatsparteien, die CDU/CSU und die SPD, und zwar ohne die Konkurrenz einer großen marktorientierten säkular-konservativen Partei nach Art der angloamerikanischen Demokratien.

Obendrein wirken die deutschen Sozialstaatsparteien und ihre Konkurrenten in einer Demokratie, die sich im Beinahe-Dauerwahlkampf befindet: Neben den Bundestagswahlen sorgen die Landtagswahlen, die wegen ihrer Auswirkungen auf den Bundesrat von bundespolitischer Bedeutung sind, für einen besonders kurzen Zeittakt der Politik. Auch dieser Takt prämiert eher die Beibehaltung überlieferter Politikprioritäten als mit Unvorsehbarkeiten aller Art beladene politische Neuerungen.

Die Politik des mittleren Weges basiert, so kann zusammenfassend gesagt werden, auf Weichenstellungen und Reproduktionsmechanismen, die ihren Schwerpunkt eher in der politischen Mitte als auf dem linken oder rechten Pol des politisch-ideologischen Spektrums haben und die für weitgehende Kontinuität von großen wirtschafts- und sozialpolitischen Weichenstellungen auch dann noch sorgen, wenn deren Kosten zunehmen.

Hans-Peter Ullmann

Im »Strudel der Maßlosigkeit«?

Die »Erweiterung des Staatskorridors« in der Bundesrepublik der sechziger bis achtziger Jahre[1]

»Die fiskalischen Schwierigkeiten der Gegenwart«, schrieb der Finanzwissenschaftler Robert K. Weizsäcker in einem Band zum fünfzigjährigen Jubiläum der Gründung der Bundesrepublik, »sind das Ergebnis wirtschafts- und finanzpolitischer Entscheidungen der Vergangenheit.«[2] Das klingt trivial, wirft aber die Frage auf, welche Weichenstellungen zur aktuellen Finanzmisere geführt haben. Es lohnt sich, nach einer Antwort auf diese Frage zu suchen. Denn die öffentlichen Finanzen sind eng mit Politik und Ökonomie, Gesellschaft und Kultur verwoben. Sie bieten daher einen Schlüssel zur Gesellschaftsgeschichte der Bundesrepublik.[3] Das gilt vor allem für die sechziger bis achtziger Jahre. In diesen beiden Jahrzehnten wurde nicht nur darüber debattiert, ob es »mehr Staat« geben solle (I.); die öffentlichen Auf- und Ausgaben wuchsen auch zuerst langsam, dann rascher (II.). Hinter der Ausgabensteigerung blieb das Steueraufkommen zurück (III.). Die entstandenen Fehlbeträge mussten durch Kredite finanziert werden, was die Schulden der öffentlichen Hand dramatisch anschwellen ließ (IV.). Versank die Bundesrepublik in einem »Strudel der Maßlosigkeit«? Im internationalen Vergleich lag die bundesdeutsche Entwicklung durchaus im Trend der OECD-Länder, wies aber manche Besonderheit auf. So wurde die »Erweiterung des Staatskorridors« (Hansmeyer) in den sechziger und siebziger Jahren zu einer entscheidenden Weichenstellung in der Geschichte der Bundesrepublik (VI.).

---

1 Der Aufsatz führt Überlegungen meines Buches »Der deutsche Steuerstaat. Geschichte der öffentlichen Finanzen vom 18. Jahrhundert bis heute«, München 2005, fort, die in ein größeres, vergleichend angelegtes Forschungsprojekt münden sollen. Zitat: Wolfram Weimer, Deutsche Wirtschaftsgeschichte. Von der Währungsreform zum Euro, Hamburg 1998, S. 203.

2 Robert K. Weizsäcker, Steuerstaat und politischer Wettbewerb. Grenzen der öffentlichen Finanzwirtschaft, in: Thomas Ellwein u. Everhard Holtmann (Hg.), 50 Jahre Bundesrepublik Deutschland. Rahmenbedingungen, Entwicklungen, Perspektiven, Opladen 1999, S. 589–616, hier S. 589.

3 Diesen Zusammenhang betont die Finanzsoziologie seit den Arbeiten Rudolf Goldscheids und Joseph A. Schumpeters: Die Finanzkrise des Steuerstaats. Beiträge zur politischen Ökonomie der Staatsfinanzen, Frankfurt/Main 1976. Vgl. auch Fritz K. Mann, Finanztheorie und Finanzsoziologie, Göttingen 1959.

I. Welche Rolle der Staat in Wirtschaft und Gesellschaft spielen solle, wurde seit den späten fünfziger Jahren in Politik, Wissenschaft und Öffentlichkeit intensiv diskutiert. Diese Debatte bewegte sich in einem internationalen Rahmen, der vom »Konsensliberalismus« in den USA und der französischen *planification*, den Initiativen der Labour-Regierung in Großbritannien und ersten Versuchen abgesteckt wurde, die Wirtschafts- und Finanzpolitik in der EWG zu harmonisieren. Mit dem griffigen Schlagwort von der »öffentlichen Armut« bei »privatem Reichtum« traf der amerikanische Nationalökonom John K. Galbraith den Nerv der Zeit und gab so der Argumentation eine Richtung vor, der unterschiedliche politische Lager folgten. Seit die Sozialdemokratische Partei 1959 im Godesberger Programm ihre marxistischen Traditionen und planwirtschaftlichen Vorstellungen abgestreift hatte, traten sie und die ihr nahestehenden Gewerkschaften für eine globalgesteuerte Marktwirtschaft ein, die dem Staat einen weiten Kreis von Aufgaben zuwies. Aus einer anderen Ecke kamen Alfred Müller-Armacks Überlegungen für eine »zweite Phase« der Sozialen Marktwirtschaft und Ludwig Erhards Entwurf einer »Formierten Gesellschaft« zu einem ähnlichen Ergebnis: Hatten die fünfziger Jahre im Zeichen des privatwirtschaftlichen Wiederaufbaus gestanden, sollte sich der Staat jetzt den bislang vernachlässigten »Gemeinschaftsaufgaben« zuwenden. Einzelne Probleme heizten die Diskussion an. So rief Georg Picht die deutsche »Bildungskatastrophe« aus und setzte damit den Ausbau des Bildungssystems zuoberst auf die politische Agenda. Nicht minder heftig wurde diskutiert, wie der Wohlfahrtsstaat auszugestalten sei und welchem sozialen Leitbild zu folgen wäre.[4]

Die Vorstellung, der Staat müsse mehr öffentliche Güter und Dienste bereitstellen, um die »Kollektivbedürfnisse der Wohlstandsgesellschaft« (Kitterer)

---

4 Julia Angster, Konsenskapitalismus und Sozialdemokratie. Die Westernisierung von SPD und DGB, München 2003; John K. Galbraith, Gesellschaft im Überfluss, München 1959, 267 ff.; Richard Parker, John Kenneth Galbraith: His Life, His Politics, His Economics, New York 2005, S. 273 ff.; Dieter Grimm (Hg.), Staatsaufgaben, Frankfurt/Main 1996; Vito Tanzi u. Ludger Schuknecht, Public Spending in the 20th Century: A Global Perspective, Cambridge 2000, S. 10 ff.; Gabriele Metzler, Am Ende aller Krisen? Politisches Denken und Handeln in der Bundesrepublik der sechziger Jahre, in: HZ 275. 2002, S. 57–103; Manfred Görtemaker, Geschichte der Bundesrepublik. Von der Gründung bis zur Gegenwart, München 1999, S. 328 ff.; Thomas Ellwein, Krisen und Reformen. Die Bundesrepublik seit den sechziger Jahren, München 1993²; Axel Schildt u. a. (Hg.), Dynamische Zeiten. Die sechziger Jahre in beiden deutschen Gesellschaften, Hamburg 2000; Matthias Frese u. a. (Hg.), Demokratisierung und gesellschaftlicher Aufbruch. Die sechziger Jahre als Wendezeit der Bundesrepublik, Paderborn 2003. Heinz-Gerhard Haupt u. Jörg Requate, Aufbruch in die Zukunft, Die 1960er Jahre zwischen Planungseuphorie und kulturellem Wandel. DDR, CSSR und Bundesrepublik Deutschland im Vergleich, Paderborn 2004; Christoph Führ u. Carl-Ludwig Furck (Hg.), Handbuch der deutschen Bildungsgeschichte, Bd. 6, München 1998; Hans Günter Hockerts, Metamorphosen des Wohlfahrtsstaats, in: Martin Broszat (Hg.), Zäsuren nach 1945. Essays zur Periodisierung der deutschen Nachkriegsgeschichte, München 1990, S. 35–46.

zu befriedigen, breitete sich zu einer Zeit aus, als das Wirtschaftswachstum einerseits an Dynamik einbüßte und daher, meinten viele, besonderer staatlicher Fürsorge bedurfte, andererseits das Bruttoinlandsprodukt nach wie vor, die Rezession 1966/67 ausgenommen, real mit bis zu 7 Prozent pro Jahr zunahm. Optimistisch projizierte der »Traum immerwährender Prosperität« (Lutz) dieses Wachstum weit hinein in die Zukunft. So schien sich, da die Lasten des Zweiten Weltkriegs immer weniger drückten, der finanzielle Spielraum aufzutun, sowohl die sozialen Leistungen als auch die staatlichen Investitionen zu erhöhen. Gerade öffentliche Infrastrukturmaßnahmen sollten ein stetiges Wachstum der Wirtschaft sichern, die internationale Konkurrenzfähigkeit der Bundesrepublik verbessern und sie im Systemwettbewerb mit der DDR siegen lassen. Diese Ziele waren leichter zu erreichen, wenn die Staatsquote stieg, als wenn der Anteil der Ausgaben am Sozialprodukt auf dem bisherigen niedrigen Niveau verharrte.[5]

Einer Finanzpolitik, die um einer höheren Staatsquote willen entschlossener als bisher mit dem Prinzip des ausgeglichenen Budgets zu brechen und dafür mehr Schulden in Kauf zu nehmen bereit war, lieferte die *Fiscal Policy* das erforderliche Instrumentarium wie die nötige Legitimation. Die »neue« Lehre verstand die Finanzwissenschaft als Teil der Volkswirtschaftstheorie, setzte statt auf Ordnungs- auf Prozesspolitik und nutzte makroökonomische Modelle anstelle deskriptiver Methoden. In der Bundesrepublik wurde sie in Form der »neoklassischen Synthese« rezipiert, die angetreten war, Keynes und die Neoklassik zu versöhnen. Diese drängte über die Wissenschaftlichen Beiräte beim Wirtschafts- und Finanzministerium, vor allem aber den 1964 eingesetzten Sachverständigenrat zur Begutachtung der gesamtwirtschaftlichen Entwicklung in die Politik und trieb deren Verwissenschaftlichung voran. Fehlte es im Bundesfinanzministerium, bei mancher Sympathie für die *Fiscal Policy*, am Willen wie am Handlungsspielraum, die Vorschläge der Experten aufzugreifen, verhalf ihnen die Rezession 1966/67 zum Durchbruch. Die Konjunkturprogramme, mit denen die Große Koalition der Wirtschaft aufhelfen wollte, bewirkten ökonomisch wenig, stießen aber auf umso größere öffentliche Resonanz: Ein Planungs- und Steuerungsoptimismus

---

5 James M. Buchanan u. Richard E. Wagner, Democracy in Deficit: The Political Legacy of Lord Keynes, New York 1977; Dieter Duwendag (Hg.), Der Staatssektor in der sozialen Marktwirtschaft. Vorträge und Diskussionsbeiträge der 43. Staatswissenschaftlichen Forschungstagung 1975 der Hochschule für Verwaltungswissenschaften Speyer, Berlin 1976; Konrad Littmann, Bundesrepublik Deutschland, in: Handbuch der Finanzwissenschaft, Bd. 3, Tübingen 1981³, S. 1011–1064, bes. 1035 ff.; Wolfgang Kitterer, Öffentliche Finanzen und Notenbank, in: Deutsche Bundesbank (Hg.), Fünfzig Jahre Deutsche Mark. Notenbank und Währung in Deutschland seit 1948, München 1998, S. 199–256, bes. 219 ff.; Burkhart Lutz, Der kurze Traum der immerwährenden Prosperität. Eine Neuinterpretation der industriell-kapitalistischen Entwicklung im Europa des 20. Jahrhunderts, Frankfurt/Main 1989²; Werner Abelshauser, Deutsche Wirtschaftsgeschichte seit 1945, München 2004, S. 275 ff.

griff um sich, da der Staat in der Krise Handlungsfähigkeit bewiesen hatte. So konnte sich die öffentliche Hand mit dem Gesetz zur Förderung der Stabilität und des Wachstums sowie der Neuordnung des Haushaltswesens und der föderalen Finanzbeziehungen die nötigen Instrumente zur »Erweiterung des Staatskorridors« verschaffen.[6]

Das Stabilitätsgesetz vom Juni 1967, die »Magna Charta der Konjunkturpolitik« (Neumark), stellte makroökonomische Steuerungsmittel für eine antizyklische Fiskalpolitik bereit. Bund und Länder, verpflichtet auf das Magische Viereck von Preisstabilität und Vollbeschäftigung, Außenwirtschaftsgleichgewicht und Wachstum, sollten ihre Finanzpolitik koordinieren, um die Volkswirtschaft durch Konjunkturausgleichsrücklagen, Investitionsprogramme und Kreditpolitik in der Balance zu halten. Auch private Haushalte, Unternehmen und Interessengruppen wurden in das *demand management* einbezogen. Institutionell schlug sich die »Globalsteuerung« (Schiller) im Konjunkturrat für die öffentliche Hand und in der »Konzertierten Aktion« nieder.[7]

Eine »Rationalisierung« (Caesar/Hansmeyer) des Haushaltswesens folgte. Bund wie Länder befreiten sich durch das Haushaltsgrundsätzegesetz und die Bundeshaushaltsordnung von den überholten Zwängen der Reichshaushaltsordnung. Zu Beginn der Weimarer Republik erlassen, genügte diese nicht mehr den Anforderungen an eine moderne Finanzwirtschaft. So wurde die Trennung in einen ordentlichen und außerordentlichen Haushalt durch die Bestimmung in Art. 115 GG ersetzt, wonach die Einnahmen aus Krediten die Ausgaben für Investitionen nicht überschreiten dürfen, es sei denn, das gesamtwirtschaftliche Gleichgewicht wäre gestört. Kassenbudget und Fälligkeitsprinzip beseitigten das leidige Problem der Haushaltsreste und sorgten für mehr Transparenz. Die Mittelfristige Finanzplanung erweiterte den Zeithorizont, und einem Finanzplanungsrat oblag es, die Politik der Gebietskörperschaften zu koordinieren.[8]

Die Neuordnung der föderalen Finanzbeziehungen und des Finanzausgleichs rundete das Reformwerk ab. Seit Gründung der Bundesrepublik hatte sich das gebundene Trenn- zu einem Verbundsystem entwickelt. Darüber war die Autonomie der Länder ausgehöhlt worden, da der Bund jenseits sei-

---

6 Alexander Nützenadel, Stunde der Ökonomen. Wissenschaft, Politik und Expertenkultur in der Bundesrepublik 1949–1974, Göttingen 2005; Gabriele Metzler, Konzeptionen politischen Handelns von Adenauer bis Brandt. Politische Planung in der pluralistischen Gesellschaft, Paderborn 2005; Michael Ruck, Ein kurzer Sommer der konkreten Utopie, in: Schildt, Dynamische Zeiten, S. 362–401. Andrea H. Schneider, Die Kunst des Kompromisses. Helmut Schmidt und die Große Koalition 1966–1969, Paderborn 1999, 167 ff.; Herbert Giersch u. a., The Fading Miracle: Four Decades of Market Economy in Germany, Cambridge 1992, S. 139 ff.

7 Alex Möller, Kommentar zum Gesetz zur Förderung der Stabilität und des Wachstums der Wirtschaft, Hannover 1969²; Nützenadel, Stunde, S. 307 ff.

8 Ruck, Sommer; Albert Leicht, Die Haushaltsreform, München 1970.

ner verfassungsmäßigen Zuständigkeit ihre Aufgaben finanzierte und sich dadurch eine Mitsprache sicherte. Diese »Politik des goldenen Zügels« nutzte vor allem den armen Ländern. Es konnte also nur darum gehen, die entstandene Politikverflechtung einzudämmen und zu sanktionieren. Das geschah im Art. 91a GG, der mit dem Hochschulbau, der Verbesserung der regionalen Wirtschafts- und der Agrarstruktur sowie dem Küstenschutz vier Gemeinschaftsaufgaben vorsah. Wurden die Aufgaben neu verteilt, mussten die Steuern folgen. Vertikal ging es um den Anteil von Bund und Ländern, horizontal um den Ausgleich zwischen armen und reichen Bundesländern. Der nach langem Ringen gefundene Kompromiss erweiterte den kleinen zum großen Steuerverbund, indem er die Umsatzsteuer (»Mehrwertsteuer«) als flexible Größe einbezog, änderte den Anteil von Bund und Ländern an den alten Gemeinschaftssteuern und berücksichtigte bei der Neuaufteilung erstmals die Gemeinden. Im Ergebnis entstand ein »kooperativer Föderalismus«, der die Politikverflechtung und mit ihr eine zwar kompromissorientierte und vorhersehbare, dafür aber reformunwillige und wenig flexible Finanzpolitik festschrieb.[9]

II. Mit den neuen Instrumenten, die den Planungs- und Steuerungsoptimismus der sechziger Jahre rechtlich wie institutionell verankerten, schien die »Erweiterung des Staatskorridors« nicht nur mach-, sondern auch beherrschbar zu sein. So ergab sich ein breiter Konsens, der öffentlichen Hand weitere Aufgaben zu übertragen. Denn die Forderung nach »mehr Staat« einte nicht allein unterschiedliche politische Richtungen und divergierende Parteiflügel, Unternehmer und Gewerkschaftler, Wissenschaftler und Publizisten; sie verdeckte zugleich, dass mit ihr eine moderate Expansion ebenso gemeint sein konnte wie ein »Primitivkeynesianismus« (Sturm) nach dem Motto »Ausgaben sind gut« oder eine »strukturverändernde Politik«, wie sie die Neue Linke in der SPD forderte. Dass die Allianz, obwohl heterogen, übermächtig war, zeigt bei allen Interpretationsproblemen, die Konjunktur und Inflation aufwerfen, die langfristige Entwicklung der öffentlichen Ausgaben.[10]

9 Wolfgang Renzsch, Finanzverfassung und Finanzausgleich. Die Auseinandersetzungen um ihre politische Gestaltung in der Bundesrepublik Deutschland zwischen Währungsreform und deutsche Vereinigung (1948 bis 1990), Göttingen 1991, S. 101 ff.; Dieter Biehl, Die Entwicklung des Finanzausgleichs in ausgewählten Bundesstaaten: a. Bundesrepublik Deutschland, in: Handbuch der Finanzwissenschaft, Bd. 4, Tübingen 1983³, S. 69–122; Werner Ehrlicher, Finanzausgleich III: Der Finanzausgleich in der Bundesrepublik Deutschland, in: Handwörterbuch der Wirtschaftswissenschaft, Bd. 2, Stuttgart 1980, S. 662–689; Jürgen W. Hidien, Die Verteilung der Umsatzsteuer zwischen Bund und Ländern, Baden-Baden 1998; Fritz W. Scharpf u. a. (Hg.), Politikverflechtung, 4 Bde., Kronberg 1976–80.
10 Wolfgang Jäger, Die Innenpolitik der sozial-liberalen Koalition 1969–1974, in: Karl Dietrich Bracher u. a., Republik im Wandel 1969–1974, Stuttgart 1986, S. 15–160, hier 24 ff.

Bereits in den sechziger Jahren stieg die Staatsquote (Gesamtausgaben in Prozent des Bruttoinlandsprodukts), die in den Fünfzigern zwischen 30 und 35% gependelt hatte, auf 39%. In der ersten Hälfte der siebziger Jahre sprang sie, verzerrt durch die Rezession 1974/75, auf fast 50%. Zwar sank die Quote im folgenden Jahrfünft auf 48%, kletterte aber am Anfang der Achtziger unter dem Einfluss der Wirtschaftskrise erneut auf annähernd 50%. Bis in die späten sechziger Jahre stiegen die Ausgaben der Länder stärker als die der anderen Gebietskörperschaften. Ihr Anteil an den Nettoausgaben erhöhte sich dadurch von 28% (1952) auf 32% (1967), während der des Bundes von 54% auf 51% sank und jener der Gemeinden bei etwa 18% verharrte. Das Ausgabenwachstum der siebziger und frühen achtziger Jahre schoben dagegen alle Gebietskörperschaften gemeinsam an. Im Durchschnitt der Jahre 1970/75 steigerten die Länder ihre Ausgaben jährlich um 13,5%, gefolgt vom Bund und den Gemeinden mit jeweils 12,3%. In der zweiten Hälfte der siebziger Jahre sanken die Zuwächse auf 6,3% (Bund), 7,2% (Länder) und 7,5% (Gemeinden). So fiel der Anteil des Bundes bis 1982 auf 46%; der von Ländern und Gemeinden stieg auf 34 bzw. 20%.[11]

Die Ausgaben des Bundes hatten bereits in den späten fünfziger Jahren merklicher zu steigen begonnen. Vielleicht hätte eine weniger strenge fiskalistische Politik, als sie Bundesfinanzminister Fritz Schäffer betrieb, den Kurswechsel hinausgezögert. Doch vermittelten die milliardenschweren Rücklagen des sogenannten »Juliusturms« das Bild eines reichen Staates, dessen bisherige Haushaltsdisziplin überzogen erschien und sich gefahrlos lockern ließe. So wurden Ausgaben beschlossen, die zwar kurzfristig finanzierbar, auf lange Sicht aber nicht ausfinanziert waren und eine kaum beherrschbare Dynamik weiterer Expansion in sich bargen. Schon der Bedarf der Bundeswehr stieg steil an, erreichte im Jahr der Kuba-Krise mit 18 Mrd. einen ersten Gipfel und kletterte zum Ende der sechziger Jahre auf fast 20 Mrd. Auch die Sozialausgaben wuchsen. Zwar sanken die Kriegsfolgelasten, die Arbeitslosenhilfe und die Bundeszuschüsse zur Sozialhilfe. Doch schuf sich der expandierende Wohlfahrtsstaat neue Auf- und Ausgaben. Der Versichertenkreis in der Renten- und Unfallversicherung wurde vergrößert,

11 Werner Ehrlicher, Finanzwirtschaft, öffentliche II: Die Finanzwirtschaft der Bundesrepublik Deutschland, in: Handwörterbuch der Wirtschaftswissenschaft, Bd. 3, S. 164–195, hier 176 ff.; Rolf Caesar u. Karl-Heinrich Hansmeyer, Die finanzwirtschaftliche Entwicklung, in: Deutsche Verwaltungsgeschichte, Bd. 5: Die Bundesrepublik Deutschland, Stuttgart 1988, S. 919–945, hier 935 ff.; Konrad Littmann, Definition und Entwicklung der Staatsquote. Abgrenzung, Aussagekraft und Anwendungsbereiche unterschiedlicher Typen von Staatsquoten, Göttingen 1975; Sachverständigenrat zur Begutachtung der gesamtwirtschaftlichen Entwicklung, Vor weitreichenden Entscheidungen. Jahresgutachten 1998/99, Stuttgart 1998, Tab. 33* (Abgrenzung VGR). Caesar u. Hansmeyer, Entwicklung, S. 936 (Bund incl. Ausgaben für EG); Bundesministerium der Finanzen (Hg.), Die finanzwirtschaftliche Entwicklung von Bund, Ländern und Gemeinden seit 1970, Bonn 1985, S. 6; Bundesministerium der Finanzen (Hg.), Finanzbericht 1985, Bonn 1985, S. 227.

die Sozialhilfe umgestaltet, das Wohn- und Kindergeld ausgebaut. So stiegen die Zuschüsse des Bundes an die Sozialversicherungsträger, die etwa die Hälfte der Sozialausgaben ausmachten, vor allem aber die Kindergeldzahlungen von 319 Mio. (1961) auf 2,8 Mrd. (1965). Als dritter großer Posten etablierten sich die Ausgaben für Wirtschaftsförderung und Infrastruktur. Sie lagen 1965 mit 15 Mrd. um das Fünffache höher als 1955. Besonders stark wuchsen die Subventionen des »Grünen Plans«, die Ausgaben für Bundesfernstraßen und Bundesbahn, für Wissenschaft und Entwicklungshilfe. Das Ausgabenwachstum kulminierte mit dem Wahlgeschenk höherer Sozialleistungen sowie Mehraufwendungen für Bundesbahn, Bergbau und Devisenausgleich in der prozyklischen Politik der öffentlichen Hand am Vorabend der Rezession von 1966/67.[12]

Einen weiteren, kräftigeren Ausgabenschub löste die sozial-liberale Koalition aus. Bundeskanzler Willy Brandt hatte 1969 in seiner Regierungserklärung unter dem Leitmotiv »Mehr Demokratie wagen« einen Katalog innerer Reformen vorgestellt, angefangen bei der Bildung über den Wohnungs- und Städtebau bis zum Verkehr, den die Ministerien in einem regelrechten Reformwettlauf umzusetzen begannen. Aus ihren Projekten ein mittel- oder langfristiges Programm mit klaren Schwerpunkten zu destillieren gelang nicht. Politische und bürokratische Hemmnisse traten hinzu. So wurden von den Vorhaben nur Teile in Angriff genommen, noch weniger verwirklicht und viele zur Vergabe von Wohltaten verwässert. Denn die gefährdete Mehrheit verleitete die Koalition dazu, politischen Erfolg außer mit ihrer Ostpolitik in populären Mehrausgaben zu suchen. So nahm etwa der Anteil der Aufwendungen für die soziale Sicherung, ohnehin vor den Verteidigungsausgaben der größte Posten im Bundeshaushalt, von 31 % (1970) auf 35 % (1982) zu, da von der geplanten Sozialreform nur Leistungsverbesserungen bei der Kranken-, Unfall- und vor allem der Rentenversicherung übrig blieben. Auch die Bildungsreform brachte in erster Linie höhere Ausgaben. Der Bund steigerte seine Aufwendungen für Bildung und Wissenschaft von 3,6 auf 5,4 % der

---

12 Christoph Henzler, Fritz Schäffer, 1945–1967. Eine biographische Studie zum ersten bayerischen Nachkriegs-Ministerpräsidenten und ersten Finanzminister der Bundesrepublik Deutschland, München 1994; Nikolaus Adami, Die Haushaltspolitik des Bundes von 1955 bis 1965, Bonn 1970, S. 55 ff.; Bundesministerium der Finanzen, Finanzbericht 1969, S. 426 ff.; Wilhelmine Dreißig, Zur Entwicklung der öffentlichen Finanzwirtschaft seit 1950, in: Deutsche Bundesbank (Hg.), Währung und Wirtschaft 1876–1975, Frankfurt/Main 1976, S. 691–744; Wilhelm Pagel, Der »Juliusturm«. Eine politologische Fallstudie zum Verhältnis von Ökonomie, Politik und Recht in der Bundesrepublik, Diss. Hamburg 1979. Werner Abelshauser u. Walter Schwengler, Wirtschaft und Rüstung, Souveränität und Sicherheit, München 1997, S. 95 ff.; Carola Bielfeldt, Rüstungsausgaben und Staatsinterventionismus. Das Beispiel der Bundesrepublik Deutschland 1950–1971, Frankfurt/Main 1977; Hockerts, Metamorphosen; Zoltán Jákli, Vom Marshallplan zum Kohlepfennig. Grundrisse der Subventionspolitik in der Bundesrepublik Deutschland 1948–1982, Opladen 1990, S. 81 ff.

Nettoausgaben und stellte gemeinsam mit den Ländern finanzielle Hilfen für den Besuch von Schulen und Hochschulen sowie Milliarden für deren Ausbau bereit.[13]

Hatten die Reformen in den frühen siebziger Jahren die Ausgaben nach oben getrieben, zeichnete für das Ausgabenwachstum in der zweiten Hälfte der Siebziger vornehmlich die »Stagflation« verantwortlich. Auch in der Bundesrepublik endete mit den beiden Ölkrisen und der Rezession von 1974/75 das »Goldene Zeitalter« der Nachkriegsprosperität. Ihm folgten »Krisenjahrzehnte« (Hobsbawm) mit niedrigem Wachstum, starker Inflation und hoher Arbeitslosigkeit. Darüber verflog die Steuerungs- und Planungseuphorie ebenso wie der Enthusiasmus für die *Fiscal Policy.* So versuchte die Bundesregierung, nicht zuletzt als Ergebnis politischer Kompromisse zwischen den Koalitionsparteien, mit einer Mischung aus Angebots- und Nachfragesteuerung sowie restriktiven und expansiven Maßnahmen zugleich die Probleme zu bewältigen, die Ölkrise und Globalisierung, die Tertiarisierung der bundesdeutschen Wirtschaft und die sich wandelnden Konsumbedürfnisse aufwarfen. Seit 1976 bemühte sich der Bund, die Finanzpolitik zu verstetigen und den Haushalt zu konsolidieren. Zugleich legte er eine Reihe von Interventionsmaßnahmen auf, allen voran 1977 das Programm für Zukunftsinvestitionen, die sich auf gut 100 Mrd. summierten. Diese sollten nicht den Konsum, sondern die Investitionen beleben. Dazu förderten sie technische Innovationen, subventionierten aber auch, gegen die Tendenz zur Deindustrialisierung, unrentable Branchen wie die Steinkohle. Doch ließ sich die Strukturkrise, in der die Wirtschaft steckte, dadurch nicht bewältigen. Die Interventionen milderten bestenfalls die Rezession und hielten die Zahl der Arbeitslosen unter einer Million, belasteten aber den Bundeshaushalt mit hohen Mehrausgaben.[14]

Kräftiger als die Ausgaben des Bundes, die von 88 Mrd. (1970) auf 245 Mrd. (1982) oder um 178 % wuchsen, nahmen jene der Länder zu; sie stiegen, dank eines größeren Anteils an der Mehrwertsteuer und höherer, an das Aufkom-

---

13 Caesar u. Hansmeyer, Entwicklung, S. 940 (Nettoausgaben). Görtemaker, Geschichte, S. 563 ff.; Jäger, Innenpolitik, S. 27 ff.; Andreas Rödder, Die Bundesrepublik Deutschland 1969–1990, München 2004, S. 43 ff.; Arnulf Baring u. Manfred Görtemaker, Machtwechsel. Die Ära Brandt-Scheel, Stuttgart 1993³, S. 650 ff.

14 Jens Hohensee, Der erste Ölpreisschock, 1973/74. Die politischen und gesellschaftlichen Auswirkungen der arabischen Erölpolitik auf die Bundesrepublik Deutschland und Westeuropa, Stuttgart 1996; Eric Hobsbawm, Das Zeitalter der Extreme, München 1995; Giersch u. a., Fading Miracle, S. 150 ff. Nobert Kloten, Erfolg und Misserfolg der Stabilisierungspolitik (1969–1974), in: Deutsche Bundesbank, Währung, 643–690; Alexandra Ehrlicher, Die Finanzpolitik im Spannungsfeld zwischen konjunkturpolitischen Erfordernissen und Haushaltskonsolidierung, Berlin 1991; Monika Hanswillemenke u. Bernd Rahmann, Zwischen Reformen und Verantwortung für Vollbeschäftigung. Die Finanz- und Haushaltspolitik der sozial-liberalen Koalition 1969 bis 1982, Frankfurt/Main 1997; Harald Scherf, Enttäuschte Hoffnungen – vergebene Chancen. Die Wirtschaftspolitik der sozial-liberalen Koalition 1969–1982, Göttingen 1986, S. 34 ff.

men der Umsatzsteuer gebundener Bundesergänzungszuweisungen, von 77 auf 218 Mrd. (183 %). Besonders kräftig expandierten in der ersten Hälfte der siebziger Jahre die Personalaufwendungen, die bereits mehr als zwei Fünftel der Ausgaben ausmachten. Bis 1975 schufen die Länder 230.000 neue Stellen, ein Zuwachs von 20 %, vor allem für Bildung und Wissenschaft, Öffentliche Sicherheit und Ordnung. Großzügige Stellenanhebungen und die hohen Tarifabschlüsse der frühen siebziger Jahre kamen hinzu. Dagegen sank der Anteil der Investitionen an den Ausgaben. Nach der Rezession, die auch bei den Ländern ein finanzpolitisches Umdenken einleitete, setzte sich diese Entwicklung verlangsamt und bei erheblichen Unterschieden zwischen ihnen fort. Während die Personal- den Gesamtausgaben folgten, was einen Zuwachs von weiteren 150.000 Stellen bis Anfang der achtziger Jahre brachte, sank der Anteil der investiven Ausgaben von 24 % (1970) auf 18 % (1982). Dagegen stiegen die Zinszahlungen im gleichen Zeitraum von 2 % auf 6 %, die Zuweisungen an die Gemeinden in der zweiten Hälfte der Siebziger von 12 % auf 14 % der Ausgaben.[15]

Nicht nur die Länder, auch die Gemeinden und Gemeindeverbände erhöhten in den siebziger Jahren ihre Ausgaben in einem nicht gekannten Ausmaß. Gaben die Kommunen 1970 gut 57 Mrd. aus, waren es 1982 rund 153 Mrd., ein Plus von 168 %. Hatten die Gemeinden in den fünfziger und sechziger Jahren, bei erheblichen Unterschieden zwischen finanzstarken und finanzschwachen, mit wachsenden Ausgaben sowie einem sinkenden Anteil der kommunalen Steuern an ihren Einnahmen zu kämpfen gehabt und waren deshalb von staatlichen Finanzzuweisungen zusehends abhängiger geworden, verbesserte sich ihre Finanzlage durch die Gemeindefinanzreform von 1969. Davon profitierten weniger die Investitionen, mehr dagegen die konsumtiven Aufwendungen. Auch für die Gemeinden bedeutete die Rezession einen Einschnitt. Der »boomartigen Entwicklung der kommunalen Ausgaben« (Petzina) folgte in der zweiten Hälfte der siebziger Jahre eine Zeit der Normalisierung und Konsolidierung mit niedrigeren Wachstumsraten bei anteilsmäßig weiterhin steigenden Sozialleistungen und rückläufigen Investitionen. Dass diese von 39 % (1970) auf 26 % (1982) sanken, machte sich konjunkturell bemerkbar, finanzierten doch die Gemeinden zu zwei Dritteln die öffentlichen Investitionen.[16]

15 Renzsch, Finanzverfassung, S. 261 ff.; Bundesministerium der Finanzen, Entwicklung, S. 18 ff.; Kurt Geppert u. a., Die wirtschaftliche Entwicklung der Bundesländer in den siebziger und achtziger Jahren. Eine vergleichende Analyse, Berlin 1987, S. 146 ff.
16 Horst Zimmermann, Kommunalfinanzen. Eine Einführung in die finanzwissenschaftliche Analyse der kommunalen Finanzwirtschaft, Baden-Baden 1999; Paul Marcus, Das kommunale Finanzsystem der Bundesrepublik Deutschland, Darmstadt 1987; Hermann Elsner, Gemeindehaushalte, Konjunktur und Finanzausgleich. Die Notwendigkeit einer wirtschafts-, zentralitäts-, und aufgabenpolitischen Fortsetzung der Gemeindefinanzreform, Baden-Baden 1978; Dietmar Petzi-

Hans-Peter Ullmann

Im Unterschied zu den Gebietskörperschaften, deren Anteil am Bruttosozialprodukt in den fünfziger und sechziger Jahren langsam und erst in den Siebzigern kräftig anstieg, nahmen die Ausgaben der Sozialversicherung bereits seit den Fünfzigern zu, so dass sich die Schere zwischen den Quoten der Gebietskörperschaften und Sozialversicherung öffnete. Hatte ihr Abstand in den fünfziger Jahren 3–4 Prozentpunkte betragen, war er bis Ende der Sechziger auf 8 Prozentpunkte gewachsen und erweiterte sich zwischen 1970 und 1982 sogar von 9 auf 15. Der Anstieg der Staatsquote in den siebziger Jahren ging also etwa zur Hälfte auf die Sozialversicherung zurück. Denn ihre Aufwendungen wuchsen von 88 (1970) auf 311 Mrd. (1982) oder um gut 250% und stellten damit den Zuwachs bei Bund, Ländern und Gemeinden in den Schatten. Im gleichen Zeitraum stieg das Sozialbudget (Einnahmen und Ausgaben zum Zweck sozialer Sicherung) von 179 auf 530 Mrd. (196%) und die Sozialleistungsquote (Sozialausgaben in Prozent des Bruttosozialprodukts) von 27 auf 33%. Das lag, nachdem die sozialen Leistungen bereits in den sechziger Jahren, zumal unter der Großen Koalition, ausgebaut worden waren, zunächst an der Sozialpolitik der frühen Siebziger. Diese ging von höchst optimistischen Prognosen über die finanzielle Zukunft der Sozialversicherung aus. So vergrößerte sie nicht nur, getrieben durch die politische Konkurrenz von sozialliberaler Koalition und Opposition, den Kreis der Empfänger wie die Leistungen der sozialen Sicherung – mit der flexiblen Altersgrenze besonders generös bei der Rentenversicherung –, sondern verstärkte auch die präventive Komponente. In der zweiten Hälfte der siebziger Jahre trieben dann die wirtschaftlichen Probleme und die sich kumulierenden Folgen früherer Sozialreformen die Sozialleistungen nach oben, obwohl seit 1975 Einschnitte in allen Bereichen der Sozialversicherung den Kurswechsel zu einer restriktiven Sozialpolitik anzeigten.[17]

III. Die »Erweitung des Staatskorridors« warf noch nicht in den frühen siebziger Jahren, als die boomende Wirtschaft Preise, Löhne und Steuern in die Höhe trieb, wohl aber seit der Rezession zunehmende finanzielle Probleme auf. Denn ihr entsprach keine dauerhafte, vom Konjunkturverlauf unabhängige Anhebung der Steuerquote. Hier lag die entscheidende Ursache, warum

na, Zwischen Reform und Krise. Handlungsspielräume kommunaler Finanzpolitik seit den 1960er Jahren, in: ders. u. Jürgen Reulecke (Hg.), Bevölkerung, Wirtschaft, Gesellschaft seit der Industrialisierung. Festschrift für Wolfgang Köllmann zum 65. Geburtstag, Dortmund 1990, S. 261–277.
17 Caesar u. Hansmeyer, Entwicklung, S. 935 f. (BSP); Sachverständigenrat, Jahresgutachten 1998/99, Tab. 33* (VGR); Bundesministerium für Arbeit und Sozialordnung (Hg.), Sozialbericht 1993, Bonn 1994, S. 244; Manfred G. Schmidt, Sozialpolitik in Deutschland. Historische Entwicklung und internationaler Vergleich, Opladen 1998², S. 75 ff.; ders. (Hg.), Geschichte der Sozialpolitik in Deutschland seit 1945, Bd. 7: 1982–1989 Bundesrepublik Deutschland, finanzielle Konsolidierung und institutionelle Reform, Baden-Baden 2005, S. 63 ff.

die Einnahmen des Staats mit seinen Ausgaben nicht Schritt hielten. Im ersten Jahrfünft der Siebziger wuchsen die Ausgaben mit 93 % kräftiger als das Bruttoinlandsprodukt (52 %), in den späten siebziger und frühen achtziger Jahren nahmen sie nach wie vor etwas rascher als jenes zu (46 % bzw. 43 %). Während sich so die Staatsausgaben von 266 (1970) auf 743 Mrd. (1982) oder um 179 % erhöhten, wuchsen die Steuereinnahmen nur von 162 auf 395 Mrd. (144 %), und die Steuerquote (Steuern in Prozent des Bruttoinlandsprodukts) legte geringfügig von 24 auf knapp 25 % zu.[18]

Statt die Expansion des Staats zu bremsen oder wenigstens das Steueraufkommen dem gewachsenen Bedarf an öffentlichen Gütern anzupassen und durch dauerhaft höhere Einnahmen abzusichern, gewannen in der Finanzpolitik verteilungspolitische Überlegungen an Gewicht. Das galt schon für die Neuregelung der Ehegattenbesteuerung nach dem »Splittingverfahren« und die Reform der Einkommensteuer in den späten fünfziger Jahren. Zugunsten der unteren Einkommen änderte diese den Tarifverlauf und hob Grund- wie Kinderfreibeträge an. Steuervergünstigungen und Sparprämien, eine mit der Vermögenspolitik verquickte Privatisierung von Bundesunternehmen und Hilfen beim Erwerb von Wohneigentum förderten die »Vermögensbildung in Arbeitnehmerhand«. Steuer- war aber auch Strukturpolitik. So wurden kleinere Unternehmen und Landwirtschaft, Bergbau und Regionen wie Berlin oder das Zonenrandgebiet begünstigt. Das kostete 1965 bereits 13 Mrd. oder 12 % des Steueraufkommens.[19]

In den siebziger und frühen achtziger Jahre trat das Ziel, mehr soziale Gerechtigkeit herzustellen, endgültig in den Vordergrund. Mit diesem Anspruch gestaltete die Steuerreform von 1974/75 die Grund- und Vermögen-, Erbschaft- und Gewerbe-, vor allem aber die Einkommensteuer um. Sie hob die Freibeträge an, erhöhte den Spitzensatz, änderte den Tarif und führte ein einheitliches, nach der Zahl der Kinder gestaffeltes Kindergeld ein. Das entlastete besonders die unteren Einkommen um 13 Mrd. Diesen kam auch zugute, dass direkte Transferzahlungen an die Stelle von Steuervergünstigungen traten. Nicht die verteilungspolitische, sondern die steuersenkende, bestenfalls aufkommensneutrale Ausrichtung der Reform erwies sich als Problem. Denn die Sozialdemokraten konnten in der Koalition nicht durchsetzen, dass die Entlastung der unteren durch eine Mehrbelastung höherer

18 Sachverständigenrat, Jahresgutachten 1998/99, Tab. 21*, 33* (VGR). Thilo Sarrazin, Die Finanzpolitik des Bundes 1970 bis 1982, in: Finanzarchiv NF 41. 1983, S. 373–387; Ehrlicher, Finanzpolitik, S. 16 ff.
19 Klaus Franzen, Die Steuergesetzgebung der Nachkriegszeit in Westdeutschland (1945–1961), Bremen 1994, 224 ff.; Jutta Muscheid, Steuerpolitik in der Bundesrepublik Deutschland 1949–1982, Berlin 1986, S. 67 ff.

Einkommen kompensiert wurde. Statt dessen sollte ein Abbau von Subventionen für die Gegenfinanzierung sorgen; aber der kam nicht zustande.[20]

In der zweiten Hälfte der siebziger Jahre änderte sich die Steuerpolitik, traten die verteilungs- hinter den wirtschaftspolitischen Ziele zurück. Dabei machten die diskretionären Maßnahmen des ersten Jahrfünfts, die durch Zu- oder Rücklagen und eine Änderung der Abschreibungsmodalitäten die Konjunktur zu steuern versucht hatten, Regelungen Platz, welche die wirtschaftlichen Rahmenbedingungen verbessern und so zu mehr Investitionen anregen wollten. Zu einer klaren Linie konnte sich die Regierung aber nicht durchringen. Deshalb packte sie in ihre Steuerpakete von 1977 und 1979, 1980 und 1981 kontraktive wie expansive, sozial- und investitionspolitisch motivierte Regelungen.[21]

Stieg die Steuerquote in den siebziger Jahren nur geringfügig, sprang die Abgabenquote (Steuern und Sozialabgaben in Prozent des Bruttoinlandsprodukts) von 37% auf 43%. Ihr Zuwachs ging also in erster Linie auf höhere Beiträge zur Sozialversicherung zurück. Diese kletterten im ersten Jahrfünft der Siebziger von 85 auf 167 Mrd. und stiegen trotz erster Einschnitte in das soziale Netz bis 1982 weiter auf 284 Mrd., nahmen also seit 1970 um rund 235% oder von 13% auf 18% des Bruttoinlandsprodukts zu. Es scheint, als habe die Koalition das Wachstum der Sozialabgaben weniger gekümmert als die Konsolidierung des Haushalts, obwohl jene dessen Volumen bereits seit dem Ende der siebziger Jahre übertrafen.[22]

IV. Da die Gesamteinnahmen des Staats bei geringfügig steigender Steuer- und stärker zunehmender Abgabenquote hinter den Gesamtausgaben zurückblieben, nahmen die negativen Finanzierungssalden zu. Hatte der staatliche Gesamthaushalt bis zum Beginn der siebziger Jahre positive oder allenfalls leicht negative Werte verzeichnet, die nur 1967 über 1% lagen, sprangen diese in der Rezession von 1974/75 auf 5,6% und in der Wirtschaftskrise Anfang der Achtziger auf 3,7%, sanken aber auch in der Zwischenzeit nie unter 2,4%. Während die Sozialversicheung nur in den Mittsiebzigern zeitweilig ins Minus rutschte, stiegen die Defizite in den Haushalten von Bund, Ländern und Gemeinden drastisch an. Diese hatten in der zweiten Hälfte der sechziger Jahre im Schnitt bei 4,4% der Ausgaben gelegen und waren in der ersten Hälfte der Siebziger auf 5,7% geklettert; im zweiten Jahrfünft sprangen sie auf 11,3%. Das galt primär für den Bund, dessen Finanzierungssaldo auf 15,6% stieg, aber auch für die Länder (8,5%), weniger für die Gemeinden (3,8%).[23]

---

20 Ebd., S. 141 ff.
21 Ebd.; Jákli, Marshallplan, S. 226 ff.
22 Sachverständigenrat, Jahresgutachten 1998/99, Tab. 33* (VGR).
23 Ebd., Tab. 33* (VGR), 34* (Finanzstatistik).

Mit den negativen Finanzierungssalden wuchs die Nettokreditaufnahme. Diese hatte sich 1965/69 im Schnitt unter 8 Mrd. pro Jahr bewegt. Im ersten Jahrfünft der Siebziger nahm sie auf 14 Mrd., im zweiten auf 43 Mrd. zu und erreichte Anfang der achtziger Jahre 64 Mrd. Besonders hoch lag die Kreditfinanzierungsquote beim Bund. Sie stieg in der zweiten Hälfte der siebziger Jahre auf 15 %, während die Länder nur 8 % und die Gemeinden lediglich 4 % ihrer Ausgaben decken mussten, indem sie sich verschuldeten. Die Kreditfinanzierung ließ die öffentlichen Schulden rasch ansteigen. Seit Anfang der sechziger Jahren waren diese stetig gewachsen, ohne dass sich der Trend bis in die frühen Siebziger auffällig verändert hätte. Seit 1973 wurde das anders. So wuchs der Schuldenberg der öffentlichen Haushalte von 126 (1970) über 256 (1975) auf 615 Mrd. (1982), verfünffachte sich also bald in diesem Zeitraum. War die Schuldenquote (Schulden in Prozent des Bruttoinlandsprodukts) in den sechziger Jahren von 17 auf 20 % gestiegen, verdoppelte sie sich fast bis 1982 auf 39 %. Am stärksten wuchsen die Schulden der Länder. Sie legten zwischen 1970 und 1982 von 28 auf 191 Mrd. oder um mehr als 580 % zu. Ihnen folgte der Bund, dessen Verbindlichkeiten sich um gut 440 %, nämlich von 58 auf 314 Mrd., erhöhten. Vergleichsweise bescheiden fiel dagegen mit 175 % (40 auf 110 Mrd.) der Anstieg bei den Gemeinden aus.[24]

V. Ließ die »Enttabuisierung« (Caesar) der Staatsverschuldung die öffentlichen Finanzen in der Bundesrepublik aus dem Ruder laufen? Drohten eine »Schuldenklemme« oder gar ein Staatsbankrott? War das Wachstum der Wirtschaft in Gefahr? Diese Fragen wurden Anfang der achtziger Jahre in Wissenschaft, Politik und Öffentlichkeit heftig diskutiert. In dieser Debatte ging es nicht allein um die Grenzen und Gefahren der Staatsverschuldung, sondern auch um ein Urteil über die Finanzpolitik der sozial-liberalen Koalition und letztlich wieder um die Frage, welche Rolle der Staat in Wirtschaft und Gesellschaft spielen, ob das »golden age of public sector intervention« (Tanzi/Schuknecht) fortdauern solle oder zu einem Ende kommen müsse.[25]

Beunruhigen musste der rasche Anstieg der Staatsquote seit den sechziger Jahren, vor allem in den späten Sechziger und frühen Siebzigern, der in der Geschichte der Bundesrepublik seinesgleichen suchte. Zwar wuchs die Quote

24 Ebd., Tab. 37* u. 21* (Quote eigene Berechnung); Roland Sturm, Staatsverschuldung, Opladen 1993, S. 33 ff.

25 Rudolf Caesar, Öffentliche Verschuldung in Deutschland seit der Weltwirtschaftskrise. Wandlungen in Politik und Theorie, in: Dietmar Petzina (Hg.), Probleme der Finanzgeschichte des 19. und 20. Jahrhunderts, Berlin 1990, S. 9–55; Uwe Wagschal, Staatsverschuldung. Ursachen im internationalen Vergleich, Opladen 1996; Ewald Nowotny (Hg.), Öffentliche Verschuldung, Stuttgart 1979; Dieter B. Simmert u. Kurt-Dieter Wagner (Hg.), Staatsverschuldung kontrovers, Köln 1981; Eva Lang u. Walter A. S. Koch, Staatsverschuldung, Staatbankrott?, Würzburg 1980; Karl Diehl u. Paul Mombert, Das Staatsschuldenproblem, Frankfurt/Main 1980.

auch in den anderen Mitgliedsstaaten der OECD. Mit einem Sprung von 32 %
(1960) auf 49 % (1975) oder um 17 Prozentpunkte, davon allein 10 Prozentpunkte zwischen 1968 und 1975 stand Westdeutschland aber an der Spitze
der großen OECD-Länder. Stärkere Zuwachsraten wiesen lediglich die skandinavischen Staaten, Irland und die Niederlande auf. Auch die Höhe der bundesdeutschen Staatsquote stellte im Jahr 1975 alle anderen OECD-Länder,
ausgenommen die Niederlande und Schweden, in den Schatten.[26]

Ließ der Ausgabenschub der späten sechziger und frühen siebziger Jahre
die Staatsquote in der Bundesrepublik nach oben schnellen, zeigten sich hier
dafür in der zweiten Hälfte der siebziger Jahre größere finanzielle Konso-
lidierungserfolge. Nicht nur sank die Staatsquote bis 1979 auf knapp unter
48 % und stieg erst an der Wende von den siebziger zu den achtziger Jahre wieder auf über 49 % an; dieser Zuwachs fiel auch schwächer aus als in
den meisten Mitgliedsländern der OECD. Unter den großen Staaten wies die
Bundesrepublik mit einem halben Prozentpunkt den geringsten Anstieg zwischen 1975 und 1982 auf und blieb damit deutlich unter dem OECD-Durch-
schnitt.[27]

Die »Erweiterung des Staatskorridors« erkaufte sich die Bundesrepublik
nicht mit einer höheren Steuerquote. Diese nahm seit dem Ende der sechziger Jahre nur geringfügig zu. Der Zuwachs blieb hinter dem OECD-Durchschnitt
zurück und ließ die bundesdeutsche Quote, die in den sechziger Jahren noch
über dem Mittel der OECD-Länder gelegen hatte, bis zum Beginn der achtziger Jahre leicht unter den Durchschnitt fallen. Dass sich die Gesamtabgaben-
quote, also einschließlich der Sozialabgaben, dagegen von 32 % in den sechziger Jahren auf über 37 % in den frühen Achtzigern erhöhte, verweist auf
das Gewicht der steigenden Sozialabgaben. Eine höhere Sozialtransferquote
(Sozialtransfers in Prozent des Bruttosozialprodukts) als die Bundesrepublik
hatten Anfang der achtziger Jahre nur Frankreich und Italien. Diese einge-
rechnet bewegte sich Westdeutschland ungefähr im Mittelfeld der OECD-
Staaten und blieb Teil der »christdemokratisch-kontinentaleuropäischen
Steuerfamilie« (Wagschal), gekennzeichnet durch eine breite Besteuerung,
eine vergleichsweise niedrige Einkommensteuer und hohe Sozialabgaben.[28]

Der Preis für »mehr Staat« bestand außer in einer steigenden Sozialleistungsquote in einer rasch wachsenden Verschuldung. Zwar bildete die Bun-

---

26 OECD, Economic Outlook: Historical Statistics 1960–1985, Paris 1987, S. 64. Vergleichende
Studien mit weiterführender Literatur: Robert J. Franzese, Macroeconomic Policies of Developed
Democracies, Cambridge 2002; Mark Hallerberg, Domestic Budgets in a United Europe: Fiscal
Governance from the End of Bretton Woods to EMU, Ithaca, NY 2004.

27 Ebd.

28 Uwe Wagschal, Steuerpolitik und Steuerreformen im internationalen Vergleich. Eine Analyse der Ursachen und Blockaden, Münster 2005, S. 52 ff., 105 ff.; OECD, Historical Statistics, S. 63;
OECD, Revenue Statistics 1965–2001, Paris 2002, S. 73 ff.

desrepublik Anfang der achtziger Jahre mit einer Nettoschuldenquote (Netto-schulden in Prozent des Bruttosozialprodukts) von knapp 20 % mit den USA und Frankreich das Schlusslicht unter den großen OECD-Ländern; und von den kleinen Staaten wiesen nur Finnland und Schweden, Norwegen und Spa-nien günstigere Werte auf. Nicht anders sah es bei der Bruttoschuldenquote (Bruttoschulden in Prozent des Bruttosozialprodukts) aus, die von knapp 19 % (1972) auf gut 39 % (1982) stieg und damit deutlich unter dem OECD-Durch-schnitt von etwas über 46 % blieb. Nicht das Niveau der Verschuldung, wohl aber dessen Veränderung sticht ins Auge. So waren die Bundesrepublik und Italien in den späten sechziger und frühen siebziger Jahren die einzigen Staa-ten der OECD, in denen die Nettoschuldenquote zu-, nicht abnahm; und von den Mittsiebzigern bis in die frühen achtziger Jahre stand Westdeutschland mit einem Zuwachs von knapp 19 Prozentpunkten an der Spitze der großen OECD-Länder, gefolgt von Italien und Kanada. Von den kleinen Mitglieds-staaten verzeichneten nur Schweden, Dänemark und Irland höhere Werte.[29]

VI. In einem »Strudel der Maßlosigkeit« versank die Bundesrepublik nicht. Aber sie erlebte, zumal in den späten sechziger und frühen siebziger Jahren, eine »Erweiterung des Staatskorridors«, die in der bundesdeutschen Geschich-te ihresgleichen suchte und deren Dynamik auch im internationalen Vergleich hervorstach. Getragen wurde die Expansion staatlicher Auf- und Ausgaben von einem breiten Konsens heterogener Kräfte. Diese versprachen sich von ihr eine Lösung jener Probleme, vor denen die Bundesrepublik stand, als die Nachkriegszeit zu Ende ging. Lief schon die Bereitschaft, »mehr Staat« zu akzeptieren, auf eine Weichenstellung hinaus, gilt das noch mehr, wenn man die Folgen bedenkt. Diese waren vielfältig und reichten weit, bündelten sich aber im Wachstum der öffentlichen Schulden, das in den achtziger Jahren allenfalls zu verlangsamen, nicht aber zu stoppen war und in den neunziger Jahren noch einmal merklich zulegte. So konnten zwar kurzfristig die öffent-lichen Ausgaben erhöht werden, ohne die Steuerschraube anziehen und über die Verteilung der Last politische Konflikte riskieren zu müssen. Auf längere Sicht zerstob aber die »Schuldenillusion«, da der wachsende Schuldenberg den finanziellen Spielraum von Bund, Ländern und Gemeinden zusehends einengte, sich zu einer immer drückenderen Last entwickelte und zukunfts-orientierte Ausgaben etwa für Bildung oder Forschung blockierte. Wer nach

29 David G. Skilling, Policy Coordination, Political Structure, and Public Debt: The Political Economy of Public Debt Accumulation in OECD Countries since 1960, Ann Arbor, MI 2001; Franzese, Policies, S. 22 ff., 126 ff.; Giancarlo Corsetti u. Nouriel Roubini, Fiscal Deficits, Public Debt and Gouvernment Solvency: Evidence from OECD Countries, Cambridge, MA 1991, S. 2 ff., Tab. 5; Jean-Claude Chouraqui u. a., Public Debt in a Medium-Term Context and Its Implications for Fiscal Policy, Paris 1986, S. 9 f.; Willi Leibfritz u. a., Fiscal Policy, Government Debt and Eco-nomic Performance, Paris 1994, S. 80 f.

Entscheidungen sucht, die zu den Finanzproblemen der Gegenwart geführt und damit die Geschichte der Bundesrepublik geprägt haben, muß deshalb zuerst auf die sechziger bis achtziger Jahre schauen. Die Weichen, die in Politik und Ökonomie, Gesellschaft und Kultur in diesen beiden Jahrzehnten gestellt wurden, brachten die öffentlichen Finanzen auf jenen abschüssigen Pfad, der zur aktuellen Finanzmisere führte.[30]

---

30 Ullmann, Steuerstaat, S. 205 ff.

Klaus Tenfelde

Vom Ende und Anfang sozialer Ungleichheit

Das Ruhrgebiet in der Nachkriegszeit

I. Die Zeitschrift »Geschichte und Gesellschaft« begann ihr Erscheinen im Jahre 1975 mit einem durchaus programmatisch verstandenen Heft über »Soziale Schichtung und Mobilität in Deutschland im 19. und 20. Jahrhundert«. Das Editorial der Herausgeber betonte »die Analyse sozialer Schichtungen, politischer Herrschaftsformen, ökonomischer Entwicklungen und soziokultureller Phänomene« als bevorzugte Themenfelder der neuen Zeitschrift, und der einführende, für eine ganze Generation von Sozialhistorikern richtungweisende Aufsatz von Jürgen Kocka über »Theorien in der Sozial- und Gesellschaftsgeschichte. Vorschläge zur historischen Schichtungsanalyse« explizierte das Problem der Theoriebildung in der Sozialgeschichtsschreibung, und überhaupt deren Theoriebedürftigkeit, an der historischen Mobilitätsforschung.[1] Das »grundlegende Erkenntnisinteresse«, hieß es hier, »das die historische Analyse von sozialer Schichtung und Mobilität antreiben und, auch in Kategorien der Gegenwartsrelevanz, legitimieren kann, könnte das Interesse an sozialer Ungleichheit, ihren Ursachen und Folgen, ihren Wandlungen und ihrer Veränderbarkeit sein.«[2] In vier einschlägigen Aufsätzen illustrierte das allererste Heft der Zeitschrift sodann das Gemeinte vornehmlich an Beispielen aus dem 19. Jahrhundert, aber auch bereits mit einem Aufsatz von Hartmut Kaelble über Chancenungleichheit und akademische Ausbildung in Deutschland 1910 bis 1960.[3]

In den folgenden Jahrzehnten ist das Interesse der Herausgeber dieser Zeitschrift an der historischen Ungleichheitsforschung gewiss nicht erlahmt, aber vielleicht doch, angesichts der sich rasch ausweitenden Themenvielfalt der Sozialgeschichtsschreibung, in den Hintergrund getreten. Dafür gab es viele Gründe: Beginnend mit der Alltagsgeschichte, schlug den eben etablierten Sozial- als Strukturhistorikern ein neues Interesse an den »kleinen Leuten« entgegen, und damit begann jene leidige Kritik, wonach Sozialgeschichte am Schicksal der Individuen desinteressiert sei – eine Geschichtsschreibung,

---

1 Vorwort der Herausgeber, in: GG 1. 1975, S. 5; Jürgen Kocka, Theorien in der Sozial- und Gesellschaftsgeschichte. Vorschläge zur historischen Schichtungsanalyse, in: ebd., S. 9–42.

2 Ebd., S. 32.

3 Hartmut Kaelble, Chancengleichheit und akademische Ausbildung in Deutschland 1910–1960, in: ebd., S. 121–149.

welche über die Kollektive sozusagen die Menschen vergesse. Verhaltens-
und mentalitätsgeschichtliche Ansätze verwiesen in eine ähnliche Richtung.
Im Wesentlichen war es aber ein anhaltender Prozess struktureller Differenzierung der neu etablierten Betrachtungsweise und Sektorwissenschaft,
mittels dessen sich einzelne Erkenntnisfelder der Sozialgeschichtsschreibung
gleichsam subdisziplinär verselbständigten: die Frauen- und Geschlechtergeschichte, die Geschichte der Städte und des Wohnens, die Arbeiter- und
Bürgertumsgeschichte und viele andere.

Die historische Erforschung der sozialen Ungleichheit wäre dabei beinahe
auf der Strecke geblieben, hätte es nicht, nach einschlägigen Forschungsprojekten der »Bielefelder Schule« noch in den siebziger Jahren, sich wiederum tendenziell verselbständigende Teilbereiche gegeben, in denen solche
Forschung vorangetrieben wurde: die historische Bildungsforschung etwa,
überwiegend jetzt unter den Vertretern der historischen Pädagogik auch als
kritische Ungleichheitsforschung aufgegriffen, dann die eher demographisch
orientierte Ungleichheitsforschung über »Krankheit und Tod«, wie sie sich in
einem Teil der urbanisierungsgeschichtlichen Literatur spiegelt. Es war dann
Hans-Ulrich Wehler, der mit beharrlichem, stets auch kritisch der Gegenwart
zugewandten Ehrgeiz darauf beharrte, dass die Erforschung der historischen
sozialen Ungleichheit als ein »Königsweg« der Sozialgeschichtsschreibung zu
gelten habe.[4] Es zeichnet sich ab, dass Wehler, ungeachtet mancherlei Kritik
gerade an der Kategorienfestigkeit seiner großen Leistung, der »Deutschen
Gesellschaftsgeschichte«, unbeirrt an der zentral gestellten Untersuchung
dieser Dimension der Sozialgeschichtsschreibung festhalten wird. So hat er
vor einigen Jahren gefragt, ob sich auch und gerade in einer bürgertumsge-
schichtlichen Perspektive »das Gefüge der Sozialen Ungleichheit in der Bundesrepublik in den letzten Jahrzehnten fundamental verändert« habe, und
die Antwort war eindeutig: »Die noch immer fest verankerte Tiefenstruktur
der Sozialen Ungleichheit« lasse sich vielfach nachweisen,[5] das erweise sich
zumal in den Benachteiligungen durch das Bildungssystem, in der berufsbe-
zogenen Rekrutierung der Führungsschichten und auch in der historischen
Kriminalitätsforschung.

---

4 Vgl. besonders Hans-Ulrich Wehler, Deutsche Gesellschaftsgeschichte, Bd. 1: Vom Feudalismus des Alten Reiches bis zur Defensiven Modernisierung der Reformära 1700–1815, München
1987, S. 11, 125–133; Bd. 2: Von der Reformära bis zur industriellen und politischen »Deutschen
Doppelrevolution« 1815–1845/49, München 1987, Kap. 3 über »Strukturbedingungen und Entwicklungsprozesse Sozialer Ungleichheit«, S. 140 ff.; Bd. 3: Von der »Deutschen Doppelrevolution« bis
zum Beginn des Ersten Weltkrieges 1849–1914, München 1995, wiederum Kap. 3, S. 106 ff.; Bd. 4.:
Vom Beginn des Ersten Weltkrieges bis zur Gründung der beiden deutschen Staaten 1914–1945,
München 2003, S. 284 ff.
5 Hans-Ulrich Wehler, Deutsches Bürgertum nach 1945. Exitus oder Phönix aus der Asche?,
in: GG 27. 2001, S. 617–637, 629, 631.

Mit Vehemenz nahm Wehler hierbei modernere Trends der sozialwissen-schaftlichen Forschung aufs Korn. In der Tat, seit Ulrich Becks kritischer Analyse der forschungsüblichen Kategorien überschlugen sich beinahe, unter vermeintlich analytischem Blick auf die Gegenwartsgesellschaft, die begrifflichen Vorschläge: Zweidrittel-Gesellschaft, Zuwanderer-Gesellschaft, Risiko-, Erlebnis- oder Freizeitgesellschaft und so weiter.[6] Wehler sprach mit Blick auf die Rolle von Bürgertum und Bürgerlichkeit in der Moderne vom »Schleier dieser modischen Begriffe«, welche von »glitzernden Wortkaskaden« verhüllt würden.[7] Tatsächlich wabert der Forschungsstreit um das Bürgertum und die Bürgerlichkeit fort, und er hat in diesen Zeiten gar das Feuilleton erreicht.[8] Deutsche Sozialwissenschaftler waren sich schon zu Beginn der sechziger Jahre offenbar ziemlich einig darin, dass »unsere Gesellschaft [...] keine spezifisch bürgerliche Struktur mehr« habe;[9] Schelskys berühmte Hypothese von der »nivellierten Mittelstandsgesellschaft« warf damals bereits ihre Schatten, eine Analyse, von der Paul Nolte mit einigem Recht feststellt, dass sie empirische Relevanz erst in der nahen Gegenwart gefunden habe und zum Zeitpunkt ihrer begrifflichen Formung eher so etwas wie eine genialische Vision gewesen sei.[10] Heute scheint die klassische Sozialstruktur-Analyse einigermaßen *out*, »Lebensstile« und »Milieus« sind *in*,[11] und die an der Wende zu den siebziger Jahren hochaktuellen Rekurse auf klassische Klassenthemen wirken allenfalls noch irritierend:[12] Die deutsche Soziologie hat sich, unter kennzeichnendem Visionsverlust, ordentlich

---

6 Ulrich Beck, Jenseits von Stand und Klasse? Soziale Ungleichheit, gesellschaftliche Individualisierungsprozesse und die Entstehung neuer sozialer Formationen und Identitäten, in: Reinhard Kreckel (Hg.), Soziale Ungleichheiten, Göttingen 1983, S. 35–72.

7 Wehler, Bürgertum, S. 630 f.

8 Vgl. Die Zeit 61. Nr. 11 (9.3.2006), S. 49–51; Frankfurter Allgemeine Zeitung Nr. 66 (18.3.2006), S. 9; Joachim Fest u. Wolf Jobst Siedler, Der lange Abschied vom Bürgertum, Berlin 2005; Manfred Hettling u. Bernd Ulrich (Hg.), Bürgertum nach 1945, Hamburg 2005.

9 Alfred von Martin, Die Krise des bürgerlichen Menschen, in: KfZSS 14. 1962, S. 417–448, hier 443.

10 Paul Nolte, Die Ordnung der deutschen Gesellschaft. Selbstentwurf und Selbstbeschreibung im 20. Jahrhundert, München 2000, S. 330 f. und passim; zu Schelsky bleibt seine Selbsteinschätzung lesenswert: Helmut Schelsky, Wandlungen der deutschen Familie, 1955, S. 218–242.

11 Vgl. etwa Peter A. Berger u. Stefan Hradil (Hg.), Lebenslagen, Lebensläufe, Lebensstile, Göttingen 1990; Stefan Hradil, Sozialstrukturanalyse in einer fortgeschrittenen Gesellschaft. Von Klassen und Schichten zu Klassen und Milieus, Opladen 1987, über die »alten« Klassen- und Schichtmodelle »und ihre Mängel« S. 59 ff., über »Lagen und Milieus« S. 139 ff.; als oft genutzte sozialwissenschaftliche Einführungen beziehungsweise Lehrbücher siehe Rainer Geißler, Die Sozialstruktur Deutschlands. Die gesellschaftliche Entwicklung vor und nach der Vereinigung, Opladen 2002³; Bernhard Schäfers, Sozialstruktur und sozialer Wandel in Deutschland, Stuttgart 2002⁷; als Anthologie: Hans-Peter Müller u. Michael Schmid (Hg.), Hauptwerke der Ungleichheitsforschung, Wiesbaden 2003.

12 Ein später 68er ist Max Koch, Vom Strukturwandel einer Klassengesellschaft. Theoretische Diskussion und empirische Analyse, Münster 1994.

verbürgerlicht.[13] Wie es scheint, spielen die für Sozialhistoriker zeitweilig
hochbedeutsamen milieutheoretischen Überlegungen des historischen Soziologen M. Rainer Lepsius,[14] die in den achtziger Jahren – merkwürdig verspä-
tet – von der historischen Wahlforschung, vor allem aber in Untersuchungen
über Arbeiterkultur und Arbeiterbewegungen, über die katholische Welt und
in zahllosen orts- und regionalgeschichtlichen Studien aufgegriffen worden
sind, in all der Differenzierung von Lebensstilen und Milieus so gut wie keine Rolle. So lassen sich, auf Umfragen beruhend, zwischen Unter- bis Oberschicht einerseits, traditioneller und der Zukunft zugewandter Wertorientie-
rung andererseits mindestens zehn Milieus beschreibend ordnen. In einem
der Ordnungsvorschläge umkreisen davon neun eine mit 16 Prozent quanti-
fizierte »Bürgerliche Mitte«, aber zur Unter- bis Mittelschicht gehören auch
die »Traditionsverwurzelten« (eher in der Unterschicht), »Konservative« (bis
in die Oberschicht), »Postmaterielle«, »moderne Performer« und »Experi-
mentalisten«, nur am Rande hingegen »Hedonisten«. Ganz unten findet man
»Konsum-Materialisten«, ganz oben »Etablierte«, Teile der Konservativen,
der Postmateriellen und modernen Performer. Es gibt inzwischen zahlreiche
Varianten. Michael Vester etwa ordnet, auf einer »Herrschaftsachse«, vom
»Habitus der Notwendigkeit« nach oben über denjenigen der »Strebenden«
und den der »Arrivierten« zu jenem der »Distinktion« sowie auf einer »Dif-
ferenzierungsachse« zwischen avantgardistisch, eigenverantwortlich, hierar-
chiegebunden und autoritär. Dort nun findet sich ein »Modernes bürgerliches
Milieu« mit acht Prozent im Habitus der Arrivierten auf der autoritären Seite, und die »traditionslosen Arbeitnehmermilieus« finden sich, als »Unange-
passte«, »Resignierte« und »Statusorientierte« ganz unten, als Beherrschte,
mit elf Prozent im »Status der Notwendigkeit«.[15]
     Es gibt einige gute Gründe, diese modernen Milieus – unbeschadet ih-
rer diskutierbaren analytischen Qualität – einer systematisch orientierten
historischen Schichtenanalyse zur Sozialgeschichte der Bundesrepublik
Deutschland *nicht* als Gesellschaftsordnungsbilder zu unterstellen und sich
begrifflich *nicht* an ihnen zu orientieren. Es gibt, vornehmlich, historische
und analytische Überlegungen, die für den Verzicht sprechen: Vor allem aus

---

13 Zur Kritik siehe bereits Rainer Geißler, Kein Abschied von Klasse und Schicht. Ideologische
Gefahren der deutschen Sozialstrukturanalyse, in: KZfSS 48. 1996, S. 319–338.
14 M. Rainer Lepsius, Parteiensystem und Sozialstruktur. Zum Problem der Demokratisierung
der deutschen Gesellschaft, in: Wilhelm Abel u. a. (Hg.), Wirtschaft, Geschichte und Wirtschaftsgeschichte. Festschrift für Friedrich Lütge, Stuttgart 1966, S. 371–393.
15 Michael Vester, Milieus und soziale Gerechtigkeit, in: Karl-Rudolf Korte u. Werner Wei-
denfeld (Hg.), Deutschland-Trendbuch. Fakten und Orientierungen, Opladen 2001, S. 136–183;
vgl. ders. u. a., Soziale Milieus im gesellschaftlichen Strukturwandel, Frankfurt/Main 2001²; auch
Hradil, Sozialstrukturanalyse, S. 131, wo die Differenzierungsachsen zwischen Unter- bis Oberschicht beziehungsweise von »traditioneller Grundorientierung« über »Materialismus und Ano-
mie« bis zur »postmateriellen Neuorientierung« führen.

Quellengründen, aber auch mit dem Ziel der Erfassung des für fundamental gehaltenen Strukturwandels im Erwerbsleben, in der sozialen Schichtung und in den Wertorientierungen während der sechziger Jahre, sollte sich eine erneuerte historische Schichtungsforschung für Nachkriegsdeutschland wieder klassischen Kategorien zuwenden. Allein aus eher deskriptiv angelegten Selbst- und Fremdzuordnungen lassen sich meines Erachtens nicht hinreichend erklärende Deutungen gewinnen. Man bedenke allein, dass die Welt der Berufe in den Lebensstilen weniger auf- als vielmehr untergeht. Fragen wie diejenige nach der Vergesellschaftung der so eloquent umschriebenen Milieus bleiben unbeantwortet. Als »Milieus an sich« mögen solche Strukturbilder für gewisse Fragestellungen überzeugen, als »Milieus für sich« lassen sie sich kaum je identifizieren. Viel spricht mithin dafür, der historischen Sozialstruktur-Analyse weiterhin den freilich amorphen Schichtungsbegriff zu unterstellen und darin auf die Entwicklung sozialer Ungleichheit abzuheben. Wo möglich und erforderlich, sollte man, wie Josef Mooser das getan hat, von »Klassenbildung« und »Entklassung« sprechen. Ob dabei die von Mooser konstatierte »Entklassung« auch moderneren Entwicklungen standhält, bleibe dahingestellt.[16] Andreas Wirsching hat jüngst zu bedenken gegeben, ob nicht »eine neue – nachproletarische – ›Klasse‹« im Übergang zur postindustriellen Dienstleistungsgesellschaft längst entstanden sei, eine »Klasse an sich«, »deren Lebensumstände sich angleichen und in dem Maße prekär zu werden drohen, in dem ihre Kapitalabhängigkeit steigt.«[17]

II. Mit großer Beharrlichkeit hat Hans-Ulrich Wehler, allen Widerständen und Kritiken zum Trotz, an der großen Bedeutung der historischen Ungleichheitsforschung festgehalten und damit zugleich die Vision einer gerechteren Gesellschaft gewahrt. Die empirischen Grundlagen solcher Forschung sind vornehmlich in den siebziger Jahren an der Fakultät für Geschichtswissenschaft der Universität Bielefeld und am Institut für Wirtschafts- und Sozialgeschichte der Freien Universität Berlin gelegt worden. Jürgen Kocka regte in Bielefeld eine Untersuchung mehrerer Autoren über Familie und soziale Platzierung an westfälischen Beispielen an, und vor dem Hintergrund dieser Untersuchungen entstand Reinhard Schürens grundlegende Bestandsaufnahme über »Soziale Mobilität«, welcher die Forschung neben anderem sehr durchdachte Vorschläge zur Standardisierung der historischen Berufe-Welt

---

16 Josef Mooser, Arbeiterleben in Deutschland 1900–1970. Klassenlagen, Kultur und Politik, Frankfurt/Main 1984.

17 Andreas Wirsching, Rezension zu Mario Kessler, Vom bürgerlichen Zeitalter zur Globalisierung, Berlin 2005, in: HSozKult 8.4.2006, http://hsozkult.geschichte.hu-berlin.de/rezensionen/id=7866&count=6&recno=1&type=rezbuecher&sort=datum&order=down&search=kessler+zeitalter (Zugriff am 19.5.2006).

verdankt.[18] Als Schürens Untersuchung erschien, war das Interesse an derartigen Studien längst erlahmt, und wer daran festhielt, hatte sich des merkwürdigen Vorwurfs einer nachgerade menschenfeindlichen Quantifizierungsneurose zu erwehren. In Berlin war es Hartmut Kaelble, der in Aufsätzen und Büchern soziale Ungleichheitsforschung, die natürlich stets zugleich Mobilitätsforschung ist, begrifflich eingrenzte und in wichtigen Gebieten verfolgte. Ihm ging es um »die Verteilung knapper materieller und immaterieller Güter und Leistungen innerhalb einer Gesellschaft«, was »die Verteilung etwa von Vermögen, von Einkommen, von Qualität der Arbeitsbedingungen, von Bildung, von Wohnungsqualität, von Gesundheitschancen und medizinischer Versorgung, von Erholungsmöglichkeiten und Freizeit, von Rechtssicherheit, von Chancen autonomer Gestaltung [der Lebenssituation], von Ansehen und sozialen Kontaktmöglichkeiten, von Mobilitätschancen« umschloss.[19] Kaelble war es auch, der in einer Zeit, die sich gegenüber modernisierungstheoretischen Ansätzen zunehmend versperrte, den Vergleich der Entwicklung von Ungleichheitsbeziehungen in verschiedenen europäischen Staaten, namentlich zwischen Deutschland und Frankreich, versuchte.[20] Seit ersten Ansätzen in der Untersuchung von Wolfgang Köllmann über die Industriestadt Barmen[21] ist die Frage nach der Schicht- beziehungsweise Klassenbildung im Prozess der Vergroßstädterung außerdem durch die Urbanisierungsforschung häufig aufgegriffen worden – man denke nur an Horst Matzeraths umfassende Untersuchung zu Preußen.[22] Am ehesten auf diesem Feld verbinden sich auch historisch-demographische Untersuchungen mit Fragestellungen zur Entwicklung der sozialen Ungleichheit, wie sie von Reinhard Spree und jüngst ausgeprägt von Jörg Vögele verfolgt worden sind.[23] Es ist, blickt man auf diese jüngeren Forschungsergebnisse, nicht gar so schlecht mit der Er-

---

18 Jürgen Kocka u.a., Familie und soziale Plazierung. Studien zum Verhältnis von Familie, sozialer Mobilität und Heiratsverhalten an westfälischen Beispielen im späten 18. und 19. Jahrhundert, Opladen 1980; Reinhard Schüren, Soziale Mobilität. Muster, Veränderungen und Bedingungen im 19. und 20. Jahrhundert, St. Katharinen 1989.

19 Hartmut Kaelble, Industrialisierung und soziale Ungleichheit. Europa im 19. Jahrhundert. Eine Bilanz, Göttingen 1983, S. 13 f. Unter Betreuung durch Kaelble entstand über einen offenbar längeren Zeitraum die Arbeit von Ruth Federspiel, Soziale Mobilität im Berlin des zwanzigsten Jahrhunderts. Frauen und Männer in Berlin-Neukölln 1905–1957, Berlin 1999.

20 Hartmut Kaelble, Nachbarn am Rhein. Entfremdung und Annäherung der französischen und deutschen Gesellschaft seit 1880, München 1991; ders., Auf dem Weg zu einer europäischen Gesellschaft. Eine Sozialgeschichte Westeuropas 1880–1980, München 1987.

21 Wolfgang Köllmann, Sozialgeschichte der Stadt Barmen im 19. Jahrhundert, Tübingen 1960.

22 Horst Matzerath, Urbanisierung in Preußen 1815–1914, 2 Bde., Stuttgart 1985.

23 Reinhard Spree, Soziale Ungleichheit vor Krankheit und Tod. Zur Sozialgeschichte des Gesundheitsbereichs im Deutschen Kaiserreich, Göttingen 1981; Jörg Vögele, Sozialgeschichte städtischer Gesundheitsverhältnisse während der Urbanisierung, Berlin 2001; siehe ders. u. Wolfgang Woelk (Hg.), Stadt, Krankheit und Tod. Geschichte der städtischen Gesundheitsverhältnisse während der Epidemiologischen Transition (vom 18. bis ins frühe 20. Jahrhundert), Berlin 2000.

forschung der Geschichte der sozialen Ungleichheit bestellt, und durch stadtgeschichtliche Annäherungen geraten immerhin auch regional eingegrenzte Untersuchungsfelder in den Blick – Hartmut Kaelble hatte dagegen die Erforschung regionaler Ungleichheiten aus seinem eigenen Programm noch ausschließen müssen.[24] Auch Schürens Zugriff nahm seinen Ausgang von vorliegenden beziehungsweise neu erstellten Datensätzen über einzelne Städte; im übrigen stand hier wie in den meisten anderen Forschungsvorhaben neben der konnubialen vor allem die berufliche, intergenerationelle Mobilität im Vordergrund. Beinahe allen Studien ist hingegen ein gewissermaßen industrialisierungsgeschichtliches Phlegma eigen: Sie konzentrieren sich auf die vergleichsweise »ungestörte« Überlieferung bis 1914, für die sich zudem vielfach differenzierte Datenkränze gewinnen lassen; Spree und Federspiel werten auch spätere Daten aus; das Verdienst der Untersuchung von Ruth Federspiel liegt gerade darin, einen Vergleich für verschiedene Zeiträume zwischen 1905 und 1957 gewagt zu haben.[25] Allein bildungsgeschichtliche Untersuchungen sind meines Wissens in jüngerer Zeit, was die bearbeiteten Zeiträume angeht, näher an die Gegenwart gerückt[26] – die Sozialhistoriker haben im übrigen für die Nachkriegszeit das Feld beinahe vollständig den Sozialwissenschaftlern überlassen.

III. Die Entwicklung regionaler Ungleichheiten in Nachkriegsdeutschland ist ein überaus spannendes Forschungsthema, dem sich bisher mit dem vordringlichen Ziel von Momentaufnahmen die Soziologie gewidmet hat;[27] die Sozialgeschichtsschreibung hat sich des Themas jedenfalls in systematischer Absicht bisher nicht angenommen. Das Problem ist in der sozialpolitischen Debatte der Gegenwart hochvirulent: Seit der deutsch-deutschen Vereinigung werden die Mobilitätsströme hin zu denjenigen Regionen, in denen ökonomische Ressourcen Sogwirkung entfalten, aufmerksam beobachtet und kommentiert, und die Folgen für die Allokation von Arbeitslosigkeit und Armut treten uns allmonatlich in den Arbeitsmarktstatistiken entgegen. Darin erscheinen die Folgen der Vereinigung dominant, aber es wird keineswegs übersehen, dass sich die Wohlstandsverhältnisse auch in der »alten« Bundes-

---

24 Kaelble, Industrialisierung, S. 14.
25 Federspiel, Mobilität.
26 Siehe im Überblick: Christoph Führ u. Carl-Ludwig Furck (Hg.), Handbuch der deutschen Bildungsgeschichte, Bd. 6: 1945 bis zur Gegenwart, 1. Teilband: Bundesrepublik Deutschland, München 1998, darin besonders der Beitrag von Ulrike Popp, Die sozialen Funktionen schulischer Bildung, S. 265 ff.; Kai S. Cortina u. a. (Hg.), Das Bildungswesen in der Bundesrepublik Deutschland. Strukturen und Entwicklungen im Überblick, Reinbek 2003, hier besonders der Aufsatz von Jürgen Baumert u. a., Grundlegende Entwicklungen und Strukturprobleme im allgemeinbildenden Schulwesen, S. 52 ff.
27 Kennzeichnend etwa: Bernhard Schäfers, Politischer Atlas Deutschland. Gesellschaft, Wirtschaft, Staat, Bonn 1997, S. 28–33.

republik seit den sechziger Jahren sehr grundlegend verschoben haben, was
in der Regel auf den ökonomischen Strukturwandel zurückgeführt wird. Älteren theoretischen Annahmen über die Rolle von »Leitsektoren« im Verlauf
der Industrialisierung folgend, kann man sagen, dass die über rund einhundert
Jahre deutscher Industrialisierung dominierende Schwerindustrie mit Kohle
und Stahl zunächst durch die Automobilindustrie, seit den achtziger Jahren
rasch zunehmend durch die Kommunikationsindustrien abgelöst worden ist
und dass sich insbesondere durch das Vordringen öffentlicher und privater
Dienstleistungen das Erwerbsgefüge auch im regionalen Vergleich stark verschoben hat. In Deutschland besteht politischer Handlungszwang angesichts
solcher Verschiebungen. Ganz im Sinne des verfassungspolitischen Gleich-
heitsgebots sah das Grundgesetz von Anfang an einen Länder-Finanzaus-
gleich vor, und mit der Verfassungsrevision in der Regierungszeit der Großen
Koalition kam Ende der sechziger Jahre jene Bestimmung hinzu, wonach
durch Regierungshandeln »die Einheitlichkeit der Lebensverhältnisse« im
gesamten Einzugsbereich des Grundgesetzes zu wahren ist (Artikel 106 Absatz 3 GG). Auf Länder- wie auf Bundesebene wird sich strukturpolitisches
Planen, Handeln oder Unterlassen an diesen Bestimmungen, wie immer sie
im einzelnen zu exekutieren sind, messen lassen müssen.

Die historische Erforschung sozialer Ungleichheit wirft – von den Annahmen über die Beschaffenheit der Schichtungsverhältnisse über die Zuord-
nungsproblematik, die Messmethoden und Analyse-Ebenen, die Selbst- und
Fremdwahrnehmungen bis zur vergleichenden Betrachtung von Graden und
Kategorien sozialer Ungleichheit – eine Fülle von methodischen und theoretischen Problemen auf, die in diesem Essay nicht weiter angeschnitten
werden sollen. Es soll vielmehr darum gehen, einem grundlegend kritischen
Zugriff der Sozialgeschichtsschreibung wieder größere Aufmerksamkeit zuzuwenden. Grundlegende Voraussetzung ist die Annahme, dass der in einer
gegebenen Gesellschaft jeweils erkannte und erkennbare Grad an sozialer
Ungleichheit in einer vielfach verwickelten Beziehung zu denjenigen Wertorientierungen steht, die sich oberflächlich unter dem Begriff der sozialen
Gerechtigkeit zusammen fassen lassen. In der Konstruktion der Vorstellungen über solche Gerechtigkeit nehmen heute die Medien vielfach stärker als
die politischen Parteien und sonstigen Verursacher und Träger öffentlicher
Meinung Führungsfunktionen wahr. Solche Meinungsführerschaft scheint
die tatsächliche Wahrnehmung individuell (und darin kollektiv) empfunde-
ner und erlebter »sozialer« Ungerechtigkeit so weitgehend zu überwuchern,
dass für den Sozialhistoriker die Untersuchung so geschaffener Leitbilder
tatsächlich wichtiger erscheinen mag als die Messung und Deutung realer
Gehalte. Diese Blickverengung dürfte im Kern mit der vielleicht zentralsten
historischen Erfahrung der westdeutschen Nachkriegsgeschichte zusammen
hängen: dem Wohlstandsgewinn, der die Armutsketten der Unterschichten

im Sinne unmittelbarster Existenznot anscheinend der Geschichte überantwortete, und der damit verbundenen Erfahrung, dass der Staat als gesellschaftliche Schutzmacht die Aufgabe der sozialen Gerechtigkeitsprüfung im Sinne der Sozialstaatsklausel des Grundgesetzes wirksam wahrnahm – wie immer sich das im Parteienvergleich schattierte. Eben diese Erfahrung hat den Erfolg der westdeutschen »Konsensdemokratie« wesentlich begründet. Dass darin ältere, visionäre Leitbilder der Gleichheit eher stillschweigend und jedenfalls nicht lauthals verabschiedet wurden, ließe sich vornehmlich anhand der sozialdemokratischen Nachkriegs-Parteigeschichte untersuchen. Jedenfalls scheint die stets zu erneuernde Bestimmung des Maßes dessen, was an sozialer Ungleichheit in der Gesellschaft notwendig und erträglich ist, unter dem Ziel eines ganz chimärischen »sozialen Friedens« wesentlicher Bestandteil jener »Konsensdemokratie« zu sein. Deshalb nehmen Sozialhistoriker, die sich der Ungleichheitsforschung widmen, mit deren Erforschung sowohl auf der Ebene der Leitbild-Konstrukteure und der unzähligen ideologischen Vernebelungen des Problems noch in jeder sozial- oder tarifpolitischen Debatte als auch auf der Ebene der messbaren Ungleichheiten und vor allem der in ihnen ausgedrückten Tendenzen im Zeitablauf eine, sagen wir, wichtige Rolle auch in der tagespolitischen Diskussion wahr – ganz in der Tradition jener zumeist bürgerlichen Sozialkritik, die sich schon in der großen Pauperismus-Debatte an der Schwelle der Industrialisierung (und der modernen Gesellschaft) entfaltet hatte. Sozialhistoriker werden deshalb besonderes Augenmerk auf die Frage legen, welche Qualität, welches Maß an sozialer Ungleichheit in der (politischen) Öffentlichkeit wahrgenommen wurde und hätte wahrgenommen werden können. Sie werden den – in der Verfassung begründeten – politischen Steuerungswillen oder dessen Fehlen oder Fehlerhaftigkeit an den jeweiligen Ansprüchen zu wägen haben.

Am Beispiel des Ruhrgebiets hat es derartige Untersuchungen, zumal für die Nachkriegszeit, bisher nur in Ansätzen gegeben.[28] Wieder sind es Sozial-

28 Ich muss auf eigene Versuche verweisen: Klaus Tenfelde, Soziale Schichtung, Klassenbildung und Konfliktlagen im Ruhrgebiet, in: Wolfgang Köllmann u. a. (Hg.), Das Ruhrgebiet im Industriezeitalter. Geschichte und Entwicklung, Bd. 2, Düsseldorf 1990, S. 121–217 u. 644 ff.; ders., Gesellschaft im Wohlfahrtsstaat. Schichten, Klassen und Konflikte, in: Karl Teppe u. Hans-Ulrich Thamer (Hg.), 50 Jahre Nordrhein-Westfalen. Land im Wandel, Münster 1997, S. 23–42; ders., Das Ruhrgebiet und Nordrhein-Westfalen. Das Land und die Industrieregion im Strukturwandel der Nachkriegszeit, in: Jan-Pieter Barbian u. Ludger Heid (Hg.), Die Entdeckung des Ruhrgebiets. Das Ruhrgebiet und Nordrhein-Westfalen 1946–1966, Essen 1997, S. 24–40; ders., Ein bewegtes Jahrzehnt. Strukturwandel und Sozialgeschichte des Ruhrgebiets in den 1960er Jahren, in: Marcus Gräser u. a. (Hg.), Staat, Nation, Demokratie. Traditionen und Perspektiven moderner Gesellschaften. Festschrift für Hans-Jürgen Puhle, Göttingen 2001, S. 156–176; ders., Artifizielle Zentralität: Öffentliche und private Dienstleistungen in Münster seit dem späten 19. Jahrhundert. Ein Diskussionsbeitrag, in: Helene Albers u. Ulrich Pfister (Hg.), Industrie in Münster 1870–1970. Lokale Rahmenbedingungen – Unternehmensstrategien – regionale Kontexte, Dortmund 2001, S. 338–353; ders., Ruhrstadt – Historischer Hintergrund, in: ders., (Hg.), Ruhrstadt – Visionen für

wissenschaftler, die sich, übrigens schon in der frühen Nachkriegszeit zunächst an der Dortmunder Sozialforschungsstelle, in Momentaufnahmen auch
der Entwicklung der sozialen Ungleichheit in einer Arbeits- und Arbeiterge-
sellschaft gewidmet haben, und das trifft bis in die jüngste Vergangenheit zu,
wobei ein wichtiger Schwerpunkt auf den Dimensionen sozialer Segregation
im Rahmen der Stadtviertelforschung liegt. Politikberatung ist die eindeutige
Absicht solcher Forschung. Klaus Strohmeier hat jüngste, Besorgnis erregende
Entwicklungen und Forschungsergebnisse dahingehend resümiert, dass im
Ruhrgebiet »Stadtteile mit niedrigem sozialen Rang und niedrigem Familien-
status [...] die höchsten Kriminalitätsraten, die höchsten Mobilitätsraten und
die geringste Wahlbeteiligung bei Kommunalwahlen auf[weisen].«[29]

Wenn, woran es wenig Zweifel gibt, in solchen Formulierungen ein für die
Region als Ganze zutreffender Befund ausgedrückt wird, wenn – weiterge-
hend – dieser Befund nur eine Facette einer umfassender dokumentierbaren,
neuerlichen Zunahme an sozialer Ungleichheit anhand einer ganzen Reihe von
messbaren Indikatoren spiegelt, dann lässt sich – vor dem Hintergrund einer
längst für die fünfziger und auch noch für die sechziger Jahre konstatierten
Aufholjagd der ruhrindustriellen Arbeiterbevölkerung, gar einer »Verbürgerlichung« der Facharbeiterschicht[30] – natürlich in einem eher metaphorischen
Sinn vom Ende und neuen Anfang sozialer Ungleichheit im Ruhrgebiet sprechen. Das kritische Potenzial von hierauf konzentrierten, längere Zeiträume in
den Blick nehmenden Untersuchungen läge auf der Hand. Ein breit angelegtes
Forschungsprogramm wäre in der Absicht des Städte- und Regionenvergleichs
zumal über die Ab- und Zunahme von Differenzen im Einkommen und Vermögen, der Bildung und der Daseins-Gestaltungschancen zu entfalten.

IV. Ein solches Forschungsprogramm hätte zunächst die spezifischen regionalen Determinanten sozialer Ungleichheit unter Bezug auf die allgemeinere
westdeutsche Entwicklung seit 1945 zu erörtern:

---

das Ruhrgebiet, Essen 2002, S. 9–25; ders., Wandel durch Bildung. Die Ruhr-Universität und das
Milieu des Reviers, in: Wilhelm Bleek u. Wolfhard Weber (Hg.), Schöne neue Hochschulwelt. Idee
und Wirklichkeit der Ruhr-Universität Bochum, Essen 2003, S. 43–54.

29 Klaus-Peter Strohmeier, Sozialraumanalyse, in: Institut für Landes- und Stadtentwicklungs-
forschung des Landes NRW (Hg.), Raumbeobachtungssysteme als Instrumente der integrierten
Stadt(teil)entwicklung, Dortmund 2003, S. 22–33, 27; jüngst – merkwürdiger Weise ohne Kenntnis der Untersuchungen von Strohmeier – Britta Klagge, Armut in westdeutschen Städten. Strukturen und Trends aus stadtteilorientierter Perspektive. Eine vergleichende Langzeitstudie der
Städte Düsseldorf, Essen, Frankfurt, Hannover und Stuttgart, Stuttgart 2005, S. 103 ff. u. ö. Mit
»Langzeitstudie« ist ein Datenvergleich 1987/88 mit 2000/2001 gemeint. Zur Dortmunder Sozialforschungsstelle entsteht am Institut für soziale Bewegungen der Ruhr-Universität Bochum eine
Dissertation von Jens Adamski. Vgl. u. a.: Burkart Lutz, Integration durch Aufstieg. Überlegungen
zur Verbürgerlichung der Facharbeiter in den Jahrzehnten nach dem Zweiten Weltkrieg, in: Hettling u. Ulrich, Bürgertum, S. 284–309.

30 So vor allem Lutz, Integration durch Aufstieg.

Das Ruhrgebiet als »altindustrielle« Wirtschaftsregion erlebte in rund
eineinhalb Jahrzehnten nach dem Zusammenbruch des Nationalsozialismus, beflügelt durch die Rekonstruktionsbedarfe des zerstörten Landes,
durch vergleichsweise billige Arbeitskräfte, durch außenpolitische Entwicklungen namentlich im Korea-Boom und auch durch eine exportförderliche
Währungssituation während der Jahre des Wirtschaftswunders eine Wieder-
aufstiegsphase sondergleichen. Es wurde noch einmal, ein (vorläufig) letz-
tes Mal, Leitregion industriellen Wachstums, und zwar weit überwiegend,
wenn auch nicht ausschließlich, auf der Grundlage des überkommenen Leis-
tungsgefüges in Kohle und Stahl. Es steht auf einem anderen Blatt, dass sich
die Leitfunktion der schwerindustriellen Branchen erkennbar schon in den
zwanziger Jahren und vielleicht bereits vor 1914 erschöpft hatte. In der Zeit
nach 1918 begünstigte zunächst eine inflationsgestützte Sonderkonjunktur
die Region, bis der Weltmarkt – nach der Stabilisierung der deutschen Währung – bei Kohle und Stahl Rationalisierungsbedarfe offen legte und binnen
zehn Jahren, von 1923 bis 1933, einen Rückgang der Kohle-Belegschaften auf
weit weniger als die Hälfte des Höchststandes von 1922 erzwang. Das zu erwähnen ist wichtig im Vergleich zu den Anpassungs-Zeiträumen, welche die
Wirtschafts- und Strukturpolitik den Kohle- und Stahlmärkten seit 1957/58
einräumte. Das absolute und – auch noch nach der Ölkrise von 1973 – relative Preisgefälle auf den Welt-Rohstoffmärkten erzwang einen langwierigen
Schrumpfungsprozess, der bis heute anhält und sich seit 1990 durch den Weg-
fall solcher Argumente, mit denen Aspekte nationaler Energiesicherheit im
Lichte des Kalten Krieges betont worden waren, noch beschleunigte. Auch
sprachen ökologische Argumente zunehmend gegen die Kohle. Deren Niedergang ist vermutlich nur durch allerdings längst absehbare künftige Man-
gellagen zu dämpfen. Bei Eisen und Stahl ließ sich die Schrumpfung weitgehend ohne öffentliche Hilfe, unter Konzentration und Nutzung technischer
Innovationen, bewältigen. Bei der Kohle war dies allein wegen der langfristigen bergbaulichen Folgelasten undenkbar. Direkte Subventionen und umfassende Strukturförderungs-Programme des Landes Nordrhein-Westfalen,
des Bundes und der Europäischen Union folgten einander mit wechselnden
Erfolgen, und die Debatte über Erfolge und Schäden der Subventionspolitik
ist noch keineswegs abgeschlossen.[31]
Bis 1914 hatte die schwerindustrielle Interessenallianz eine Ansiedlung
anderweitiger, im Arbeitsmarkt konkurrierender Branchen, sofern diese nicht
den Bedarfen bei Kohle und Stahl nachkamen, erfolgreich zu behindern vermocht, und auch in der Zwischenkriegszeit widerstand beispielsweise Krupp

31 Vgl. bes. Stefan Goch, Eine Region im Kampf mit dem Strukturwandel. Bewältigung von
Strukturwandel und Strukturpolitik im Ruhrgebiet, Essen 2002; ders. (Hg.), Strukturwandel und
Strukturpolitik in Nordrhein-Westfalen, Münster 2004.

der Versuchung, mit der AEG und Daimler eher zukunftsfähigen Unternehmen den Zutritt in die Region zu ermöglichen. Nur solche Branchen konnten wachsen, deren Entwicklung, wie bei der Chemie und in der Kraftwerksindustrie, im Verwertungsinteresse der Schwerindustrie lag. Nach 1945, als die Besatzungsmächte jedenfalls zunächst energisch demontierten und Entflechtung verlangten, verringerte sich die Ordnungsmacht der schwerindustriellen Konzerne zwar deutlich, und auch die strukturelle Beschaffenheit der Nachkriegs-Arbeitsmärkte legte die Ansiedlung neuer Industrien nahe. So siedelten etwa Unternehmen der Elektroindustrie, aus heutiger Sicht eher vorübergehend, in der Region; diese hielt, weil Frauen nach wie vor im Bergbau und auch in der Stahlindustrie schwerlich Beschäftigung fanden, ein großes Potential an Frauen-Arbeitsplätzen bereit. Deshalb wurde der gewiss auch aus anderen Gründen zu erklärende rasante Anstieg der Beschäftigung in den öffentlichen und privaten Dienstleistungen seit den sechziger Jahren möglich. In gewissem Umfang wird dies in der Anpassungsleistung der Gewerbestruktur der Stadt und des Raums Bochum symbolisiert:[32] Das mittlere Ruhrgebiet, das über Jahrzehnte stolz darauf gewesen war, über die dichteste Bergbaulandschaft Europas zu gebieten, schaffte es in der Spätphase der Wirtschaftswunder-Investitionen noch, beinahe zeitgleich den Niedergang aller Zechen und die Schrumpfung beim Stahl durch Ansiedlung der Opelwerke und die Gründung der ersten Universität des Ruhrgebiets an sich zu ziehen – das war ein einstweilen gut gedeckter Scheck auf die Zukunft.

So schien sich, zu Beginn der sechziger Jahre, eine andere, neue Zukunft abzuzeichnen, und einstweilen setzte denn auch die Strukturpolitik der Kommunen und Landesregierungen vor allem auf Dienstleistungen, aber es wurde immer deutlicher, dass und wie sehr diese Region einseitig auf die Schwere Industrie gesetzt hatte und welche Nachfolgelasten damit ins Haus standen. Dennoch blieb die Region, vor allem dank der gesamtwirtschaftlichen Konjunktur in der Bundesrepublik, auf einem freilich abgeschwächten Erfolgskurs – bis in die siebziger, achtziger Jahre wurde pro Kopf ein überdurchschnittliches Sozialprodukt erzielt. Das änderte sich erst im Jahrzehnt vor der deutsch-deutschen Vereinigung und vor allem seither, als die Investitionsströme, zumal diejenigen, die durch den Staat ausgelöst wurden, eine dominant andere Richtung nahmen.

V. Die Veränderungen, die sich mit dem tiefgreifenden Wandel der Erwerbsstruktur im sozialen Schichtungsgefüge der Region verbunden haben, lassen sich vermutlich in den Dimensionen allenfalls denjenigen gleichstellen, die auf die Bevölkerungen der neuen Bundesländer nach der Vereinigung ein-

---

32 Zuletzt: Jürgen Mittag u. Ingrid Wölk (Hg.), Bochum und das Ruhrgebiet. Großstadtbildung im 20. Jahrhundert, Essen 2005.

wirken würden. Sehr grundlegend veränderten sich insbesondere die Distanzen im Schichtungsgefüge. Denn zunächst erlebte das Ruhrgebiet im Wiederaufbau eine gewiss bereits gemilderte Wiederherstellung der gewohnten Schichtungsverhältnisse: Kohle und Stahl bestimmten das Bild, die klassische »strukturkonservative« Arbeiterfamilie reetablierte sich, gestützt durch staatlich-gewerbliche Siedlungshilfen und ein Leitbild der Familienpolitik, das der Frauenerwerbstätigkeit feindlich gesinnt war. Nach Überwindung der unmittelbarsten Nachkriegsschäden zog die Region erneut in erheblichem Umfang Arbeitsmigranten an sich; Vertriebene und Flüchtlinge fanden wenigstens vorübergehend eine neue Heimstatt – aber diesen Zuwanderern galt die Schwere Industrie eher als Eingangsberuf, aus dem man flüchtete, sobald sich dazu Gelegenheit bot. Auch aus diesem Grund herrschte in den ersten beiden Jahrzehnte schwerindustriellen Strukturwandels, und sicher bis in die siebziger Jahre, Arbeitskräftemangel in der Region. Deshalb schloss sich den immer schon stoßartigen Zuwanderungswellen der Ruhrgebietsgeschichte eine weitere an, und zwar zunächst aus südeuropäischen Ländern, seit den sechziger Jahren auch aus der Türkei. Unübersehbar, sicher aber erst seit den sechziger Jahren, veränderte sich auch die Struktur der Beschäftigung innerhalb der Schwerindustrie, denn die Mechanisierung und Technisierung der Arbeitsprozesse erzwang besser qualifizierte Beschäftigungsstrukturen – die technischen und kaufmännischen Angestellten setzen ihren bisher im Ruhrgebiet gehemmten Aufstieg fort. Die Entwicklung sei in einigen wenigen Grundzügen skizziert:

1. Wenn überhaupt in der deutschen Sozialgeschichte, so muss man mit Blick auf die schwerindustriellen Erwerbsregionen von einem »schwachen Bürgertum« sprechen. Die Zulieferungsbedarfe der Schwerindustrie und die Konsumbedürfnisse der in diesen Branchen Beschäftigten sowie die bereits bezeichnete Arbeitsmarktpolitik der »Schlotbarone«, vor allem aber der Mangel an höheren Bildungseinrichtungen hatten über Jahrzehnte die Entstehung eines »autochthonen« Bürgertums stark gehemmt. Gebildete, derer man auch im Ruhrgebiet, freilich in einem viel geringerem Maße, bedurfte, wurden von auswärts herangezogen und erlangten im Berufsleben wenig Selbständigkeit; kleine Selbständige sahen sich im Sog der Arbeits- und Konsumentenmärkte; das Handwerk dürfte überwiegend den Großbetrieben zugearbeitet haben. Die Oberschicht des Ruhrgebiets hatte längst schon vor 1914 aus immer weniger Unternehmerfamilien bestanden, zu denen sich inzwischen auch einige Nichteigentümer als Manager gesellt hatten, und daran änderte sich bis in die Nachkriegszeit wenig. Die Bedarfe an freien Berufen, in denen sich üblicherweise Bürgerlichkeit verdichtete, wurden, etwa bei den Ärzten, durch verdeckte Abhängigkeit in den Diensten der Knappschaften reguliert, und der Umstand, dass die Erwerbsbevölkerung ihre Wohnbedarfe

durch Mietverhältnisse zu regulieren hatte, ließ beispielsweise die Rechtsanwälte nicht recht zum Zuge kommen: Eine Mietergesellschaft ist weit weniger streitsüchtig als eine Eigentümergesellschaft.

Die Strukturlastigkeit zugunsten der Mietergesellschaft hat sich bis heute erhalten, denn gerade in der Nachkriegszeit ist das Ruhrgebiet weitflä-
chig durch sozialen Wohnungsbau eingezäunt worden. Freilich erreichten
die Wohlstandsgewinne nun auch die Facharbeiterschicht, die fleißig Wohneigentum erwarb. Die mobileren Teile der Mittelschicht, denen sozialer
Aufstieg in Angestellten- und Beamtenränge gelang, folgten indessen dem
nunmehr überall in Westdeutschland üblichen Trend der Suburbanisierung:
Sie bevorzugten günstige Wohnlagen am Niederrhein, hin zum Sauerland,
im südlichen Bergischen oder im nördlichen Münsterland und entzogen sich
damit tendenziell ihrer Beschäftigungsregion. Entsprechend homogenisierte
sich die »Restbevölkerung« der verlassenen Stadtviertel »nach unten«.

Dieses neue »Aufstiegsbürgertum« sollte künftig näher erkundet werden.
Es umfasst zum einen die gehobenen und höheren Beamten und Angestellten in den Stadtverwaltungen und sonstigen öffentlichen Dienstleistungen,
zweitens die äquivalenten Positionen in Banken und Versicherungen, drittens diejenigen entsprechenden Funktionen, die mit dem rasanten Ausbau
der allgemeinen und beruflichen Bildung und vor allem mit der Gründung
der Universitäten seit den sechziger Jahren geschaffen wurden, viertens die
gehobenen, der jeweiligen Branchenentwicklung verdankten, technisch-
kaufmännischen Positionen durchaus auch in der Industriewirtschaft älteren
Typs sowie, fünftens, neue, selbständige Berufe, etwa Steuerberater, Inge-
nieure, Architekten, Planer, Berater und viele andere. Berufliche Selbständigkeit scheint dennoch nicht eben ein besonders hervorstechendes Merkmal dieses »neuen« Bürgertums geworden zu sein. Eher kennzeichnet es
sich durch ein hohes Maß an berufsverbundener Klientelisierung, die teilweise durch politische Strukturen begünstigt wurde, wie sie die Schwerindustrie nunmehr im Strukturwandel hervorbrachte: ausgeprägt korporative
Formen der Willensbildung und Entscheidungsfindung aus dem allseits geteilten Interesse an langfristiger Sicherung des in den sechziger Jahren erreichten Verteilungsniveaus. So ließ sich das neue Aufstiegsbürgertum be-
reitwillig in die »Sozialdemokratisierung« der Region einbinden und trug
diese mit. Zu den Kosten dieser Entwicklung gehörten die Bürden, die sie
mit sich trug: ihre Orientierung am Facharbeiterstatus als Leitgröße sozialer
Gerechtigkeit.

2. Die Facharbeiter selbst wurden damit Aufstiegsbürger. Sie erlangten ein
inzwischen längst vererbtes, mag sein: kleines, Vermögen; ihre Einkom-
menslagen stabilisierten sich durch eine gerade auf ihre Absicherung zie-
lende Tarifpolitik, ihre Fertigkeiten waren und sind gefragt – nur, dass diese

Schicht im Zuge des Strukturwandels immer schmaler wurde. Dabei war ja die Einschätzung der Berg- und Hütten- als Facharbeiter früher fraglich gewesen, aber die innerberuflichen Entwicklungen differenzierten doch das Berufsgefüge bei Kohle und Stahl dahingehend, dass gelernte und berufserfahrene Arbeitskräfte, wie auch in der Automobil- und deren Zulieferindustrie, in den Kraftwerken und Chemiebetrieben, als Spezialisten gefragt blieben. Besonders wichtig war, dass der allgemeine Wohlstandsgewinn weite Gestaltungschancen jenseits der Existenzsicherung bereitstellte, dass der Sozialstaat verbleibende Risiken absicherte und insbesondere den schwerindustriellen Strukturwandel wirksam abfederte und dass sich nun auch die Familienformen denjenigen anglichen, die etwa bei Hamburger Facharbeiterfamilien schon in der Zwischenkriegszeit, bei »gebildeten« Facharbeitern wie den Buchdruckern schon vor 1914 erkennbar sind: Die Kleinfamilie löste den strukturkonservativen montangesellschaftlichen Familientypus seit den fünfziger Jahren ab, und dies vor allem ermöglichte eine umfassende »Modernisierung« der Lebensweisen. Denn nun begab sich auch die Arbeiterfrau auf Jobsuche, und die Kinder-, inzwischen längst die Enkelgeneration verfügte über bisher gänzlich unbekannte Chancen sozialen Aufstiegs. Das begünstigte vor allem die Arbeitertöchter ungemein, jedenfalls im Vergleich zu früheren Chancen und vor dem Hintergrund auch der mentalen Befindlichkeiten in der Ruhrbevölkerung.

Vor allem krisenbedingt und deshalb rasch zunehmend in den neunziger Jahren, sonderten sich neue »proletarische Existenzen« aus der ehedem so dominanten, freilich längst schrumpfenden Arbeiterschicht »nach unten«. In hohem Maße haben hierzu anders, nicht aus dem Erwerbsgefüge und dessen Krisen, zu begründende Entwicklungen beigetragen. Der Anstieg der Scheidungsquoten und überhaupt die Ermöglichung der familiären Singleexistenz (mit Kindern) verstärkten jene unteren »sozialstaatlichen« Klientelgruppen, die grundsätzlich in einer außerdem zunehmend überalterten Bevölkerung sowieso bereits wegen der Frühverrentung, mit der Strukturwandel sozial pazifiziert wurde, reichlich vorhanden waren. Die teilweise unerwartet sesshaft gewordenen Zuwanderer früherer Jahrzehnte dürften stärker als deutsche Arbeiter den Krisen der Arbeitsmärkte ausgeliefert worden sein, und das hielt bis in die frühen neunziger Jahre an, als mit Spätaussiedlern und Asylanten noch einmal ein Zuwanderungsschub eintraf. Diese, wenn man so will, Spätmigranten bevölkerten die Region, nachdem auch die gewohnten Mechanismen der Berufsintegration im »dualen System« immer weniger funktionierten und zudem ethnisch-konfessionelle Besonderheiten die anstehende Assimilation durch eigenwillige familiäre Sozialisation zu behindern begannen, mit einer zunehmend »schwierig« gewordenen Grundschicht arbeits- und aussichtsloser Jugendlicher, um deren Eingliederung sich der Sozialstaat nicht eben verdient gemacht hat.

VI. Manche ehemals facharbeiterstolzen Stadtviertel in der Region devastierten deshalb wenn nicht gleich zu Elendsvierteln, dann doch zu Subzentren mit Armutsbevölkerungen. Aus ihnen hat sich das Aufstiegsbürgertum längst entfernt; wir finden stark durch Migration geprägte Viertel mit vielen deutschen Singleexistenzen, niedergehenden Miet- und Hauspreisen, filialisierten Billiggeschäften und gefährdeter Bausubstanz. Eine vergleichende Morphologie derjenigen Stadtviertel, die in zwei, drei Jahrzehnten des Strukturwandels ihre zwei, drei schwerindustriellen Großbetriebe anfänglich und hiernach ihre Mittelschicht verloren, würde als historische Segregationsforschung vermutlich die Zunahme sozialer Distanzen durchweg bestätigen. Vor allem diese Hintergründe veranlassen, von einer neu strukturierten sozialen Ungleichheit zu sprechen, welche der altgewohnten, im Sozialstaat gemilderten und mit dem Segen der Arbeiterbewegung gerecht gemachten Ungleichheit nicht dem Maße nach, wohl aber durch den Umstand nachsteht, dass es an Konstrukteuren eines Bewusstseins für so begründete Ungerechtigkeit fehlt.

Kommerzialisierung, Medialisierung, Individualisierung und was immer sonst an Prozess-Metaphern für die Sozialgeschichte der westlichen Republik seit dem Scharnierjahrzehnt der sechziger Jahre erfunden worden ist, haben das Ruhrgebiet ebenso durchwühlt wie jede andere Stadt und Region. Dabei haben die alten Gegensätze mit der »Macht der Arbeiterklasse« auch den Strukturwandel zu bewältigen geholfen. Von einer neuen Macht des Aufstiegsbürgertums ist wenig, vom Macht- und Partizipationswillen der neuen Unterprivilegierten gar nichts zu spüren, mangelt es diesen doch vornehmlich an konsum- und freizeitfernen Vergesellschaftungen, mittels derer sie sich ihrer Lage inne werden könnten. Man muss nicht, aber man darf mit einer erneuerten, der Erforschung sozialer Ungleichheit in der Nachkriegszeit zugewandten, kritischen Sozialgeschichtsschreibung die Hoffnung verbinden, das kollektive Ungleichheit und die sie je legitimierenden Vorstellungen sozialer Gerechtigkeit erkannt werden.

Erst dann ließe sich ein kritischer Blick auf politische Versäumnisse sowohl in der Kommunal- als auch in der Regional- und in der Landespolitik werfen. Man kann argumentieren, dass sich, wie gegenwärtige Debatten zeigen, das vom Grundgesetz ermöglichte, im Prinzip soziale Ungleichheit steuernde Potential im ewigen Streit der Länder-Egoismen zerrieben hat; allemal neigt ja die jüngere sozialgeschichtliche Kritik dazu, den Umstand, dass diese Festlegung das Grundgesetz in den sechziger Jahren ergänzte, der zukunftsgewissen sozialwissenschaftlichen Steuerungseuphorie zuzuschreiben, welche die Reformpolitik jenes Jahrzehnts beseelt hat. Der Länderfinanzausgleich macht denn auch einen Kernpunkt im Streit über die Föderalismusreform aus. Nordrhein-Westfalen gehört immer noch zu den Geber-Ländern, aber längst nicht mehr im früheren Umfang und längst nicht mehr dank des Ruhrgebiets. Da ließe sich dann fragen, ob nicht, durch das Versäumnis einer auf Ausgleich bedachten Infrastruktur-Politik etwa mittels einer Verwaltungs-reform, wachsende regionale Ungleichheiten innerhalb des Bundeslandes hingenommen wurden. Andere Teilregionen des Landes blühen zumal we-gen ihrer natürlichen und (wie um Falle Münsters: zugleich) administrativen Zentralität. Das Ruhrgebiet aber wird sage und schreibe zu mehr als einem Drittel in Arnsberg regiert. Münster, Köln und Düsseldorf, alle drei weitere Mitregenten über alte Industrieregion, ziehen ein gehöriges Maß an adminis-trativer Zentralität auf sich, die eigentlich dem Ruhrgebiet »gehören« müsste, ihm jedenfalls zuzuordnen wäre. Administrationen sind »harte« Standort-bildner, welche die »weichen«, Verbände etwa und Korporationen, nach sich ziehen. Zu den Folgen des administrativen Ungleichgewichts gehört, neben vielem anderen, eine im Vergleich zum Ruhrgebiet erheblich höhere Frauen-erwerbsquote in jenen großen Städten, und auch diese ist ein Indikator sozia-ler Ungleichheit.

Abkürzungen

AfS	Archiv für Sozialgeschichte
AHR	American Historical Review
AJS	American Journal of Sociology
APSR	American Political Science Review
APuZ	Aus Politik und Zeitgeschichte
BzG	Beiträge zur Geschichte der Arbeiterbewegung
CSSH	Comparative Studies in Society and History
EcHR	Economic History Review
EEH	Exploration in Economic History
G&H	Gender & History
GG	Geschichte und Gesellschaft
GP	German Politics
GWU	Geschichte in Wissenschaft und Unterricht
GZ	Geographische Zeitschrift
H&T	History and Theory
HA	Historische Anthropologie
HJb	Historisches Jahrbuch
HZ	Historische Zeitschrift
IJMES	International Journal of Middle East Studies
JAH	Journal of American History
JAOS	Journal of the American Oriental Society
JBS	Journal of British Studies
JEH	Journal of Economic History
JfNuS	Jahrbuch für Nationalökonomie und Statistik
JMH	Journal of Modern History
JOP	Journal of Politics
JoPP	Journal of Public Policy
JSocH	Journal of Social History
JWH	Journal of Women's History
KZfSS	Kölner Zeitschrift für Soziologie und Sozialpsychologie
NLH	New Literary History
NPL	Neue Poltische Literatur
P&P	Past & Present
PVS	Politische Vierteljahresschrift
PWP	Perspektiven der Wirtschaftspolitik
SMR	Sociological Methods & Research
Th&S	Theory and Society
VfZ	Vierteljahreshefte für Zeitgeschichte
VSWG	Vierteljahresschrift für Sozial- und Wirtschaftsgeschichte
WHR	Women's History Review
WI	Welt des Islams
ZfG	Zeitschrift für Geschichtswissenschaft
ZHF	Zeitschrift für Historische Forschung
ZWG	Zeitschrift für Weltgeschichte

Autorinnen und Autoren

Werner Abelshauser, Dr. phil., Professor für Allgemeine Geschichte (Lehrstuhl für Wirtschaftsgeschichte) an der Universität Bielefeld, auch »Institut für Weltgesellschaft (IW)« und »Institut für Wissenschafts- und Technikforschung (IWT)«.

Klaus von Beyme, Dr. phil., Dr. h.c., emeritierter Professor für Politische Wissenschaft an der Universität Heidelberg.

Gisela Bock, Dr. phil., Professorin für Neuzeitliche Geschichte Westeuropas an der Freien Universität Berlin.

Christoph Conrad, Dr. phil., Professor für Neueste Geschichte an der Universität Genf.

Ulrike Freitag, Dr. phil., Direktorin des Zentrums Moderner Orient, Berlin, und Professorin am Institut für Islamwissenschaft an der Freien Universität Berlin.

Jürgen Kocka, Dr. phil., Dr. h.c. mult., Professor für die Geschichte der industriellen Welt an der Freien Universität Berlin.

Dieter Langewiesche, Dr. phil., Professor für Neuere Geschichte an der Universität Tübingen.

Paul Nolte, Dr. phil., Professor für Neuere Geschichte und Zeitgeschichte an der Freien Universität Berlin.

Jürgen Osterhammel, Dr. phil., Professor für Neuere Geschichte an der Universität Konstanz.

Hans-Jürgen Puhle, Dr. phil., Professor für Politikwissenschaft an der Johann-Wolfgang-Goethe-Universität Frankfurt am Main.

Manfred G. Schmidt, Dr. rer. pol., Professor für Politische Wissenschaft an der Universität Heidelberg.

Klaus Tenfelde, Dr. phil., Professor für Sozialgeschichte und soziale Bewegungen an der Ruhr-Universität Bochum, Leiter des Institut für soziale Bewegungen und der Stiftung Bibliothek des Ruhrgebiets.

Richard H. Tilly, Ph. D., Professor emeritus, ehem. Direktor des Instituts für Wirtschafts- und Sozialgeschichte an der Universität Münster.

Hans-Peter Ullmann, Dr. phil., Professor für Neuere Geschichte am Historischen Seminar der Universität zu Köln.

Personenregister

Geschichtswissenschaft
– eine Auswahl

V&R

Gerhard Paul (Hg.)
Visual History
Ein Studienbuch

2006. 379 Seiten mit 60 Abb., kartoniert
ISBN 10: 3-525-36289-7
ISBN 13: 978-3-525-36289-1

Gunilla Budde / Sebastian
Conrad / Oliver Janz (Hg.)
Transnationale Geschichte

Themen, Tendenzen und Theorien

2006. 320 Seiten, kartoniert
ISBN 10: 3-525-36736-8
ISBN 13: 978-3-525-36736-0

Gangolf Hübinger
**Gelehrte, Politik und
Öffentlichkeit**

Eine Intellektuellengeschichte

2006. 255 Seiten, kartoniert
ISBN 10: 3-525-36738-4
ISBN 13: 978-3-525-36738-4

Sebastian Conrad /
Jürgen Osterhammel (Hg.)
**Das Kaiserreich
transnational**

Deutschland in der Welt 1871–1914

2004. 327 Seiten, kartoniert
ISBN 10: 3-525-36733-3
ISBN 13: 978-3-525-36733-9

Jürgen Osterhammel
**Geschichtswissenschaft
jenseits des Nationalstaats**

Studien zu Beziehungsgeschichte und
Zivilisationsvergleich

Kritische Studien zur Geschichtswissenschaft,
Band 147.
2. Auflage 2003. 384 Seiten, kartoniert
ISBN 10: 3-525-35162-3
ISBN 13: 978-3-525-35162-8

David Thimme
**Percy Ernst Schramm und das
Mittelalter**

Wandlungen eines Geschichtsbildes

Schriftenreihe der Historischen Kommission
bei der Bayerischen Akademie der Wissenschaften, Band 75.
2006. 670 Seiten, gebunden
ISBN 10: 3-525-36068-1
ISBN 13: 978-3-525-36068-2

Christina von Hodenberg /
Detlef Siegfried (Hg.)
Wo »1968« liegt

Reform und Revolte in der Geschichte
der Bundesrepublik

2006. 205 Seiten mit 10 Abb., kartoniert
ISBN 10: 3-525-36294-3
ISBN 13: 978-3-525-36294-5

Vandenhoeck & Ruprecht